"十三五"国家重点出版物出版规划项目

高分辨率对地观测前沿技术丛书

主编 王礼恒

地球同步轨道合成孔径雷达导论

张庆君 等著

国防工业出版社

·北京·

内 容 简 介

本书紧密结合我国地球同步轨道合成孔径雷达（SAR）研制的工程实践，全面、系统论述了地球同步轨道 SAR 技术特点、发展必要性、系统设计、轨道设计及确定、成像处理等方面内容。

本书共分9章。第1章介绍了地球同步轨道 SAR 系统概述；第2章重点介绍了地球同步轨道 SAR 系统设计；第3章对地球同步轨道 SAR 卫星轨道设计及确定进行了论述；第4章对地球同步轨道 SAR 系统误差成像影响进行了分析；第5章对地球同步轨道 SAR 信号模拟与成像技术进行了介绍；第6章论述了地球同步轨道 SAR 干涉与差分干涉技术；第7章进行了地球同步轨道 SAR 时变散射特性研究；第8章讨论了地球同步轨道 SAR 地面应用；第9章探讨了地球同步轨道 SAR 新技术发展与应用。

本书是对我国地球同步轨道 SAR 卫星理论研究以及工程实践成果与经验的总结，对从事星载 SAR 卫星研究与设计的科研工作者和工程技术人员有重要的参考价值，也可供相关技术人员、遥感卫星爱好者学习参考。

图书在版编目(CIP)数据

地球同步轨道合成孔径雷达导论/张庆君等著.—北京：国防工业出版社，2021.7
（高分辨率对地观测前沿技术丛书）
ISBN 978-7-118-12384-5

Ⅰ.①地… Ⅱ.①张… Ⅲ.①同步轨道—合成孔径雷达—研究 Ⅳ.①TN958

中国版本图书馆 CIP 数据核字(2021)第 149490 号

※

国防工业出版社出版发行
（北京市海淀区紫竹院南路23号 邮政编码100048）
雅迪云印（天津）科技有限公司印刷
新华书店经售

*

开本 710×1000 1/16 插页6 印张 27¼ 字数 420 千字
2021 年 7 月第 1 版第 1 次印刷 印数 1—2000 册 定价 168.00 元

（本书如有印装错误，我社负责调换）

国防书店：(010)88540777　　书店传真：(010)88540776
发行业务：(010)88540717　　发行传真：(010)88540762

丛书学术委员会

主　　任　王礼恒

副 主 任　李德仁　艾长春　吴炜琦　樊士伟

执行主任　彭守诚　顾逸东　吴一戎　江碧涛　胡　莘

委　　员　（按姓氏拼音排序）

白鹤峰　曹喜滨　陈小前　崔卫平　丁赤飚　段宝岩
樊邦奎　房建成　付　琨　龚惠兴　龚健雅　姜景山
姜卫星　李春升　陆伟宁　罗　俊　宁　辉　宋君强
孙　聪　唐长红　王家骐　王家耀　王任享　王晓军
文江平　吴曼青　相里斌　徐福祥　尤　政　于登云
岳　涛　曾　澜　张　军　赵　斐　周　彬　周志鑫

丛书编审委员会

主　编　王礼恒

副主编　冉承其　吴一戎　顾逸东　龚健雅　艾长春
　　　　彭守诚　江碧涛　胡　莘

委　员　(按姓氏拼音排序)
　　　　白鹤峰　曹喜滨　邓　泳　丁赤飚　丁亚林　樊邦奎
　　　　樊士伟　方　勇　房建成　付　琨　苟玉君　韩　喻
　　　　贺仁杰　胡学成　贾　鹏　江碧涛　姜鲁华　李春升
　　　　李道京　李劲东　李　林　林幼权　刘　高　刘　华
　　　　龙　腾　鲁加国　陆伟宁　邵晓巍　宋笔锋　王光远
　　　　王慧林　王跃明　文江平　巫震宇　许西安　颜　军
　　　　杨洪涛　杨宇明　原民辉　曾　澜　张庆君　张　伟
　　　　张寅生　赵　斐　赵海涛　赵　键　郑　浩

秘　书　潘　洁　张　萌　王京涛　田秀岩

序 言

高分辨率对地观测系统工程是《国家中长期科学和技术发展规划纲要（2006—2020年）》部署的16个重大专项之一，它具有创新引领并形成工程能力的特征，2010年5月开始实施。高分辨率对地观测系统工程实施十年来，成绩斐然，我国已形成全天时、全天候、全球覆盖的对地观测能力，对于引领空间信息与应用技术发展，提升自主创新能力，强化行业应用效能，服务国民经济建设和社会发展，保障国家安全具有重要战略意义。

在高分辨率对地观测系统工程全面建成之际，高分辨率对地观测工程管理办公室、中国科学院高分重大专项管理办公室和国防工业出版社联合组织了《高分辨率对地观测前沿技术》丛书的编著出版工作。丛书见证了我国高分辨率对地观测系统建设发展的光辉历程，极大丰富并促进了我国该领域知识的积累与传承，必将有力推动高分辨率对地观测技术的创新发展。

丛书具有3个特点。一是系统性。丛书整体架构分为系统平台、数据获取、信息处理、运行管控及专项技术5大部分，各分册既体现整体性又各有侧重，有助于从各专业方向上准确理解高分辨率对地观测领域相关的理论方法和工程技术，同时又相互衔接，形成完整体系，有助于提高读者对高分辨率对地观测系统的认识，拓展读者的学术视野。二是创新性。丛书涉及国内外高分辨率对地观测领域基础研究、关键技术攻关和工程研制的全新成果及宝贵经验，吸纳了近年来该领域数百项国内外专利、上千篇学术论文成果，对后续理论研究、科研攻关和技术创新具有指导意义。三是实践性。丛书是在已有专项建设实践成果基础上的创新总结，分册作者均有主持或参与高分专项及其他相关国家重大科技项目的经历，科研功底深厚，实践经验丰富。

丛书5大部分具体内容如下：**系统平台部分**主要介绍了快响卫星、分布式卫星编队与组网、敏捷卫星、高轨微波成像系统、平流层飞艇等新型对地观测平台和系统的工作原理与设计方法，同时从系统总体角度阐述和归纳了我国卫星遥感的现状及其在 6 大典型领域的应用模式和方法。**数据获取部分**主要介绍了新型的星载/机载合成孔径雷达、面阵/线阵测绘相机、低照度可见光相机、成像光谱仪、合成孔径激光成像雷达等载荷的技术体系及发展方向。**信息处理部分**主要介绍了光学、微波等多源遥感数据处理、信息提取等方面的新技术以及地理空间大数据处理、分析与应用的体系架构和应用案例。**运行管控部分**主要介绍了系统需求统筹分析、星地任务协同、接收测控等运控技术及卫星智能化任务规划,并对异构多星多任务综合规划等前沿技术进行了深入探讨和展望。**专项技术部分**主要介绍了平流层飞艇所涉及的能源、囊体结构及材料、推进系统以及位置姿态测量系统等技术,高分辨率光学遥感卫星微振动抑制技术、高分辨率 SAR 有源阵列天线等技术。

丛书的出版作为建党 100 周年的一项献礼工程,凝聚了每一位科研和管理工作者的辛勤付出和劳动,见证了十年来专项建设的每一次进展、技术上的每一次突破、应用上的每一次创新。丛书涉及 30 余个单位,100 多位参编人员,自始至终得到了军委机关、国家部委的关怀和支持。在这里,谨向所有关心和支持丛书出版的领导、专家、作者及相关单位表示衷心的感谢!

高分十年,逐梦十载,在全球变化监测、自然资源调查、生态环境保护、智慧城市建设、灾害应急响应、国防安全建设等方面硕果累累。我相信,随着高分辨率对地观测技术的不断进步,以及与其他学科的交叉融合发展,必将涌现出更广阔的应用前景。高分辨率对地观测系统工程将极大地改变人们的生活,为我们创造更加美好的未来!

王礼恒

2021 年 3 月

前 言

卫星成像遥感主要采用可见光、高光谱、微波等工作波段。地球同步轨道合成孔径雷达(SAR)卫星具有响应快速、重访周期短、时间分辨率高和成像幅宽大等优点,可以应用于灾害监测、环境监测、资源勘查和农作物估产等方面。

本书的侧重点是介绍地球同步轨道 SAR 系统设计技术,主要阐述工程中如何在理论研究的基础上实现地球同步轨道 SAR 系统设计。目前地球同步轨道 SAR 系统是国内外星载 SAR 研究的热点和难点,而有关这方面的书籍很少,本书是多位工程研究人员根据多年从事卫星微波遥感研究工作后积累的大量经验编著而成的。

本书由张庆君负责全书策划、统稿和审校。其中:第 1 章由张庆君、李真芳撰写;第 2 章由吕争、匡辉撰写;第 3 章由赵峭、王振兴、姚鑫雨、黄宇飞撰写;第 4 章由倪崇、吕争、索志勇撰写;第 5 章由李堃、张庆君、丁泽刚、胡程撰写;第 6 章由王志斌、贺玮、李真芳撰写;第 7 章由王志斌、邵芸、李腾飞撰写;第 8 章由李堃、王志斌撰写;第 9 章由匡辉、吕争撰写。在此期间,杨汝良研究员、常际军研究员、马世俊研究员、刘兆军研究员、刘杰研究员、朱宇研究员、张顺生研究员对本书内容的编写提出了许多宝贵意见,在此表示衷心感谢! 本书的校对、供稿得到了多年从事微波遥感技术研究的各位同仁的大力支持,本书由国防工业出版社诸位老师精心编辑完成,在此一并表示感谢!

本书撰写过程中,我们力求使每部分内容准确、详实,但由于能力及掌握资料有限,书中难免会出现疏漏或不足之处,恳请广大读者谅解并批评指正。

作者

2021 年 1 月于北京

目　录

第1章　地球同步轨道 SAR 系统概述 ··············· 1

1.1　概述 ·· 1
1.2　发展历史与现状 ································ 2
1.3　基本原理及技术特点 ························· 5
1.4　发展必要性分析 ································ 7
  1.4.1　提升灾害综合防范能力 ············ 7
  1.4.2　提高灾害应急监测能力 ············ 8
  1.4.3　支撑一带一路沿线建设 ············ 8
  1.4.4　支撑行业部门遥感应用 ············ 9
1.5　行业应用分析 ··································· 9
  1.5.1　应用领域概述 ························· 10
  1.5.2　主要行业应用 ························· 11
1.6　小结 ·· 17

第2章　地球同步轨道 SAR 系统设计 ··············· 18

2.1　概述 ·· 18
2.2　系统任务分析 ··································· 18
  2.2.1　频率选择 ······························· 18
  2.2.2　极化方式 ······························· 20
  2.2.3　入射角 ··································· 21
  2.2.4　成像模式 ······························· 21
  2.2.5　空间分辨率分析 ······················ 25
  2.2.6　测绘带宽分析 ························· 27

2.2.7　模糊度分析 ··· 28
　　2.2.8　旁瓣比分析 ··· 33
　　2.2.9　噪声等效后向散射系数分析 ····························· 33
　　2.2.10　辐射分辨率分析 ·· 34
　　2.2.11　辐射精度分析 ··· 34
　　2.2.12　定位精度分析 ··· 35
2.3　SAR 载荷分析 ··· 38
　　2.3.1　天线体制 ··· 38
　　2.3.2　天线尺寸 ··· 39
　　2.3.3　脉冲重复频率 ··· 40
　　2.3.4　占空比与脉冲宽度 ··· 40
　　2.3.5　发射信号带宽 ··· 41
　　2.3.6　平均发射功率 ··· 42
　　2.3.7　SAR 波位设计 ·· 42
　　2.3.8　原始数据率 ·· 44
2.4　SAR 姿态导引 ··· 44
2.5　SAR 供电分析 ··· 47
2.6　SAR 信息流分析 ·· 48
2.7　小结 ··· 48

第 3 章　地球同步轨道 SAR 卫星轨道设计及确定 ···················· 49

3.1　概述 ·· 49
3.2　卫星轨道的基本概念 ··· 49
3.3　常用 GEO 轨道设计特点及应用 ··································· 54
　　3.3.1　确定转移轨道 ··· 54
　　3.3.2　制定变轨策略 ··· 55
　　3.3.3　确定发射窗口 ··· 56
　　3.3.4　分析轨道保持策略 ··· 57
　　3.3.5　推进剂预算分析 ·· 58
3.4　GEO SAR 卫星任务轨道选择与分析 ····························· 59
　　3.4.1　地球同步轨道卫星星下点轨迹主要类型 ················ 59
　　3.4.2　"8 字形"星下点轨迹 ······································ 61

  3.4.3 "一字形"星下点轨迹 ·················· 63
  3.4.4 "小椭圆形"星下点轨迹 ················ 64
  3.4.5 "水滴形"星下点轨迹 ·················· 65
3.5 GEO SAR 卫星与低轨 SAR 卫星的比较 ········· 67
  3.5.1 重访特性比较 ······················ 68
  3.5.2 持续观测时间能力比较 ················ 70
  3.5.3 典型目标的观测比较 ·················· 71
  3.5.4 区域覆盖能力比较 ··················· 72
3.6 GEO SAR 卫星轨道确定 ······················ 72
  3.6.1 地球同步轨道 SAR 轨道确定精度需求 ····· 72
  3.6.2 轨道确定的基本概念 ·················· 74
  3.6.3 精密定轨的测量技术 ·················· 76
  3.6.4 精密定轨的摄动力学模型 ·············· 84
  3.6.5 精密定轨处理及精度评估 ·············· 96
3.7 小结 ·· 101

第4章 地球同步轨道 SAR 系统误差成像影响 ······ 102

4.1 概述 ··· 102
4.2 卫星平台误差对成像质量影响分析 ············· 103
  4.2.1 卫星位置误差 ······················ 103
  4.2.2 卫星速度误差 ······················ 106
  4.2.3 卫星轨道摄动 ······················ 109
  4.2.4 卫星姿态误差 ······················ 109
  4.2.5 卫星姿态稳定度 ···················· 124
4.3 有效载荷误差对图像质量影响分析 ············· 125
  4.3.1 雷达天线误差 ······················ 125
  4.3.2 发射机通道幅相误差 ················· 137
  4.3.3 接收机通道幅相误差 ················· 139
  4.3.4 频率源误差 ························ 142
  4.3.5 中央电子设备误差 ··················· 150
4.4 传播空间环境对成像质量的影响 ··············· 151
  4.4.1 电离层影响 ························ 151

  4.4.2 对流层影响 ··· 159
4.5 观测场景参数误差对成像的影响 ······································ 167
  4.5.1 地球自转误差 ·· 167
  4.5.2 杂波运动误差 ·· 167
  4.5.3 地球潮汐运动误差 ·· 172
4.6 走停假设误差对成像质量的影响 ······································ 173
4.7 小结 ·· 176

第 5 章 地球同步轨道 SAR 信号模拟与成像 ································ 177

5.1 概述 ·· 177
5.2 回波模拟技术研究 ·· 177
  5.2.1 回波模拟算法 ·· 177
  5.2.2 非理想因素仿真模型 ·· 180
  5.2.3 大气传输误差仿真 ·· 183
  5.2.4 电离层仿真 ·· 185
  5.2.5 非走停模型 ·· 188
5.3 SAR 成像算法研究 ·· 190
  5.3.1 条带成像处理算法 ·· 190
  5.3.2 扫描成像处理算法 ·· 193
  5.3.3 干涉处理算法 ·· 195
  5.3.4 差分干涉处理算法 ·· 203
  5.3.5 多角度连续观测处理算法 ······································ 207
5.4 地球同步轨道 SAR 图像质量评估研究 ································ 211
  5.4.1 图像质量评估指标 ·· 211
  5.4.2 非正交旁瓣图像质量评估 ······································ 213
5.5 小结 ·· 216

第 6 章 地球同步轨道 SAR 干涉与差分干涉 ······························ 217

6.1 概述 ·· 217
6.2 传统 SAR 几何模型 ·· 218
6.3 基本概念与原理 ·· 219
  6.3.1 传统 InSAR 几何模型 ·· 219

  6.3.2 干涉相位统计特性 ································ 222
  6.3.3 InSAR 系统性能分析 ····························· 224
6.4 几何原理与性能分析 ····································· 226
  6.4.1 几何原理及处理方法 ···························· 226
  6.4.2 差分干涉 SAR 性能分析 ························· 232
6.5 GEO – InSAR 全链路误差分析 ·························· 238
  6.5.1 性能分析思路 ·································· 238
  6.5.2 相对测高精度分析 ······························ 239
  6.5.3 绝对测高精度分析 ······························ 251
  6.5.4 法拉第旋转影响分析 ···························· 254
6.6 GEO DInSAR 全链路误差分析 ························· 257
  6.6.1 干涉相位误差 ·································· 258
  6.6.2 DEM 误差 ····································· 258
  6.6.3 基线误差 ······································ 259
6.7 基线误差估计与补偿 ····································· 261
6.8 电离层误差估计与补偿 ··································· 263
  6.8.1 图像配准估计电离层效应的影响 ················· 263
  6.8.2 多孔径干涉技术 ································ 270
6.9 对流层延迟误差估计与补偿 ····························· 274
  6.9.1 对流层延迟分析 ································ 274
  6.9.2 对流层延迟校正 ································ 275
6.10 预滤波参数估计与补偿 ································· 277
  6.10.1 距离波数谱预滤波 ····························· 278
  6.10.2 方位多普勒谱预滤波 ·························· 279
6.11 相位滤波梯度估计与补偿 ······························ 281
  6.11.1 梯度估计与补偿原理 ·························· 281
  6.11.2 高阶误差估计与补偿 ·························· 282
  6.11.3 仿真结果 ····································· 284
6.12 小结 ·· 284

第 7 章 地球同步轨道 SAR 时变散射特性 ··················· 285
7.1 概述 ·· 285

7.2 基于时变散射特性的 SAR 场景信号建模 ················· 285
　　7.2.1 时变森林/水稻场景信号建模 ················· 286
　　7.2.2 时变粗糙海面场景信号建模 ················· 310
7.3 基于地学分析的时变特性分析 ················· 319
7.4 基于时变散射特性的 GEO SAR 成像试验 ················· 322
　　7.4.1 水稻散射特性 ················· 322
　　7.4.2 树木散射特性 ················· 325
　　7.4.3 水面散射特性 ················· 326
　　7.4.4 水面静止目标散射特性 ················· 330
　　7.4.5 潮湿土壤散射特性 ················· 332
7.5 小结 ················· 334

第8章 地球同步轨道 SAR 地面应用 ················· 335

8.1 概述 ················· 335
8.2 地面接收系统及业务流程 ················· 335
　　8.2.1 跟踪接收分系统 ················· 336
　　8.2.2 数据记录分系统 ················· 338
　　8.2.3 数据传输分系统 ················· 340
　　8.2.4 接收管理与监控分系统 ················· 342
8.3 地面处理系统及业务流程 ················· 347
　　8.3.1 公共平台 ················· 349
　　8.3.2 数据处理分系统 ················· 350
　　8.3.3 数据归档与信息管理分系统 ················· 351
　　8.3.4 任务与有效载荷管理分系统 ················· 353
　　8.3.5 数据分发分系统 ················· 353
　　8.3.6 数据模拟与评价分系统 ················· 354
　　8.3.7 定标检校分系统 ················· 355
8.4 GEO SAR 卫星行业应用展望 ················· 355
8.5 小结 ················· 358

第9章 地球同步轨道 SAR 新技术发展与应用 ················· 359

9.1 概述 ················· 359

9.2 地球同步轨道圆迹 SAR 应用 ·················· 360
　　9.2.1 基本原理 ·················· 360
　　9.2.2 国外研究现状 ·················· 361
　　9.2.3 国内研究现状 ·················· 364
　　9.2.4 关键技术分析 ·················· 369
9.3 地球同步轨道层析 SAR 应用 ·················· 370
　　9.3.1 基本原理 ·················· 370
　　9.3.2 国外发展现状 ·················· 375
　　9.3.3 国内发展现状 ·················· 377
　　9.3.4 关键技术分析 ·················· 378
9.4 地球同步轨道多基地 SAR 应用 ·················· 381
　　9.4.1 基本原理 ·················· 381
　　9.4.2 国外研究现状 ·················· 382
　　9.4.3 国内研究现状 ·················· 394
　　9.4.4 关键技术分析 ·················· 399
9.5 小结 ·················· 402

附录1　卫星轨道及坐标系转换 ·················· 403

参考文献 ·················· 410

第1章
地球同步轨道 SAR 系统概述

1.1 概述

合成孔径雷达(synthetic aperture radar, SAR)[1-18]是利用雷达与目标的相对运动把尺寸较小的真实天线孔径,用数据处理的方法等效合成为一个较大天线孔径的雷达。SAR 具有全天时全天候工作、分辨率高等特点,可以有效识别伪装和穿透掩盖物。因此,在国土测量、农作物及植被分析、海洋及水文观测、环境及灾害监视、资源勘探、地形测绘等领域发挥了重要作用。

SAR 与目标相对运动的成像原理决定了它必须搭载于运动平台,如人造地球卫星、飞机和飞艇等。卫星根据运行的轨道高度不同,通常可以分为下列三种:①低地球轨道(low earth orbit, LEO)卫星,轨道高度一般在 2000km 以下;②中地球轨道(medium earth orbit, MEO)卫星,轨道高度在 2000~30000km;③高地球轨道(high earth orbit, HEO)卫星,轨道高度大于 30000km,地球同步轨道(geosynchronous earth orbit, GEO)卫星,轨道高度在 35786km,如表 1-1 所示。地球同步轨道分为地球静止轨道卫星和倾斜同步轨道(inclined geoSynchronous orbit, IGSO)卫星。

表 1-1 卫星轨道名称及轨道高度

轨道名称	英文名称	缩写	轨道高度/km
低轨	low earth orbit	LEO	160~2000
中轨	medium earth orbit	MEO	2000~30000
高轨	high earth orbit	HEO	>30000
地球同步轨道(高轨)	geosynchronous earth orbit	GEO	35786

目前,世界各国已经成功发射的 SAR 卫星[19-22]均处于 200～1000km 的低地球轨道,轨道特性影响了现有星载 SAR 的覆盖面积、重访周期和响应实时性,在一定程度上限制了低轨 SAR 的使用效能。

1.2　发展历史与现状

1978 年,K. Tomiyasu 与美国国家航空航天局(NASA)提出了地球同步轨道概念[23-24],卫星运行在轨道倾角为 1°、偏心率为 0.009 的地球同步椭圆轨道上,对美国本土可以实现 4h、100m 分辨率的成像。

1983 年,在 NASA 资助下,K. Tomiyasu 等人将轨道倾角提高到 50°,可以实现 100m 分辨率成像[25-26]。卫星星下点轨迹东西方向上最远分别为西经 84.44°和西经 109.56°,南北方向上最远可达北纬 50°和南纬 50°。K. Tomiyasu 完成了天线直径为 15m 和 30m 两种情况下的系统设计。

随后 1987 年英国皇家航空学院的 M. Lesley 等人也对 GEO SAR 系统、应用和可行性等方面进行了相关研究。

相比 LEO SAR,GEO SAR 虽然分辨率相对较低,但其最大的特点是成像范围大、重访时间短。由于轨道高度不同,GEO SAR 重访时间最长为一天,而 LEO SAR 重访时间一般为 3～10 天甚至更长。但是,GEO SAR 的合成孔径时间与发射功率、天线尺寸等都比低轨 SAR 大很多,在当时的技术条件下难以实现。因此在随后的数十年间,关于 GEO SAR 的研究工作进展得比较缓慢。

进入 21 世纪后,随着大口径天线等相关技术的飞速发展,GEO SAR 研究再次进入活跃期[27]。美国喷气推进实验室(JPL)研究了 GEO SAR 涉及的一系列关键技术,并在其应用方面取得了重要的研究成果。

2001 年,JPL 提出了轨道倾角为 50°～65°、覆盖南北美洲的 GEO SAR 系统概念。该系统具有以下特点:第一,在斜视角范围 -60°～60°下,测绘带宽可达 1000～5000km;第二,具有三维形变监测能力;第三,具有多种工作模式,如条带测绘模式、单波束扫描模式、三波束扫描模式和高分辨率聚束模式,并指出了各种工作模式的优势和适用领域;第四,利用该系统重访时间短(12h)的特点,可以进行灾害预报与环境监测,如监测地壳的运动,精度可达到厘米甚至毫米级,还可以用来监测地震、火山、飓风、火灾、洪水、生态等自然灾害。

2003 年,JPL 提出了全球地震卫星系统(GESS)方案,计划利用 20 年的时间发射 10 颗 GEO SAR 卫星实现对全球不间断的覆盖能力,实现对全球地壳形变观测能力的提升。JPL 提出用 10 颗卫星组成一个星座,划分成 5 组,每组的两颗卫星遵循相同的星下点轨迹,干涉周期为 12h。每颗卫星运行在倾角为 60°近乎为圆形的 GEO 上。在任何时间内,这 10 颗卫星可以覆盖地球 80% 的区域,20% 的区域能由 1~2 颗卫星持续观测。对于地球的大部分区域,在 10min 内可以获得 20m 分辨率的图像。

JPL 方案采用 L 波段 30m 口径大天线,峰值发射功率 60kW,10~80MHz 可变带宽,保证对紧急事件能够在平均 10min 内获得 20m 分辨率的图像,在 24~36h 内实现毫米级的三维形变测量。

该方案利用 10 颗 GEO SAR 卫星分布在 5 个轨道面,轨道倾角为 60°。同一星下点轨迹的 2 颗卫星构成差分干涉(D-InSAR)系统,主要用来对全球进行地震观测。空间分辨率 20m,扫描范围 1000~6500km,形变精度可达 1mm/年,整星功率 4.7kW。由于 GEO SAR 天线面积巨大,利用现有的技术将使得有源相控阵天线质量非常大,对于发射平台负荷也较大,因此必须减小天线质量。在天线面积保持不变的情况下,只能通过减小每平米天线质量来实现。JPL 提出的解决减小每平米天线质量的方法是采用薄膜材料作为天线孔径,并于 2003 年提出了 30m×30m L 波段薄膜相控阵天线。

该天线采用可展开的六边形结构,具有二维波束扫描能力。天线孔径采用柔性的薄膜材料,并在其上集成了 T/R 组件及收发信号放大电子设备。太阳能电池板分为两部分:一部分围绕在天线孔径周边,另一部分安装在天线的背面半锥形部分。这样,太阳能电池在各个方向上接收太阳能,持续地对天线和其他设备进行能量供应。

SAR 天线设计是 GEO SAR 工程实现中的核心技术。在天线结构确定的基础上,需要开展信号生成、分发、发射和接收结构等的小质量、低功率和高性能设计。JPL 开展了 GEO SAR 天线设计研究,其设计的天线主要参数如表 1-2 所示。

表 1-2 GEO SAR 天线主要参数

天线参数	指标要求
频率/GHz	1.25
带宽/MHz	80
天线尺寸/(m×m)	30×30
发射功率/kW	60

续表

天线参数	指标要求
占空比/%	20
波束扫描范围/(°)	±8
极化方式	单极化、垂直线极化

综上所述，JPL给出了天线技术以2003年为起点，在后续5~20年的发展规划[28]，如表1-3所示。2005年，JPL又以D-InSAR典型应用为基础，将GEO SAR与LEO SAR进行了对比分析论证，如表1-4所示。

表1-3 天线技术发展规划

	5年	10年	20年
天线质量/kg	2700	1800	900
天线面密度/(kg/m²)	3	2	1
电子单元/kg	200	50	25
太阳帆板质量/kg	200	和天线共用	和天线共用
平台质量/kg	870	560	230
总质量/kg	3970	2410	1155
总功率效率/%	20	40	70
载荷功率/kW	15	17	19
平台功率/kW	5	2	1
总功率/kW	20	19	20
天线形式	可变六边形天线	可变六边形天线	可重构天线
机械机构	机械展开结构	膨胀结构	膨胀结构

表1-4 JPL对LEO SAR与GEO SAR的对比分析

	LEO SAR	GEO SAR
轨道高度/km	800	35800
幅宽/km	350	7000
重访时间/天	8	1
分辨率/m	30	30
能力	断裂带动力学建模	地震监测、灾害响应

2006年，俄罗斯的I. G. Osipov等人还提出了使用核燃料作为能源的GEO SAR系统。

2007年,英国Cranfield大学也在积极探究高轨环境对SAR天线的影响,包括固体天线、网状天线和充气型天线。固体天线构造复杂,质量较大;网状天线目前应用比较广泛;充气型天线具有潜在的最小质量和最小存放体积,正成为目前研究的重点。Cranfield大学详细讨论了充气型天线可能在太空中遇到的问题,包括受到微流星体的碰撞、气体泄漏等,并提出了几种解决方案,在航天器上采用防护装置以及具有自我修复机制的天线来解决微流星体碰撞与气体泄漏的问题。

Cranfield大学设想利用12颗卫星组成一个系统[29-30],分成3组,每组包含4颗卫星,分别负责3个地区:美洲地区、欧洲和非洲地区、亚洲及大洋洲地区。组成一组的4颗卫星再划分成两个小组,每小组2颗卫星,倾角分别为0.06616°和0.02717°。4颗卫星的轨迹为内外两个同心圆,外面的圆用来形成合成孔径,里面的圆用来降低旁瓣能量、提高信噪比以提高图像质量。

随着国际相关研究机构对GEO SAR研究的不断深入[31-64],近年来国内的研究人员对GEO SAR开展了系统性的论证及工程设计工作。中国空间技术研究院、中国科学院空天信息创新研究院、北京理工大学、西安电子科技大学、国防科技大学、电子科技大学、香港理工大学等单位分别开展了相关研究工作,解决了GEO SAR系统参数设计、成像处理方法、电离层效应影响、卫星与载荷总体设计、地面试验验证等理论和工程研制问题,并取得了大量成果。

1.3 基本原理及技术特点

GEO SAR卫星由于轨道高度高,运行一周的时间为24h,远远大于LEO卫星,另外,地球同步轨道卫星每圈的星下点轨迹都是重合的,而LEO卫星则通常每圈有着不同的星下点轨迹,因此带来的优势就是地球同步轨道的卫星具有比LEO卫星更短的重访时间。同时,由于SAR需要通过雷达与目标之间的相对运动才能形成方位分辨率,因此选取卫星轨道时就不能选择地球静止轨道,而应选择地球同步倾斜轨道。

相对于普通的LEO卫星,GEO SAR系统具有以下鲜明的技术特点。

1. 超长成像时间

SAR方位向分辨率主要依赖于合成孔径时间内回波信号的相干积累,LEO SAR一般在秒级,而GEO SAR达到相同合成孔径角所需要的时间更长,可达千秒量级。例如,对于20m分辨率的GEO SAR系统,合成孔径时间约

246s(赤道)至1267s(远地点)。在长合成孔径时间下,常规的等效斜视速度模型无法精确表征 GEO SAR 的运动轨迹,因此传统低轨 SAR 成像处理算法不再适用。

此外,由于 GEO SAR 卫星的轨道高度高,即使雷达波束宽度很小(1°左右),波束在地面的覆盖范围为 400km。成像聚焦参数具有明显的空变性,不能够采用场景中心的聚焦参数对整个场景进行聚焦。此外,由于高轨特有的轨道高度和长合成孔径时间,雷达回波在传输过程中会经历较长的时延。由于传输过程中存在非理想因素,如电离层和大气对流层传输等,不同 PRT 之间的回波相干性会减小。

相比于 LEO SAR,GEO SAR 具有独特的成像特点。由于 GEO SAR 具有较长的合成孔径时间,所以曲线运动轨迹对成像的影响不能忽略。由于高的轨道高度使得其回波时延较长,在回波传播过程中的卫星运动不能忽略,常规 LEO SAR 成像处理中基于直线轨迹模型推导的距离多普勒(RD)、Chirp Scaling(CS)等算法已经难以完成对目标的精确聚焦。并且其发射和接收的信号经过对流层、电离层,因此不可避免会出现大气折射、信号群时延、法拉第旋转等现象,信号受到电离层扰动、极化失配衰减等的影响。这些扰动与时延具有时间和空间的非平稳变化特性,致使回波信号出现波前弯曲,表现为信号包络抖动和相位变化。传统理想传播条件的假设不再成立,使得 GEO SAR 成像的大幅宽、高分辨率成像成为当前的研究热点和难点。

2. 大口径天线

为满足远距离的成像性能指标,GEO SAR 要求大口径天线、大发射功率和一定的波束扫描能力。实现波束扫描可以有两种途径:一种是采用分布式收发 T/R 组件的固态有源平面相控阵天线;另一种是采用集中或半集中收发方式大功率放大器加相控阵馈源的可展开反射面天线。

平面相控阵天线虽然具有波束设计灵活的特点,但是天线质量较大,因此在空间大型天线研制中难度较大,效率低、功耗大;薄膜平面相控阵天线虽然质量较小,但是受限于目前的研究基础,短期内无法满足星载 SAR 工程应用。反射面天线质量相对较小,效率高,能够实现相同平均功率时所需系统功耗较小的目标,因此现阶段采用反射面天线是比较合适的技术途径。同时,为满足火箭和卫星对包络、质量和功耗的要求,还要重点开展 GEO SAR 天线轻量化结构、高集成抗辐射和低功耗电子、高效率高功率发射放大器、低损耗低功耗移相器、先进材料、先进封装、抗辐射等研究工作。

3. 高精度高稳定度控制

GEO SAR 卫星装有大型可展开的环形桁架式网状抛物面天线。该天线规模庞大、构型复杂、刚度弱、基频低、模态密集、转动惯量占整星转动惯量比例大，在轨易激发挠性振动，从而破坏天线和整星的姿态控制精度。因此，需要高精度高稳定度控制以保证 SAR 天线对波束的指向精度和稳定度要求。但整星的振动作为一个复杂的、耦合的反馈系统，依靠原有的结构和机构、姿态轨道控制、SAR 天线等单一环节无法实现整星性能指标。因此，需要从整星层面采用在轨辨识算法，对整星挠性频率进行辨识；同时采用振动主动控制技术，提高整星稳定度和天线指向精度。

1.4 发展必要性分析

GEO SAR 卫星具有全天时、全天候、高时效、宽覆盖等特点[11]，对于自然灾害发生后极端天气条件下高频次对地观测具有独特优势。随着自然灾害引发的国家和人民生命财产安全问题的日益加重，减灾救灾领域对 GEO SAR 卫星的应用有着现实又迫切的需求。

GEO SAR 卫星的使用将大大提高灾害发生前的预警与风险预评估能力，在灾害发展过程中可以为制定灾害应急救助方案提供高时效的信息服务，在灾情稳定后为全面制定灾害救助方案提供科学依据，在灾害结束后为灾区重建工作提供决策支持。通过跟踪灾害全过程，实现对灾害的连续监测与评估，为防灾、备灾、救灾、减灾提供一系列决策信息，将有助于减轻或避免灾害发生，最大程度地减少自然灾害造成的社会经济损失。

1.4.1 提升灾害综合防范能力

我国是世界上自然灾害最为严重的国家之一，灾害种类多，分布地域广，发生频率高，灾害损失重。因此，我们要坚持以防为主、防抗救相结合，坚持常态减灾和非常态救灾相统一，努力实现从注重灾后救助向注重灾前预防转变，从应对单一灾种向综合减灾转变，从减少灾害损失向减轻灾害风险转变，全面提升全社会抵御自然灾害的综合防范能力；要求通过高低轨道、高中分辨率、光学与 SAR 卫星协同观测，实现对全国自然灾害发展全过程的综合监测能力。与低轨卫星相比，GEO SAR 卫星具有监测范围广、频次高的优势，可以实现对灾害系统要素的多分辨率常规普查，从而有助于获取灾害系统高频时空序列数据，提高灾害异常变化信息的识别精度和效率,提升自然灾害早期识别和预警水平,为全面提高全社会的自然灾害的综合防范能力做出贡献。

1.4.2 提高灾害应急监测能力

我国自然灾害具有灾害种类多、分布地域围广、发生频次高、影响损失重等特点。随着气候变化不断加剧,极端气候事件频发,自然灾害频率及影响均呈上升趋势。2016年以来,受强厄尔尼诺现象影响,长江中下游、华北地区多地发生严重洪涝灾害,灾害范围广、灾情发展快。截至2016年8月30日17时,国家减灾委、民政部共启动16次国家Ⅳ级救灾应急响应,其中洪涝灾害救灾应急响应13次。与此同时,东北、内蒙古地区却发生严重的干旱灾害。因此灾害突发、多发、大范围受灾的监测需求日益迫切。

但是,现有低轨卫星由于观测范围有限、重访周期较长且多为光学卫星等限制条件,较难满足这一要求;我国地球静止轨道中高分辨率多光谱卫星——高分四号已经开始业务应用,但仍存在受气象条件及光照条件影响大的缺点,在恶劣条件下及时获取有效数据的能力较弱。所有目前洪涝灾害监测主要以极重灾区少数晴天时期的观测为主,尚未实现对洪涝灾害重灾区、受灾区及影响区的大范围、持续动态监测,这极大影响了国家对洪涝灾害的应急响应与救助支撑。旱灾监测以光学卫星为主,对土壤湿度这一重要干旱指标监测精度不足,基于雷达卫星的大范围旱情监测与风险评估能力亟待提高。

1.4.3 支撑一带一路沿线建设

自然灾害是全球人类面临的共同挑战,受地质活动及复杂气候条件影响,"一带一路"沿线国家自然灾害发生频繁,印度洋海啸,缅甸、泰国特大洪涝灾害等自然灾害给受灾地区人民群众生命财产安全构成了极大威胁。2015年3月,第三届世界减灾大会通过了"2015—2030年仙台减灾框架",强调多方参与的国际合作将成为帮助发展中国家提升灾害风险抵御力的重要保障之一。

预计GEO SAR卫星观测范围覆盖北纬55°~南纬55°,东经135°~东经50°的广大地区,包括中国大陆、近海及经济专属区、西太平洋、印度洋和"一路一带"大部分地区,卫星投入使用后,通过遥感数据的国际共享与服务,可为各国减轻灾害风险工作提供基于科学实证的决策支持与技术服务支撑,在现有卫星灾害服务能力基础上,可以使沿线国家灾害监测的频次倍增,在加强成员国空间技术应用能力和促进合作方面发挥重要作用。

1.4.4 支撑行业部门遥感应用

GEO SAR 卫星以高频次、大范围、多模式的工作特点,可以提供覆盖国土及周边地区的 SAR 影像,进一步支撑地表形变监测、地震监测与应急救援、水资源评价与水环境监测、台风与近岸海风评估、海冰动态监测、海洋工程设施监测、作物产量与森林生物量评估等工作,有效提升国土、地震、水利、气象、海洋、农业、环境及林业等行业遥感卫星业务的应用范围[60]。

1.5 行业应用分析

GEO SAR 卫星具备以下应用能力。

1. 高时效观测能力

GEO SAR 卫星为一天回归的轨道,轨道周期为 23h56min,这样可以保证在较短的时间内对覆盖区域的重访;同时,可以提供热点区域高时间分辨率的连续观测遥感图像,达到小时级的快速定位监测水平,具备大范围的快速监测能力,大大提高应急的监测频次,可以为突发性灾害事件的预警、监测、评估等工作提供全方位的应用服务;对于突发性的洪涝、地震等灾害,具有应急响应时间短、实时性强等特点,可以为灾区灾情的实时监测提供快捷有效的支持。

2. 宽覆盖观测应用能力

GEO SAR 卫星可以提供宽覆盖的遥感监测数据,幅宽达 3000km,可以实现对大尺度范围地表区域的应急监测,同时具备对区域生态环境等的监测评估能力。

3. 中等分辨率观测应用能力

GEO SAR 卫星可以提供中等分辨率的对地观测数据,通过 GEO SAR 对地观测数据和相关信息产品进行特征分析及时序积累,可以提供对洪涝、干旱、雨雪等灾害的预警与实时监测,在台风暴雨洪涝、地震地质等突发性自然灾害发生时,第一时间内获取灾区的受灾范围,从宏观上对灾害变化趋势进行监测。GEO SAR 可以应用于孕灾环境持续监测、灾害风险预警、应急观测及恢复重建评估,为防灾减灾提供有效的决策支持信息。

4. 全天时全天候观测能力

光学遥感技术已经在各行业领域中得到广泛的应用。SAR 与光学遥感不同,凭借其主动工作模式,传感器无须依赖太阳光源,从而可以实现昼夜成像。它采用的电磁波谱的波长范围从毫米级到米级,远大于可见光和近红外光谱的波长,因此雷达影像对云雨和雾霾有一定的穿透性,在多云多雨地区具有明显的优势。尤其在灾害发生初期,多云多雨的恶劣天气条件下,SAR 卫星在灾害应急期间具有不可替代的优势。

5. 多任务模式观测应用能力

GEO SAR 卫星能够提供多种任务工作模式,以满足减灾、国土、地震、水利、气象、海洋、农业、环境保护和林业等行业需求。通过普查模式,在日常情况下,GEO SAR 可以对我国全境进行大范围地表环境监测;在灾害应急模式下,通过持续观测可以连续动态地监测热点地区地表要素发展变化;通过多灾应急模式,可以对多个热点地区进行交替成像观测;通过区域模式监测,可以获取大范围区域情况。

1.5.1 应用领域概述

由于对地观测领域涉及的观测对象众多,影响因素复杂,观测对象的状态依据各行业部门需求的不同而各不相同。目前来看,任何单一类型的遥感数据都难以充分满足各行业的应用需求,通过有效地发挥多种遥感技术的优势,弥补采用单一数据源信息量不足的问题,来解决实际应用中出现的问题,成为发展的必由之路。依托 GEO SAR 平台和载荷的特点,面向地球环境和人类活动等观测对象,可以大致将应用领域按照陆地、水、大气进行分类,如图 1-1 所示。

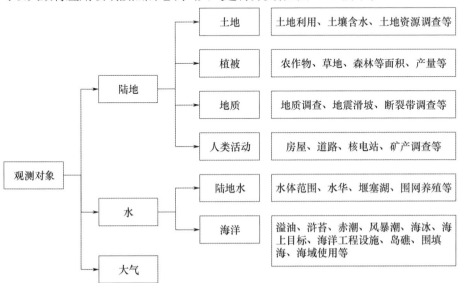

图 1-1 GEO SAR 卫星观测对象分类

陆地方面可观测的对象大致可分为土地、植被、地质和人类活动。其中：土地应用包括土地利用类型、土壤含水量信息提取、土地资源调查监测等；植被应用包括农作物、草地、森林的识别和面积、产量长势等信息提取；地质应用包括地质勘查、地震滑坡、断裂带调查等；人类活动监测包括房屋、道路、核电站等重要生产生活设施的监测和调查等。

水体方面可观测的对象大致可分为陆地水和海洋。其中，陆地水应用包括水体范围、水深等信息提取，以及水资源、水华、堰塞湖、围网养殖等监测；海洋水体应用包括溢油、浒苔、赤潮、海冰等海面目标以及风暴潮漫滩、海洋工程设施、岛礁、围填海、海域使用等监测和信息提取。

1.5.2 主要行业应用

1. 减灾行业应用

GEO SAR 卫星是卫星减灾应用体系至关重要的数据源之一。由于它不依赖于太阳辐射的影响，可以用于自然灾害的预警、监测和评估，是"天-空-地-现场"一体化的灾害监测评估网络体系建设的重要基础，空间技术尤其在台风暴雨洪涝、地震及滑坡泥石流等次生灾害、旱灾、雪灾等灾害管理环节中有巨大的应用潜力。

1) 致灾因子应急监测

我国每年因台风、暴雨引发洪水造成的损失较为严重，及时有效地获取地面灾情数据对减少人员伤亡和财产损失至关重要。但是，受天气条件的影响，光学数据在洪水灾害发生的一段时间内往往是无效数据，而 SAR 数据可以不受这方面的限制。SAR 数据在区分水体和陆地方面有快速处理的优势，而且 X/S/C/L/P 等工作波段和单一极化方式即可以满足需求。GEO SAR 卫星数据宽覆盖、高重访的特性，相较于中低轨 SAR 卫星数据幅宽窄、时间分辨率不足等问题，尤其适合应用于流域性洪涝灾害的大范围应急监测领域。GEO SAR 数据在地表形变定量测算、大型滑坡体形态特征提取、堰塞湖发展趋势分析等方面有重要的应用价值，可以为有效监测和定量评价提供信息，以便更好地指导应急救援、调配救援力量和安置灾民。

2) 孕灾环境持续监测

微波遥感凭借全天时、全天候的观测能力以及对土壤水分的高敏感性，在土壤水分的研究中得到了很高的重视。GEO SAR 大斜视多角度信息，为土壤水分信息的高精度定量反演提供了新的数据支撑，时间序列土壤水分动态监测产品为旱涝灾害的风险分析、监测预警提供了可靠的信息源。雪水当量既是寒潮灾害链中孕灾环境的重要影响因素,也是干旱灾害链中孕灾环境的间接影响因素。典型 SAR 数据能区分干雪、湿雪,相比于光学数据,对雪灾的监测预警评估具备优势,而 GEO SAR 数据在成像模式方面相较已有的其他轨道 SAR 数据而言,同时具备多角度等其他特征,为雪灾监测预警评估业务提供了新的信息源。依托 GEO SAR 数据特性,雪盖范围、雪水当量快速定量反演及时序灾害动态监测信息分析,为雪灾监测预警评估业务模型的完善提供了影响因子新的数据源。

3)承灾体损失监测

重大自然灾害发生后,可以应用遥感影像进行毁损实物量评估,主要包括房屋建筑物、基础设施、自然资源等。中等空间分辨率 GEO SAR 数据可以对楼房等大型房屋建筑物,交通、市政公用、水利、电力、电信和广播通信、管道等大型基础设施,以及土地、水域等自然资源进行灾害目标识别及灾前灾后变化监测,从而检测到毁损实物量,并对其毁损程度进行判定,毁损指标进行分析,从而得到毁损实物量评估结果,用于支撑灾害监测范围和毁损实物量评估的精确性,并指导灾后重建工作。

2. 国土行业应用

1)基础地质调查和矿产勘查领域

在区域基础地质调查和资源勘查工作中,遥感技术具有速度快、质量高、节省人力物力的优势,尤其是在地面调查困难、地形地质条件复杂但地表稳定且裸露良好的山区,遥感技术的应用具有显著的技术经济效益。星载成像雷达作为一种主动式遥感器,具有全天时、全天候、主动成像、高分辨率等对地观测的特性,它不仅具有一定的地表穿透性,而且通过调节观测视角,对目标地物具有良好的空间位置、形态探测能力。这些独特的优势使得雷达遥感在岩性识别、地质填图、矿产勘探、线性构造、火山、断裂识别与调查等方面具有良好的识别效果。GEO SAR 具有大幅宽、全天时、全天候、穿透性等优势,可用于区域性地质构造解译、特征地质体的识别和分类等基础地质调查工作。

2)地质灾害应急响应和调查监测

地质灾害包括地震、滑坡、地面沉降以及矿区地表塌陷等。目前遥感技术在地质灾害中的应用,多采用光学遥感图像进行调查分析:一方面是根据地物形态特征在航空相片或卫星图像上以目视方法进行解译;另一方面可以通过多时相遥感数据提取影响地质灾害发生的地质环境、自然环境以及社会经济环境条件等信息,为灾害评估和综合分析提供数据支撑。但是,在我国地质灾害多发于多云多雨地区,云层覆盖使某些区域难以获得充分的和适时卫星影像是当前地质灾害遥感应用存在的主要问题之一。SAR 具有全天时、全天候工作能力,对云雨和植被具有一定的穿透性,并且可以通过调节最佳观测视角非常有效地探测目标地物的空间形态及结构,因此成像雷达数据在气候恶劣的条件下,可以作为光学遥感的有效补充。GEO SAR 具有中等分辨率、超大成像宽幅、快速重访、具备差分干涉能力等特点,可用于大尺度下地面沉降、滑坡等地质灾害应急调查和监测工作。

3) 土地资源调查监测

土地资源遥感调查与监测在技术方法和监测技术体系方面已取得了较大进展,基本实现了遥感监测技术在国土资源管理中的产业化应用,但目前土地利用遥感调查与监测中应用最普遍的是光学遥感数据。在中国南方沿海区和山地区,由于气候湿润、多云多雨,光学遥感难以有效覆盖,往往难以满足短周期内全面获取"一年一图"、国土资源调查与监管等国土业务的需求。GEO SAR 可用于耕地质量、重要基础设施、新型城镇化边界等主要土地资源调查和监测工作。

3. 地震防灾减灾应用

地震行业肩负着国家防震减灾任务,在震害防御、监测预报、应急救援工作中发挥着重要作用。GEO SAR 能够宏观观测震区及地震危险区情况,其应用领域可以涵盖地震行业中震害防御、地震监测和地震应急三大工作体系。

1) 震害防御领域

震害防御是通过对活动断裂分布的调查和历史地震的研究获取地震烈度区划图或地震动参数区划图,制定不同区域地震设防标准,对建设工程进行地震安全性评价工作,达到最大程度减轻地震灾害的目的。由于现有人力、物力的短缺和探测技术的局限性,目前对全国地震构造和活动断裂分布的调查工作不够全面和系统。我国目前震害防御的基础资料——地震烈度区划图与实际情况存在一定的偏差,如唐山、汶川这些发生特大灾害的地震烈度远远高于设防烈度。改变这种现状的途径是更加全面地了解地震构造和活动构造的分布及活动状况。GEO SAR 卫星遥感为更加全面地了解地震构造和活动构造的分布及活动状况,开展基于新型遥感数据的隐伏构造分析提供了契机。SAR 数据对地貌起伏、地表破碎带和地物含水量十分敏感,而且具备一定的穿透力,能提供有关隐伏构造的信息。通过将活动构造地貌分析方法与 GEO SAR 遥感信息提取技术相结合,发展GEO SAR遥感活动构造/隐伏构造分析技术,可以为地震构造调查提供全面、快速、客观的基础资料。

2）地震监测领域

地震监测的目的是通过对地壳各种物理量的监测,获取前兆异常信息,研究异常信息与地震的关系,探索地震预报方法,减轻地震引发的灾害。由于国力和自然条件的限制以及观测环境的干扰和破坏,我国目前的地面地震台网密度仍然很低,仅能获取地表离散点的数据,很难对地球物理和地球化学背景场进行完整的描述,给完整捕获地震前兆信息带来了困难,因此急需引进新的观测技术。根据地震趋势研究结果,汶川8级地震标志着我国南北地震带进入10年左右尺度的7级以上地震活跃时段,华北地区在经历了11年的6级以上地震平静后也将进入一个强震活跃时段。因此,当前迫切需要用新的观测技术探测地震前兆异常。地震监测预报是一项复杂而艰巨的任务,对高轨卫星遥感数据的需求是迫切的。地壳形变测量是迄今为止一种比较有效和重要的地震监测手段。现有的GPS形变观测网络无法实现高密度覆盖,而GEO SAR遥感数据能高时效地获取地震前后连续的地表形变信息,是深入研究断裂带变形演化特征、孕震过程、地震预测的重要保障。

3）地震应急救援领域

地震灾害调查与快速评估是地震应急救援工作的重要组成部分,对政府科学、高效地开展救灾工作以及进行震后重建具有重要意义。地震灾害调查工作的开展依赖于对灾区受灾信息的快速、动态获取,遥感技术在其中能发挥重要作用。强震发生后,往往伴随震区交通和通信中断,给及时了解灾区灾情、制定救灾对策带来很大困难。利用卫星遥感手段可以快速获取震区遥感数据,为快速了解灾区各方面信息,有效开展救灾工作部署提供决策信息,赢得宝贵的救援时间。目前所能获取的国内外遥感数据存在着覆盖范围小、时间分辨率低、获取周期长、使用成本高等不足。GEO SAR卫星可以应用于地震行业震害防御、监测预报、应急救援,能够充分挖掘和拓展GEO SAR卫星遥感数据的应用领域,提高遥感地震业务化应用水平,为防震减灾事业服务。

4. 水利行业应用

水是生命之源、生产之要、生态之基。人多水少、水资源时空分布不均是我国的基本国情水情。洪涝灾害频繁、水资源供需矛盾突出仍然是社会可持续发展的主要瓶颈,兴水利、除水害,不仅关系到防洪安全、供水安全、粮食安全,而且关系到经济安全、生态安全、国家安全。

1) 洪涝灾害监测

洪涝灾害发生时,快速获取水体信息,监测水体变化非常关键。GEO SAR卫星在洪水期间能够不受天气影响,全天候、全天时快速地获取洪涝水体范围,并连续动态监测堤防大坝等防洪工程的损毁情况,为判断洪水情势、评估洪灾影响、组织防洪抢险和应急指挥提供关键数据支持。

2) 旱情监测

旱灾监测与评估主要关注土壤含水量及其变化。传统的地面墒情监测方法,只能获得少量的离散点数据,难以及时获得大面积的土壤水分和作物信息,使得大范围的旱情监测和评估缺乏时效性和代表性。基于 GEO SAR 的 L 波段极化数据具有一定的穿透性,能够反演土壤墒情,评估旱情,并结合水文模型预测其发展趋势。

3) 水资源监测和评价

水资源涉及水文调查和水质监测等研究与应用,从而分析流域的环境变化,涉及水体提取、水体变化检测、流域下垫面分类、土壤水分监测等内容。利用 GEO SAR 卫星可以周期性地对重要水体,如湖泊、水库、河流、湿地、冰川、积雪、重要水源地等进行水体监测,以及进行大范围的土壤水分监测,并获取流域下垫面信息,为水资源管理提供基础数据支撑。

4) 次生涉水灾害监测

利用 GEO SAR 遥感数据可以快速识别地震、滑坡、山洪、泥石流等引发的堰塞湖等次生灾害,确定灾害空间范围及影响规模等,结合地表观测数据,提高涉水地质灾害监测和影响评估能力。

5. 海洋行业应用

我国是世界上少数几个遭受多种海洋灾害的国家之一,风暴潮、巨浪以及热带气旋、温带气旋和冷空气大风所引发的突发性的海洋灾害,每年都给我国沿海经济建设、海洋开发和人民生命财产带来巨大的损失。

渤海、黄海北部每年都有部分海区被冰覆盖。整个冰期3~4个月,其中辽东湾最严重,冰期长达130多天。在冰情较重的年份,渤海有70%的水域是冰。海冰灾害给海上交通、石油开发和海洋工程带来巨大损失。目前海洋现场监测资料非常匮乏,无法连续大面积获知海洋环境状况,不能有效监测环境变化,因此急需 SAR 卫星获取全天候、全天时、高分辨率的监测数据,实现灾害的快速监测。

GEO SAR 数据在海洋防灾减灾领域的主要应用为风暴潮漫滩监测和海冰

灾害监测。对于风暴潮漫滩监测,在风暴潮灾害发生期间,要提供高时间分辨率风暴潮漫滩区域监视数据;对于海冰灾害,主要对渤海、黄海北部整个冰期海冰发生、发展以及消融过程进行全过程监测。其中20m分辨率数据用于海冰灾害局部区域精细监测,50m分辨率数据用于海冰分布态势监测。在海岸带综合管理领域,GEO SAR的差分干涉数据能够用于监测地表下沉对近岸、沿岸海上油气平台、人工岛礁等海洋工程设施的影响,为海洋开发、海上作业安全、海洋工程论证提供依据。此外,GEO SAR数据还可以用于监测围填海、海域使用情况,为海域使用管理、海洋规划提供监测数据。

6. 农业行业应用

目前,农业上的应用研究热点主要集中在作物面积的提取、土壤含水量、产量评估、作物生长监测等方面。用于农业领域的SAR数据以L、C、X三个波段居多。L波段的SAR卫星主要是ALOS-ALSAR。该卫星的工作于L波段,拥有更强的穿透力,不受云层、天气和昼夜影响,可以全天候对地观测,获取高分辨率、扫描式合成孔径雷达、极化三种观测模式的数据。

1) 作物识别及面积提取

传统的作物识别和面积提取通常是通过收集地面资料和统计学方法来实现的,这种方法在小区域内可以实现对作物面积的精准监测,但当监测范围较大时,其费时费力、统计结果代表性差等缺点就会显现出来。近年来,光学遥感已经成为作物识别和面积提取的重要手段。但是,我国主要农作物种植区,尤其是水稻种植区大多分布在东南部地区,这些区域在作物生长周期内多阴雨天气,且云量较大,光学遥感影像受天气影响较大,很难获得清晰的作物分布图像。SAR较强的穿透能力很好地解决了这一问题。目前,已有大量的研究表明,SAR传感器是实现作物面积提取的重要数据源。

不同作物由于生长期和冠层结构等差异,会引起雷达回波信号的变化,这也为利用SAR数据进行作物识别和面积提取提供了理论基础。目前,已有大量的研究表明,SAR数据传感器是实现作物面积提取的重要数据源。McNairn等利用RADARSAT-2和Terra-SAR数据对玉米和大豆进行了分类研究,发现玉米较大豆更易识别,通过多时相滤波技术将大豆识别时期提前了5周,实现了对玉米和大豆的早期识别和面积评估。GEO SAR数据也必将在作物面积提取方面发挥重要作用。

2) 土壤水分反演

土壤水分是地球水循环的重要组成部分,作为一个重要指标,它在农业领域的研究中起着重要作用。土壤水分的蒸散、渗透和径流影响水循环规律和农作物生长。作为表征农业、水文干旱状况的关键指标,土壤水分监测在干旱防御中意义重大。很多研究表明,土壤水分在干旱模型中是重要的初始参数。传统的土壤水分测量方法需要实地操作和繁杂的后处理过程,耗时耗力,且难以获得大范围同步的土壤水分信息。目前大多数雷达遥感土壤水分反演模型建立在干旱、半干旱区裸露土壤表面上,植被覆盖条件下地表含水量的反演研究相对较少。土壤水分含量的高低可以显著影响土壤的介电常数,微波对土壤介电常数的变化非常敏感,这也成为SAR数据能够进行土壤水分监测的理论基础。SAR能凭借其表面穿透性以及对土壤水分的敏感性特点,在土壤水分反演中起到重要作用。目前,常规的SAR数据已在土壤墒情监测方面有了较为深入的研究,GEO SAR数据可以用于土壤含水量的反演,并基于反演结果对农区进行旱情及作物洪涝灾害等做出评价。

3)其他农业领域应用

在作物产量评估方面,利用SAR数据的研究主要集中在:通过雷达的后向散射系数与作物产量,建立定量反演模型,用于对作物产量进行估计;利用不同波段的SAR数据进行产量估测,并评价各类SAR数据的产量估计效果。

在作物生长参数方面,利用SAR数据的监测主要包括作物物候期反演、作物长势监测和作物含水量监测三方面。

1.6 小结

低轨单基地微波成像受到时间分辨率低、成像范围窄等瓶颈制约,急需开展增大扫描幅宽、缩短重访周期的微波成像新体制和新方法研究。提高平台轨道高度,可以实现大面积成像和快速重访。GEO SAR在减灾、国土、地震、水利、海洋、农业等各行业均有广泛的应用方向和需求。GEO SAR卫星数据是第一时间获取灾情最有效的信息途径之一,对于快速判定灾区灾情具有重要的应用价值。引进GEO SAR卫星遥感手段来弥补其他遥感手段和地面观测的不足显得越来越迫切。

发展空间高轨对地观测技术,利用高轨卫星遥感数据,开展行业应用研究,将大大拓展GEO SAR卫星遥感的应用能力和应用领域,也能够提高灾害应急能力,全面提升灾害评估的准确度,是弥补现有观测局限性,提高行业应用能力,逐步构成多层次、立体、动态的"天-空-地-现场"一体化对地观测体系的重要支撑。

第 2 章
地球同步轨道 SAR 系统设计

2.1 概述

GEO SAR 总体设计需要根据任务需求,确定 SAR 载荷的工作频率、极化方式、入射角范围、天线体制、成像模式等,并在此基础上分析图像质量指标;同时在 SAR 载荷设计时还需要考虑天线尺寸、脉冲重复频率和原始数据率等因素,并针对 GEO SAR 中的姿态导引、供电、信息流设计进行分析。本章针对 GEO SAR 卫星的特点,分析了上述各因素的设计原理,为 GEO SAR 总体设计提供技术参考。

2.2 系统任务分析

影响 GEO SAR 卫星图像质量的因素有很多,涉及卫星平台、SAR 有效载荷和地面信息处理等,并且各种因素之间相互制约。因此,必须对 GEO SAR 卫星系统进行任务分析,在考虑各种工程误差因素的基础上进行指标设计,实现 GEO SAR 卫星系统总体指标的优化。GEO SAR 星地一体化图像质量指标包括空间分辨率、测绘带宽、模糊度、旁瓣比、辐射精度、辐射分辨率、定位精度等[66-70]。

2.2.1 频率选择

频率是 GEO SAR 系统设计中的一个关键参数,频率选择主要考虑的因素包括大气传输窗口、频率对提取信息的影响及技术实现的可能性。

1. 大气传输窗口

GEO SAR 系统发射的信号到达目标以及从目标返回时,要穿透电离层和对流层,信号在穿透时要产生衰减,传播的途径和传播的时间会导致相位失真和极化旋转。电磁能的传播损失主要是由于大气中氧和水分子的吸收。此外,云和雾、雨和雹等气候条件也会吸收雷达能量。氧分子的吸收在 60GHz 时会有一个尖锐的峰值,而水分子的吸收峰值在 21GHz,CO_2 的吸收峰值在 300GHz 以上。电离层中存在的自由电子也会引起电磁能的吸收,电子吸收主要影响 1GHz 以下的无线电频率。对于 GEO SAR,大气传输窗口下限位于 P 波段 100MHz,上限在 Ku 波段 15GHz。

2. 频率对提取信息的影响

利用 SAR 观测地球时,涉及的基本量是所观测区域的后向散射系数 σ_0,其数值取决于 SAR 所照射地面的性质和结构(物质常数和粗糙度),还有所用电磁波的特征(频率和极化)及入射角。

雷达目标和微波遥感有关物质特性可以表达为三个常数,即磁导率 μ、介电常数 ε 和电导率 σ_c,磁导率一般接近于 1,所以后向散射系数与物质的关系最终只取决于介电常数 ε 和电导率 σ_c,在 1~10GHz 频率范围内,ε 和 σ_c 对频率的依赖关系变化最大,是 SAR 最合适的波段。

频率主要从以下两方面影响目标信息的提取。

1)等效(以波长为尺度)表面粗糙度

根据瑞利准则,某个表面的不平整度 h 如果小于所用的观测波长 λ 和入射余角正弦值 $\sin\psi$ 8 倍的商,即 $h < \lambda/8\sin\psi$ 时,该表面可以看作是水平面,利用瑞利准则很容易说明 X 波段比 C 波段和 L 波段更能够精确地描述雷达目标的细微结构。

瑞利准则的有效性高度极限如表 2 - 1 所示。一个表面如果平均高度超过表中数值,则这个表面可视为粗糙面,反之则视为平面。

表 2 - 1 瑞利准则的有效性高度极限

波段	频率/GHz	波长/cm	有效性高度极限/cm	
			$\psi = 3°$	$\psi = 75°$
L	1.28	23.4	5.9	3.0
C	5.3	5.7	1.4	0.7
X	9.6	3.1	0.8	0.4

2）复介电常数

它的影响主要表现为两种形式，即反射率和穿透深度。穿透能力与频率有很大关系，波长越长，穿透能力越强，波长越短，穿透能力越弱。雷达所测量的后向散射波不只是来自目标表面，也来自目标内部。这种作用在观测比较稠密的作物或树木生长情况时变得特别明显。从原理上讲，叶、茎、作物中心、地面本身都会产生反射，而且地面和作物都会产生多路反射，这种多路反射使电磁波产生迂回，这也是产生极化旋转的原因之一。对于电导率较低的稀疏作物来说，较长的电磁波能较为容易地穿向地下，甚至 L 频段也是如此，这就是作物（树干和粗糙树枝除外）在 L 波段内成像较差的原因，因此也就难以对作物进行分类。但对 X 波段中波长短得多的 3cm 电磁波来说，它和作物的整个厚度范围都能相互作用，因此，每一层上都有信号到达雷达。这就清楚地说明了 X 波段的测量特别适合于作物分类。上面所述作物散射机理也适用于液体和固体表面。当然，穿透的深度自然要比作物覆盖时的穿透深度小得多。为了进行有效分类，SAR 可以同时使用多个彼此相距尽可能远的频率，因此同一颗卫星上多个波段 SAR 载荷是发展的一个方向。

L、C、X 是常用的星载 SAR 波段，三个波段的 SAR 观测效果各不相同：L 频段穿透地表的能力最强，在陆地生物量探测方面效果更好；X 波段容易实现较高的空间分辨率；C 波段对于海洋目标探测，如海浪、内波、海面风场、海冰、溢油等具有明显的优点。

2.2.2 极化方式

在微波遥感中，极化是一种特征载体，遥感测量中的信息含量，不仅可以通过频率组合提高，而且可以通过极化组合来增强，获取信息量越丰富，分类精度越高。多极化比单极化合成孔径雷达包含了更丰富的目标信息，已经成为国内外 SAR 成像发展的热门方向之一。电磁波的极化对目标介电常数、物理特性、几何尺寸和取向等比较敏感，通过不同的收发天线组合测量可以得到反映目标散射特性的极化散射矩阵，这为图像理解和目标分析奠定了基础。

单极化 SAR 仅能获得地面场景在某一特定极化收发组合下的目标散射特性，所得到的信息是非常有限的。全极化合成孔径雷达是用来测量辐射信号极化特征的新型成像雷达，具有能够测量场景中每个分辨单元的全极化散射矩阵和产生二维高分辨率图像的两大优点，大大提高了它对地物的识别能力，因此在遥感技术研究与应用领域中起着越来越重要的作用。

2.2.3 入射角

相比于低轨 SAR 卫星,地球同步轨道 SAR 卫星具有较小的地固系卫星速度与波束足迹速度。同时,由于较高的轨道高度导致其下视角范围较小,可照射地球的最大下视角仅为 8.7°左右,对应的入射角范围为 15°~58°,能够满足陆地、灾害监测、地形结构、地形测绘等各种不同的应用需求。由于 GEO SAR 卫星轨道的偏心率较大,因此上述入射角范围对应的下视角范围在不同轨道位置有明显差异,如表 2-2 所示。

表 2-2 卫星速度与几何参数(15°~58°入射角)

地点	卫星惯性系速度/(m/s)	卫星地固系速度/(m/s)	卫星波束足迹速度/(m/s)	下视角范围/(°)	斜距范围/km
赤道	3082	869	84~128	2.25~7.38	35873~38334
近地点	3232	425	43~66	2.36~7.75	33868~36314
远地点	2925	179	16~25	2.13~7.01	38088~40565

地球同步轨道 SAR 卫星波束足迹速度、斜距参数的起伏,将影响合成孔径时间、分辨率、平均发射功率等参数。因而,需要针对不同轨道位置分别进行系统参数分析和波位设计工作。

2.2.4 成像模式

星载 SAR 成像模式一般包括扫描、条带、聚束和滑动聚束等,具体采取哪种成像模式,要按照用户要求而设定。在轨具体工作模式可以按照用户要求进行编程组合工作。高分三号 SAR 卫星在轨成像模式示意图如图 2-1 所示。

在常见星载 SAR 成像模式的基础上,结合 GEO SAR 实际使用需求、卫星平台和载荷的技术能力,本节介绍成像模式的具体方法。我国目前 GEO SAR 卫星的主要任务如下:

(1) 地震、洪水等自然灾害的防灾减灾。

(2) 获取我国国土高精度形变信息,指导地震、地表沉降和泥石流、滑坡等地质灾害的监测、预报。

灾害应急响应和救援需要 GEO SAR 卫星在获得大的成像观测幅宽的前提下尽量兼顾分辨率。对于 36000km 的地球同步轨道来说,SAR 实现高分辨率一方面需要平台能够提供很大的功率,另一方面也需要天线具备方位向的波束扫描能力,实现高分辨率的聚束/滑动聚束成像模式。对于 GEO SAR 卫星来说,大平台和大天线的结构决定了很难由卫星平台的俯仰方向姿态机动来实现方位波束扫描,载荷的大功率合成及发射也使得方位波束电扫描实现困难。因此 GEO SAR 卫星的分辨率不宜太高,目前 GEO SAR 卫星的分辨率设计为 20m,今后将向更高分辨率发展。对于 20m 分辨率成像,可采用聚束成像模式,其测绘带宽可达到 500km,能够满足灾害救援的需求。

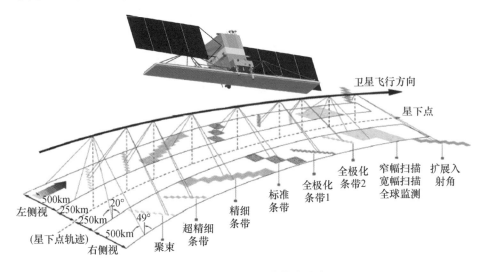

图 2-1 卫星在轨成像模式示意

在国土高精度形变信息获取方面,需要 GEO SAR 具备大范围、短时多次重复观测数据的能力。灾害的监测、风险分析和预警需要卫星具有小时量级的快速重复观测能力和大范围覆盖观测能力,因此高重访、大覆盖和高形变测量精度是主要关注的方面。扫描成像模式是一种大幅宽成像观测模式,可以实现 3000km 幅宽的成像观测,且易于满足快速重访的需求。

基于上述分析,针对 GEO SAR 设计的成像模式主要包括条带成像模式、扫描成像模式和聚束成像模式,下面对各成像模式进行详细说明。

1. 条带成像模式

在这种成像工作模式下,随着雷达平台的移动,天线的指向保持不变。天线波束基本匀速扫过地面,得到的图像也是不间断的。该模式对地面的一个条带进行成像,条带的长度仅取决于雷达开机后移动的距离。

GEO SAR 条带成像模式包括常规条带模式和精细条带模式两种,其对方位连续区域进行 20m 分辨率成像,其中常规条带模式测绘带宽为 500km,精细条带模式测绘带宽为 200km。条带成像模式几何示意图如图 2-2 所示,图中,T_0 时刻开机工作,T_e 时刻关机,T_e 到 T_0 的时间间隔即为开机工作时间,T_0 到 T_1 的时间间隔为一个合成孔径时间,T_e 到 T_2 的时间间隔为一个合成孔径时间,T_1 到 T_2 的时间间隔内波束的推扫区间即为方位向幅宽。

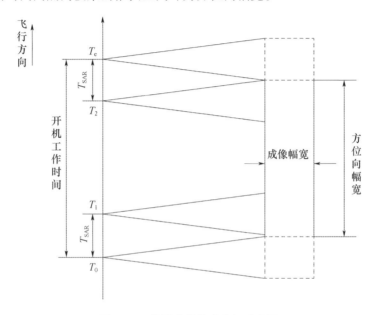

图 2-2 条带成像模式几何示意图

2. 扫描成像模式

在这种成像工作模式下,在一个合成孔径时间内,天线会沿着距离向多次扫描。通过这种方式,牺牲了方位分辨率,获得了宽的测绘带宽。

GEO SAR 扫描工作模式包括宽幅扫描模式和窄幅扫描模式,宽幅扫描模式对方位连续区域进行 50m 分辨率、3000km 幅宽成像观测,窄幅扫描模式对方位连续区域进行 30m 分辨率、1000km 幅宽成像观测。

宽幅扫描成像模式几何示意图如图 2-3 所示。开机工作时间内,波束沿距离向按照既定波位设计跳变 7 个波位,在该过程中,方位向波束随星下点轨迹推扫。每个子带的推扫范围计算方法与条带模式一致。方位向成像范围为单个子带的推扫长度,距离向测绘带宽为 7 个子带扣除叠加部分后的总幅宽。

窄幅扫描成像模式几何示意图如图 2-4 所示。开机工作时间内,波束沿距离向按照既定波位设计跳变 3 个波位,在该过程中,方位向波束随星下点轨迹推扫。每个子带的推扫范围计算方法与条带模式一致。方位向成像范围为单个子带的推扫长度(暂定),距离向测绘带宽为 3 个子带扣除叠加部分后的总幅宽。

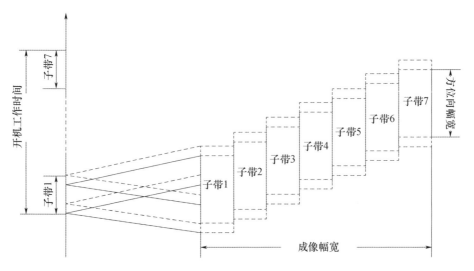

图 2-3　宽幅扫描成像模式几何示意图

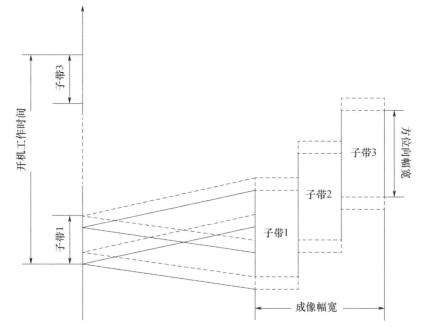

图 2-4　窄幅扫描成像模式几何示意图

3. 聚束成像模式

在该模式下,通过控制天线波束指向,使其在雷达飞行过程中,天线波束始终指向同一区域,从而增加了观测目标的合成孔径时间,相应增加了多普勒带宽,提升了方位向分辨率。但由于波束始终指向同一区域,牺牲了方位向幅宽。因此,聚束成像模式适合高分辨率成像。

GEO SAR 聚束成像模式:对方位有限区域进行 20m 分辨率、500km 幅宽成像观测,方位向成像范围为 400km。

聚束成像模式几何示意图如图 2-5 所示。在开机工作期间,方位向波束始终指向同一观测区域,因此方位向幅宽即方位向波束对应的地面幅宽。

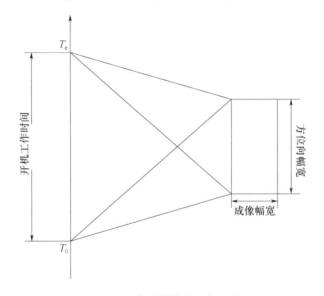

图 2-5 聚束成像模式几何示意图

2.2.5 空间分辨率分析

1. 方位向分辨率

GEO SAR 合成孔径时间超长时,卫星运动轨迹不再是匀速直线运动,在此情况下,低轨 SAR 的方位向分辨率传统计算公式不再适用。此时可以从多普勒梯度的角度出发,得到 GEO SAR 方位向分辨率表达式[69]。

基于矢量梯度原理,GEO SAR 弯曲合成孔径轨迹的方位向分辨率可写为

$$\rho_a = K_a K_1 K_2 \frac{\partial a}{\partial f_d} \mathrm{d}f_d = \frac{1}{\left|\dfrac{\partial f_d}{\partial a}\right| \dfrac{1}{\mathrm{d}f_d}} = \frac{1}{|\nabla f_d| \dfrac{1}{\mathrm{d}f_d}}$$

$$= \frac{1}{|\nabla f_\mathrm{d}(t_1) + \nabla f_\mathrm{d}(t_2) + \cdots + \nabla f_\mathrm{d}(t_n)|\frac{T_\mathrm{a}}{n}} \quad (2-1)$$

式中:K_a 为成像处理中方位向加权展宽系数;K_1 为方位向场强分布特性带来的幅度加权展宽系数;K_2 为成像参数失配引起的展宽系数;a 为方位向空间坐标;$\mathrm{d}f_\mathrm{d}$ 为多普勒微分;n 为微分单元个数;T_a 为合成孔径时间长度;∇f_d 为多普勒频率梯度。

在求取多普勒梯度之前,首先要计算回波相位历程的梯度。雷达波的回波相位历程由天线到目标的双程斜距决定,即

$$\varphi = \frac{4\pi}{\lambda}|\boldsymbol{R}_\mathrm{st}| \quad (2-2)$$

式中:λ 为信号波长;$\boldsymbol{R}_\mathrm{st}$ 为卫星到目标的矢量。回波相位历程的梯度可写为

$$\nabla\varphi = \frac{4\pi}{\lambda}\frac{\boldsymbol{R}_\mathrm{st}}{|\boldsymbol{R}_\mathrm{st}|} \quad (2-3)$$

多普勒频率的梯度为相位历程梯度在时间上的偏导数,即

$$\nabla f_\mathrm{d}(t_\mathrm{a}) = \frac{1}{2\pi}\frac{\partial \nabla\varphi(t_\mathrm{a})}{\partial t_\mathrm{a}} = \frac{2}{\lambda}\frac{\boldsymbol{R}_\mathrm{s}(t_\mathrm{a}) - <\boldsymbol{R}_\mathrm{s}(t_\mathrm{a}),\boldsymbol{i}_\mathrm{st}(t_\mathrm{a})>\boldsymbol{i}_\mathrm{st}(t_\mathrm{a})}{|\boldsymbol{R}_\mathrm{st}(t_\mathrm{a})|} \quad (2-4)$$

式中:$\boldsymbol{i}_\mathrm{st}$ 为从天线到目标的单位矢量;$\boldsymbol{R}_\mathrm{s}$ 为卫星位置矢量。将式(2-4)代入到式(2-1)即可求得 GEO SAR 方位向分辨率,其可以近似写为

$$\rho_\mathrm{a} \approx K_\mathrm{a}K_1 K_2 \frac{\lambda}{2|\boldsymbol{i}_\mathrm{st}(t_\mathrm{max}) - \boldsymbol{i}_\mathrm{st}(t_\mathrm{min})|} \quad (2-5)$$

式中:$[t_\mathrm{min}, t_\mathrm{max}]$ 为合成孔径时间。由式(2-5)可知,方位向分辨率由 t_min 和 t_max 时刻天线和目标的位置关系决定。

2. 距离向分辨率

根据 SAR 原理,星载 SAR 距离向(地面)分辨率由发射的线性调频脉冲带宽、波束入射角和成像处理中波形展宽系数决定。距离向分辨率计算公式为[12]

$$\rho_\mathrm{gr} = K_\mathrm{r}K_\mathrm{m}\frac{c}{2B\sin\theta_i} \quad (2-6)$$

式中:c 为光速;B 为线性调频信号的带宽;K_r 为成像处理中距离向加权展宽系数;K_m 为系统幅度和相位特性失配引起的分辨率展宽系数;θ_i 为波束入射角。

从系统设计的角度讲,GEO SAR 距离分辨率主要由发射信号的发射带宽决

定,设计原理与 LEO SAR 并无本质区别。但对于 GEO SAR,其较小的下视角和姿态角变化就会引起较大的入射角变化,从而导致距离分辨率偏差。

从数据处理角度讲,当雷达工作在大斜视角模式时,回波信号在方位和距离向耦合严重,会导致分辨率恶化。在这种情况下,系统设计时需要考虑留出余量。

2.2.6　测绘带宽分析

天线大小通常采用距离向与方位向二维尺寸描述。方位向天线尺寸与方位向波束覆盖范围、条带模式的分辨率有关,距离向天线尺寸与测绘带宽有关。波束覆盖几何示意图如图 2-6 所示。

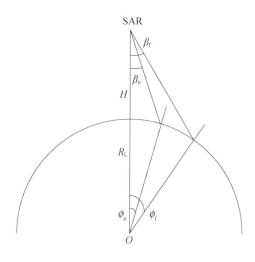

图 2-6　SAR 天线距离向波束覆盖几何示意图

测绘带宽计算表达式为

$$S_w = R_L(\phi_f - \phi_n) \tag{2-7}$$

$$\phi_f = \arcsin\left(\frac{R_L + H}{R_L}\sin\beta_f\right) - \beta_f \tag{2-8}$$

$$\phi_n = \arcsin\left(\frac{R_L + H}{R_L}\sin\beta_n\right) - \beta_n \tag{2-9}$$

式中:R_L 为地球的本地半径,β_n 为成像有效区域近距端对应的下视角;β_f 为成像有效区域远距端对应的下视角。

根据仿真结果可知,对于距离向尺寸为 27m 的天线,地面观测带宽度在远端(入射角大于 50°)可以达到 500km,而在入射角 15°时地面观测带宽度仅有

300km。若在 15°~58°入射角范围内实现 500km 的观测带宽度,则需要对波束进行展宽,以赤道附近为例,波束需要展宽 1~1.7 倍。

2.2.7 模糊度分析

模糊的产生是由于无用信号在时域或频域与有用信号混叠,从而对有用信号造成干扰,而模糊度是对这种混叠程度的度量,是脉冲雷达体制的一个重要指标,无用信号是天线旁瓣照射区的回波干扰信号[4]。对于某个多普勒频率 f_d 和某个时间延迟 τ,模糊信号功率可以表示为

$$S_a(f_d,\tau) = \sum_{\substack{m,n=-\infty \\ m,n \neq 0}}^{\infty} G^2(f_d - f_{dc} + m \cdot \text{PRF}, \tau + n/\text{PRF}) \cdot$$
$$\sigma^0(f_d - f_{dc} + m \cdot \text{PRF}, \tau + n/\text{PRF}) \quad (2-10)$$

式中:m 和 n 为整数;$G^2(f_a,\tau)$ 为双程远场天线功率方向图;σ^0 为目标的后向散射率;f_{dc} 为多普勒中心频率;PRF 为脉冲重复频率。假设 SAR 成像处理多普勒带宽为 B_p,经 SAR 成像处理(积分过程)后 SAR 图像的模糊信号比为

$$\text{ASR}(\tau) = \frac{\sum_{\substack{m,n=-\infty \\ m,n \neq 0}}^{\infty} \int_{-B_p/2}^{B_p/2} G^2(f_d - f_{dc} + mf_p, \tau + n/f_p)\sigma^0(f_d - f_{dc} + mf_p, \tau + n/f_p)\mathrm{d}f_d}{\int_{-B_p/2}^{B_p/2} G^2(f_d - f_{dc},\tau)\sigma^0(f_d - f_{dc},\tau)\mathrm{d}f_d}$$

$$(2-11)$$

为了更好地进行系统分析,通常在雷达系统设计过程中将模糊度分为距离向模糊度(RASR)和方位向模糊度(AASR),分别定义为

$$\text{RASR} = \frac{\text{距离向模糊回波信的功率}}{\text{目标回波信号的功率}} \quad (2-12)$$

$$\text{AASR} = \frac{\text{方位向模糊回波信的功率}}{\text{目标回波信号的功率}} \quad (2-13)$$

接下来分别分析距离模糊度和方位模糊度的具体物理意义,并进行 GEO SAR 模糊度的仿真分析。

1. 距离模糊度

如图 2-7(a)所示,由于星载 SAR 系统平台较高,一个脉冲从发射到接收需要几个脉冲重复周期的时间。当前脉冲在有效测绘带的回波到达雷达天线时,前几个和后几个发射的脉冲同时到达了雷达天线。此时模糊区域的回波信号与测绘带的回波信号混叠在一起被雷达系统接收。

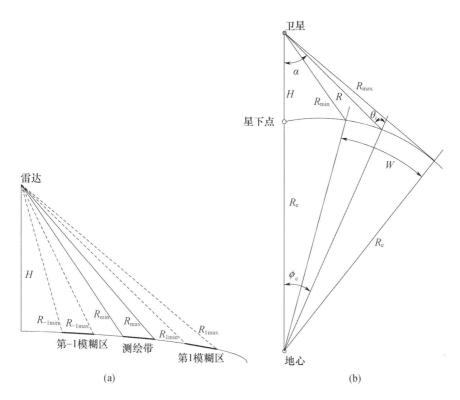

图 2-7 距离模糊示意图

(a)模糊区示意图;(b)几何关系示意图

对于某个给定时刻 τ,模糊信号主要来自距离 R_i,即有

$$R_i = \frac{c(\tau + i/\mathrm{PRF})}{2} \tag{2-14}$$

式中:i 为脉冲号,$i = -n_1, -n_1+1, \cdots, -1, 1, 2, \cdots, n_\mathrm{h}$($i=0$ 为期望脉冲);n_1 为期望脉冲之后第 n_1 个脉冲,该脉冲恰好可经地面散射到达雷达天线,n_h 为与地球表面相切的脉冲号;c 为光速;PRF 为脉冲重复频率。

设测绘带的最大、最小斜距分别为 R_max、R_min,则第 i 模糊区的最大、最小斜距 $R_{i\mathrm{max}}$、$R_{i\mathrm{min}}$ 满足

$$R_{i\mathrm{max}} - R_\mathrm{max} = \frac{ic}{2\mathrm{PRF}} \tag{2-15}$$

$$R_{i\mathrm{min}} - R_\mathrm{min} = \frac{ic}{2\mathrm{PRF}} \tag{2-16}$$

对星载 SAR 来说,要确定模糊区的位置,需要考虑地球曲率。如图 2-7(b)所示,当卫星高度为 H,视角为 α 时,斜距 R 满足

$$\frac{H+R_e}{\sin\theta_i} = \frac{R_e}{\sin\alpha} = \frac{R}{\sin\phi_e} \qquad (2-17)$$

式中：R_e 为地球半径；ϕ_e 为地心角；θ_i 为入射角。

雷达测绘带宽 W 与测绘带的最大、最小斜距所对应的地心角满足

$$R_e(\phi_{e\max} - \phi_{e\min}) = W \qquad (2-18)$$

首先确定模糊区的最大、最小斜距，其次确定模糊区所对应的雷达视角、入射角。距离模糊度可表示为

$$\mathrm{RASR} = \frac{\sum\limits_{\substack{j=-n \\ j \ne 0}}^{n_h} \int_{a_j} \dfrac{G_r^2(\alpha(\tau+j/\mathrm{PRF}))\sigma^0}{(\tau+j/\mathrm{PRF})^3 \sin\theta_i(\tau+j/\mathrm{PRF})} \mathrm{d}\tau}{\int_s \dfrac{G_r^2(\alpha(\tau))\sigma^0}{\tau^3 \sin\theta_i(\tau+j/\mathrm{PRF})} \mathrm{d}\tau} \qquad (2-19)$$

式中：G_r 为距离向天线双程增益；σ^0 为分布目标的后向散射系数；$\theta_i(\tau+j/\mathrm{PRF})$ 为时延为 $\tau+j/\mathrm{PRF}$ 的目标点对应的入射角；$\alpha(\tau)$ 为时延为 τ 的目标点对应的雷达下视角；a_j 为第 j 模糊区；s 为测绘带。距离向天线方向图、斜距和脉冲重复频率是影响距离模糊度的主要因素。

下面仿真了典型 GEO SAR 系统的距离向模糊度变化范围，其中轨道高度为 35786km，选取近地点角为 0°时的卫星位置，波段为 1.24GHz，下视角取值范围为 2°~7°，脉冲重复频率（PRF）分别选择 200Hz 和 300Hz，距离向天线尺寸为 30m，仿真得到的距离模糊度如图 2-8 所示。

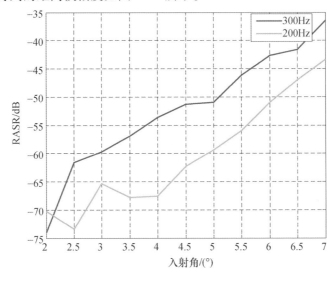

图 2-8　距离模糊度随入射角变化

2. 方位模糊度

方位模糊是由于一些角度上的目标,回波的多普勒频率与主波束的多普勒频率相差脉冲重复频率的整数倍数,在方位频谱中,这些信号将落在主波束的多普勒带宽内,干扰主波束测绘区域的成像,如图 2-9 所示。

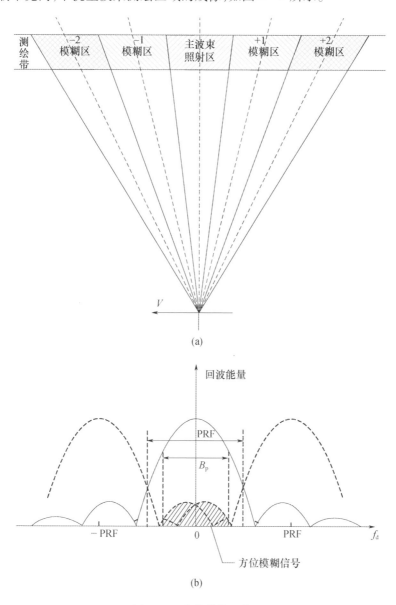

图 2-9 方位模糊示意图

(a) 从波束照射的区域看;(b) 从天线方向图看。

方位模糊度表示方位模糊的严重程度。这里假定同一距离门上不同方位位置处目标的散射特性是均匀的,各个距离门内天线方位向天线方位图一致,并且忽略了方位向与距离向的耦合,GEO SAR 方位模糊度可以近似表示为

$$\text{AASR} = \frac{\sum\limits_{\substack{j=-\infty \\ j \neq 0}}^{\infty} \int_{-\frac{B_p}{2}}^{\frac{B_p}{2}} G_a^2(f_d - f_{dc} + j\text{PRF}) \text{d}f_d}{\int_{-\frac{B_p}{2}}^{\frac{B_p}{2}} G_a^2(f_d - f_{dc}) \text{d}f_d} \quad (2-20)$$

式中:f_{dc} 为多普勒中心频率;f_d 为多普勒频率;$G_a(f_d)$ 为多普勒能量谱,等效于方位向天线的双程方向图;B_p 为方位向成像处理器带宽。方位模糊主要由方位向天线的方向图 G_a 和脉冲重复频率决定。

由于 GEO SAR 卫星受地球自转影响大,星地空间成像几何关系复杂,地面波束足迹速度与卫星速度差异大,出现类似于滑动聚束模式的工作过程,此时天线波束指向不断变化。另外,由于 GEO SAR 卫星飞行速度与多普勒中心频率时变,传统简单通过多普勒频率与速度关系计算天线角的方法会引入较大误差。因此,在计算 GEO SAR 方位模糊度时,需要基于星地空间成像几何关系和天线波束指向,计算每个多普勒频率对应的天线方向图增益,再根据式(2-20)计算方位模糊度。

典型 GEO SAR 系统方位向模糊度的变化趋势如图 2-10 所示。其中轨道高度是 35786km,选取近地点角为 0°时的卫星位置,波段为 1.24GHz,B_p 选择 150Hz,假定多普勒中心频率为 0,方位向天线尺寸为 30m,PRF 取值范围为 100~200Hz。

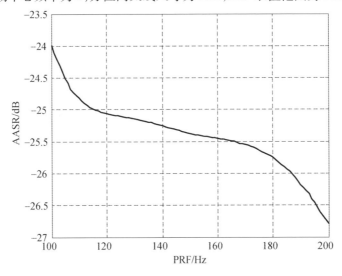

图 2-10 方位模糊度随 PRF 变化

2.2.8 旁瓣比分析

SAR 图像的旁瓣比是衡量图像质量的重要指标,其包括积分旁瓣比和峰值旁瓣比两个部分。

1. 积分旁瓣比

积分旁瓣比(ISLR)定义为点目标冲激响应的旁瓣能量与主瓣能量的比值,即

$$\text{ISLR} = 10\lg \frac{E_s}{E_m} \tag{2-21}$$

式中:E_m 为冲激响应的主瓣能量(第一个零点内的能量),有

$$E_m = \int_a^b |h(\tau)|^2 d\tau \tag{2-22}$$

E_s 为冲激响应的旁瓣能量(第一个零点以外的能量),有

$$E_s = \int_{-\infty}^{a} |h(\tau)|^2 d\tau + \int_{b}^{\infty} |h(\tau)|^2 d\tau \tag{2-23}$$

式中:a、b 为主瓣与旁瓣的交界,(a,b) 内为主瓣,$(-\infty,a) \cup (b,\infty)$ 为旁瓣。

积分旁瓣比是表征图像质量的重要指标之一,是局部图像对比度的衡量指标,用来描述 SAR 系统消除邻近分布目标引起的对比度降低的能力,定量地描述局部较暗的区域被来自周围的明亮区域的能量泄漏所"掩盖"的程度。积分旁瓣比越小,图像质量越高。通常要求星载 SAR 图像的积分旁瓣比优于 -13dB。

2. 峰值旁瓣比

峰值旁瓣比(PSLR)定义为点目标冲激响应最高旁瓣峰值与主瓣峰值比值,即

$$\text{PSLR} = 10\lg \frac{P_{sm}}{P_m} \tag{2-24}$$

式中:P_{sm} 为最高旁瓣峰值,P_m 为主瓣峰值。这个性能参数可以描述 SAR 系统消除邻近点目标引起的失真的能力,其大小决定了强目标"掩盖"弱目标的能力。为了使弱目标不会被邻近的强目标掩盖,通常要求星载 SAR 图像的峰值旁瓣比小于 -20dB。为了减小峰值旁瓣比,通常在成像处理中采用加权处理(如 Hamming 窗加权)。

2.2.9 噪声等效后向散射系数分析

噪声等效后向散射系数(NESZ)决定 SAR 系统对弱目标的灵敏度以及成像

能力。其定义为:在一定的信噪比要求下,SAR 系统能够可靠检测到的目标最小后向散射系数。如果目标的后向散射系数小于该散射系数,则该目标反射的能量将低于系统噪声,SAR 系统就不能有效地检测到该目标的存在。系统灵敏度是目前 SAR 遥感中一项关键的技术指标,提高系统灵敏度一直是用户和卫星研制部门讨论的核心问题。

对于分布目标,噪声等效后向散射系数定义为

$$\mathrm{NESZ} = \left(\frac{(\mathrm{SNR})_0}{\sigma^0}\right)^{-1} = \frac{2(4\pi)^3 k T_0 F_n R^3 L V_s}{P_{av} G^2(R) \lambda^3 K_r K_a \rho_r} \quad (2-25)$$

式中:k 为玻尔兹曼常数;T_0 为接收机温度;F_n 为接收机噪声系数;R 为卫星至目标的距离;L 为系统损耗;V_s 为卫星速度;P_{av} 为发射信号平均功率;G 为天线功率增益;λ 为发射信号波长;K_r 为距离向加权展宽系数;K_a 为方位向加权展宽系数;ρ_r 为斜距分辨率。

2.2.10 辐射分辨率分析

辐射分辨率反映了系统区分具有不同散射特性被照射区域的能力。它与雷达系统参数及处理过程有着密切的关系。辐射分辨率的表达式有很多种形式,其表达式为

$$\gamma_N = 10\lg\left(1 + \frac{1 + \mathrm{SNR}^{-1}}{\sqrt{N}}\right) \quad (2-26)$$

式中:SNR 为信噪比;N 为等效视数。后向散射系数受到多种因素的影响,如入射角、表面粗糙度、极化、地表的复介电常数及雷达频率等,此处采用 L 波段草地的后向散射系数作为参考。入射角 15°~58°范围内,L 波段 HH 极化与 VV 极化的草地后向散射系数为 -2.5~-22.5dB。若图像的多视视数为 1,则相应的辐射分辨率为 3.09~5.41dB。

2.2.11 辐射精度分析

辐射精度是 SAR 图像质量评估的重要指标之一,表征了 SAR 图像中目标后向散射系数的精确程度。辐射精度一般分为相对辐射精度和绝对辐射精度。

相对辐射精度是指对两个或两组像素后向散射系数比值的估计精度。根据对比像素数据的来源不同又可以将相对辐射精度分为同一雷达数据之间像素后向散射系数的相对辐射精度和不同雷达(或雷达不同通道)之间像素后向

散射系数的相对辐射精度。

绝对辐射精度则是衡量一组像素归一化后向散射系数的估计精度,即图像像素的功率值与其后向散射系数之间的关系。

为了定量化描述辐射精度(包括相对辐射精度和绝对辐射精度),引入随机变量的变化率

$$\varepsilon_x = \sigma_x/\mu_x \qquad (2-27)$$

式中:σ_x 为随机变量 x 的标准偏差;μ_x 为随机变量 x 的平均值。根据 SAR 图像数据的辐射定标过程可以得到辐射精度的模型为

$$\varepsilon_{\sigma^0} = \left[\varepsilon_{K_1} + \varepsilon_{K_2} + \cdots + \varepsilon_{K_n} + \left(\frac{\varepsilon_{P_n} \overline{P}_n}{\overline{n}_d^2 - \overline{P}_n} \right)^2 \right]^{1/2} \qquad (2-28)$$

式中:$\varepsilon_{\sigma^0} = \sigma_{\sigma^0}/\sigma^0$ 为辐射精度;σ^0 为平均后向散射系数;$\varepsilon_{K_i}(i=1,\cdots,n)$ 为构成辐射定标比例因子的 n 个参数的变化率;ε_{P_n} 为平均噪声功率 $\overline{P}_n$ 的变化率;$\overline{n}_d^2$ 为均匀分布目标的平均接收功率。

2.2.12 定位精度分析

1. 定位算法

定位精度是衡量通过几何定位算法对 SAR 图像中目标进行定位得到目标位置的准确程度。目标定位是星载 SAR 后处理中几何校正的基础,目标定位精度决定了几何校正的准确程度。星载 SAR 图像几何定位通常采用联合雷达成像几何及地面高程模型的方法求解,这里对其求解方程进行简单说明。

距离多普勒算法(RDA)利用地球模型方程、SAR 多普勒方程、SAR 斜距方程对图像像素进行定位,目前已在星载 SAR 中得到了广泛的应用。

星载 SAR 定位是基于成像处理得到的 SAR 影像信息及雷达卫星轨道数据,结合距离方程、多普勒方程和地球模型方程来求解图像像元对应地面目标点的三维坐标[66]。

1) 距离方程

星载 SAR 到地面目标之间的斜距为

$$R = |\boldsymbol{R}_s - \boldsymbol{R}_t| = \frac{c\tau}{2} \qquad (2-29)$$

式中:$\boldsymbol{R}_s$ 和 $\boldsymbol{R}_t$ 分别为 SAR 卫星和目标的位置矢量;R 为平台到目标的距离;c 为光速;τ 为发射脉冲对应的回波信号时延。由式(2-29)可知,信号在大气中的

传播速度和时延误差均会引起平台到目标的斜距测量误差。

2）多普勒方程

回波信号的多普勒频率为

$$f_{dc} = \frac{2(\boldsymbol{V}_s - \boldsymbol{V}_t)(\boldsymbol{R}_s - \boldsymbol{R}_t)}{\lambda R} \quad (2-30)$$

式中：$\boldsymbol{V}_s$、$\boldsymbol{V}_t$ 分别为卫星和目标的速度矢量；λ 为信号波长。

3）地球椭球模型

地球的椭球模型为

$$\frac{x_t^2 + y_t^2}{(R_e + h)^2} + \frac{z_t^2}{R_p^2} = 1 \quad (2-31)$$

式中：R_e 为地球半径，$R_e = 6378.139 \text{km}$；h 为目标相对于假设模型的高度；R_p 为极地半径。联立式(2-29)~式(2-31)，并结合 SAR 卫星的星历数据（平台位置和速度）来确定目标的位置，定位方程为

$$\begin{cases} R = \sqrt{(x_s - x)^2 + (y_s - y)^2 + (z_s - z)^2} \\ f = \dfrac{2}{\lambda} \dfrac{V_x(x_s - x) + V_y(y_s - y) + V_z(z_s - z)}{\sqrt{(x_s - x)^2 + (y_s - y)^2 + (z_s - z)^2}} \\ h = \sqrt{x^2 + y^2 + z^2 \dfrac{(R_e + h)^2}{R_p^2}} - R_e = \sqrt{x^2 + y^2 + z^2 \dfrac{1}{(1-f)^2}} - R_e \end{cases} \quad (2-32)$$

式中：(x_s, y_s, z_s) 和 (x, y, z) 分别为卫星平台和目标的坐标；(V_x, V_y, V_z) 分别为卫星平台与目标的相对运动速度。由式(2-32)联立解得目标的坐标(x, y, z)，即完成了目标的定位。

2. 定位误差分析

星载 SAR 的几何关系如图 2-11 所示。卫星平台位于 S 点，地球中心为 O 点，目标位置为 T。V 为卫星速度，位于 YZ 平面内；R 为斜距；X_g 为地距距离向，沿斜距方向；Y_g 为地距方位向，垂直距离向；Z_g 为地距高度向。

距离多普勒 R-D 定位算法通过多普勒方程、斜距方程与地球模型方程求解照射位置。多普勒方程、斜距方程可以表示为

$$\begin{cases} \dfrac{1}{2}\lambda R f_{dc} + \boldsymbol{V}^{\mathrm{T}}(\boldsymbol{S} - \boldsymbol{T}) = 0 \\ R^2 - (\boldsymbol{S} - \boldsymbol{T})^{\mathrm{T}}(\boldsymbol{S} - \boldsymbol{T}) = 0 \end{cases} \quad (2-33)$$

R-D 算法的误差源主要包括多普勒中心误差、斜距误差 ΔR、卫星位置的

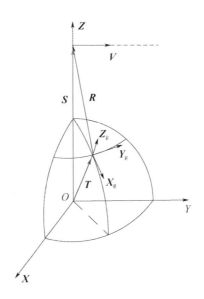

图 2-11 星载 SAR 几何关系

测量误差 ΔS、卫星速度的测量误差 ΔV、高程误差 h。因而对式(2-33)中两式求微分可得到

$$\begin{cases} \dfrac{1}{2}\lambda(\Delta R f_{\text{dc}} + R\Delta f_{\text{dc}}) + \boldsymbol{V}^{\text{T}}(\Delta \boldsymbol{S} - \Delta \boldsymbol{T}) + \Delta \boldsymbol{V}^{\text{T}} \boldsymbol{R} = 0 \\ R\Delta R - \boldsymbol{R}^{\text{T}}(\Delta \boldsymbol{S} - \Delta \boldsymbol{T}) = 0 \end{cases} \quad (2-34)$$

目标位置误差可以表示为

$$\Delta \boldsymbol{T} = \boldsymbol{X}_{\text{g}} \Delta x + \boldsymbol{Y}_{\text{g}} \Delta y + \boldsymbol{Z}_{\text{g}} \Delta z \quad (2-35)$$

求解以上方程组可得到定位误差方程为

$$\begin{cases} \Delta x = \dfrac{\boldsymbol{R}^{\text{T}}(\Delta \boldsymbol{S} - \boldsymbol{Z}_{\text{g}}\Delta z) - R\Delta R}{\boldsymbol{R}^{\text{T}} \boldsymbol{X}_{\text{g}}} \\ \Delta y = \dfrac{(\Delta \boldsymbol{S} - \boldsymbol{Z}_{\text{g}}\Delta z)^{\text{T}}(\boldsymbol{V}\boldsymbol{R}^{\text{T}} - \boldsymbol{R}\boldsymbol{V}^{\text{T}})\boldsymbol{X}_{\text{g}} + \boldsymbol{V}^{\text{T}}\boldsymbol{X}_{\text{g}}R\Delta R}{\boldsymbol{V}^{\text{T}}\boldsymbol{Y}_{\text{g}} \cdot \boldsymbol{R}^{\text{T}}\boldsymbol{X}_{\text{g}}} + \\ \qquad \dfrac{\Delta \boldsymbol{V}^{\text{T}} \boldsymbol{R} + 1/2 \cdot \lambda(R\Delta f_{\text{dc}} + \Delta R f_{\text{dc}})}{\boldsymbol{V}^{\text{T}} \boldsymbol{Y}_{\text{g}}} \end{cases} \quad (2-36)$$

影响 GEO SAR 卫星定位精度的因素分解框图如图 2-12 所示。定位误差包括斜距误差、地表高程误差、位置误差、方位向时间同步误差、卫星测速误差、多普勒中心误差、地面斜视角。斜距误差主要由 SAR 系统时延随机误差、SAR 天线色散误差、大气模型误差和斜距标定误差组成。卫星位置误差和测速误差

则可以分为垂直航迹向、沿航迹向和高度向三部分。上述误差综合影响 GEO SAR 卫星的定位精度。

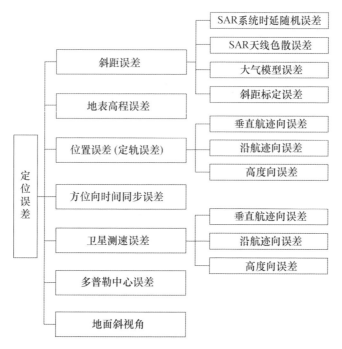

图 2-12　影响 GEO SAR 定位精度的因素分解框图

2.3　SAR 载荷分析

2.3.1　天线体制

一般来说,SAR 系统天线可以用相控阵体制或抛物面体制。体制选择决定了卫星构型、力学特性、控制模式以及供配电体制,甚至影响到各功能性能[94]。在选择体制时要综合考虑各种因素,包括工作模式、微波大功率的产生方式以及卫星平台的安装空间等体积、质量和功耗约束。

GEO SAR 一般具有多种工作模式,空间分辨率以及观测幅宽都各不相同,导致 SAR 天线波位设计复杂,要求 SAR 具有非常灵活的波束形成能力和距离向、方位向波束扫描能力。根据这一要求,GEO SAR 装载的 SAR 天线一般采用相控阵形式,通过对天线发射信号相位的实时控制达到空间辐射和接收波束的合成,实现灵活的波束扫描和波束成形。

相控阵 SAR 天线有平板式和反射面式等形式。反射面式天线的辐射源为相控阵形式,通过反射阵面发射和接收雷达信号。这种天线形式具有质量轻等优点;但波束扫描的能力受限,通常需要机械装置驱动反射面转动作为补充,实现波束的大范围扫描。这种天线形式机械扫描装置复杂,扫描方式不灵活。

平板式相控阵天线具有波束成形方便、波束扫描灵活、电控可靠性高等优点,可以方便地实现雷达波束的大范围扫描;但天线质量大,同时要求卫星提供较大的安装面。

如果采用反射面式 SAR 天线,则需要采用电控和机械扫描相结合的方式实现 GEO SAR 的多种工作模式,机械扫描形式复杂,而且可靠性低,难以实现 GEO SAR 的需求。平板式相控阵天线波束成形和扫描都很灵活,一般 GEO SAR 天线采用平板相控阵形式。发射时将天线折叠,入轨后展开,减小卫星发射状态的规模。

2.3.2 天线尺寸

根据 SAR 卫星的成像原理,天线尺寸影响模糊度和分辨率等成像质量指标;同时,天线尺寸选取也受平台功耗和安装的约束。下面对天线尺寸选取进行详细说明。

1. 天线最小面积约束[12]

为满足距离向模糊要求,天线距离向尺寸 l_r 需满足以下约束:

$$l_r \geq \frac{2\lambda R \text{PRF}}{c} \tan\theta_f \quad (2-37)$$

为满足方位向模糊要求,天线方位向尺寸需满足

$$l_a \geq \frac{2v}{\text{PRF}} \quad (2-38)$$

由天线方位向和距离向尺寸的制约条件,可以得到天线的最小面积为

$$A_{\min} = l_a l_r \geq \frac{4\lambda R v \tan\theta_f}{c} \quad (2-39)$$

在实际工程实现中,还需考虑最小面积的余量。

2. 方位分辨率约束

对于条带模式,为满足方位分辨率的要求,天线方位向尺寸应满足

$$l_a \leq 2\rho_a \quad (2-40)$$

式中:ρ_a 为方位向分辨率。

3. 平台功耗和安装约束

天线尺寸设计时还应考虑平台功耗的限制以及平台安装的限制。天线面积越小,所需要的功耗越大。大口径天线折叠后的包络尺寸,尤其是高度与宽度应满足平台的安装要求。

2.3.3 脉冲重复频率

星载 SAR 系统设计时要选择 PRF,PRF 的选择时既要考虑避开发射干扰和星下点回波,也要考虑其对方位向和距离向模糊的影响[3-4]。

为避开发射信号干扰,PRF 应满足要求

$$\frac{n}{\frac{2R_n}{c} - 2\tau} \leqslant \mathrm{PRF} \leqslant \frac{n+1}{\frac{2R_f}{c} + \tau} \quad (2-41)$$

式中:τ 为脉冲宽度,R_n 和 R_f 分别为观测区域的近距和远距;n 为观测区域内目标回波到雷达经过的脉冲周期数。

为避开星下点回波干扰,PRF 应满足

$$\frac{2R_f - 2H}{c} \leqslant \frac{n}{\mathrm{PRF}} \leqslant \frac{2R_n - 2H}{c} - 2\tau \quad (2-42)$$

式中:H 为卫星高度。

为满足距离向和方位向模糊的要求,PRF 首先应满足

$$(1+\eta)\frac{2V_s}{D_a} \leqslant \mathrm{PRF} \leqslant \frac{1}{(1+\eta)T_w} \quad (2-43)$$

$$T_w = \frac{2W\sin\theta_f}{c} \quad (2-44)$$

式中:η 为余量,一般取 0.1~0.2;T_w 为回波信号的持续时间;θ_f 为测绘带远距离端的波束入射角。

根据地球同步轨道 SAR 的典型系统参数,其可选的 PRF 范围为 50~350Hz,而低轨 SAR 系统高分三号的 PRF 为 1000~6000Hz,两者相比有较大差异。

2.3.4 占空比与脉冲宽度

占空比可以表示为

$$d = T_p \cdot \mathrm{PRF} = \frac{P_{av}}{P_t} \tag{2-45}$$

式中：T_p 为发射脉冲的脉冲宽度；P_{av} 为合成孔径雷达工作期间的平均发射功率；P_t 为峰值发射功率。

一些低轨 SAR 的脉冲宽度、PRF 与占空比范围如表 2-3 所示，示例中的低轨 SAR 占空比为 4.5~6.5%。

表 2-3　低轨 SAR 发射信号占空比

卫星	脉冲宽度/μs	PRF/Hz	占空比/%
Seasat	33.4	1463~1640	4.9~5.5
SIR-A/B/C	30.4	1464~1824	4.5~5.5
ERS-1/2	37.12	1640~1720	6.1~6.4
JERS-1	35	1550~1690	5.4~5.9
RadarSat-1	35	1550~1690	5.4~5.9

脉冲宽度可以表示为

$$T_p = \frac{d}{\mathrm{PRF}} \tag{2-46}$$

根据前文分析，GEO SAR 的 PRF 范围为 50~350Hz。在上述 PRF 范围内进行选择时，较小的 PRF 会加大方位向模糊度，较大的 PRF 会加大距离向模糊度，通常选择的 PRF 为 150~300Hz，若采用占空比为 6%，可以得到对应的脉冲宽度为 300μs。

2.3.5　发射信号带宽

根据距离向分辨率公式，可以得到信号带宽表达式为

$$B = K_r \cdot \frac{c}{2\rho_r} \tag{2-47}$$

式中：K_r 为展宽系数，由脉冲压缩过程中的窗函数及处理电路的非理想因素引起。取 $K_r = 1.2$，对实现地距分辨率 20m 所需的发射信号带宽进行仿真。若在整个入射角范围内采用同一发射信号带宽，则 20m 分辨率时发射带宽应大于 35MHz。在进行信号发射时，可以在不同入射角采用不同的发射信号带宽。20m 分辨率条件下，不同入射角采用的发射信号带宽如表 2-4 所示。

表 2-4　发射信号带宽

入射角/(°)	20m 分辨率对应的信号带宽/MHz
15~20	35
20~30	25
30~40	18
40~58	14

2.3.6　平均发射功率

地球同步轨道 SAR 发射功率可以由下式求得

$$\text{NESZ} = \frac{128\pi^3 R^3 V_r L L_a k T_0 F_n}{P_{av} \lambda^3 G_t G_r \rho_{rg}} \quad (2-48)$$

式中:R 为雷达到目标的距离;V_r 为平台与目标的相对速度;L 为系统损耗;L_a 为大气传输损耗;k 为玻尔兹曼常数;T_0 为标准噪声温度;F_n 为接收机噪声系数;P_{av} 为平均发射功率(全阵发射的平均功率);λ 为信号波长;G_t 为发射天线实际增益;G_r 为接收天线实际增益;ρ_{rg} 为距离向地距分辨率。根据式(2-48),20m 分辨率所需的最小平均发射功率为 1115W。

由于星载 SAR 系统与目标之间的距离较远,以及方位向的脉冲工作体制,存在着严重的距离向模糊和方位向模糊。为了获得高质量的图像,通过设计合理的波位参数,避免距离向模糊和方位向模糊,提高星载 SAR 成像质量。

2.3.7　SAR 波位设计

波位设计包括波束参数设计和工作参数设计,波束参数包括波束宽度、波束指向、旁瓣水平,工作参数包括脉冲重复频率、采样起始时刻、采样长度。为了满足系统的测绘带宽、分辨率、距离模糊度、方位模糊度和 NESZ 等指标要求,需要对系统的波束参数、工作参数进行综合考虑,通过相互折中,得出满足系统性能指标的波位;然后,根据设计出的波位结果,对天线方向图进行设计。

波位设计过程中,需要遵循两个原则:一是波束设计时,尽可能保证在不同的纬度下使用相同的波束设计结果;二是不同纬度时,修改工作参数,以满足性能要求。

波位设计通过对系统各工作参数的折中,合理选择设计 PRF,避免星下点回波干扰和发射脉冲遮挡，从而实现系统的总体指标要求。具体设计流程如图 2-13 所示。下面详细给出每一步的具体说明。

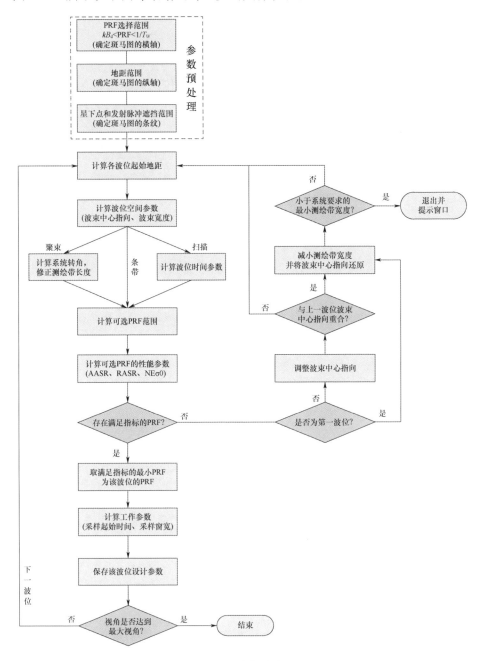

图 2-13　波位设计流程

1. 斑马图的绘制

在星载 SAR 系统设计过程中,通常利用斑马图进行 PRF 选择。斑马图是考虑星下点回波遮挡和发射脉冲遮挡情况下得到的下视角或距星下点地距与 PRF 之间的一组曲线,呈菱形,因此,常称为菱形图或斑马图。

2. PRF 的优化选择

PRF 的优化选择主要是根据距离向模糊比、方位向模糊比和 NESZ 指标要求,通过不断地迭代选出满足要求的 PRF 值。

3. 波位工作参数计算

波位参数主要包括性能参数和工作参数。波位性能参数有距离向分辨率、方位向分辨率、RASR、AASR 和 NESZ 等。波位的工作参数主要包括 PRF、回波窗口开启时间、回波持续时间、数据率、发射信号平均功率等。

2.3.8 原始数据率

GEO SAR 的数据率由 SAR 系统的 PRF、采样点数和每个采样点的量化位数决定,通常采用数据压缩的方式来降低数据率。目前国内外卫星上用得较多的是 BAQ 压缩,可选择 8∶3 压缩或 8∶4 压缩,以满足数据传输要求。

SAR 原始数据率的计算公式为

$$S = 2K_s B b T_w \text{PRF} \tag{2-49}$$

式中:b 为 A/D 转换的量化位数;K_s 为过采样系数,一般取 1.1~1.2;T_w 为回波信号的持续时间;B 为发射信号带宽。

2.4 SAR 姿态导引

GEO SAR 运行在地球同步轨道上,并非运行地球静止轨道上,具有一定的倾斜角度,由此可以获得与地面目标的相对运动,实现二维 SAR 成像。为实现较高的分辨率等性能指标,卫星携带的大型可展开天线机械口径可达 20m 以上。SAR 控制系统包括敏感器、控制器和执行机构三部分。根据 SAR 载荷特点及整星工作模式需求,控制系统需具备高精度姿态测量能力,以及高精度姿态控制、二维姿态导引、滚动、俯仰和偏航方向的机动能力。

目前的姿态导引方式主要有一维偏航导引与二维偏航俯仰导引[90-92]。其中,二维导引效果更好,能够完全补偿多普勒中心频率的偏移,又被称为全零多普勒导引。GEO SAR 的多普勒特性与低轨 SAR 有明显的不同,且 GEO

SAR 的速度方向变化范围较大,这将引起严重的分辨率恶化。采用传统的全零多普勒偏航导引能够改善分辨率损失,然而,与低轨 SAR 偏航角典型值为 4°~5°相比,GEO SAR 的偏航角甚至可超过 80°,如果仍采用该技术,则其工程实施难度大,且部分情况下波束已不在地球范围内。下面分别从姿态导引角、多普勒中心频率、斜视角、距离徙动量、分辨率参数等方面对姿态导引的性能进行分析。

传统的偏航控制是通过控制卫星偏航姿态角实现的,角度的计算中忽略了椭圆轨道的影响,计算公式为

$$\theta_{\text{yaw}} = \arctan\left(\frac{\cos u \cdot \sin i}{\omega_s/\omega_g - \cos i}\right) \quad (2-50)$$

式中:u 为升交角距(纬度辐角);i 为轨道倾角;ω_s 为卫星运动角速度,ω_g 为地球自转角速度。该式只与轨道形状和卫星的位置有关,与波长、波束中心视角、波束侧视方向(左侧视或右侧视)等参数无关。

二维姿态导引通过偏航与俯仰使得波束位于零多普勒面内,从而使得多普勒中心频率为零。二维导引的导引角偏航角 θ_{yaw} 和俯仰角 θ_{pitch} 分别为

$$\begin{cases} \theta_{\text{yaw}} = \arctan\left(\dfrac{\omega_e \sin\alpha_i \cos\alpha}{\dot\alpha - \omega_e \cos\alpha_i}\right) \\ \theta_{\text{pitch}} = -\arctan\left(k_3 \dfrac{\dot R_s/R_s}{\sqrt{(\omega_e \sin\alpha_i \cos\alpha)^2 + (\dot\alpha - \omega_e \cos\alpha_i)^2}}\right) \end{cases} \quad (2-51)$$

根据 GEO SAR 的轨道参数及式(2-51),可以仿真姿态导引所需的偏航角与俯仰角。根据仿真结果可知,偏航导引需要 -180°~180°的导引角;二维姿态导引需要 -180°~180°的偏航角、-10.2°~10.2°的俯仰角。

另外,GEO SAR 卫星大口径天线规模庞大、构型复杂、刚度弱、基频低、模态密集、转动惯量占整星转动惯量比例大,容易激发挠性振动,破坏天线和整星的稳态控制。GEO SAR 大型天线受太阳光压影响较大,太阳光压力矩是静止轨道卫星受到的最主要的环境干扰力矩,在具体设计中均需重点考虑。

偏航导引仅对平台进行水平面内的旋转,因而导引后的下视角不会发生改变。而由于地球椭圆表面的影响,入射角会发生轻微的变化。在偏航的基础上,全零多普勒导引会对平台进行俯仰向的旋转,因而导引后的下视角发生改变,而入射角也会随之改变。上述改变在低轨 SAR 中并不明显,但由于 GEO SAR 具有较大的俯仰导引角与较小的下视角范围,因而导引后的下视角改变不可忽略。偏航导引与全零多普勒导引的下视角变化如图 2-14 所示。

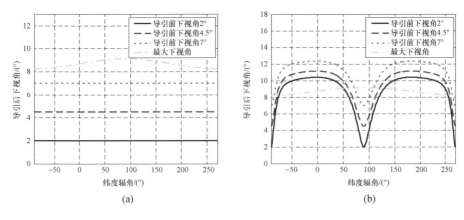

图 2-14 姿态导引后下视角的变化

(a)偏航导引;(b)全零多普勒导引。

无姿态导引时,地球自转与椭圆轨道导致了非零的多普勒中心频率,同时斜视角非零。上述斜视将导致较大的距离徙动量,增加图像处理的复杂度。偏航导引能够消除由地球自转导致的多普勒中心频率,但不能消除由椭圆轨道导致的多普勒中心频率,即在椭圆轨道条件下偏航导引后的斜视角仍不为零。全零多普勒导引能够消除由地球自转与椭圆轨道带来的多普勒中心频率,即全零多普勒导引后的多普勒中心频率与斜视角均为零,即全零多普勒导引后距离徙动量较小。

根据以上分析,总结 GEO SAR 的姿态导引特性如表 2-5 所示。

表 2-5 GEO SAR 的姿态导引特性

参数	无姿态导引	偏航导引	全零多普勒导引
导引角/(°)	0	-180~180	-180~180/-10.2~10.2
下视角范围/(°)	2~7	2~7	2~12.4
覆盖特性	覆盖区域位于星下点轨道南北两侧;中国南部实时覆盖	覆盖区域为围绕星下点轨迹的环形;长时间覆盖区域位于星下点轨迹东西两侧	覆盖区域为围绕星下点不规则环形;大部分轨道位置波束不能照射地球
国土区域每日覆盖时间/h	8~24	1~11	0.5~1.5
国土区域最大重访时间/h	0~14	8~20	11~23
多普勒中心频率/Hz	-1006~1006	-1282~1282	0
斜视角/(°)	-8~8	-10.2~10.2	0

续表

参数	无姿态导引	偏航导引	全零多普勒导引
距离徙动量/km	−4.4 ~ 4.4	−5.6 ~ 5.6	0.2
距离向分辨率扩展系数	1 ~ 1778	1 ~ 4	—
方位向分辨率扩展系数	1 ~ 480	1	—
二维分辨率夹角/(°)	−180 ~ 180	89 ~ 91	—

根据以上仿真结果,可以得到以下结论:

(1)无姿态导引时,对国土的覆盖重访特性最好,但分辨率特性与多普勒特性较差。

(2)偏航导引后,对国土的覆盖重访特性、多普勒特性较无姿态导引时变差,但具有较好的分辨率特性。

(3)全零多普勒导引后,对国土的覆盖重访特性最差,多普勒特性最优。

2.5 SAR 供电分析

星载 SAR 卫星载荷一般为短时工作。与通信卫星和导航卫星不同,SAR 卫星要求电源系统能够适应其频繁的大功率加(减)载需求。具体而言,电源系统首先要满足卫星平台设备的高品质供电需求,为平台设备提供高品质的供电母线;其次要求电源系统输出阻抗极低,具备瞬时大功率输出能力以快速响应载荷需求,并在加(减)载过程中保持电源系统的稳定工作,可靠地提供短期载荷峰值功率与平台负载长期功率的供给。

相比于低轨 SAR 卫星而言,GEO SAR 卫星峰值功率大,同时具有较大的载荷平台功率比。GEO SAR 载荷的成像模式多,每种成像模式的工作时间和功率需求各不相同,电源系统需要满足较大的峰值功率需求。整星峰值功率可达上万瓦,而平台常值功率不大于千瓦量级,其载荷与平台功率相差悬殊,电源系统需统筹考虑平台设备供电需求与载荷设备供电需求,以系统优化的设计方法对卫星电源系统的拓扑结构与母线体制进行全面的论证比较。同时,GEO SAR 卫星供电需求又面临更多的约束,主要表现在 SAR 载荷开机时间和地影时间增加,这将直接导致蓄电池组放电深度增大,因此对蓄电池组提出了更高的要求。

2.6 SAR 信息流分析

GEO SAR 信息流是指具有规定流动方向和格式的信息从信源向信宿传递的过程。信息流设计的目的是统一规划星上信息流和数据流资源,明确遥控资源和遥测资源的输入、输出关系,实现星上资源的优化管理。通过对不同种类数据的划分和属性归类,为虚拟信道的设置和调度算法的设计提供输入。结合卫星的工作模式,GEO SAR 卫星信息流主要包括以下内容:

(1)卫星遥测信息的组织和处理,包括遥测数据、重要数据、星务数据(如时间信息、整星定位数据、定轨数据、姿态数据等)、平台数据(如陀螺数据、星敏感器数据、精密定轨数据、星图数据、相机数据、加速度计数据等)。

(2)卫星遥控信息的组织和处理。

(3)卫星 SAR 载荷遥感数据的组织和处理。

SAR 载荷通过数传分系统将打包好的回波数据和辅助数据下传至地面。SAR 载荷的雷达下位机接收辅助数据(定位、定轨和姿态数据)以及雷达工作指令(包括成像模式指令以及波位控制指令),并通过 SAR 载荷分系统内部总线送至雷达中央控制及处理器。雷达中央控制及处理器接收到雷达工作参数指令后,产生所需带宽和时宽的中频信号,经过上变频器输出射频信号,再经过预功放放大,然后经过功率合成及波束形成网络,合成指定方向的波束以及所需功率的信号,经过环行器和天线馈源发射出去。回波信号通过天线馈源接收,经接收机前级低噪放、限幅器,再经由合路移相衰减单元,送入接收机后级进行放大,最后送至雷达中央控制及处理器,与载荷辅助数据一并送至数传分系统的数据处理器。SAR 载荷的雷达中央控制及处理器与数传系统的数据处理器输出回波数据和辅助数据。

2.7 小结

本章针对 GEO SAR 系统任务分析涉及的频率选择、极化方式、入射角范围选取、成像模式等进行了详细分析,并分析了 SAR 成像质量指标,包括空间分辨率、模糊度、旁瓣比、测绘带宽、系统灵敏度、辐射分辨率、辐射精度和定位精度,为 GEO SAR 星地一体化指标设计提供参考;同时,针对 SAR 载荷设计中涉及的天线体制、天线尺寸、脉冲重复频率、原始数据率等关键指标进行了分析;最后,结合 GEO SAR 工作特点开展了供电、控制和信息流分析。

第3章

地球同步轨道 SAR 卫星轨道设计及确定

3.1 概述

根据地球同步轨道 SAR 卫星的观测任务,针对不同星下点轨迹的地球同步轨道进行特性分析,并对地球同步轨道 SAR 卫星与低轨 SAR 卫星的性能进行比较。同时,对轨道确定需求、精密定轨方法、轨道确定精度评定等进行介绍和论述,为空间轨道确定及应用提供技术参考。

3.2 卫星轨道的基本概念

卫星轨道设计是航天工程的重要组成部分,轨道设计的基础是轨道力学[71-74]。轨道力学主要是研究卫星在重力场和其他外力作用下的质点动力学问题。航天轨道力学的发展史可以追溯到天文学的历史。欧洲的一批科学家以数学方法和力学方法建立了天体力学。在哥白尼日心运动学说的基础上,德国天文学家开普勒于 1609 年发表了关于行星运动的第一定律和第二定律,并于 1619 年发表了第三定律;1687 年牛顿系统地总结出了物体运动三定律,并正式提出了万有引力定律,从而证明了开普勒定律。

开普勒行星运动三大定律适用于卫星环绕行星的运动。

第一定律:卫星轨道是椭圆形的,行星位于椭圆的一个焦点上。

第二定律:卫星与行星的连线在相同时间扫过的面积相同。如图 3-1 所示,如果时间间隔 Δt_1 和 Δt_2 相等,则扫过的面积 A_1 和 A_2 也相等。

第三定律:轨道周期的平方和半长轴的立方成正比。

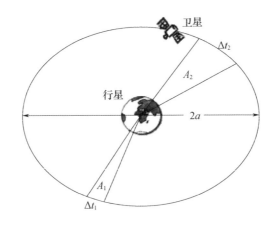

图 3-1 开普勒行星运动第二定律

$$T_o^2 = \frac{4\pi^2 a^3}{\mu} \quad (3-1)$$

式中：a 为轨道半长轴；μ 为行星引力常量，对于地球，$\mu = 3.986 \times 10^5 \text{km}^3/\text{s}^2$。

对于圆轨道，第三定律给出了轨道周期 T_o 与轨道半径 R_o 的函数关系，即

$$T_o = \frac{2\pi R_o^{1.5}}{\sqrt{398600}} (\text{s}) \quad \text{或} \quad T_o = 2.7644 \times 10^{-6} R_o^{1.5} (\text{h}) \quad (3-2)$$

1. 按轨道高度分类

地球轨道分类如表 3-1 所示。

表 3-1 地球轨道分类

轨道类型	远地点/km①	近地点/km②	偏心率③	倾角/(°)④	周期⑤
地球静止	35786	35786	0	0	1 恒星日
地球同步	35786	35786	接近0	0~90	1 恒星日
椭圆	39400	1000	高	62.9	1/2 恒星日
近地	多种	多种	0~高	0~90	>90min

①地球表面最远的距离；
②距地球表面最近的距离；
③近地点地心距远地点地心距之差与近地点地心距远地点地心距之和的比值；
④轨道平面和赤道平面的夹角；
⑤一个恒星日是 23h56min4.09s。不同的轨道类型以下列缩写符号表示

注：1. GEO 地球同步轨道：距地面 35 786 km；
2. MEO 中地球轨道：距地面 2 000~30 000 km；
3. LEO 低地球轨道：距地面 200~2 000 km；
4. HEO 大椭圆轨道：偏心率大于 0.25 小于 1 的轨道，如莫利亚(Molniya)轨道

1) 低地球轨道

低地球轨道(LEO)是一类低高度的近似圆形的轨道。典型 LEO 卫星高度为 500～1500km,轨道周期 1.5～2h。在每个轨道周期,特定的地面站只有几分钟的时间能观察到卫星。国际空间站(ISS)和 NASA 的航天飞机都在 LEO 工作,且大多数遥感卫星工作在 LEO。因为较其他轨道更接近地球,所以一些更小、更简单的卫星可以放在该轨道上。

2) 中地球轨道

典型的中地球轨道(MEO)卫星高度为 2000～30000km,轨道周期是 3～8h。美国 GPS 卫星工作在 MEO 轨道上,轨道周期为 1/2 个恒星日。我国的部分导航卫星也工作在 MEO 轨道上。

3) 高地球轨道

高地球轨道(HEO)卫星高度大于 30000km。地球同步轨道(GEO)是指轨道周期和地球自转周期相等的顺行轨道,其星下点轨迹是一个跨南北半球的"8 字形",其交叉点在赤道上。从卫星地面轨迹可以明显地看出,卫星每天都在地球的特定地区上空盘旋,因此这种轨道对应通信、导航、气象类卫星系统的应用是很有利的。

根据开普勒第三定律,轨道半长轴 a 与周期 T 的关系是

$$a^3 = \frac{\mu T^2}{4\pi^2} \tag{3-3}$$

由 $T=86164.1$s,算得 $a=42164.2$km,因此圆轨道卫星相对于赤道地区的地面平均高度是 35786km。

在地球同步轨道中最常用的是赤道定点或静止轨道(geostationary),它们的地面轨迹是一个静止的点。赤道定点卫星对地面的覆盖范围是一个很重要的参数,它可以很容易地根据简单的几何关系算出,有

$$\theta = \arccos\left[\frac{R}{R+h}\cos^2 E + \sin E \sqrt{1 - \left(\frac{R}{R+h}\right)^2 \cos^2 E}\right] \tag{3-4}$$

对于仰角 E 为 10°的情况,地面覆盖的地心半锥角 $\theta=71.5°$。因此如果我们在赤道上空以 120°的等间隔布置 3 颗定点卫星,就可以实现赤道南北绝大部分地区的通信。

轨道倾角和偏心率均为零的地球同步轨道称为地球静止轨道,放置在该轨道上的卫星运行角速度与地球的旋转速率及方向(自西向东)同步同向,卫星相对于地球没有运动,因此从卫星上观察到的地球表面静止物体总是相同的。对于遥感任务而言,地球静止轨道卫星可以提供大范围的地面覆盖,在其覆盖区

域内任何一点,卫星均 24h 可见。地球同步轨道可以扩大覆盖纬度范围,对极区可以提供很好的覆盖。

4) 大椭圆轨道

在各种大椭圆轨道中,Molniya 轨道是以苏联通信卫星命名的特殊轨道,近地点为 1000 km,远地点为 39400km。Molniya 轨道的优点是轨道近地点辐角为 270°时可以长时间运行在北半球上空。

2. 按轨道特性分类

1) 太阳同步轨道

太阳同步轨道是指轨道的升交点经度进动速度 $\dot{\Omega}$ 与太阳相对中心天体的角速度相等的轨道,此时卫星轨道面与太阳的夹角保持不变。例如,我国第一代气象卫星"风云一号"采用了这种轨道。

太阳的平均运动角速度为 n_S,考虑地球 J_2 项摄动,可以得到太阳同步轨道的轨道倾角 i 满足

$$\cos i = -n_S \left(\frac{3J_2}{2p^2}n\right)^{-1} \tag{3-5}$$

将 $p = a(1-e^2)$,$n = a^{-3/2}$ 代入式(3-5),由限制条件 $|\cos i| \leq 1$ 可知

$$a^{7/2} \leq \frac{3|J_2|}{2(1-e^2)^2|n_S|} \tag{3-6}$$

式(3-6)表明太阳同步卫星的轨道半长径受到限制。

2) 回归轨道

回归轨道即地面轨迹经过一段时间后出现重复的轨道。

卫星轨道相对地球运动的角速度为 $\tilde{\omega} - \dot{\Omega}$,其中 $\tilde{\omega}$ 为地球在惯性空间的自转角速度。轨道相对于地球旋转一周的时间间隔为 T_e,即

$$T_e = \frac{2\pi}{\tilde{\omega} - \dot{\Omega}} \tag{3-7}$$

设卫星轨道周期为 T_Ω,若存在既约正整数 D 及 N,满足

$$N \cdot T_\Omega = D \cdot T_e \tag{3-8}$$

则卫星在经过 D 天,正好运行 N 圈后,其地面轨迹开始重复,这样的轨道便是回归轨道。

3) 冻结轨道

冻结轨道是指轨道的近心点指向保持"不变"的轨道。一般而言,冻结轨道

包含了任意倾角范围的拱线静止轨道,而不限于某一特定的轨道倾角(如后面要介绍的临界倾角轨道)。这一特殊轨道在对地观测中起着重要作用,如美国1985年3月12日发射的海洋测高卫星Geosat,选取的就是这类轨道。

冻结轨道实际上对应一个平均轨道解,也就是将卫星运动方程中所有短周期项消除后的特解。就低轨卫星而言,相应平均系统的主要摄动源是中心天体非球形引力位中的带谐项 $J_l(l \geq 2)$,该系统主要涉及 a,e,i 和 ω 4个轨道根数。相应的冻结轨道有2种可能,即 $\omega = 90°$ 或 $\omega = 270°$。

给定轨道半长径和轨道倾角,相应地,冻结轨道偏心率可由式(3-9)确定,即

$$e = \left|\frac{J_3}{J_2}\right|\frac{1}{2a}\sin i[1 + O(\varepsilon^2)] \tag{3-9}$$

式中: ε^2 表示相对 $|J_3/J_2|$ 的高阶小量。若 $(J_3/J_2) > 0$,则对应的冻结轨道解 $\omega = 270°$;反之,若 $(J_3/J_2) < 0$,则对应冻结轨道解 $\omega = 90°$。

4) 地球同步轨道

地球同步轨道是轨道周期等于地球自转周期的顺行轨道。地球同步轨道又可以分为地球静止轨道卫星(GEO)和倾斜同步轨道卫星(IGSO)。

GEO是倾角为零度的地球同步轨道,相对地面观测者,卫星好像在赤道上空静止不动,其星下点轨迹是一个点。GEO卫星可以提供大范围的地面覆盖,在其覆盖区域内任何一点,卫星均24h可见。GEO已用于通信、电视转播、气象和导航卫星系统的增强(如美国的WAAS系统、欧洲的EGNOS系统和日本的MSAS系统)等。但GEO也存在一些缺陷:不能提供对极区的覆盖,卫星发射费用高,多普勒频移很低,此外GEO需要较频繁地定点维持,不利于精密定轨和精密星历的长期预报。

IGSO是指倾角不为零度的地球同步轨道,其星下点轨迹是一个跨南北半球的"8字形",其交叉点在赤道上。这种轨道可以对极区提供很好的覆盖,其交叉点在赤道上除了有长期漂移外,还存在由田谐项共振引起的长周期漂移,这种共振影响在不同的交叉点位置也会有不同,考虑到与GEO卫星的碰撞危险和服务的稳定性,也需要频繁地轨道维持。

5) 临界倾角轨道

临界倾角轨道具有拱线"静止"的特性,是由中心天体非球形引力位中 J_2 项的长期摄动效应引起的。卫星轨道在 J_2 项作用下近星点幅角 ω 的长期扁率的主项表达式为

$$\dot{\omega} = \frac{3J_2}{2p^2}n\left(2 - \frac{5}{2}\sin^2 i\right) \qquad (3-10)$$

当满足 $\dot{\omega} = 0$ 时,就长期变化效应而言,近星点指向不变,相应的倾角称为临界倾角,记作 i_c,有 $i_c = 63°26′$ 或 $i_c = 116°34′$。

临界倾角轨道与之前介绍的冻结轨道不同,涉及轨道共振效应,其稳定程度将受轨道偏心率大小制约,偏心率越大,稳定性越好。苏联通信卫星 Molniya 采用的就是这种大偏心率临界倾角轨道,可以解决高纬度地区的 24h 通信问题,并且有效降低信号传输功耗。

3.3 常用 GEO 轨道设计特点及应用

地球同步轨道通常应用于通信、导航、对地遥感和中继等任务的航天器,轨道设计主要内容如下。

(1)确定转移轨道。
(2)制定变轨策略。
(3)确定发射窗口。
(4)分析轨道保持策略。
(5)推进剂预算分析。

3.3.1 确定转移轨道

1. 概述

通常情况下,地球同步轨道卫星不是由运载火箭直接送入工作轨道,而是由运载火箭送入近地点 200km、远地点为地球同步轨道高度的地球同步转移轨道,然后利用卫星自身携带的推进系统通过多次远地点轨道机动,逐步抬高近地点高度,直至卫星进入地球同步轨道。因此,对于不是由运载火箭直接送入工作轨道的情况,需给出转移轨道要素,并制定相应的变轨策略。

2. 确定近地点高度

不是由火箭直接送入工作轨道的情况如下。
(1)运载火箭的能力。
(2)航天器测控时间要求。
(3)大气阻力对轨道和姿态的影响。
(4)航天器姿态机动对近地点高度的影响。

运载火箭携上面级直接发射航天器入轨的情况,航天器入轨近地点一般位于中轨道目标高度附近。

3. 确定远地点高度

不是由火箭直接送入工作轨道的情况如下。

(1) 远地点高度的初值由终值推算得到,推算时应考虑地球引力场一阶短周期摄动及大气阻力摄动。

(2) 综合考虑运载火箭能力、航天器变轨能力、航天器轨道误差修正能力,远地点高度的最佳终值一般是轨道高度加上星箭分离时远地点高度的最大误差值(3σ)。

运载火箭携上面级直接发射航天器入轨的情况,航天器入轨远地点一般高于中轨道目标高度,远地点与中轨道的高度偏差需综合考虑运载火箭基础级能力、航天器变轨能力、上面级离轨安全性等因素进行确定。

4. 确定轨道倾角

(1) 发射场地理位置。

(2) 发射方向限制。

(3) 运载火箭偏航方向可以调整的能力。

5. 确定近地点幅角初值

转移轨道近地点幅角的终值一般为180°,由此推算初值。

6. 确定升交点赤经

在转移轨道其他参数确定后,升交点赤经由入轨时间和入轨点地理经纬度确定,入轨时间受发射窗口限制,入轨点的地理经纬度由运载火箭设计部门提供。

对于存在组网要求的航天器,在首发航天器轨道升交点赤经确定的情况下,待发射航天器的升交点赤经是给定的,只能与之相差确定的角度。

3.3.2 制定变轨策略

变轨策略是最佳地安排变轨次数和每次的变轨量,确定各次变轨后的轨道要素。应对轨道误差进行分析与分配,对远地点发动机性能指标进行分析,预计变轨推进剂消耗量。变轨一般在可变轨远地点或者近地点附近进行。

1. 确定可变轨位置的原则

(1) 在航天器发动机点火前,有足够的测控时间完成一切准备工作。

(2) 航天器发动机熄火后的轨道在预定的一段时间内可测控。

(3) 应有合适的位置作为推迟点火的备份位置。

变轨优化设计主要是选择待选参数(点火时间、点火姿态、变轨量等)以达到节省推进剂的目的。变轨优化设计包括运动方程选择、目标函数确定、限制条件分析、优化计算方法。

3.3.3 确定发射窗口

确定发射窗口时需考虑太阳照射航天器的方向、航天器进出地影的时间、航天器进入目标轨道前运行时间等因素。

在航天器组网的情况下,除了按单颗航天器的发射情况进行发射窗口分析计算外,还需考虑航天器组网的要求。对于给定升交点赤经的轨道面,只存在某个瞬时的发射时机,应根据航天器轨道平面调整能力和任务要求,分析给定航天器入轨时升交点赤经的误差允许范围,确定航天器的发射窗口。

地球同步轨道航天器发射窗口的设计包括限制条件分析和发射窗口计算。

1. 发射窗口限制条件分析

分析航天器承担的使命和工作环境要求,给出计算发射窗口的限制条件。这些条件如下。

(1) 太阳照射地面目标的光照条件的要求。

(2) 航天器太阳电池正常供电对太阳光照射航天器的方向要求。

(3) 航天器姿态测量对地球、航天器、太阳的几何关系要求。

(4) 航天器热控对太阳光照射航天器的方向要求。

(5) 航天器某些特殊部件对太阳光、地球反射光、月球反射光照射方向的要求。

(6) 航天器处于地球阴影内时间长短的限制。

(7) 航天器进、出地影时所处的轨道位置的要求。

(8) 航天器姿态机动对太阳、航天器、地球几何关系的要求。

(9) 为满足地面站对航天器测控条件,对地球、航天器、太阳几何关系的要求。

(10) 航天器空间交会、组网的要求。

(11) 其他有关条件。

针对具体的飞行任务,以系统工程的方法分析上述条件的必要性和合理性,协调互相矛盾的因素,建立有关条件和发射时间之间的计算公式,进行发射窗口计算。

2. 发射窗口计算

为了得到满足各限制条件的发射窗口,要分别计算每个限制条件对应的允许发射时间段,取其共同部分作为发射窗口。发射窗口计算可能涉及以下计算。

(1) 太阳与月球位置计算。

(2) 航天器位置和星下点位置计算。

(3) 航天器地影情况计算。

(4) 航天器星下点太阳高度角计算。

(5) 地面站对航天器的观测条件计算。

(6) 空间交会与组网情况下对发射轨道平面要求的计算。

(7) 航天器本体某特征轴方向的计算。

上述量的定义与计算可参考相关的轨道设计标准进行。

发射窗口计算中还要考虑的因素如下。

(1) 轨道机动引起的轨道参数变化。

(2) 姿态机动引起的姿态变化。

(3) 轨道误差。

(4) 姿态误差。

(5) 运行期间太阳(月球)位置的变化。

(6) 运载火箭主动段运行时间及误差。

(7) 异常情况时的应急处理。

(8) 针对具体的飞行任务分析确定需要考虑的其他因素。

3.3.4 分析轨道保持策略

轨道保持的任务是将航天器的漂移控制在一定范围内,根据航天器的工作寿命、使用要求确定轨道保持的精度,估计所需的推进剂。轨道保持策略分为轨道面内的轨道保持和轨道面外的轨道保持。

1. 轨道面内的轨道保持

轨道面内的轨道保持是通过修正半长轴和偏心率实现的,轨道面内引起轨道漂移的因素如下。

(1) 地球引力场带谐调和项引起轨道半长轴的漂移加速度。

(2) 太阳光压引起轨道偏心率的长周期变化(周期为1a)。

(3) 在航天器不组网的情况下,可按(1)和(2)的轨道摄动因素计算单颗航天器在轨道面内的轨道漂移。在航天器组网的情况下,除了按单颗航天器的轨道摄动进行轨道面内的轨道漂移计算外,还需考虑轨道测量、控制等因素引起的轨道半长轴初始偏差,定期修正轨道半长轴,避免引起相同轨道面内不同航天器相对相位角的长期漂移。

对于地球同步轨道航天器,应根据卫星轨道面内的漂移精度要求以及实际轨道演化情况确定轨道面内轨道保持所需的速度增量与推进剂。

2. 轨道面外的轨道保持

轨道面外的轨道保持是通过修正轨道倾角和升交点赤经来实现的。航天器轨道面外的轨道漂移是由轨道倾角和升交点赤经的变化而产生的。轨道倾角的变化是由日月引力的摄动引起的,升交点赤经的变化是由地球引力场带谐调和项和日月引力的摄动引起的。日月引力摄动引起的轨道漂移与月球轨道面方位有关。

对于地球同步轨道航天器,应根据卫星轨道面精度要求以及实际轨道演化情况确定轨道面轨道保持所需的速度增量与推进剂。

3.3.5 推进剂预算分析

地球同步轨道卫星的推进剂主要用于变轨、定点位置捕获等轨道控制任务,以及卫星的姿态机动和姿态稳定控制。在卫星设计阶段,需要进行卫星推进剂预算,使得卫星携带的推进剂至少要满足卫星整个寿命期间的轨道和姿态控制的需要。

推进剂预算从已知(或估计)卫星入轨时的质量开始,按照卫星飞行的时序,将每一个事件的推进剂消耗量计算出来,直至寿命结束。按时间顺序,主要时间如下。

(1) 卫星变轨前姿态控制。

(2) 变轨发动机机动变轨。

(3) 定点捕获。

(4) 定点经度/倾角保持。

(5) 姿态机动和保持。

(6) 离轨机动。

在推进剂预算中还要考虑转移轨道的入轨误差、推进剂混合比偏差、沉底推力器的安装角、变轨期间的卫星姿态误差、沉底推力器小脉冲的效率、推进剂排不出的残留量等因素,并需要留有适当的余量。

在确定卫星发动机推力、比冲和效率的情况下,可以用以下三种方法计算推进剂预算量。

利用数值积分的方法求得,如变轨过程中 490N 发动机点火前用 10N 推力器沉底和 490N 发动机工作的推进剂消耗量。

已知点火时间长度 Δt,所需要的推进剂计算公式为

$$\Delta m = \dot{m}\Delta t = \frac{F}{I_{sp}g}\Delta t \tag{3-11}$$

已知速度增量为 ΔV,所需要的推进剂计算公式为

$$\Delta m = m_0\left(1 - e^{\frac{-\Delta V}{I_{sp}\eta g}}\right) \tag{3-12}$$

式中:F 为发动机推力(N);ΔV 为速度增量(m·s^{-1});Δm 为推进剂消耗量(kg);I_{sp} 为发动机(推力器)比冲(s);m_0 为卫星初始质量(kg);η 为发动机(推力器)工作效率;g 为重力加速度(m·s^{-2})。

3.4 GEO SAR 卫星任务轨道选择与分析

3.4.1 地球同步轨道卫星星下点轨迹主要类型

SAR 载荷需要卫星与地面具有一定的相对速度才能实现成像,但地球静止轨道(GEO)卫星与地面相对静止,不能用于 SAR 成像。因此,地球同步轨道 SAR 卫星要选用除地球静止轨道以外的其他地球同步轨道。地球同步轨道通过设置不同的偏心率、轨道倾角和近地点幅角,可以形成不同的星下点轨迹形状,典型形状包括"8 字形"轨迹、"一字形"轨迹、"小椭圆形"轨迹和"水滴形"轨迹,如图 3-2 所示。

根据 SAR 成像原理和一维偏航导引的要求,地球同步轨道 SAR 卫星需要合理选择轨道倾角、偏心率和近地点幅角以及过升交点地理经度。

由于地球同步轨道 SAR 卫星具有观测高重访特性,不同轨道倾角、偏心率、近地点幅角的选择对卫星的 SAR 载荷覆盖范围及观测区域的重访特性有不同的效果。

地球同步轨道 SAR 卫星可以对轨道倾角、偏心率、近地点幅角和过升交点地理经度进行不同选择,因此不同的轨道倾角、偏心率、近地点幅角和过升交点地理经度都对卫星的重访特性有着影响,在 SAR 入射角范围的约束下,轨道倾角越大,地球同步轨道 SAR 的重访时间越长。

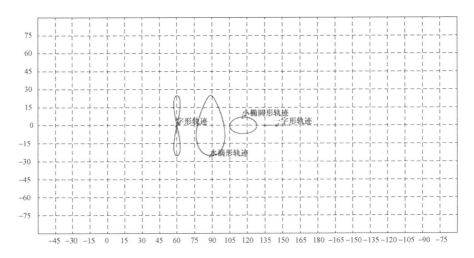

图 3-2 四条不同的地球同步卫星的地面轨迹

星下点轨迹为"8 字形"时,地球同步轨道为圆轨道,轨道倾角不为 0°,偏心率为 0 而形成"8 字形"的星下点轨迹。"8 字形"关于赤道对称分布,"8 字形"的大小由地球同步轨道的轨道倾角决定,倾角越大则"8 字形"越大,倾角越小则"8 字形"越小。当倾角为 0°时,"8 字形"退化为赤道上一个点,此时地球同步轨道为地球静止轨道。

星下点轨迹为"一字形"时,地球同步轨道为椭圆赤道轨道,轨道倾角为 0°,偏心率不为 0 而形成"一字形"的星下点轨迹。"一字形"的星下点轨迹与赤道重合,"一字形"轨迹的东西跨度大小取决于地球同步轨道的偏心率,偏心率越大,"一字形"的东西跨度越大;偏心率越小,"一字形"的东西跨度越小。当偏心率退化为 0 时,"一字形"轨迹会退化为赤道上一个点,此时地球同步轨道为地球静止轨道。

星下点轨迹为"小椭圆形"时,地球同步轨道为倾斜椭圆轨道,轨道倾角不为 0°,偏心率不为 0,近地点幅角为 90°或 270°时会形成"小椭圆形"的星下点轨迹。"小椭圆形"的长轴通常沿地球赤道分布,在轨道倾角确定的情况下,偏心率越大,"小椭圆形"的长轴越长,星下点轨迹小椭圆的扁率越大;反之,偏心率越小,"小椭圆形"的长轴越短,星下点轨迹小椭圆的扁率越小。

当"小椭圆形"星下点轨迹地球同步轨道的倾角确定的情况下,逐渐减小偏心率,当偏心率减小到一定数值时,"小椭圆形"的星下点轨迹变为"水滴形"星下点轨迹;类似地,当"小椭圆形"星下点轨迹地球同步轨道偏心率确定的情况下,逐渐增加轨道倾角,当轨道倾角增加到一定数值时,"小椭圆形"的星下点轨迹同样变为了"水滴形"星下点轨迹。

以上四种典型的星下点轨迹是通过选择不同轨道倾角、偏心率、近地点幅角的地球同步轨道实现的。地球同步轨道 SAR 卫星主要用于对地遥感观测,重要的性能指标包括覆盖范围和重访特性。对于不同的星下点轨迹,覆盖范围与重访特性不同。对"8 字形"东西两侧的区域重访特性要优于"8 字形"的南北两个区域的重访特性;对位于"一字形"轨迹的南北半球区域的重访特性接近实时观测,对于位于"一字形"东西两端赤道附近的区域重访特性次之;对于"小椭圆形"的星下点轨迹,重访特性与"一字形"星下点轨迹的重访特性类似,位于"小椭圆形"的南北两侧区域的重访特性优于"小椭圆形"星下点轨迹东西两侧区域的重访特性;对于"水滴形"的星下点轨迹,重访特性类似于"8 字形"星下点轨迹的重访特性,位于"水滴形"星下点轨迹东西两侧的重访特性优于南北两侧的重访特性。

对于任务轨道选择,需要根据遥感任务的主观测区域选择合适的星下点轨迹类型以实现高重访的优势。在确定星下点轨迹后,对偏心率、轨道倾角、近地点幅角和过升交点地理经度进行详细分析,从而最终确定地球同步轨道 SAR 卫星的任务轨道。

本节后续将对四种典型星下点轨迹可视覆盖范围及重访性能以举例的方式进行比较说明。

3.4.2 "8 字形"星下点轨迹

任务轨道星下点轨迹为"8 字形"时,需要选择合适的偏心率、轨道倾角、近地点幅角。一条星下点轨迹为"8 字形"的典型地球同步轨道参数如表 3-2 所示。以此条轨道为例对地球同步轨道 SAR 卫星的覆盖与重访特性进行分析说明。以便于了解"8 字形"星下点轨迹的地球同步轨道对 SAR 应用的影响。

表 3-2 "8 字形"星下点轨迹的地球同步轨道参数

轨道参数	数值
半长轴/km	42164
偏心率	0
轨道倾角/(°)	25
近地点幅角/(°)	—
远地点高度/km	35786
近地点高度/km	35786

"8字形"星下点轨迹可视覆盖区域如图3-3所示。"8字形"星下点轨迹重访特性分布情况如图3-4所示。

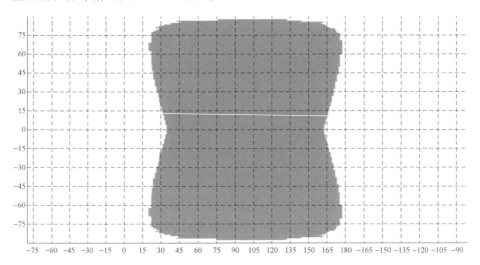

图3-3 "8字形"星下点轨迹地球同步轨道SAR卫星可视覆盖区域

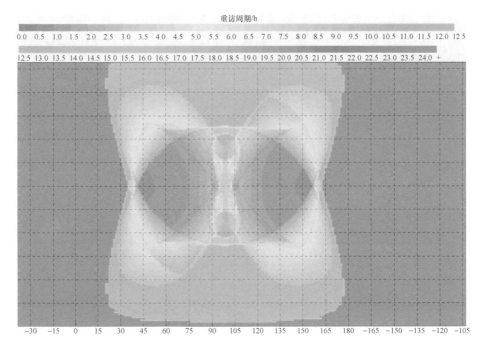

图3-4 "8字形"星下点轨迹地球同步轨道SAR卫星重访特性(见彩图)

3.4.3 "一字形"星下点轨迹

任务轨道星下点轨迹为"一字形"时,需要选择合适的偏心率、轨道倾角、近地点幅角。一条星下点轨迹为"一字形"的典型地球同步轨道参数如表3-3所示。以此条轨道对地球同步轨道SAR卫星的覆盖与重访特性进行分析说明。以便于了解"一字形"星下点轨迹的地球同步轨道对SAR应用的影响。

表3-3 "一字形"星下点轨迹的地球同步轨道参数

轨道参数	数值
半长轴/km	42164
偏心率	0.1
轨道倾角/(°)	0
近地点幅角/(°)	180
远地点高度/km	40002
近地点高度/km	31569

"一字形"星下点轨迹可视覆盖区域如图3-5所示。"一字形"星下点轨迹重访特性分布情况如图3-6所示。

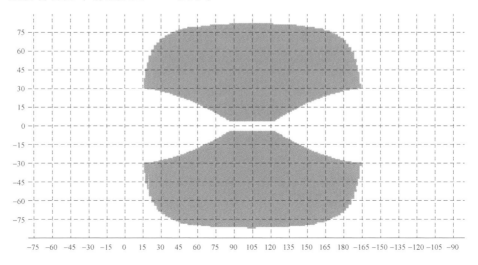

图3-5 "一字形"星下点轨迹地球同步轨道SAR卫星可视覆盖区域

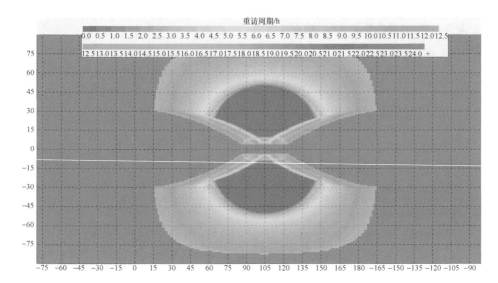

图3－6　"一字形"星下点轨迹地球同步轨道SAR卫星重访特性(见彩图)

3.4.4　"小椭圆形"星下点轨迹

任务轨道星下点轨迹为"小椭圆形"时,需要选择合适的偏心率、轨道倾角、近地点幅角。一条星下点轨迹为"小椭圆形"的典型地球同步轨道参数如表3－4所示。以此条轨道对覆盖与重访特性进行分析说明,以便于了解"小椭圆形"星下点轨迹的地球同步轨道对SAR应用的影响。

表3－4　"小椭圆形"星下点轨迹的地球同步轨道参数

轨道参数	数值
半长轴/km	42164
偏心率	0.1
轨道倾角/(°)	7
近地点幅角/(°)	90
远地点高度/km	40002
近地点高度/km	31569

"小椭圆形"星下点轨迹可视覆盖区域如图3－7所示。"小椭圆形"星下点轨迹重访特性分布情况如图3－8所示。

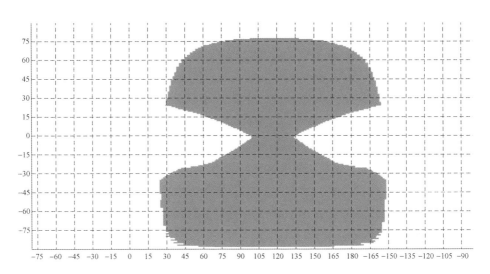

图 3-7 "小椭圆形"星下点轨迹地球同步轨道 SAR 卫星可视覆盖区域

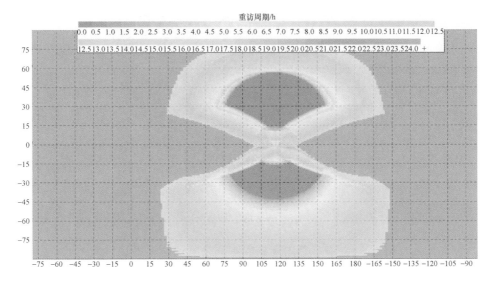

图 3-8 "小椭圆形"星下点轨迹地球同步轨道 SAR 卫星重访特性（见彩图）

3.4.5 "水滴形"星下点轨迹

任务轨道星下点轨迹为"水滴形"时，需要选择合适的偏心率、轨道倾角、近地点幅角。一条星下点轨迹为"水滴形"的典型地球同步轨道参数如表 3-5 所示。以此条轨道对覆盖与重访特性进行分析说明，以便于了解"水滴形"星下点轨迹的地球同步轨道对 SAR 应用的影响。

表3-5 "水滴形"星下点轨迹的地球同步轨道参数

轨道参数	数值
半长轴/km	42164
偏心率	0.1
轨道倾角/(°)	25
近地点幅角/(°)	270
远地点高度/km	40002
近地点高度/km	31569

"水滴形"星下点轨迹可视覆盖区域如图3-9所示,"水滴形"星下点轨迹重访特性分布情况如图3-10所示。

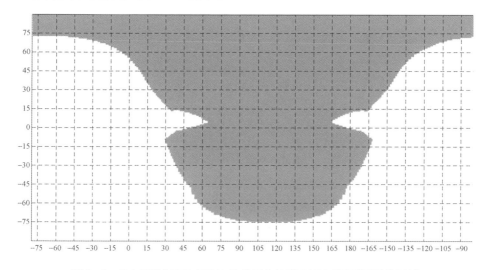

图3-9 "水滴形"星下点轨迹地球同步轨道SAR卫星可视覆盖区域

地球同步轨道SAR卫星采用地球同步轨道作为运行轨道,通过对偏心率、轨道倾角与近地点幅角的设置,可以实现多种星下点轨迹类型。上面对其中四种典型的星下点轨迹进行了观测性能分析,从结果中可以看出星下点轨迹的类型使地球同步轨道SAR卫星的观测性能不同,"8字形"和"水滴形"星下点轨迹的轨道,其重访能力优势区域位于星下点轨迹的东西两侧;"一字形"和"小椭圆形"星下点轨迹的轨道,其重访能力优势区域位于星下点轨迹的南北两侧。

四种典型星下点轨迹对应的地球同步轨道对于SAR卫星来说并无优劣之分,只是各自特点不同。轨道设计必须结合观测任务进行,根据观测区域覆盖、重访时间等指标要求,综合考虑工程研制的可实现性与代价。

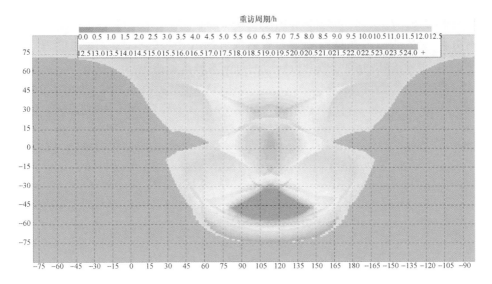

图 3-10 "水滴形"星下点轨迹地球同步轨道 SAR 卫星重访特性(见彩图)

3.5 GEO SAR 卫星与低轨 SAR 卫星的比较

地球同步轨道为一天运行一圈的天回归轨道,其轨道特性决定了地球同步轨道 SAR 卫星相较于低轨 SAR 卫星 4~5 天的重访时间而言具有天重访的高重访特性。此外,在同一波束角的情况下,地球同步轨道 SAR 卫星相较于低轨 SAR 卫星而言还具有大幅宽能力。此外,由于地球同步轨道 SAR 卫星具有波束幅宽大、相对地面目标速度低的特点,可以对目标进行长时间连续观测,可达到小时量级,而低轨 SAR 卫星对目标观测的持续时间通常以秒计算。

大幅宽、高重访与长时连续观测能力决定了地球同步轨道 SAR 卫星相较于低轨 SAR 卫星而言具有快速覆盖与重访、短时多次成像的优势。

分别采用地球同步轨道 SAR 卫星和低轨 SAR 卫星对同一观测区域进行分析,通过分析结果来说明地球同步轨道 SAR 卫星的独特优势。

分析低轨 SAR 卫星单星以及多星的能力,并与单颗地球同步轨道 SAR 卫星的能力进行比较。分析的区域选择了西太平洋及印度洋区域,该区域当前经济发展迅速、是欧亚之间海上运输的主要通道。该区域陆地、海洋交错,具有复杂多样的地形,无论是应用于交通运输、自然资源监测还是地质监测,都应是未来地球同步轨道 SAR 卫星观测的主要任务区域。同时,该区域东西经度范围 120°,南北纬度范围 100°,地理跨度大,分析结果具有代表性。

除了对大尺度范围的分析,还在该区域选择了 5 个城市作为小尺度目标进行分析,从宏观与微观两个方面进行高、低轨 SAR 卫星的对比。

高、低轨 SAR 卫星比较分析区域的范围与城市如图 3-11 所示。

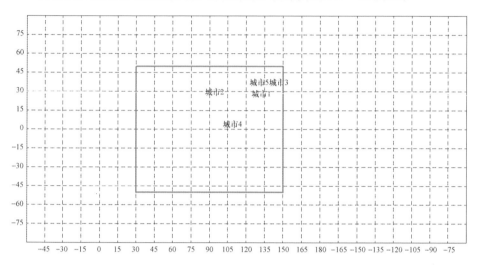

图 3-11　高、低轨 SAR 卫星比较分析区域

3.5.1　重访特性比较

单星地球同步轨道 SAR 卫星在观测区域的重访时间随纬度的变化情况如图 3-12 所示。在该区域内,单星的重访时间在 5h 以内。

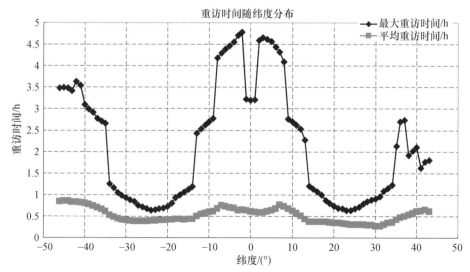

图 3-12　地球同步轨道 SAR 卫星单星重访时间

单星低轨 SAR 卫星在观测区域的重访时间随纬度的变化情况如图 3-13 所示。在该区域内,单星的重访时间在 230h 以内。

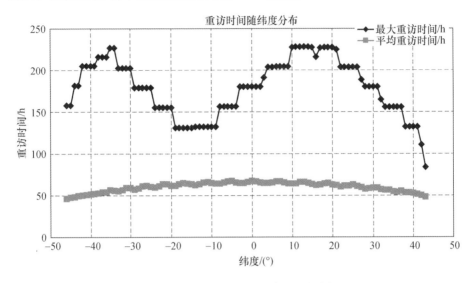

图 3-13　低轨 SAR 卫星单星重访时间

由于低轨 SAR 卫星单星的重访时间较长,最大重访时间接近 10 天。因此,为了匹配地球同步轨道 SAR 卫星单星的能力,低轨 SAR 卫星需要多星组网。对于低轨 SAR 卫星,采用 16 颗卫星组网的重访能力如图 3-14 所示。可以看出,采用 16 颗卫星组网的方式,低轨 SAR 卫星的重访时间在 7~17h。

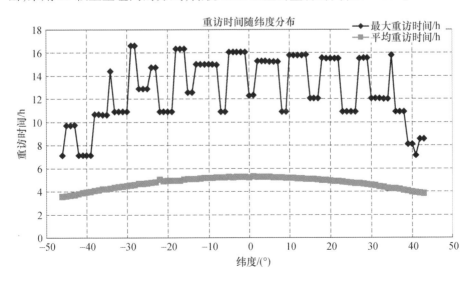

图 3-14　低轨 SAR 卫星单星重访时间

3.5.2 持续观测时间能力比较

观测区域内不同纬度对应的地球同步轨道 SAR 卫星持续观测时长如图 3-15 所示。最大持续观测时长为 12h,不同纬度的平均持续观测时间为 2h。

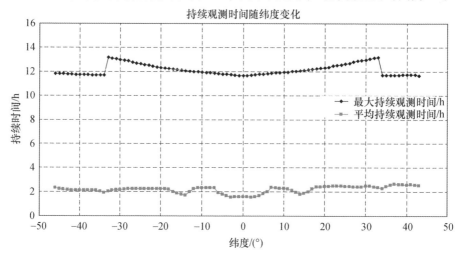

图 3-15 地球同步轨道 SAR 卫星的持续观测能力

观测区域内不同纬度对应的低轨 SAR 卫星持续观测时长如图 3-16 所示。由于低轨 SAR 卫星相对地面运行速度快,对同一目标的观测时间仅为 7s,远远小于地球同步轨道 SAR 卫星的持续观测能力。

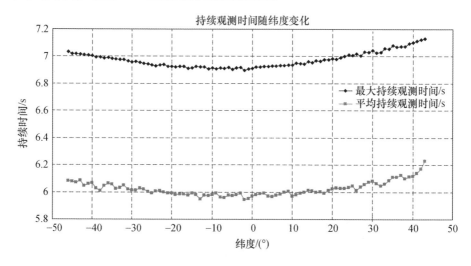

图 3-16 低轨 SAR 卫星的持续观测能力

3.5.3 典型目标的观测比较

地球同步轨道 SAR 卫星对 5 个典型的城市目标在一天内的观测结果参数如表 3-6 所示。

表 3-6 地球同步轨道 SAR 卫星对城市目标的观测结果

目标	间隔/min			持续时间/min			总时间/min	总次数
	最大	最小	平均	最大	最小	平均		
城市 1	365.4	53.8	164.5	510.7	55.3	308.6	946.4	3.07
城市 2	434.7	58.5	240.9	318.7	27.7	114.8	459.4	4.00
城市 3	695.3	63.7	379.5	364.5	71.6	329.5	681.0	2.07
城市 4	229.0	124.8	170.0	181.7	4.4	69.8	419.0	6.00
城市 5	700.4	66.9	383.5	396.5	160.8	325.5	672.7	2.07

单颗低轨 SAR 卫星对 5 个典型的城市目标在 1 天内的观测结果参数如表 3-7 所示。

表 3-7 低轨 SAR 卫星(单星)对城市目标的观测结果

目标	间隔/min			持续时间/min			总时间/min	总次数
	最大	最小	平均	最大	最小	平均		
城市 1	2159.3	2159.3	2159.3	0.1	0.1	0.1	0.0	0.2
城市 2	1430.5	729.4	1196.8	0.1	0.1	0.1	0.0	0.4
城市 3	9374.9	3594.4	6484.6	0.1	0.1	0.1	0.0	0.3
城市 4	3575.7	3575.7	3575.7	0.1	0.1	0.1	0.0	0.2
城市 5	3594.4	1430.4	2512.4	0.1	0.1	0.1	0.0	0.3

16 颗低轨 SAR 卫星组网对 5 个典型的城市目标在 1 天内的观测结果参数如表 3-8 所示。

表 3-8 低轨 SAR 卫星(16 星)对城市目标的观测结果

目标	间隔/min			持续时间/min			总时间/min	总次数
	最大	最小	平均	最大	最小	平均		
城市 1	655.6	49.4	292.3	0.1	0.1	0.1	0.5	4.8
城市 2	932.2	50.0	289.5	0.1	0.1	0.1	0.5	4.9
城市 3	655.6	53.9	267.3	0.1	0.1	0.1	0.5	5.4
城市 4	739.4	35.2	314.9	0.1	0.1	0.1	0.5	4.6
城市 5	947.1	53.9	277.8	0.1	0.1	0.1	0.5	5.2

3.5.4 区域覆盖能力比较

由于地球同步轨道 SAR 卫星轨道高度高,在相同波束角度下,相较于低轨 SAR 卫星具有大幅宽的优势。对于 SAR 载荷,其工作模式灵活,具备高分辨率和低分辨率成像能力;高分辨率对应的幅宽较窄,低分辨率对应的幅宽较宽。针对地球同步轨道 SAR 卫星和低轨 SAR 卫星,分别对高分辨率窄幅宽和低分辨率大幅宽进行了分析;同时,针对我国沿海专属经济区和整个西太平洋区域,对全覆盖所需时间和为了达到相同效果需要匹配的低轨 SAR 卫星数量进行了分析,对比分析结果如表 3-9 所示。

表 3-9 高、低轨 SAR 卫星覆盖能力比较

	地球同步轨道 SAR 卫星		低轨 SAR 卫星 16 星组网	
	高分辨率成像	低分辨率成像	高分辨率成像	低分辨率成像
我国沿海专属经济区覆盖时间/天	4	1	24	6
西太平洋覆盖时间/天	11	2	72	18
需匹配卫星数量/颗	1	1	112	144

3.6 GEO SAR 卫星轨道确定

对于地球同步轨道 SAR 卫星,根据雷达成像理论,需要精确获取卫星相对于地物的双程斜距值,前提是精确获取卫星位置信息。卫星精密定轨是根据对卫星的一系列跟踪测量数据,用相应的数学方法确定其在某一时刻的运行状态。所谓运行状态,就是在选定的空间坐标系中卫星的位置和速度。卫星精密定轨包括跟踪的手段和数据处理的基础理论及方法。本节就目前主流的高轨卫星跟踪手段进行比较分析,同时对高轨精密定轨理论和数据处理方法提供比较全面的论述,为实际应用提供参考。

3.6.1 地球同步轨道 SAR 轨道确定精度需求

卫星从 T_{sl} 飞行到 T_{sn} 为一个完整的合成孔径时间,完成一景图像的获取。如图 3-17 所示,卫星自 T_{sl} 时刻飞行至 T_{sn} 时刻,对地物 O 成像观测。卫星在 T_{sn} 时刻对地面的真实斜距值(定义为 r_{sn_real},该值是期望获取的参数,无法直接

测量或估计得到),r_{sn}为卫星通过事后定轨后获取的斜距值。那么在一个合成孔径时间内的任意时刻,载荷的斜距误差为$\delta r_{sn}=2\times|r_{sn}-r_{sn\_real}|$。

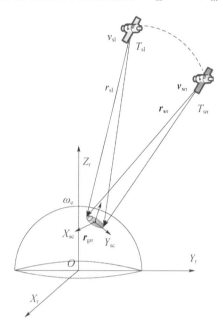

图 3-17　卫星一次完整合成孔径时间内成像示意图

根据雷达成像理论,双程斜距误差反映到成像相位差的要求如下。
（1）相位差 >$\pi/4$,则成像指标恶化。
（2）相位差 ≤$\pi/4$,则能够完成成像任务。
（3）相位差 ≤$\pi/8$,则成像质量较好。
（4）相位差 ≤$\pi/16$,则成像质量非常好。

按照相位误差的变化规律划分,有确知性误差和随机性误差两种。确知性误差是指相位误差变化规律为确知函数。随机性误差是指相位误差变化为随机变数。

确知性相位误差又可以分为周期性误差和非周期性误差两种。定轨误差并不体现在周期性误差对线性调频脉冲压缩影响中,而体现在非周期性误差中。非周期性误差大致可分成一次误差(相位误差与时间呈正比)、二次误差(相位误差与时间的平方成正比)和高次误差等多种。固定相位误差对线性调频信号的压缩无影响。

在孤立点目标情况下,一次误差不会导致图像失真;但是,考虑到实际图像由许多点目标组成,一次相位误差将导致图像几何畸变以及局部目标分辨率下降。二次误差相当于使线性调频信号的调频斜率改变,从而影响脉冲压缩的效果。

地球同步轨道 SAR 的高轨特性和长合成孔径时间特性给 SAR 信号处理带来了许多新的问题,其中之一是定轨精度问题。卫星定轨精度的高低直接影响载荷图像产品的质量。低轨 SAR 分辨率要求一般为米级,合成孔径时间相对较短(1~5s),卫星的定轨误差对成像质量影响不明显,仅影响几何定位误差的增加。对于地球同步轨道 SAR 来说,随着轨道高度大幅提升,卫星及其波束投影速度大幅降低,米级分辨率对应的合成孔径时间达到几百到上千秒。面向成像和目标定位应用需求,地球同步轨道 SAR 对卫星定轨精度要求与低轨 SAR 不同,需要基于 SAR 成像机理,建立定轨误差模型,制定专门面向载荷成像、目标定位应用模式的定轨精度分析流程和手段。

经仿真分析可知,对于中等轨道倾角的地球同步轨道 SAR 卫星,成像应用所需的径向位置精度为米级[78],切向速度精度为毫米每秒量级。我国"高分四号"卫星事后精密定轨精度要求为 200m(采用 S 波段非相干扩频多站测距),高轨通信卫星的定轨精度要求为 15km(采用 S 或 C、Ka 波段星地多站测距)。由此可知,地球同步轨道 SAR 卫星定轨精度指标相对于其他高轨卫星的定轨精度指标要求更高。

3.6.2　轨道确定的基本概念

精密定轨是指以卫星轨道动力学理论为基础,通过各种技术手段对卫星轨迹进行跟踪观测,提供定轨所需要的几何信息,并运用合理的方法融合几何和动力学信息,对卫星运行轨迹给出尽可能准确的描述。基本原理是利用含有误差的观测值和数学模型得到卫星状态及有关参数的最佳估值(包括卫星轨道量和有关物理、几何参数),在本质上是一个拟合过程。确定卫星的理论位置和速度,主要考虑卫星动力学方程、卫星形状、卫星姿态等。目前精密定轨方法主要包括动力学法和几何法。

动力学法是利用含有误差的观测值和数学模型得到卫星状态及有关参数的最佳估值,一般采用基于线性估计技术的统计方法,也称为统计定轨。动力学法影响定轨精度的主要因素包括测量误差、动力学模型误差和测站几何分布等。其优点是定轨精度较高,可以对轨道进行外推预报;不足之处是必须比较完整地考虑各种卫星的受力摄动模型,目前还很难分析出卫星所受的所有摄动,不同高度、不同形状的卫星所受摄动情况不同,太阳光压、大气阻力等计算较为复杂。

几何法是利用观测数据进行空中交汇定位,给出相应卫星的位置。该方法得到的是一组离散的点,通过拟合方法获取连续的轨道。几何法的特点是不受力学模型误差的影响。影响定轨精度的主要因素是观测值的精度和测站几何构形,不足之处是不能保证轨道外推的精度。

卫星精密定轨流程如图 3-18 所示。对于不同轨道来说,精密定轨的流程是类似的,主要区别体现在轨道积分时不同特点模型的建立以及参数估计算法。根据精密定轨的原理及方法,制约定轨精度的环节有 3 个,包括测量精度、力模型精度以及计算方法。

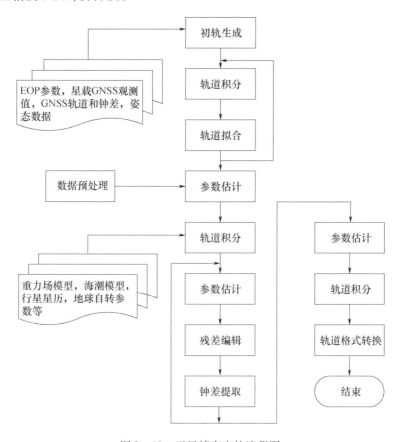

图 3-18 卫星精密定轨流程图

(1) 观测量的测量值 Y_0 的精度,是制约定轨精度的先决条件。

(2) 观测量的计算值 Y_C 的精度,主要取决于相应力模型的精度。

(3) 定轨过程涉及的各种计算方法可达到的精度。

① 测量值精度。就目前测量技术而言,观测量包括光学测角资料、雷达和激光测距资料、多普勒测速资料、卫星测高资料以及卫星导航定位资料等。从工程实现角度,需要选取具备一定测量精度、有效数据量和可观测性(几何分布)的测量手段获取测量值;并且该测量值的精度取决于测量技术和相关联的数据处理方法,需要重点研究并改善。

② 力模型精度。对于地球轨道卫星,摄动源分为两类,即引力类摄动源和非引力类摄动源。在 J2000.0 地心天球坐标系 $O-XYZ$ 中,卫星相应的受摄运动方程为

$$\ddot{r} = -\frac{\mu}{r^3}r + \sum_{j=1}^{N} F_j \qquad (3-13)$$

式中方程右端第一项即地球的质点引力加速度;相对于此项主要外力源而言,右端第二项是上述其他各有关摄动源引起的摄动加速度,对于高轨卫星引力部分主要包括地球的非球形引力摄动加速度和形变因素、三体引力摄动加速度以及牛顿引力的修正——后牛顿效应(广义相对论效应);非引力部分则主要包括太阳辐射压(简称光压,含地球反照和热效应)和耗散效应(大气阻力,不需考虑)。

太阳辐射压与卫星姿态和表面物理性能有关,随太阳活动变化而变化,且随着卫星大口径载荷天线、多体大挠性等特点更加难以准确估计;另外,与地球辐射和卫星热辐射有关的辐射模型很难精确建模。两者处理起来较为复杂,需重点关注并解决。

通过对光压类相关参数进行仿真,1% 的误差(尤其是径向和横向)就可以影响米级的定轨精度。因此,对这类辐射效应的处理,是决定地球同步轨道 SAR 卫星定轨精度能否达到要求的关键因素之一。

③ 计算方法精度。目前精密定轨水平下,无论是从理论计算方法还是实现计算的硬件条件来说,完全可以达到高精度的要求。

3.6.3 精密定轨的测量技术

传统的高轨卫星轨道跟踪技术通常利用一个或多个地面站,测量地面站与卫星之间的距离或天线角,测距精度在米级,测角精度优于 0.01°。这种方式实施简单,成本较低,定轨精度在百米量级。在地球静止轨道的早期开发中,大多地球静止卫星属于通信和气象卫星,主要关注轨道测控、天线定向和并置卫星

的防撞监视等常规应用。因此,百米级轨道完全能够满足常规通信及气象应用卫星任务对轨道的精度要求。随着航天技术发展,尤其是航天器载荷技术发展,航天领域对航天测距系统的需求越来越高,对测量的需求重点逐渐从常规应用转移为载荷应用的轨道确定,其典型需求集中在亚米级测距及米级轨道位置确定。

与其他轨道类型卫星相比,无论是其他类型高轨卫星还是地球同步轨道SAR卫星的米级精密轨道确定均存在较大困难。所面临的问题主要表现在:①由于跟踪站布设范围相对较小,难以全球布站,使得对卫星的观测几何结构强度相当差;②站星几何的变化很小,增加观测时间带来的信息量有限,使得一些系统误差,如钟差及测站偏差等难以解算和分离;③卫星高度高,接收GNSS信号难度大,可见GNSS卫星数量少。

定轨技术的测量特性、时间覆盖、地理覆盖以及精度水平决定了该定轨手段的性能。无论应用何种地基或者天基测量系统,其地理覆盖特性、时间覆盖特性均类似,具有很弱的相关性。导致传统定轨手段轨道确定精度不高的原因主要有:①轨道跟踪观测数据精度低,尤其是角度观测数据;②跟踪几何受到地面测轨网限制;③卫星相对于地面的动力学约束信息较弱。为了进一步提高高轨卫星的轨道确定精度,针对传统定轨手段的不足,美国、欧洲、日本以及我国的一些学者对高轨卫星轨道跟踪新技术展开了一系列理论研究和试验。这些新技术可以划分为以下三类。

第一,地基定轨技术,包括高分辨率角度观测和距离观测等。例如,甚长基线干涉测量技术(VLBI)、连线干涉测量技术(CEI)以及高精度CCD光学照相等技术。VLBI技术测角精度优于0.001″,是其他常规技术无法比拟的。利用两副以上的VLBI天线接收卫星信号和射电源信号,可解算高精度的卫星位置、速度和空间方向信息。研究表明,基于VLBI技术的高轨卫星定轨精度可以达到3m。与VLBI相似,CEI同样是射电信号干涉测量技术。CEI是在获得准确可靠相位模糊度的情况下,进行高精度的相位延迟观测。利用一组一百公里以内的正交短基线,可以获得较好的测角分辨率,并且可以实现实时定轨。此外,短基线还具有建设成本低、易维护等优势。但是,由于基线长度的限制,该技术确定全部轨道参数还需要少量的测距数据。考虑到测距偏差对轨道的影响特性,该方法的定轨试验精度在50m;基于光学望远镜的角度观测具有角秒甚至亚角秒级的精度,辅助测距数据可以进行地球同步轨道卫星精密定轨和预报,15天长弧定轨精度可达10m,预报3天弧段最大误差不超过100m。除此之外,采用激光测距技术对轨道估计精度进行校核,激光测距具有置信度高、测距系统稳定的特点。

第二,天基 GNSS 辅助高轨卫星精密定轨技术。主要包括高轨星载 GNSS 定轨和 GNSS 增强跟踪两种方式,其在轨应用及试验在美国 GPS 系统构架下开展。GPS 星座刚建成不久,提出了在高轨卫星上搭载 GPS 接收机的方案,并进行了较为详细的理论分析。随后许多学者在 GPS 卫星可见性、GPS 微弱信号的接收、GPS 卫星数不足 4 颗时参数估计算法等方面对该问题进行了研究。GPS 增强跟踪技术是一种间接利用 GPS 辅助地球同步轨道卫星定轨的方法,其实质上是将高轨卫星看作"伪 GPS 卫星",GPS 接收机同时接收高轨和 GPS 信号,利用 GPS 观测解算接收机位置和钟差,在此基础上利用接收到高轨卫星发射的类 GPS 信号确定其轨道。理论上,高轨卫星可以达到和 GPS 卫星相同量级的轨道精度(厘米级),但是,测量几何强度的降低会影响实际的定轨精度(米级)。当前的 GPS 广域增强系统(WAAS)、EGNOS 等中高轨卫星轨道确定采用了这样的方式,定轨精度在米级。随着我国北斗导航星座系统组网完成,针对北斗导航的高轨定轨应用正逐渐开展并在轨应用。

第三,天地基联合定轨。低轨卫星与高轨卫星联合定轨不仅可以突破跟踪网几何局限性,而且间接增加了高轨卫星相对于地面的动力学的约束信息。该技术主要由国外定轨技术主导,以跟踪与数据中继卫星系统(TDRSS)为代表的天地基联合定轨技术的研究进展迅速。分析表明,利用 TDRSS 和双向测距应答系统(BRTS)同时确定 TDRS 卫星和用户星 TOPEX/POSEIDON 轨道,定轨精度分别达到 30m 和 3m,如果固定 TOPEX/POSEIDON 卫星轨道,则 TDRSS 卫星能达到 10m 的定轨精度。

1. 甚长基线干涉测量技术

甚长基线干涉测量(VLBI)技术起源于射电天文学研究,具有很高的空间分辨率和测量精度,是卫星测定轨的重要手段之一,一般用于深空跟踪[83]。观测站同时观测同一目标(河外射电源或卫星无线电信标),各测站将观测数据送到数据处理中心,经过计算得到信号到达各测站的时间差及其变化率,从而利用 VLBI 观测值进行定轨。VLBI 仅能够约束方向分量的精度,需要进行测距数据的融合,保证事后精密定轨精度。

VLBI 测定轨精度一般可按"星地距离/(有效基线长度×时延测量精度)"进行估算。提高时延测量精度的手段有:利用大口径天线、提高大气电离层时延改正精度、加大卫星和射电源信号的带宽、改进算法等。

但是由于VLBI技术需要大口径射电望远镜天线、精密原子频标、低噪声温度及很高的数据比特率,使得该技术应用成本较高。而且由于VLBI站大多承担着频繁的天文国际合作观测任务,VLBI技术在深空探测领域同样具有不可替代的优势,使其无法成为高轨卫星的主要定轨技术。

2. 非相干扩频测距技术

扩频测距采用扩频伪码双向测伪距方式,测速通过上行和下行两个单向载波伪多普勒测量实现,星地时差通过单向时标传递测量扣除距离传输时延实现。系统采用非相干伪码测距、多普勒测速方式,测距通过双向测伪距实现,测速通过双向测伪多普勒实现。上、下行信号采用测量帧结构,帧内所传信息是测距信息,上行测量帧可以不调制信息,仅用于解距离模糊,也可以在后续工程中开发其他用途,下行测量帧调制应答机状态信息、上行伪距、伪多普勒测量信息、星上时间采样信息(用于测星地时差)等。测距精度取决于测距支路伪码码元宽度和信号能量,无模糊距离取决于上行帧周期,数据采样率取决于下行测量帧频。为实现测速,要求星上接收和发射信道时钟共源。与一般伪码相干(或伪码直接转发)测距方式相比,非相干方式的上行伪码及速率与下行伪码及速率无须相干;与信息帧解模糊伪码相干测距系统相比,非相干方式的上行信息帧速率、信息速率与下行信息帧速率、信息速率不需要相关,但上行伪码速率同样必须是上行信息位速率的整数倍,伪码时钟和信息位时钟同源,下行伪码速率也同样必须是下行信息位速率的整数倍,伪码时钟和信息位时钟同源。

地面站无信息测量帧编帧扩频后,利用上行链路(地面使用高精度时钟)发送到卫星上;卫星接收到上行链路信号后进行解扩、解调、帧同步,再利用自身形成的下行测距信息帧同步对上行信号采样,提取位计数、扩频伪码计数、码相位、载波计数、载波相位、星上时间,并采样上行伪多普勒值等测量信息,将这些采样信息实时放入下行测量帧送至地面,下行帧频根据测量数据采样率需要确定。

地面接收到下行测距链路信号后进行解扩、解调、帧同步,提取得到下行测量帧同步信号,再利用下行帧同步对自身形成的上行信号采样,提取帧计数、位计数、扩频伪码计数、码相位、载波计数、载波相位、地面时间,并采样下行多普勒值等测量信息。

地面对卫星传送下来的星上上行伪距、伪多普勒测量量、时间采样值和地面测得的下行伪距、伪多普勒测量量、时间采样值进行综合计算,完成测距和时差、速度和频差测量。

非相干扩频多站测距是星地一体化的测距任务,除卫星和地面设备外,传输空间上所受到的大气、雨雪及电离层影响等也会引入测距误差。一般采用 S 波段、C 波段和 Ka 波段进行多站测距。

3. 激光测距技术

卫星激光测距(SLR)系统测量的是地面发射器发射的激光脉冲到卫星上激光反射器,再由激光反射器反射到地面跟踪站接收系统的双程时间。许多现代系统可以达到几个光子或者是单光子探测的水平,从跟踪精度上看该技术代表最先进的跟踪系统,精度达到毫米级,对于最好的仪器绝对精度可以达到 1cm。对于所有的陆地跟踪数据,中性大气延迟可以计算,且与无线电波相比,激光所在的波段不受电离层的影响,水汽的影响也比无线电波小。

由于 SLR 观测量提供精确、不模糊的从跟踪站到卫星的距离观测量,这些观测量通过与轨道运动模型融合,在一段时间范围内能够给出高分辨率的卫星位置三维分量,对于轨道误差估计非常重要。另外,跟踪站的位置和速度能够得到很好的确定,SLR 数据在陆地参考系下能够精确获取,在轨道 Z 轴方向可以给出严格的约束。

卫星激光测距精度高,误差源较明确,包括地面上电子接收、计时的误差以及激光反射回波引起的误差。电子接收误差可以通过测量地面上的已知目标进行校准,计时误差可用原子钟消除,激光反射回波引起的误差很小。目前可以实现的测量误差已经达到厘米级甚至毫米量级,所以 SLR 是精密定轨的产品精度评定的唯一标准。国内外在基于 SLR 数据的定轨方面进行了很多深入研究,主要包括导航卫星精密定轨、轨道评估和系统差检校。研究结果表明,SLR 技术是一种有效的测轨手段和系统差检校手段。

北斗导航卫星系统采用 SLR 技术进行轨道精度标校。SLR 技术能够精确测定激光脉冲在地面站与卫星之间的往返传播时间,其测量精度与所测距离无关。目前,通过单次测量可以计算出厘米级甚至亚厘米级的站星绝对距离。SLR 可以作为独立的定轨手段,也可以作为其他定轨方式的辅助手段,以进一步提高定轨的精度和可靠性。SLR 得到的站星距还可以对其他手段的定轨结果进行外部检验。

高轨与低轨卫星进行激光测距的能力比对分析如表 3-10 所示。高轨的激光测距只能作为轨道的校核手段,不能保证长期可测性。高轨卫星相对于低轨卫星进行激光测距的主要困难以及指标实现情况如表 3-11 所示。研究结果表明,SLR 技术是一种有效的测轨手段和系统差检校手段。其测量数据可与星上实用的定轨手段相融合,是起到校核的有效手段之一。激光测距精度虽高,但其主要弱点是跟踪站稀疏的地理分布和观测受气候条件限制,因此适用于卫星轨道校验,不宜作为卫星常规定轨观测。

表 3 – 10　高轨与低轨卫星进行激光测距时的能力比对分析

比较类别	低轨卫星	地球同步轨道卫星
轨道	太阳同步轨道	准同步轨道
可见仰角/(°)	≥15	≥30
可见弧段	全球联测可见 陆基局部台站联测可见	非全球可见 陆基局部台站联测可见
大气阻力	影响大 积累数据不能太长, 不大于 3 天数据量	可忽略 积累数据时间可延长, 不小于 10 天数据量
精密定轨实现指标/cm	全球联测 15(三轴,1σ)	陆基局部台站联测, 累积 5~10 天观测量(全弧段) 200(三轴,1σ)
应用状态	常规应用	GEO 卫星轨道校核手段,不能保证常规应用

表 3 – 11　高轨相对于低轨进行激光测距的主要困难以及指标实现情况

项目	详细描述
主要困难	难以获取足以保证定轨精度的观测数据; 进行 SLR 联测站很少; 对 SLR 观测能力要求高
指标保证的关键因素	卫星赤道交点经度有尽量广的覆盖观测站分布; 观测高度角大于 30°; 天气条件好(有较多的晴天)
可用观测站分布以及分析	无法全球联测
测距指标	3cm(径向,1σ)可实现
星地激光指标参数	地面站激光输出功率:1W 及以上; 接收望远镜口径:60cm 及以上
测量能力	只要相对于地面台站观测条件具备(地面仰角 30°,天气条件符合); 可以多站同时测量,互不干扰

4. 高轨 GNSS 导航定轨技术

高轨 GNSS 导航定轨技术是指,将低轨卫星上已经成熟应用的 GNSS 导航技术发展演变用于地球同步轨道卫星的解决方案,通过卫星自身携带的 GNSS 导航接收机接收导航信号完成在轨自主测量[86]。具有造价低、使用方便和精度高等优点。位于高轨的用户星仅能接收来自于地球另一边的 GNSS 信号。此时,由于地球的阻挡和信号自由空间损耗的加大,GNSS 星对于用户星的可见性和信号强度将变弱。在高轨应用 GNSS 导航技术,主要通过保证 GNSS 天线的足够高增益、接收机灵敏度,实现微弱 GNSS 信号快速捕获、跟踪保持,并以低轨定轨算法为基础进行算法升级。

1997 年 12 月 2 日,德国的科学卫星 Equator – S 发射入轨,转移轨道 200 ~ 36000km,最终轨道为 500 ~ 67000km,轨道倾角为 4°。卫星上载有 LEO 星载 GPS 接收机的改进型接收机,安装有两个 GPS 天线,分别位于 Equator – S 卫星的对地面和朝天面。该星进行了 GPS 信号在高轨可用性的实验,测试了 GPS 信号的几何分布、信道以及测量量(如位置、伪距、载波相位等)的质量。卫星在轨道运行过程中,GPS 接收机跟踪天线接收的 GPS 信号,记录下的最远可跟踪信号在距地面 61000km 轨道高度位置上,超过了 GEO 卫星的轨道高度。由此可知,在 GEO 卫星上能够跟踪到 GPS 卫星发射的导航信号。该卫星在远地点接收地球背面导航星信号的位置关系图如图 3 – 19 所示。

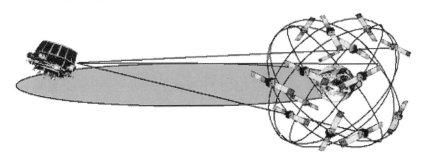

图 3 – 19　Equator-S 与 GPS 星座位置关系图

2001 年,NASA 发射 AMSAT-OSCAR-40(AO-40)卫星,并利用这颗卫星对 GPS 接收机用于 HEO/GEO 轨道卫星自主导航进行了实验。实验在 1000 ~ 58800km 高的大椭圆轨道上展开,结果表明:在轨道远地弧段,实际接收的 GPS 信号的载噪比达到 40 ~ 47dBHz(带天线增益),多普勒频率为 ±10kHz。50h 内能见导航星在 0 ~ 5 颗变化。该实验结果进一步证明了基于 GPS 的高轨飞行器定轨是可行的,并增强了未来高轨 GPS 用户对实际信号特征的理解。该卫星在远地点接收地球背面导航星信号的位置关系图如图 3 – 20 所示。

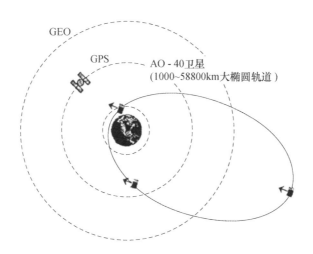

图 3-20　AO-40 卫星与 GPS 星座位置关系图

由于可见星数量少,且空间几何精度因子(PDOP)值较差,因此所有高轨卫星利用 GNSS 信号直接进行定位比较困难,误差较大。直接利用星载 GPS 技术进行 GEO 卫星精密定轨,十分具有挑战性。GEO 只能通过地面高度 3000km 以下的两个狭窄区域"俯视"地球另一侧的 GPS 卫星。由于大部分时间只能观测到 1~2 颗 GPS 卫星信号,因此该方法的定轨精度不高。但是,随着新一代 GPS 卫星信号强度和数目的增加,高轨卫星有可能通过旁瓣接收到更多的 GPS 卫星信号。美国航天协会的研究通过实验分析表明,轨道的分析精度为 60m。

现有的 GPS 接收机能够为 LEO 卫星自主提供可靠和有效的轨道和姿态测量信息,但由于 GEO/HEO 卫星与 LEO 卫星在轨道动力学、信号水平以及几何覆盖等方面的极大差异,因此低轨道 GNSS 接收机及其算法模型并不能直接应用于 GEO/HEO 卫星,必须对其进行改进,以满足实际工程应用要求。NASA 提出的具体改进策略如下。

(1) GPS 卫星选择及信号捕获、弱信号跟踪。

(2) 鲁棒的导航滤波器及时钟模型、接收机时钟稳定性能。

(3) 多副接收天线/多个信号接收通道、高增益天线。

(4) 抗干扰、抗辐射。

近些年,很多国际组织通过理论研究、飞行实验,研制新型 GPS 接收机,开展微弱信号的快速捕获和跟踪处理技术以及可见星不足情况下的定轨算法的研究,提升 GPS 在高轨空间的工作能力。国外的研究表明,由于高轨卫星轨道高于 GPS 卫星,对 GPS 接收机的灵敏度、动态性、可见性等都提出了较高的要

求。其关键技术集中在以下几点:

(1) 研究多系统兼容、高增益天线、微弱导航信号快速捕获和跟踪等技术,增加高轨星载导航接收机可视卫星数目,使接收机同时获得更多的测量数据。

(2) 研究带轨道动力学模型的卡尔曼滤波递推算法,采用无星可见时的轨道外推和有星可见时的卡尔曼滤波相结合的方法来进行自主定轨。

3.6.4 精密定轨的摄动力学模型

在飞行器动力学定轨过程中,有两种难以精确模制的非引力摄动,即大气阻力摄动和太阳光压摄动[84]。对于中高轨道卫星,其轨道摄动力如图3-21所示。由于没有大气阻力摄动且对地球非球形引力摄动也不敏感,太阳光压摄动成为继地球引力、日月引力之后量级最大的摄动,也是导航卫星动力学定轨建模误差最大的摄动力,同步轨道卫星太阳光压摄动量级为10^{-7}量级[88]。

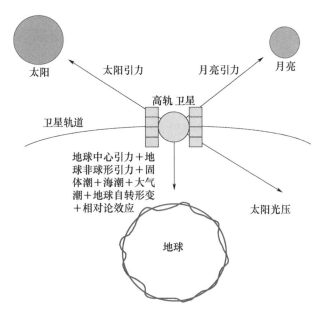

图3-21 高轨道卫星摄动力示意图

高轨卫星的精密定轨和轨道预报的精度与其采用的动力学模型的完善程度密切相关,其在空间受到的摄动力按量级依次为:地球的非球形引力摄动、月球引力摄动、太阳引力摄动、太阳辐射压摄动、潮汐摄动等。目前,对量级较高的地球非球形摄动和日月摄动都有相对成熟且精度较高的模型进行模制改正,太阳辐射压摄动对卫星产生的摄动加速度与太阳辐射强度、卫星相对于太阳的姿态和位置、卫星的面质比、卫星的几何形状及其表面材质的物理特性等因素有关。由于太阳辐射强度的变化、卫星姿态控制的偏差以及卫星表面材料的老化等因素,太阳辐射压摄动难以精确建模确定,已经成为高轨道地球卫星动力学定轨最主要的误差源。

太阳辐射压与太阳光强度、卫星相对太阳-地球的位置、卫星的几何形状结构、卫星表面材料的物理特性等多种因素相关,包括两个主要部分:一部分是太阳的直接辐射压;另一部分是从地面反射的太阳辐射引起的反照辐射压,即Albedo效应,其中包括地球本身的热辐射引起的辐射压。这两种摄动对卫星轨道长期演化的影响不容忽视。

在精密定轨过程中,常用一组光压参数来描述摄动力,即太阳光压模型。太阳光压模型既包含可准确模制的确定性部分,又包括难以准确模制的随机性部分。这些微小的难以精确建模的时变误差可以通过尺度因子吸收到太阳光压的模型参数中。但是,由于太阳辐射流和航天器质量是变化的,且航天器表面有老化现象,因此作用在卫星上的太阳光压是随时间变化的。此外,卫星的形状、大小、材料及热力学特征不同,并且卫星所用材料种类繁多且形状复杂,这些都会影响摄动力的估计。

本质上,太阳光压模型是一个经验模型。从物理角度看,太阳光压摄动与飞行器相对于太阳的姿态有关,其误差一般表现为周期性,且其周期就是轨道周期。经验表明,可以通过在定轨过程中估计一些经验参数,如增加经验加速度模型来吸收未被模制的太阳光压误差,以及由太阳光强度、卫星的几何形状结构、卫星表面材料的物理特性等多种因素导致的不确定性部分。经验参数还可以吸收未被模制的其他动力学模型误差。如何确定这些经验参数是关键问题。

1. 太阳辐射压摄动力建模

对高轨道有精密定轨需求的航天器而言,太阳光压摄动模型误差是航天器动力学模型的最大误差源。用于轨道摄动分析的太阳光压模型有分析型和经验型两大类。分析型太阳光压模型基于光子能量转化原理,结合卫星工作模式、卫星构型、卫星姿态、太阳辐射强度、表面光学特性等参数进行分析。经验型太阳光压模型基于长期大量的在轨数据进行拟合。

卫星姿态控制偏差、表面光学性能老化、太阳辐射强度变化等,将导致分析型太阳光压模型结果与实际情况有一定偏差,而实际在轨环境扰动还包括地球辐照等机理不清、难以准确计算的其他摄动力,因此分析型光压模型精度要低于经验型光压模型。经验型光压摄动模型虽然精度较高,但是需要多颗状态较为一致的航天器的长时间实际在轨数据拟合才能达到较高的精度,目前 GPS 导航卫星采用此种方法。GPS 仅采用分析模型,平均定轨精度可达 1~2m,而采用经验型模型分析,平均定轨精度可达 0.2m。

随着我国高轨航天器应用领域拓展,航天器的种类和技术状态差异性有所加大,单颗及首发独立任务需求卫星有所增加,并且航天器工作模式日趋复杂,导致在轨姿态控制及轨道设计状态日趋复杂和多样化。这些新凸显的状态导致高轨航天器经验型模型建立难度的增加,在地面研制期间缺乏在轨数据支撑,很难找到成熟可利用的经验模型。发射入轨后,由于积累数据时间短,经验模型因其建立过程较长且随着卫星状态变化需要持续调整,故难以满足单星的建模精度要求。

2. 分析型模型算法

作用在卫星表面的太阳光可以等效为平行光子流,用相邻像元间隔为 1 的像元阵列模拟太阳光源,每个像元中心有一条垂直于像元阵列的直线,通过计算光线与卫星表面部件交点,判断距离像元中心距离最短的交点。距离最短点所在面积阵列单元即为实际受太阳光照射的面元,每个部件存在一个距离最短的光线,相应用于计算部件有效照射面积的阵列单元个数加 1。对所有光线完成计算后,获取每个部件被太阳光照射的面积,从而得出部件的光压摄动力数据。每个部件的法向、切向摄动力沿卫星坐标系三轴分解和合成,计算整星在星体坐标系三轴方向的光压摄动和光压摄动加速度。常规的分析型模型应用流程如图 3-22 所示。

建立分析型模型时需要卫星的详细信息,如卫星星体结构、光学参数、卫星姿态等,这些信息可以精确模型化,从而计算出卫星所受到的太阳光压力,因此其具有清晰的物理意义。物理分析模型不依赖于卫星在轨观测数据的情况下,也能够很好地估计卫星受到太阳辐射压摄动的大小。因此,该模型对于确定卫星轨道具有十分重要的作用,这对于在轨运行初期的卫星以及新研制状态变化大的卫星非常有利。由于分析型模型能够有效反映物理现象,因此也能获得较高的轨道预报精度。但是分析型模型需要精确的卫星星体结构及其光学属性数据,因此卫星在空间运行导致的任何结构性误差和表面材料老化导致的光学属性误差都会引起模型误差,物理分析模型无法吸收这些误差。并且该类模型无法有效吸收其他力模型误差,导致精度变差。

分析型光压模型建立是根据卫星的具体形状结构以及卫星表面材料的反

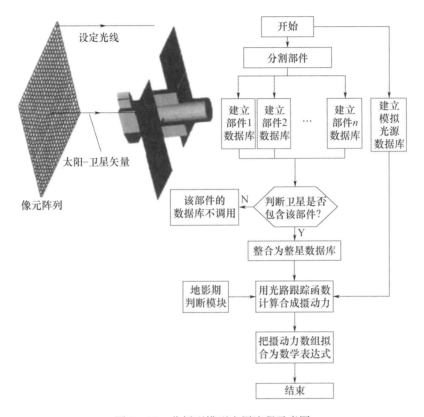

图 3-22 分析型模型应用流程示意图

射和吸收特性将卫星分成若干部分,在考虑各部分之间遮挡关系的情况下,分别计算各部分在星固坐标系下的光压摄动力分量,然后将结果求和或对其进行拟合,得到适用的解析表达式光压模型。在计算卫星各部分光压分量时,除应考虑太阳直接照射外,还应考虑二次反射、热辐射等因素。

从光压摄动力产生机理出发,针对高轨卫星的复杂外形结构、几何尺寸以及各表面部件的光学特性,形成高精度分析建模方法。该方法结合卫星姿态控制规律,通过分割所有卫星表面部件并积累计算全部微小表面单元的太阳光压摄动力,得出整星有效太阳光压摄动力和摄动加速度,利用傅里叶级数拟合得出太阳光压摄动数学模型。受太阳光照的表面部件在微观层面包括多边形、圆柱、抛物面和圆锥体等。在轨期间大部分部件在星体坐标系中是静止的,太阳翼和天线是可动的,可动部件在星体坐标系中的位置通过运动规律表述,对所有表面部件的安装位置、面积和光学参数、法向矢量以及可动部件的运动规律建立其在星体坐标系中的数据库。建立更为真实的几何模型将有助于继续提高数据库应用后的精度。

目前国内外公开的以及广泛应用的分析型模型算法主要包括以下几种。

1）Cannonball 模型

早期的 Cannonball 模型将卫星视为球体，并且该球体对太阳光仅存在镜面反射，虽然该模型简单但是模型误差较大。

2）ROCK 模型

ROCK 模型是最早建立的分析型光压模型，是一种高精度定轨中经常采用的模型。该模型精度低主要体现在：①对复杂卫星结构进行简化，卫星表面划分为平面和圆柱；②摄动源仅考虑太阳光压直射影响和散射影响的一阶项，未考虑卫星星体和面板的热辐射；③入射光线分为全漫反射和全镜面反射，只计算光线对卫星表面的第一次照射作用，忽略二次入射影响。

ROCK 模型是 GPS BLOCK I 和 BLOCK II 卫星生产厂商 Rockwell International 建立和发布的，包括 ROCK 4（S10）和 ROCK 42（S20）光压模型。模型是基于简化的卫星表面形状及卫星表面不同部分反射性质而建立的一种经验模型，这是最早建立的分析型光压模型。该模型考虑了光压直射影响以及散射影响的一阶项，使用此模型可将定轨光压模型误差控制在 3% 以内。

ROCK 模型的摄动加速度误差为 $3\times10^{-9}\mathrm{m/s^2}$，相当于 24h 卫星轨道的中误差会达到 3m。一般在国际全球导航卫星系统业务（IGS）的精密定轨中，ROCK 模型只作为初始的先验值，最终所得定位精度在 5m 左右。ROCK 模型演化出了 ROCK4/42、ROCK S 以及 ROCK T 等模型，这些模型均可用于广播星历需要。

ROCK 模型把卫星表面划分为平面和圆柱，入射光线分为全漫反射和全镜面反射。整星太阳光压计算分为平面部件和圆柱部件两部分，其中平面部件又分为受镜面反射的平面和受漫反射的平面。镜面反射产生作用力沿平面法向和切向，漫反射产生法向力，圆柱部分既包括镜面反射产生的法向力、切向力，又包括漫反射产生的法向力。但是该模型并未考虑卫星星体和面板的热辐射，所以其模型精度不高，同时 GPS 卫星出现了太阳翼羽流问题，使之无法满足 GPS 卫星的高精度定轨要求。

ROCK4/42 模型所用的星固坐标系如图 3-23 所示。其坐标原点位于卫星质心，Z 轴指向地心，X 轴位于太阳质心、卫星质心和地心构成的平面内，正向指向太阳的一侧；Y 轴与 X 轴和 Z 轴构成右手直角坐标系，且与太阳翼板主轴平行。

3）T10\T20、T30 模型

ROCK 模型无法满足 GPS 卫星高精度定轨要求。因此，1992 年 Fliegel 等人

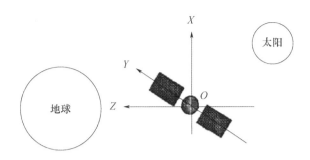

图 3-23 Rock4/42 模型所用的星固坐标系

根据卫星平台尺寸参数,综合考虑太阳光以及卫星自身热辐射产生的光压摄动,针对 GPS BLOCK I 卫星和 BLOCK-IIA 卫星,就 ROCK 模型进行了修正,获得了 T10 和 T20 模型,随后其又针对 BLOCK IIR 卫星建立了 T30 模型。

针对 ROCK 模型修正后的光压模型 T10\T20 和 T30,基于卫星平台尺寸参数进行平面和圆柱体的细化建模,考虑太阳光及卫星自身热辐射,针对 GPS BLOCK I 卫星、BLOCK-IIA 卫星、BLOCK IIR 卫星工作模式特点建立,按照特定的坐标系进行数学建模和级数展开,应用该算法的定轨精度优于米级。

如果在光压建模时漫反射采用 Lambert 模型(反射光由物体表面反射和光向量的余弦决定),则对于平板,其所受光压力为

$$\begin{cases} a_{f,D} = -\dfrac{2}{3}\left(\dfrac{A \cdot S_0}{c}\right) \cdot v(1-\mu)\cos\theta \\ a_{f,N} = -\left(\dfrac{A \cdot S_0}{c}\right) \cdot (1+v\mu)\cos^2\theta \\ a_{f,S} = -\left(\dfrac{A \cdot S_0}{c}\right) \cdot (1-v\mu)\sin\theta\cos\theta \end{cases} \qquad (3-14)$$

式中:$a_{f,D}$、$a_{f,N}$、$a_{f,S}$ 依次为漫反射光压、平板切向镜面反射光压和法向镜面反射光压;A 为平面面积;S_0 为太阳光强;c 为光速;μ 为镜面系数;v 为反射系数;θ 为太阳光线与平面法向夹角。

如果星体部件为圆柱体,其所受光压力为

$$\begin{cases} a_{f,D} = -\dfrac{\pi}{6}\left(\dfrac{A \cdot S_0}{c}\right) \cdot v(1-\mu)\cos\theta \\ a_{f,N} = -\left(\dfrac{A \cdot S_0}{c}\right) \cdot \left(1+\dfrac{v\mu}{3}\right)\cos^2\theta \\ a_{f,S} = -\left(\dfrac{A \cdot S_0}{c}\right) \cdot (1-v\mu)\sin\theta\cos\theta \end{cases} \qquad (3-15)$$

当考虑热辐射时,平板所受到的漫反射光压力为

$$a_{f,D} = -\frac{2}{3}\left(\frac{A \cdot S_0}{c}\right) \cdot v(1-\mu v)\cos\theta \quad (3-16)$$

而圆柱体所受的漫反射光压为

$$a_{f,D} = -\frac{\pi}{6}\left(\frac{A \cdot S_0}{c}\right) \cdot v(1-\mu v)\cos\theta \quad (3-17)$$

如果可以获得卫星的详细结构信息,则可以根据式(3-15)~式(3-17)计算每个星体部件所受到的太阳光压力,然后将结果求和或对其进行拟合,建立类似于 GPS T10/T20 和 T30 的光压模型。

卫星动力学定轨需要求解变分方程,也就要求解各摄动加速度的偏导数,所以相比于 ROCK 模型,T20 模型计算更为简明、实用,且精度更高。利用 T20 模型进行精密定轨,精度优于米级。但随着导航和遥感应用的发展,要进行更精确的卫星定轨,就需要更精密的光压摄动模型,但由于分析模型存在精度误差,使得经验型模型和半经验型模型得以发展。

4) UCL 光压模型

伦敦大学学院 Ziebart 通过详细模型化卫星三维星体结构建立了 UCL 光压模型,该模型首先用平面、圆柱、圆锥、圆环等几何形体丰富构建卫星三维模型,通过将光线模拟为像素板,并投影到卫星星体上,以计算每个星体部件所受到的光压力。同时,该模型进一步考虑了太阳光线二次反射所产生的光压力以及星体部件间的遮挡,为了避免模型复杂性,最终将计算得到的太阳光压力展开为太阳、卫星和地球三者夹角傅里叶级数的形式。

5) 几何表面精确光压模型

最精确的分析模型即将卫星表面细分后准确模型化,同时模拟海量的光线追踪及物理算法。首先把复杂卫星表面模型划分为 1~50mm 边长的正方形面元,对于任意特定太阳位置,利用光路跟踪法,通过最短距离原则复现不同表面部件间的遮挡,从而判断每一束光线真实照射的表面面元,以及入射角、二次反射情况等。根据安装参数将面元所受法向、切向光压摄动力分解为沿本体系的三轴方向。

进行精确的面元建模,根据时间序列进行谱分析,获取谐波参数,得到傅里叶级数公式。

国内相关单位应用该模型对北斗导航卫星动偏和零偏的轨道精度进行了评估。通过仿真计算可得,姿态控制规律的变化会引起卫星光压摄动模

型显著的变化。在轨道运算中,光压摄动力的影响不容忽视,针对不同姿态控制模式,需采用与之相适应的光压模型。与精密基准星历的比较结果在分米级,说明了光压建模的合理性。导航卫星在轨动偏转零偏期间精密定轨处理的精度分析图如图3-24所示。通过建模以及与精密定轨数据比对分析,在动转零弧段,采用分段线性解算光压参数的方法使动转零弧段定轨 R、T、N 方向精度由13.68m、14.57m、10.23m 提高到3.31m、3.07m、1.89m,精度提高率达到75%。卫星轨道视向精度可以由4m提高到1m以内。

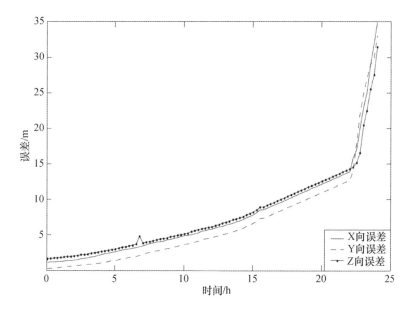

图 3-24　北斗导航卫星动偏转零偏期间轨道比较

3. 经验型模型算法

BERNESE ECOM 光压模型是应用较为广泛的经验型模型算法。ECOM 模型是针对美国 GPS 卫星经过几十颗卫星积累的几十年实际数据进行分析获得的。其他卫星系统由于应用历史较短,尚未建立类似的经验型模型算法。

ECOM 模型采用常数分量加周期分量的形式,在和卫星太阳帆板指向相关的三个正交方向上分别使用了三组参数来吸收光压摄动力的影响,从而可以将轨道确定精度提高到厘米级。目前国际上多个 IGS 分析中心均采用该模型进行 GPS 卫星的轨道确定。其表达式为

$$\begin{cases} a_{RPR} = a_0 + D(u) \cdot \boldsymbol{e}_D + Y(u) \cdot \boldsymbol{e}_Y + X(u) \cdot \boldsymbol{e}_x \\ D(u) = D_0 + D_C \cdot \cos u + D_S \cdot \sin u \\ Y(u) = Y_0 + Y_C \cdot \cos u + Y_S \cdot \sin u \\ X(u) = X_0 + X_C \cdot \cos u + X_S \cdot \sin u \end{cases} \quad (3-18)$$

式中:a_{RPR}为太阳光压初始先验加速度;D_0、D_C、D_S、Y_0、Y_C、Y_S、X_0、X_C、X_S为BERN模型9参数;u为卫星纬度幅角;$\boldsymbol{e}_D$为卫星至太阳方向单位矢量;$\boldsymbol{e}_Y$为沿太阳板方向单位矢量;$\boldsymbol{e}_x$与$\boldsymbol{e}_D$、$\boldsymbol{e}_Y$构成右手坐标系。

4. 半经验型模型算法

半经验型模型在建模时既使用了卫星的基本信息,又使用了卫星的在轨数据,如标准光压模型、JPL半经验模型、Ajustable BOX – WING(可调盒翼模型)。综合利用分析法以及精密观测轨值建立的混合型光压模型可以弥补分析模型或者经验模型无法解决的问题。

1) JPL模型

喷气推进实验室考虑太阳光压摄动和卫星热量在向外辐射,针对Block – II和IIA建立了JPL光压模型。

JPL模型有两种不同模式:①卫星处于全日光下,名义姿态确定,该模型是纯数值型的,地心、卫星质心和太阳质心三点连线的夹角作为唯一变量表示卫星方位,用傅里叶级数拟合精密星历,求解最优参数;②用于地影期的卫星,该模型是纯分析型的,通过修正T20模型获得。T20模型假设天线中心总是指向地球中心,这种名义姿态并不是总是适用,轨道上不满足名义姿态的点为正午以及午夜和多天45min的地影期。为了适应非名义姿态情况,通过T20模型计算摄动力可分解为作用于星体和作用于太阳翼两部分。作用于星体等效对称,作用于太阳翼的摄动力再次分解为沿卫星 – 太阳方向和沿太阳翼法向。全影区摄动力为0。JPL模型精度优于作为标准模型的T20模型。

该模型综合利用分析和先验观测数据,改善了分析型精度不高的问题,同时解决了光压模型在实际工程应用时有些情况不可使用的问题,对于地球同步轨道SAR卫星具有较高的借鉴意义。

2) BOX – WING模型

2012年,德国慕尼黑技术大学天文和物理研究所的Rodriguez – Solano等人根据卫星的本身特性以及太阳光线与卫星表面相互作用的原理,建立了

BOX – WING 分析模型。该模型基于太阳辐射压和卫星表面物理作用建立，同时模型中的卫星表面光学性能参数能够调整，从而使得模型最大程度地接近于卫星观测轨道数据，是分析型模型和单纯依靠先验参数建立的经验模型的折中。

BOX – WING 模型假设卫星本体为一个长方体，并在星固坐标系 Y 轴方向有两个太阳翼板。

在分体建模时，需要刻画卫星的受照特性。由于帆板对日面是表面均匀无其他纹理的太阳能电池片，太阳帆板相对于本体模型较为容易；而本体表面有大面积的包覆层——多层隔热材料，其用于保持星体的外部辐射热量。在分体建模过程中，由于多层隔热材料具有很强的反射特性，散射系数较低，又由于在包覆的过程中，出现了大量不规则的褶皱和其他的纹理特性，使得星体表面与均匀材质无纹理、单一平面材料表面有较大的差异，再加上散热面的存在，为分体建模带来了不少的问题。然而由于卫星本体占整个反射面的比例较小，因此本体表面的反射和散射特性的误差也较小。

由于配备了帆板的卫星表面形状比较复杂，在定轨时需要对其进行建模，一般采用一种盒翼（BOX – WING）的简化模型。在该模型中，卫星的本体被看成是一个长方体，而卫星的太阳能帆板被当作一个围绕卫星 Y 轴旋转的长方形。另一种方法是精密建模，将表面划分为更多的块（细致到 1mm × 1mm），分别测量其每块的面积大小、反射率和散射率，对于太阳光压而言，这样的划分还需要考虑各部分之间的相互遮挡关系，处理起来相对复杂。

采用 BOX – WING 模型的太阳辐射压计算，需要做以下假设。

（1）卫星本体为规则的长方体。

（2）太阳光线平行照在卫星表面。

（3）采用 BOX – WING 模型，星体及翼板受到照射的部件均为平面，故根据微元法理论，光压摄动力简化为各个平面部件受到的力的矢量和。

3）Adjustable BOX – WING 模型

Adjustable BOX – WING 模型即在 BOX – WING 模型基础上乘以尺度因子，由德国慕尼黑技术大学天文和物理研究所的 Rodriguez – Solano、Hugentobler 和 Steigenberger 于 2012 年建立。基于太阳辐射压和卫星表面的物理作用建立此模型，同时卫星表面的光学性能参数能够调整，从而使模型最大程度地接近于卫星的观测轨道，是分析型模型和单纯依靠先验参数建立经验模型的综合折中。

通过欧洲定轨中心提供的 GPS 卫星精密星历,分别利用该模型与 ECOM 模型进行精密定轨和轨道预报,验证结果表明:该模型不仅与 GPS 卫星飞行数据互差很小,而且与 ECOM 光压模型定轨精度相似。更为重要的是,相似的轨道预报精度,ECOM 模型需要几年的轨道数据,而该模型基于一天的轨道观测数据就可以达到,这为没有大量轨道观测数据建立高精度光压模型提供了较好的解决方案。

5. 太阳辐射压摄动力测量技术

除了地面建立摄动力模型用于精密定轨外,还可以利用卫星上配置的测量手段直接对卫星质心受到的非保守力进行测量的方法获取摄动力参数。美国空军于 2014 年从卡纳维拉尔角发射场将一颗技术试验卫星"评估局部空间自主守卫纳卫星"(ANGELS)送入了地球同步轨道,该卫星配置了地球同步轨道 GNSS 导航接收机结合高性能加速度计的测定轨技术。

采用高性能加速度计测量卫星在轨受到太阳光压引起的微加速度,目标为对卫星受到的太阳光压测量误差在 10% 以下,以期获得较好的太阳光压在轨实测数据,用于与太阳光压分析结果相校核,实现卫星轨道的精密定轨。

目前分辨率在 1ng 以下的加速度计均为静电悬浮加速度计[81]。美国贝尔宇航公司从 1959 年开始研究静电悬浮加速度计,1970 年已利用其研制的静电悬浮加速度计进行了空间电火箭推力的测量。法国研究开始于 1964 年,ONERA 于 1975 年研制成功了 CACTUS 静电悬浮加速度计。其后 STAR、Super-STAR 及 GRADIO 等一系列的静电悬浮加速度计在法国、美国等国家发展起来,到了 20 世纪 90 年代中期,高精度的静电悬浮加速度计逐步研制成功,并在航天界得到了广泛应用。其主要的应用包括地球重力场测量、等效原理验证、电推力器推力测量、大气阻力测量、微重力测量等领域。

1) ESA 的 μSTAR 加速度计

μSTAR 加速度计用于由 ESA 提出的 Odyssey 和 Odyssey2 任务,分别用于木星和海王星及海卫一探测任务,进行深空引力场探测,实现广义相对论的验证。加速度用于测量包括太阳光压、行星辐射压等在内的非惯性加速度,其一天内的噪声为 10^{-12}g(RMS)。μSTAR 加速度计的主要技术指标为:测量范围 ±0.5mg,噪声为 10^{-11}m/s²/Hz$^{1/2}$,频带为 10^{-4} ~ 0.1Hz;体积为 200mm × 120mm × 120mm。其加速度计结构如图 3 - 25 所示。噪声估计如图 3 - 26 所示。

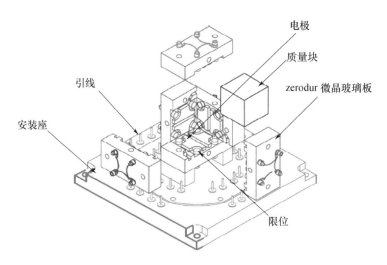

图 3-25 μSTAR 加速度计

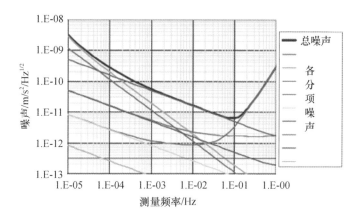

图 3-26 μSTAR 加速度计噪声估计

2) 法国 ONERA 的 STAR 加速度计

法国 ONERA 研制的 STAR 加速度计,频率范围为 $10^{-4} \sim 10^{-1}$ Hz,量程为 10^{-4} m/s²,分辨率为 3×10^{-9} m/s²(Y、Z 轴)和 3×10^{-8} m/s²(X 轴)。偏值温度系数为 1ng/℃(Y、Z 轴)和 5ng/℃(X 轴),STAR 系统总质量 12kg,功耗 6.5W(其中传感器质量 6.5kg,功耗 1.8W)。STAR 系统 2000 年开始在 CHAMP 任务中测量卫星的非重力加速度,与 GPS 接收机测量数据结合,对 300~500 km 高空的地球重力场进行精密测量。

STAR 加速度计的噪声指标低于大地脉动,该指标是采用两台加速度计同时置于双级摆台上进行差分检测得到,并与分项噪声的合成分析一致。

3.6.5 精密定轨处理及精度评估

1. 精密定轨计算方法

卫星精密定轨是在某一指定的历元(即通常所说的时刻)获取卫星在某一选定的坐标参考框架中的状态(即位置矢量和速度矢量)[80]。定轨的基本流程开始于以一定的技术手段获得的与卫星运动状态有关的独立观测值。一般来讲,这些观测值都只是测量了卫星运动的几个分量,如相对于海洋表面的高度、视线方向的距离或者视线方向距离在较短时间间隔上的变化,以及卫星与某些参考站的距离等。通常无法直接观测卫星的三维位置矢量或者速度矢量,但是,观测值总是以某种方式与卫星的状态相关,有一定的函数关系。因此,这些观测值包含有助于定轨的信息。利用观测值,同时应用几何法、动力学法等不同的轨道确定算法,可以得到估计的轨道参数。

主流的精密定轨方法包括以下几种。

1) 经典动力法

如果选定卫星在某一历元的初始状态,根据卫星所受到的各种摄动力(包括太阳、月球和其他行星的引力和大气阻尼、洋潮、地球固体潮、太阳光压、地球辐射压等非引力的摄动力)建立卫星的动力学模型,那么通过轨道积分便可以按一定的时间间隔给出卫星的参考轨道。由于对轨道初始状态的估计存在误差,同时描述作用在卫星上力的数学模型也存在不足,而且这些摄动力数学模型中的参数也不精确,因此确定的轨道存在较大误差。为了修正动力学模型和初始轨道,需要独立地获得卫星运动的观测量,一般包括卫星运动参数,如卫星高度、观测站到卫星质心的距离(斜距)和斜距变化率等。根据上述观测手段可知,要测得全部卫星的三维位置和速度是不可能的,但只要观测量依赖于卫星运动,就含有帮助确定轨道的信息。为了用于轨道估计,观测量需要建立一致的数学模型,此模型不仅依赖于卫星运动,而且还与跟踪站位置、卫星指向有关。观测模型涉及跟踪仪器的位置到卫星质心的位置,在积分轨道星历时需要用到卫星质心的位置坐标。然而,质心随着星上燃料的消耗逐渐变化,对于所有跟踪观测,卫星质心的修正是必要的。跟踪模型还要获得空间精确的指向,通过卫星姿态控制模型或从卫星姿态传感器测得一系列观测量确定。同时跟踪站在转动地球上,由于潮汐和板块运动使地球表面变形,观测站可以比作另外的轨道卫星,最后观测模型必须考虑大气折射和其他偏差或仪器影响。

假设观测量是可靠的,在初始条件下计算观测量和实测观测量之差(称作残差),通过线性最小二乘法,通过判断残差最小,可以获得最佳的初始条件和被估计的参数。数据模型在某些方面存在误差,通过残差比较可以获得调整后的初始条件和被估计的参数,利用这些提高了的初始条件和被估计参数,重新计算残差;再获得调整后的初始条件和被估计参数,通过迭代过程,可以鉴别不可靠的观测量并剔除;每一次迭代过程初始条件和被估计参数的调整值会越来越小,最终可以获得稳定的初始条件和被估计参数值。最后,将这些稳定的初始条件和被估计参数值代入卫星运动模型中,通过积分获得改进后的卫星轨道,即实现精密定轨。整个过程就是经典动力法精密定轨过程。

例如:高度为1300km的TOPEX/Poseidon卫星通过该方法获得了最精确星载GPS动力轨道。此卫星利用天基GPS和地基SLR等的数据,采用同样的动力轨道确定过程和动力模型,使用的是连续十天的弧段数据(其中包括双差分、免电离层的载波相位和P码观测量),最后获得径向、切向和横向轨道的均方差分别为3cm、10cm和9cm。

这种方法同时考虑到了对其他参数的估计,使得改进的轨道与跟踪数据之间的符合程度增加,同时仍然保持动力模型中的观测参数有效程度。这些参数可以分为摄动力(如重力系数)、几何参数(如地面观测站坐标)和经验参数。在给定长弧段动力模型足够的情况下,解方程时瞬时跟踪测量噪声的影响有所减弱,然而此模型中的长弧段将导致系统误差增加。

2)几何法

当卫星具有复杂的轨道运动状态,如卫星复杂的维数和复杂的质量分布时,如果不考虑动力模型效应,经典轨道确定方法的用途将大大降低,而且经典轨道改进指的是对不连续和不精确跟踪数据不同历元初始轨道的改进。这种情况不是针对连续、精确的星载跟踪数据。针对较为连续的跟踪数据,可利用1颗卫星相对位置的扩展形式,对多站测得的测量数据进行处理,从而估计卫星轨道相对于测站的位置。

但是由于该方法需要估计大量的参数,使得数据的有效性大大减弱,不能获得精密的GPS轨道。在确定低轨卫星位置时必须同时估计GPS轨道,这就要求利用大量的全球地面参考站,这在GPS跟踪航天器研究早期难以实现。

随着全球地基连续运行站的到来,在国际GPS服务中心(IGS)的组织和资助下,精密GPS轨道、大量地面GPS接收站数据以及与此相关的接收站坐标和对流层天顶路径延迟估计已成为可能。几何法主要考虑减少动力法中的计算负担,对轨道精度有所让步,这一想法在1997由Davis等人进行了试验。

此法的输入数据有精密 GPS 星历、地基接收站测量数据、接收站坐标和对流层天顶路径延迟估计、星载 GPS 接收机数据等。测量数据不是用动力学轨道估计的数据,几何法不需要动力学模型。伪距测量用来确定具有米级噪声的绝对位置估计。

因为几何法仅依靠测量数据,需要考虑影响所有参数的测量精度:首先,与星载 GPS 接收机测量能力有关的测量因素,包括观测量类型、观测量噪声等级、硬件跟踪频道数量;同时,还包括星载 GPS 天线的增益类型、相位中心稳定度、观测场;数据采集弧段长度和数据采集率;最后,与数据采集参数有关的因素,连同真实轨道的复杂性,涉及的插值算法将会影响轨道估计的精度。

3)几何法与动力学混合算法

为综合估计卫星观测的几何信息以及卫星运动的动力信息,高精度轨道确定一般采用动力学定轨方案,运用合理的方法融合几何和动力学信息,得到卫星的精密轨道,利用含有误差的观测值和数学模型得到卫星状态及有关参数的最佳估值。其定轨精度依赖于观测值几何跟踪状态、观测值精度以及轨道动力学模型精度。

2. 精密定轨软件系统

国内外研究单位和高等院校开发了高性能的精密定位定轨软件,如美国喷气推进实验室的 GIPSY 软件、麻省理工学院的 GAMIT 软件、戈达德航天中心的 GEODYN 软件、得克萨斯大学的 UTOPIA 软件、瑞士伯尔尼大学的 BERNESE 软件和德国 GFZ 的 EPOS 软件等。国内开发了性能相当的精密定轨软件,如武汉大学的 PANDA 软件[77]、上海天文台、紫金山天文台、北京航天飞行控制中心以及西安卫星测控中心推出的多款定轨软件等。这些软件在精密定轨理论和方法研究、航天器在轨精密定轨工程实现中做出了重大贡献,推动了地球和空间科学的发展。

地球同步轨道 SAR 卫星的精密定轨在上述软件服务的航天器基础上,首先在轨应用初期的光压摄动力建模精度要求高,应用了以高性能加速度计直接测量高轨摄动力的手段,并且对事后精密定轨的实时性要求很高,测量手段也综合了多种可行手段进行融合及校验。故上述国内软件无法直接应用,需要针对地球同步轨道 SAR 的特点进行开发与研制,这些研究进展无论对静止轨道 SAR 卫星还是其他静止轨道航天器、深空探测航天器的精密定轨技术发展和提高都具有非常重要的意义。

3. 精密定轨轨道精度评估

由于定轨使用的模型不精确以及跟踪观测过程中存在各种系统误差和随

机误差,这些误差是不可避免的,导致精密定轨所得到的卫星轨道与真实轨道之间存在差异,定轨结果和"真实轨道"的差异称为定轨误差。但是由于无法知道卫星的真实位置,真正的轨道精度是很难得到甚至是不可能得到的。不仅轨道根数的真值不可能得到,作为标准的更高精度定轨结果也难以得到,卫星定轨精度的准确度评定是非常困难的。定轨精度的评定只能是近似的,在一定假设条件下,通过对多种定轨结果的相互比较,给出的一种综合评定结果,需要经过一系列的检验手段评定其精度。

在实际工作中,常用"内符合精度"和"外符合精度"两种形式来定义卫星的定轨精度。精密定轨精度评定的方法,一方面是对定轨精度的准确考量与评估,同时也是提高卫星定轨精度的主要渠道,通过评估和优化算法可以提高观测值模型化的精度以及动力学模型精度,对于定轨来说至关重要。轨道误差一般用 R(径向)/T(横向)/N(轨道面法向)三个方向表示,一般来说 R 方向误差最小(基于地基测量/动力学约束),T 方向的周期性最为明显。

目前常用的轨道精度评估方法包括:内符合精度法、重叠弧段检验、独立轨道检验。其中,独立轨道检验可以指不同技术,也可以指不同机构所确定的轨道互差。一般通过不同软件或观测数据计算的轨道比较、不同定轨时间的重叠部分比较、激光检核等方式进行评估。考虑使用的定轨精度评估方法如下。

(1) 内符合精度方法。

观测资料的拟合程度评估,采用轨道拟合后残差的均方根误差(RMS)表示,分别使用 1 天、2 天、3 天的观测弧段,进行定轨评估。

(2) 弧段重叠方法。

用长弧观测资料定轨结果为标准,检验短弧资料定轨结果(长弧段包含短弧段);用相邻 2 个弧段分别定轨,再比较弧段接头处的轨道之差;也可以用 2 个弧段资料定轨,但 2 个弧段资料有重叠部分(如 6h 重叠),比较定轨结果中重叠弧段上的轨道差。

(3) 用动力学统计定轨结果为精密轨道,检验几何法定轨所能达到的精度。

(4) 不同跟踪系统观测值的相互检验。

对于搭载多类观测系统设备的卫星,利用一种观测值来确定轨道,同时利用另一种观测值来检验卫星轨道的精度。例如,HY-2 卫星搭载了双频 GPS 接收机、DORIS 接收机和激光反射器,可以互相校验;CHAMP、GRACE 和 Jason 等低轨卫星由于搭载了 GPS 接收机和激光反射器,高轨及中轨导航卫星搭载了测距接收机和激光反射器,均可以进行互相校验。因此,对于精密定轨要求高的卫星来说,配置多种跟踪系统是必要的。地球同步轨道 SAR 卫星可以利用激光测距数据、高轨 GNSS 定轨和地基测距定轨数据等多种手段进行比较分析,以此保证载荷成像质量。

(5)不同机构基于不同方法解算结果的比较。

由于观测值和卫星力学模型并非只有唯一的模型,可以利用相同的一组观测值,采用不同机构和部门的定轨方法和数据处理策略得到多种定轨结果。不同部门发布的精密轨道的差异,在一定程度上反映了卫星的定轨精度。

(6)O-C 方法。

用定轨结果(C)与各站的测距资料(O)作差,表示定轨精度。用 O-C 方法不仅可以表示定轨精度,而且可以表示轨道预报精度。

(7)不参与定轨的测站资料检验其他测站资料的定轨结果。

采用 5 台站之中的 4 个站资料定轨,可以计算轨道与测站参考点之间的距离,然后以第 5 个站的测距资料与该距离进行比较。

可以考虑用以上方法,对地球同步轨道 SAR 卫星的定轨结果作综合评定。但是上述评估手段仅对精密定轨的精度进行评估,最终的精密定轨水平和精度需要通过在载荷成像质量进行评估,即载荷成像质量满足应用要求,同时也是定轨满足载荷成像需求及图像质量提升的关键评判标准。

基于载荷成像质量的定轨使用效果评估以及精度提升的基本流程如图3-27所示。基本思路是:将精密定轨使用的精密定轨算法、光压摄动力模型算法(建模、解算、直接测量等)进行综合,基于生成的精密定轨产品完成图像产品处理,经产品处理后的产品质量量化评估来评判定轨效果;同时,根据评判效果来调整算法中的关键参数,通过迭代提升定轨精度,从而达到最佳的定轨使用效果。

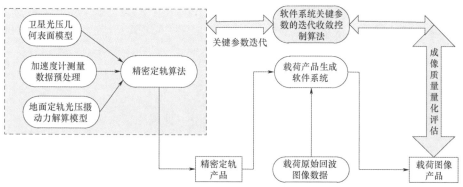

图 3-27　基于载荷成像质量的定轨使用效果评估以及精度提升的基本流程图

3.7 小结

本章首先针对 SAR 卫星任务对轨道的需求,对卫星轨道分类和特点进行了分析,并针对地球同步轨道卫星的轨道进行了介绍。根据地球同步轨道 SAR 卫星的任务,对不同星下点轨迹的地球同步轨道进行了特性分析。同时,对地球同步轨道 SAR 卫星与低轨 SAR 卫星的重访特性和持续观测时间进行了比较。最后,结合地球同步轨道 SAR 成像对精密定轨的需求,就高轨卫星精密定轨的基本概念、测量、动力学建模、轨道确定算法以及精度评估进行了论述,轨道确定精度直接影响卫星的应用水平,是定轨领域的研究热点。

第 4 章
地球同步轨道 SAR 系统误差成像影响

4.1 概述

针对地球同步轨道 SAR 卫星的特点,通过对 SAR 成像机理和应用进行深入研究,可以定量分析轨道摄动、地球自转、大气传输路径、卫星平台误差、姿态误差、极化耦合、天线形变和天线展开误差等非理想因素对 SAR 成像的影响;建立非理想因素对 SAR 成像影响的数学模型,可以通过仿真实验验证模型的准确性,整个过程如图 4-1 所示。

非理想因素包括卫星平台误差、卫星姿态误差、极化耦合、波束指向误差、

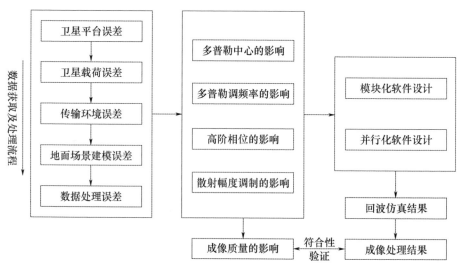

图 4-1 非理想因素对地球同步轨道 SAR 成像质量的影响

天线形变、天线展开误差、电离层影响、大气传输路径、地球自转等几个类型。其中：卫星平台误差包括卫星速度误差、卫星位置误差、卫星轨道 J2 摄动误差；卫星姿态误差包括卫星偏航误差、卫星俯仰误差、卫星翻滚误差、卫星姿态稳定度；极化耦合包括极化转换开关导致的极化耦合、天线造成的极化耦合；波束指向误差包括方位向波束指向误差、距离向波束指向误差。

4.2 卫星平台误差对成像质量影响分析

4.2.1 卫星位置误差

卫星位置测量误差由卫星定轨精度决定[89]，卫星位置误差将影响基于轨道的方位调频率估计。LEO SAR 系统分析中认为在仿真时间范围内，卫星位置测量误差的模型为"系统固定误差"。系统固定误差在仿真时间范围内为常数，引起方位调频率估计误差的量级极小。例如，卫星轨道三轴误差为 1m 时，引起的方位调频率估计误差的量级为 10^{-11} Hz/s，因此可以忽略不计。

在 GEO SAR 系统分析时，由于合成孔径时间较长的特性，因此卫星位置测量误差不能近似看作常数，需要根据轨道误差模型特殊分析。根据理论轨道数据及加入光压误差的轨道数据，得出定轨误差，即让两个轨道数据作差得到误差变化，加入到该系统的仿真轨道上，得到包含误差的轨道，雷达仿真参数如表 4-1 所示。

表 4-1 雷达仿真参数

雷达载频/GHz	1.25	合成孔径时间/s	1650
方位天线/m	3	下视角/(°)	7
信号带宽/MHz	10	斜视角/(°)	0
采样频率/MHz	12	卫星高度/km	42164
脉冲宽度/μs	6	PRF/Hz	115

借助获取的仿真数据得到三轴定轨误差变化趋势，加入到仿真轨道数据中，三轴定轨误差的变化趋势如图 4-2 中卫星运行 48h 三轴位置偏移量所示。选取不同变化趋势的三个时间段的误差数据，分别加入到仿真数据中，可以得到该误差模型下位置测量误差对 GEO SAR 成像影响的仿真结果。

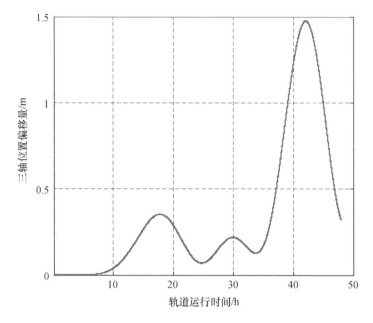

图 4-2 卫星运行 48h 三轴位置偏移量

卫星位置测量误差影响合成孔径时间内斜距历程的变化,可以从斜距误差的角度出发,分析卫星位置测量误差对 GEO SAR 成像的影响。卫星位置测量误差引入的斜距误差可以展开成斜距常数项、斜距一次项、斜距二次项、斜距三次项及高次项等。其中:常数项斜距误差引起目标成像位置的距离向偏移;一次项斜距误差引起目标成像位置的方位向偏移、二次项斜距误差引起目标主瓣展宽,峰值旁瓣比和积分旁瓣比恶化;三次斜距误差引起目标的旁瓣出现不对称现象。

前面分析了高次斜距误差对于方位向成像的影响,下面分析常数位置测量误差对 GEO SAR 定位误差的影响。

轨道误差分量中含有常数误差项,该项误差对成像的影响可以忽略,但会导致 SAR 图像目标定位误差。卫星位置测量误差导致的目标方位定位误差为

$$\Delta T_{az} = \Delta T_x + \Delta T_z \qquad (4-1)$$

式中:ΔT_{az} 为 SAR 图像目标方位定位误差;ΔT_x 为卫星位置沿航向误差引起的目标方位定位误差,ΔT_z 为卫星位置沿高度向误差引起的目标方位定位误差。ΔT_x 和 ΔT_z 可表示为

$$\begin{cases} \Delta T_x = \dfrac{\Delta R_x R_t}{R_s} \\ \Delta T_z = \dfrac{R V_g V_e}{V_r^2}(\cos\xi_t \sin\alpha_i \cos\theta)\Delta\theta \end{cases} \quad (4-2)$$

式中：ΔR_x 为卫星位置沿航向误差；R_t 为目标到地心的距离；R_s 为卫星到地心的距离；V_g 为地速；V_r 为等效速度；ξ_t 为目标地心纬度；α_i 为轨道倾角；θ 为波束中心下视角；$\Delta\theta$ 为由卫星沿高度向误差引起的视角变化。

$$\Delta\theta = \arccos\left[\dfrac{R^2 + R_s^2 - R_t^2}{2 R_s R}\right] - \arccos\left[\dfrac{R^2 + (R_s + \Delta R_z)^2 - R_t^2}{2(R_s + \Delta R_z)R}\right] \quad (4-3)$$

式中：ΔR_z 为卫星位置高度向误差。卫星位置测量误差对 SAR 图像距离向定位误差的影响为

$$\Delta T_{rg} = \dfrac{\Delta R_y R_t}{R_s} + \dfrac{R \Delta\theta}{\sin\eta} \quad (4-4)$$

式中：ΔT_{rg} 为由卫星位置测量误差导致的距离向定位误差；ΔR_y 为垂直航向卫星位置测量误差；η 为局部入射角。

卫星位置测量误差对目标方位定位误差及距离定位误差的影响分别如表 4-2 和表 4-3 所示。

表 4-2 卫星位置测量误差对 GEO SAR 图像目标方位定位误差的影响

卫星位置测量误差/m	目标方位定位误差/m		
	下视角 2°	下视角 5°	下视角 7°
0	0.0000	0.0000	0.0000
0.1	0.1119	0.1046	0.1028
0.2	0.2238	0.2091	0.2057
0.3	0.3357	0.3137	0.3085
0.4	0.4475	0.4183	0.4114
0.5	0.5594	0.5228	0.5142
0.6	0.6713	0.6274	0.6171
0.7	0.7832	0.7320	0.7199
0.8	0.8951	0.8365	0.8228
0.9	1.0070	0.9411	0.9256
1.0	1.1188	1.0457	1.0285

表4-3 卫星位置测量误差对 GEO SAR 图像目标距离定位误差的影响

卫星位置测量误差/m	目标距离定位误差/m		
	下视角2°	下视角5°	下视角7°
0	0.0	0.0	0.0
0.1	0.6053	0.2383	0.1690
0.2	1.2106	0.4767	0.3380
0.3	1.8159	0.7150	0.5070
0.4	2.4212	0.9533	0.6760
0.5	3.0265	1.1917	0.8450
0.6	3.6318	1.4300	1.0140
0.7	4.2371	1.6683	1.1829
0.8	4.8423	1.9067	1.3519
0.9	5.4476	2.1450	1.5209
1.0	6.0529	2.3833	1.6899

4.2.2 卫星速度误差

卫星速度测量误差导致多普勒中心估计误差和多普勒调频率估计误差。卫星速度误差与多普勒调频率误差的矢量表达式为

$$\Delta k_{\mathrm{d}} = \frac{\|\boldsymbol{v}_{s0}\|^2}{2\|\boldsymbol{r}_{s0}-\boldsymbol{r}_{\mathrm{g}}\|} - \frac{[(\boldsymbol{v}_{s0})(\boldsymbol{r}_{s0}-\boldsymbol{r}_{\mathrm{g}})^{\mathrm{T}}]^2}{2\|\boldsymbol{r}_{s0}-\boldsymbol{r}_{\mathrm{g}}\|^3} - \frac{\|\boldsymbol{v}_{s0}+\Delta\boldsymbol{v}\|^2}{2\|\boldsymbol{r}_{s0}-\boldsymbol{r}_{\mathrm{g}}\|} \\ - \frac{[(\boldsymbol{v}_{s0}+\Delta\boldsymbol{v})(\boldsymbol{r}_{s0}-\boldsymbol{r}_{\mathrm{g}})^{\mathrm{T}}]^2}{2\|\boldsymbol{r}_{s0}-\boldsymbol{r}_{\mathrm{g}}\|^3} \quad (4-5)$$

卫星速度测量误差对方位调频率估计误差的影响如表4-4和图4-3所示。

表4-4 卫星速度误差对方位调频率估计误差的影响

卫星速度测量误差/(m/s)	方位调频率误差/(10^{-6}Hz/s)
0	0.0
0.0100	0.0293
0.0200	0.0585
0.0300	0.0878
0.0400	0.1171
0.0500	0.1464

续表

卫星速度测量误差/(m/s)	方位调频率误差/(10^{-6}Hz/s)
0.0600	0.1756
0.0700	0.2049
0.0800	0.2341
0.0900	0.2634
0.1000	0.2926

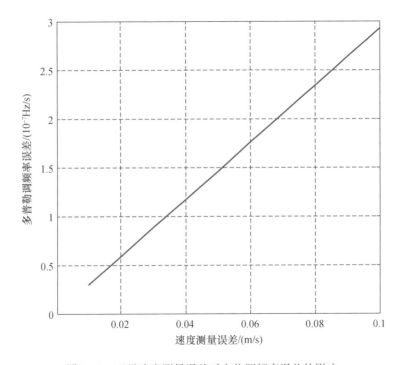

图4-3 卫星速度测量误差对方位调频率误差的影响

SAR图像几何定位方法中需要辅助多普勒方程,其中对卫星和目标速度的准确性要求较高,所以需要分析卫星速度误差对目标定位精度的影响。在分析速度误差对定位精度的影响之前,需要构建卫星本体坐标系($O-XYZ$)。设定X轴指向卫星航线方向,Z轴由卫星质心指向地心,Y轴根据右手法则确定。仿真分析时,选择纬度幅角90°位置的卫星轨道,该轨道位置卫星相对地球运动速度最小。速度测量误差在不同下视角情况下的定位误差影响如表4-5~表4-7所示。

表4-5　卫星X轴速度测量误差对SAR图像方位定位误差的影响

卫星X轴速度测量误差/(cm/s)	目标方位定位误差/m		
	下视角2°	下视角5°	下视角7°
0	0.0000	0.0000	0.0000
0.1	0.0187	0.0191	0.0196
0.2	0.0373	0.0381	0.0393
0.3	0.0560	0.0572	0.0589
0.4	0.0747	0.0762	0.0786
0.5	0.0933	0.0953	0.0982
0.6	0.1120	0.1143	0.1179
0.7	0.1307	0.1334	0.1375
0.8	0.1494	0.1524	0.1572
0.9	0.1680	0.1715	0.1768
1.0	0.1867	0.1905	0.1965

表4-6　卫星Y轴速度测量误差对SAR图像方位定位误差的影响

卫星Y轴速度测量误差/(cm/s)	目标方位定位误差/m		
	下视角2°	下视角5°	下视角7°
0	0.0000	0.0000	0.0000
0.1	9.3776	23.9876	34.6878
0.2	18.7552	47.9753	69.3756
0.3	28.1328	71.9629	104.0634
0.4	37.5104	95.9505	138.7512
0.5	46.8880	119.9382	173.4390
0.6	56.2656	143.9258	208.1268
0.7	65.6432	167.9134	242.8146
0.8	75.0208	191.9011	277.5024
0.9	84.3984	215.8887	312.1903
1.0	93.7760	239.8764	346.8781

表4-7　卫星Z轴速度测量误差对SAR图像方位定位误差的影响

卫星Z轴速度测量误差/(cm/s)	目标方位定位误差/m		
	下视角2°	下视角5°	下视角7°
0	0.0000	0.0000	0.0000
0.1	268.80	274.30	282.80

续表

卫星 Z 轴速度测量误差/(cm/s)	目标方位定位误差/m		
	下视角 2°	下视角 5°	下视角 7°
0.2	537.50	548.60	565.60
0.3	806.30	822.90	848.40
0.4	1075.0	1097.2	1131.2
0.5	1343.8	1371.5	1414.0
0.6	1612.5	1645.7	1696.8
0.7	1881.3	1920.0	1979.6
0.8	2150.0	2194.3	22624.
0.9	2418.8	2468.6	2545.2
1.0	2687.5	2742.9	2828.0

4.2.3 卫星轨道摄动

卫星轨道基本上是椭圆轨道,这是由地球中心引力场决定的。但地球引力场又不是完全的中心引力场。地球不是球对称的,这样的非中心性会对卫星轨道产生摄动作用。轨道摄动主要影响 SAR 图像的测绘带宽和场景目标的增益等,进而影响 SAR 图像的辐射质量指标。

4.2.4 卫星姿态误差

卫星姿态包括偏航、俯仰和翻滚。卫星姿态误差包括卫星姿态控制误差和卫星姿态测量误差,如图 4-4 所示。

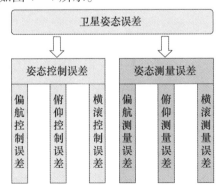

图 4-4 卫星姿态误差

卫星姿态控制误差是指卫星对姿态的控制偏离预先设定状态的误差。卫星姿态控制误差导致雷达发射波束偏离预先指定的场景,在不存在卫星姿态测量误差时,可以通过测量获取真实的雷达波束指向,此时卫星姿态控制误差不会引起多普勒参数的估计误差,但会影响场景目标的增益及成像幅宽等图像质量指标。

卫星姿态测量误差是由对卫星姿态控制误差测量不准确而产生的误差。较好的姿态测量传感器,测量精度能够保持在方位向波束宽度的十分之一的范围内和距离向波束宽度的百分之几的范围内。卫星姿态测量误差引起多普勒中心和方位调频率估计误差,进而影响 SAR 成像质量。

1. 卫星偏航误差

存在偏航时 GEO SAR 成像几何关系如图 4-5 所示。

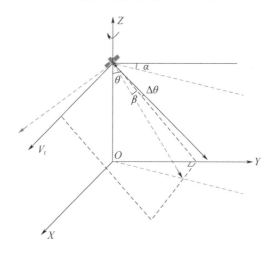

图 4-5 偏航角为 α 时的 SAR 成像几何关系

平台偏航将导致雷达波束绕 Z 轴转动,其地面照射曲线的运动轨迹近似为一个圆。图 4-5 中,雷达工作于正侧视模式,雷达波束中心指向垂直于雷达航向,实线表示理想情况下雷达工作的坐标系,虚线表示存在平台偏航误差时的雷达工作坐标系。卫星平台偏航角 α 引起的多普勒中心估计误差为

$$\Delta f_{dc}^{(\alpha)} \approx -\frac{2V_r \sin\beta}{\lambda} \quad (4-6)$$

式中:$\Delta f_{dc}^{(\alpha)}$ 为平台偏航 α 时导致的多普勒中心估计误差;V_r 为卫星等效速度;λ 为发射信号中心频率对应的波长;β 为成像斜平面内波束中心偏移的角度。引入的斜视角可以表示成

第4章 地球同步轨道 SAR 系统误差成像影响

$$\sin\beta = \sin\theta \cdot \sin\Delta\alpha \tag{4-7}$$

式中：θ 为雷达下视角；$\Delta\alpha$ 为偏航角误差；β 为成像斜平面内波束中心偏移的角度。

当雷达工作于斜视模式时，偏航测量误差会引起雷达斜视角和入射角的变化，变化关系为

$$\sin\alpha = \sin\beta/\sin\theta$$
$$\sin\beta' = \sin\theta \cdot \sin(\alpha + \Delta\alpha) \tag{4-8}$$

式中：β' 为引入偏航测量误差的等效斜视角；α 为系统预设的偏航角。卫星平台偏航测量误差对多普勒中心估计误差的影响如表 4-8 所示。下视角为 2°、5°、7°时，多普勒中心频率误差的变化关系图如图 4-6 所示。

表 4-8 卫星平台偏航测量误差对多普勒中心估计误差的影响

平台偏航误差/(°)	多普勒中心频率估计误差/Hz		
	下视角 2°	下视角 5°	下视角 7°
-0.1	0.0675	0.1686	0.2357
-0.08	0.0540	0.1349	0.1886
-0.06	0.0405	0.1012	0.1414
-0.04	0.0270	0.0674	0.0943
-0.02	0.0135	0.0337	0.0471
0.00	0	0	0
0.02	-0.0135	-0.0337	-0.0471
0.04	-0.0270	-0.0674	-0.0943
0.06	-0.0405	-0.1012	-0.1414
0.08	-0.0540	-0.1349	-0.1886
0.1	-0.0675	-0.1686	-0.2357

卫星平台偏航误差还会引起多普勒调频率估计误差。其影响可以表示为

$$\Delta k_{\mathrm{d}}^{(\alpha)} = \frac{2V_{\mathrm{r}}^2 \sin^2\beta}{\lambda R} \tag{4-9}$$

平台偏航误差对方位调频率估计误差的影响如表 4-9 所示。偏航测量误差引起多普勒调频率估计误差如图 4-7 所示。

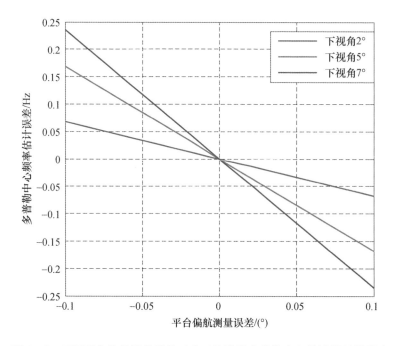

图 4-6 卫星平台偏航测量误差对基于轨道的多普勒中心估计误差的影响

表 4-9 平台偏航测量误差对方位调频率误差的影响

平台偏航误差/(°)	方位调频率估计误差/(10^{-7}Hz/s)		
	下视角 2°	下视角 5°	下视角 7°
-0.1	0.1065	0.1057	0.1049
-0.08	0.0681	0.0676	0.0671
-0.06	0.0383	0.0380	0.0378
-0.04	0.0170	0.0169	0.0168
-0.02	0.0043	0.0042	0.0042
0.00	0.0000	0.0000	0.0000
0.02	0.0043	0.0042	0.0042
0.04	0.0170	0.0169	0.0168
0.06	0.0383	0.0380	0.0378
0.08	0.0681	0.0676	0.0671
0.1	0.1065	0.1057	0.1049

由上述分析可知,卫星平台偏航测量误差将影响 SAR 方位分辨率、方位模糊度、噪声等效后向散射系数、相位误差以及点目标响应的峰值旁瓣比、积分旁瓣比等。

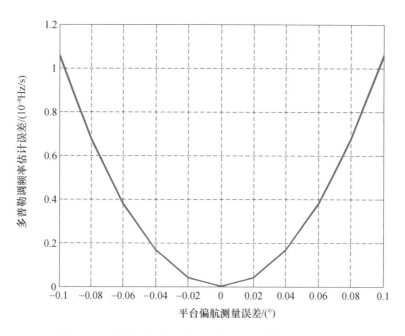

图 4-7　偏航测量误差引起多普勒调频率估计误差曲线

卫星平台偏航测量误差对 SAR 方位分辨率展宽的影响如图 4-8 所示。

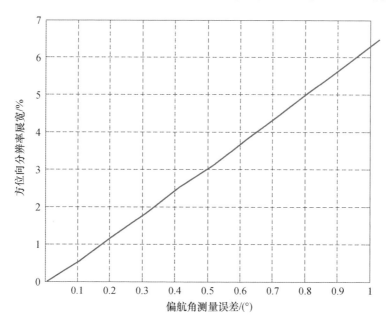

图 4-8　卫星平台偏航测量误差对 SAR 方位分辨率展宽的影响

通过仿真验证可以得到,平台偏航误差在 1°范围内时,平台偏航测量误差对 SAR 图像峰值旁瓣比及积分旁瓣比的影响较小。

偏航测量误差对 AASR 的影响曲线如图 4-9 所示。

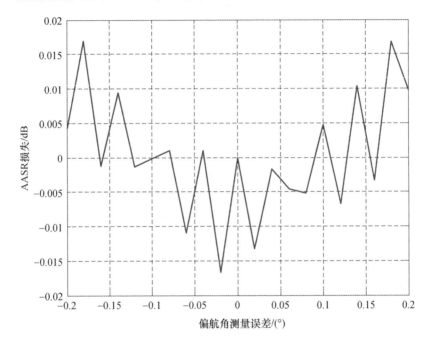

图 4-9　偏航测量误差对 AASR 的影响曲线

姿态三轴测量精度优于 0.003°,根据前面的系统仿真参数,卫星偏航误差对成像的影响可以忽略。但是经过理论分析及仿真验证,偏航误差导致的成像质量下降与方位向波束宽度有关。当卫星运动到赤道附近时,相对地球运动速度最大,为实现 20m 分辨率需要的合成孔径时间较短,因此方位向波束张角较小,0.003°测量误差引入的成像影响不能忽略。

赤道附近的 GEO SAR 仿真参数如表 4-10 所示。

表 4-10　赤道附近的 GEO SAR 仿真参数

雷达载频/GHz	1.25	合成孔径时间/s	285
方位天线/m	3	下视角/(°)	7
信号带宽/MHz	10	斜视角/(°)	0
采样频率/MHz	12	卫星高度/km	42164
脉冲宽度/μs	6	PRF/Hz	5

GEO SAR 方位向分辨率损失随偏航角测量误差的变化曲线如图 4-10 所示。与前面的分析一致，偏航角测量误差对于方位向 PSLR 和 ISLR 的影响可以忽略，主要引起分辨率展宽，因此没有给出方位向 PSLR 和 ISLR 的影响曲线仿真结果。

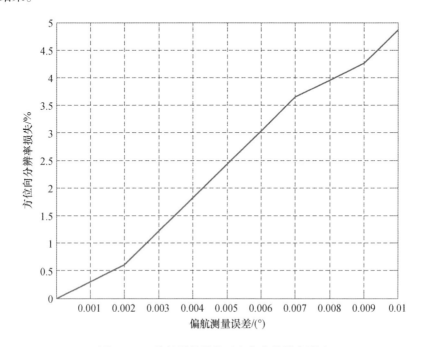

图 4-10 偏航测量误差对方位向分辨率影响

2. 卫星俯仰误差

平台俯仰时的 SAR 成像几何关系如图 4-11 所示。

平台俯仰使雷达波束中心线绕 Y 轴转动，设平台俯仰测量误差为 α，波束中心在成像斜平面上偏移的角度为 β，则卫星平台俯仰引起的多普勒中心估计误差为

$$\Delta f_{dc}^{(\alpha)} \approx -\frac{2V_r \sin\beta}{\lambda} \qquad (4-10)$$

式中：β 与 α 的关系为

$$\cos\beta = \sin^2\theta + \cos^2\theta\cos\alpha \qquad (4-11)$$

式中：θ 表示波束中心下视角。

卫星平台偏航测量误差对多普勒中心估计误差的影响如表 4-11 和图 4-12 所示。这里给出了下视角 2°、5°、7°时，多普勒中心频率误差的变化关系。GEO

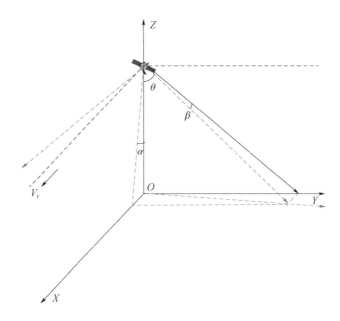

图 4-11 卫星平台俯仰时的 SAR 成像几何

SAR 下视角变化时,卫星平台偏航测量误差对多普勒中心估计误差的影响与之相似。

表 4-11 卫星平台俯仰测量误差对多普勒中心估计误差的影响

平台俯仰误差/(°)	多普勒中心频率估计误差/Hz		
	下视角 2°	下视角 5°	下视角 7°
-0.1	1.9332	1.9270	1.9200
-0.08	1.5466	1.5416	1.5360
-0.06	1.1599	1.1562	1.1520
-0.04	0.7733	0.7708	0.7680
-0.02	0.3866	0.3854	0.3840
0.00	-0.0000	-0.0000	-0.0000
0.02	-0.3866	-0.3854	-0.3840
0.04	-0.7733	-0.7708	-0.7680
0.06	-1.1599	-1.1562	-1.1520
0.08	-1.5466	-1.5416	-1.5360
0.1	-1.9332	-1.9270	-1.9200

第4章 地球同步轨道 SAR 系统误差成像影响

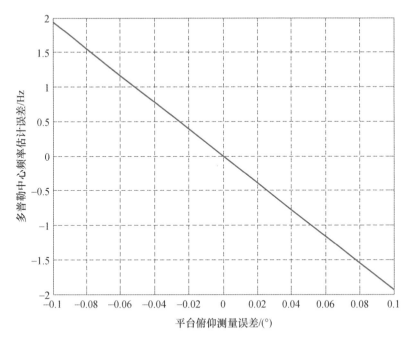

图 4-12 俯仰测量误差引起的多普勒中心频率估计误差

卫星平台偏航误差还会引起多普勒调频率估计误差。其影响可以表示为

$$\Delta k_{\mathrm{d}}^{(\alpha)} = \frac{2V_{\mathrm{r}}^2 \sin^2\beta}{\lambda R} \quad (4-12)$$

平台偏航误差对方位调频率估计误差的影响如表 4-12 和图 4-13 所示。

表 4-12 卫星平台俯仰测量误差对多普勒调频率估计误差的影响

平台俯仰误差/(°)	多普勒调频率频率估计误差/(10^{-7} Hz/s)		
	下视角 2°	下视角 5°	下视角 7°
-0.1	0.1064	0.1057	0.1049
-0.08	0.0681	0.0676	0.0671
-0.06	0.0383	0.0380	0.0378
-0.04	0.0170	0.0169	0.0168
-0.02	0.0043	0.0042	0.0042
0.00	0.0000	0.0000	0.0000
0.02	0.0043	0.0042	0.0042

续表

平台俯仰误差/(°)	多普勒调频率频率估计误差/(10^{-7}Hz/s)		
	下视角2°	下视角5°	下视角7°
0.04	0.0170	0.0169	0.0168
0.06	0.0383	0.0380	0.0378
0.08	0.0681	0.0676	0.0671
0.1	0.1064	0.1057	0.1049

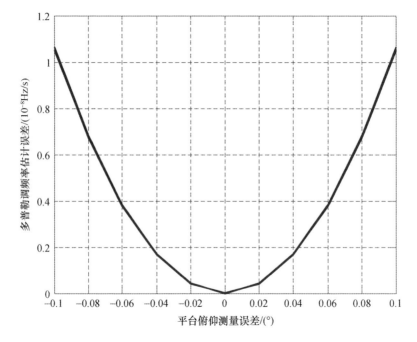

图 4-13　俯仰测量误差引起多普勒调频率估计误差

由上述分析可知,卫星平台俯仰测量误差影响 SAR 图像的方位分辨率、方位模糊度、噪声等效后向散射系数(NESZ)、峰值旁瓣比、积分旁瓣比和相位误差等。

卫星平台俯仰测量误差对 SAR 图像方位分辨率展宽的影响如图 4-14 所示。

平台俯仰误差在 0.1°范围内时,平台俯仰测量误差对 SAR 图像峰值旁瓣比和积分旁瓣比的影响较小。

卫星平台俯仰测量误差对 AASR 的影响曲线如图 4-15 所示。

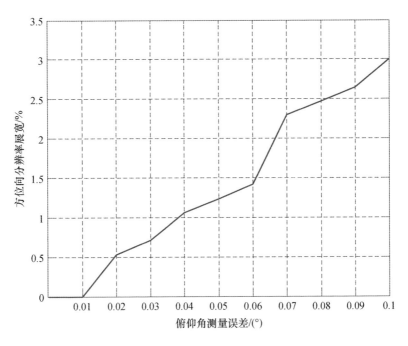

图 4-14 平台俯仰测量误差对 SAR 图像方位分辨率的影响

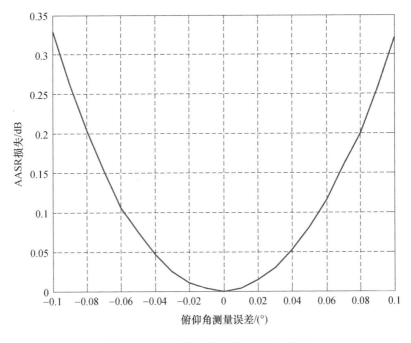

图 4-15 俯仰测量误差引起 AASR 损失

GEO SAR 姿态三轴测量精度优于 0.003°，根据前面的雷达仿真参数，卫星俯仰误差对成像的影响可以忽略。但是经过理论分析及仿真验证，俯仰误差引入的成像质量下降与方位向波束宽度有关。当卫星运动到赤道附近时，相对于地球的运动速度最大，为实现 20m 分辨率需要的合成孔径时间较短，因此方位向波束张角较小，0.003°测量误差引入的成像影响不能忽略。

GEO SAR 方位向分辨率损失随俯仰角测量误差的变化曲线如图 4 – 16 所示。俯仰角测量误差对于方位向 PSLR 和 ISLR 的影响可以忽略，主要引起了成像分辨率的展宽，因此没有给出方位向 PSLR 和 ISLR 的影响曲线仿真结果。

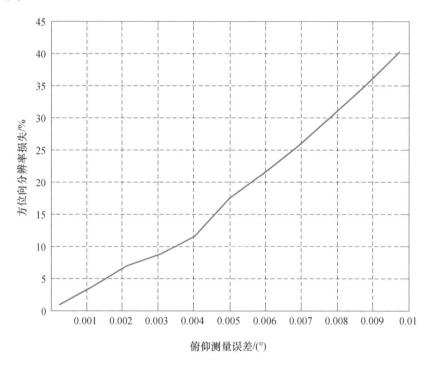

图 4 – 16　俯仰测量误差引起方位向分辨率损失

从图 4 – 16 中可以看出，在赤道附近时，俯仰角测量误差对方位向分辨率的影响很大。赤道附近方位向合成孔径张角为 0.03°，俯仰角变化 0.01°导致方位向分辨率损失了 40%。按照轨道参数，姿态测量误差为 0.003°，会导致方位向分辨率损失 10%。所以，在成像时需要尽量提高俯仰角测量精度，或者延长赤道附近的合成孔径时间，提升成像分辨率，增大合成孔径张角，从而减小俯仰角测量误差对 GEO SAR 成像的影响。

3. 卫星横滚误差

卫星横滚导致雷达波束绕 X 轴转动,当波束方位角为 0 时,对多普勒中心和方位调频率的估计没有影响。但卫星平台横滚将导致雷达发射波束沿距离向产生移动,相当于对发生脉冲进行加权,影响天线增益。例如,在理想情况下,位于场景中心的目标在雷达平台横滚以后,不再位于场景中心,此时其回波能量减小,但是其到雷达的距离不变,因而其响应的多普勒频率和方位调频率不变。如果横滚角误差较大,则有可能使距离向波束偏离原来的成像区域,如图 4-17 所示。

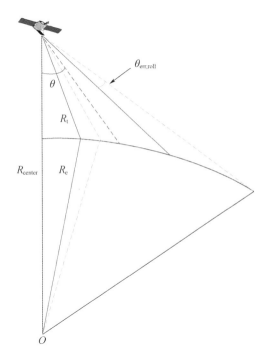

图 4-17 卫星姿态横滚测量误差示意图

当卫星姿态横滚测量误差较大时,距离向波束将偏离原来的成像区域,有

$$\Delta S_{\text{near}} = \text{sign} \sqrt{R_{\text{tnear}}^2 + R_{\text{tnear}}'^2 - 2R_{\text{tnear}}R_{\text{tnear}}'\cos\Delta\theta_{\text{err,roll}}} \quad (4-13)$$

式中:$\Delta\theta_{\text{err,roll}}$ 为卫星姿态横滚测量误差;sign 为与 $\Delta\theta_{\text{err,roll}}$ 对应的符号函数;ΔS_{near} 为场景近边偏移的距离;R_{tnear} 为雷达到场景近边的距离;R_{tnear}' 为存在卫星姿态横滚测量误差时雷达到场景近边的距离。且有

$$\begin{cases} \dfrac{R_{\text{enear}}}{\sin\beta_{\text{near}}} = \dfrac{R}{\sin\gamma_{\text{near}}} = \dfrac{R_{\text{tnear}}}{\sin(\beta_{\text{near}} + \gamma_{\text{near}})} \\ \dfrac{R'_{\text{enear}}}{\sin\beta'_{\text{near}}} = \dfrac{R}{\sin\gamma'_{\text{near}}} = \dfrac{R'_{\text{tnear}}}{\sin(\beta'_{\text{near}} + \gamma'_{\text{near}})} \end{cases} \quad (4-14)$$

式中：R 为卫星到地心的距离；R_{enear} 为场景近端目标到地心的距离；γ_{near} 为场景近端目标和雷达连线与场景近端目标和地心连线的夹角；β_{near} 为雷达发射波束近端的下视角；R'_{enear}、γ'_{near} 和 β'_{near} 分别为存在卫星平台横滚测量误差时对应的变量。有

$$\begin{cases} \beta_{\text{near}} = \theta_{\text{look}} - \dfrac{1}{2}\theta_{\text{beam,rg}} \\ \beta'_{\text{near}} = \theta_{\text{look}} - \dfrac{1}{2}\theta_{\text{beam,rg}} + \Delta\theta_{\text{err,roll}} \end{cases} \quad (4-15)$$

式中：θ_{look} 为波束中心下视角；$\theta_{\text{beam,rg}}$ 为距离向发射波束宽度；$\Delta\theta_{\text{err,roll}}$ 为卫星平台横滚测量误差。

因此，基于以上分析，可以得到卫星平台横滚测量误差对地面波束照射区域近边偏移的影响如表 4-13 和图 4-18 所示。

表 4-13 平台横滚测量误差对距离向测绘带近端偏移的影响

平台横滚误差/(°)	距离向测绘带近端偏移/km		
	下视角 2°	下视角 5°	下视角 7°
-0.1	-5.8778	-6.9117	-8.9979
-0.08	-4.7035	-5.5342	-7.2122
-0.06	-3.5286	-4.1544	-5.4197
-0.04	-2.3530	-2.7721	-3.6202
-0.02	-1.1768	-1.3873	-1.8136
0.00	0	0	0
0.02	1.1775	1.3898	1.8209
0.04	2.3556	2.7821	3.6490
0.06	3.5344	4.1770	5.4846
0.08	4.7138	5.5744	7.3277
0.1	5.8939	6.9744	9.1784

同理，可以得到卫星平台横滚测量误差对距离向测绘带远端偏移的影响如表 4-14 和图 4-19 所示。

第4章 地球同步轨道 SAR 系统误差成像影响

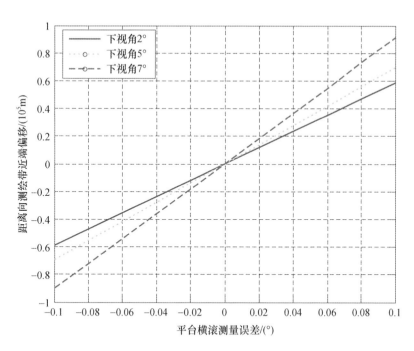

图 4-18 平台横滚测量误差对距离向测绘带近端偏移的影响

表 4-14 平台横滚测量误差对距离向测绘带远端偏移的影响

平台横滚误差/(°)	距离向测绘带远端偏移/km		
	下视角 2°	下视角 5°	下视角 7°
-0.1	-5.8888	-6.9545	-9.1207
-0.08	-4.7123	-5.5687	-7.3111
-0.06	-3.5352	-4.1803	-5.4943
-0.04	-2.3575	-2.7894	-3.6703
-0.02	-1.1791	-1.3960	-1.8389
0.00	0	0	0
0.02	1.1797	1.3986	1.8464
0.04	2.3602	2.7998	3.7005
0.06	3.5413	4.2036	5.5624
0.08	4.7231	5.6101	7.4322
0.1	5.9056	7.0192	9.3099

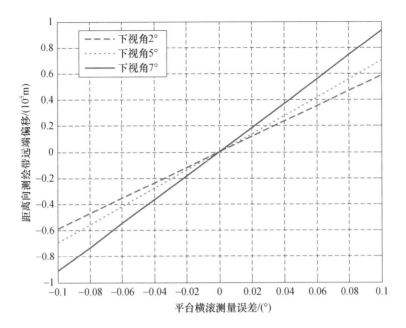

图 4 – 19　平台横滚测量误差对距离向测绘带远端偏移的影响

4.2.5　卫星姿态稳定度

姿态误差引起波束指向误差,稳定度是衡量卫星平台运行平稳状况的指标,通常定义为合成孔径时间内 3 倍的天线指向角速率的均方根值。通常情况下,假设姿态角变化一般满足正弦变化规律,即

$$\theta(t) = A\sin(\omega_0 t) + \theta_0 \qquad (4-16)$$

$$\sigma_{\text{ant}} = \frac{3}{T_s}\sqrt{\int_0^{T_s}\left(\frac{\mathrm{d}\theta(t)}{\mathrm{d}t}\right)^2 \mathrm{d}t} = 3A\omega_0 \sqrt{\frac{1}{2}\left(1 + \frac{\sin 2\omega_0 T_s}{2\omega_0 T_s}\right)} \qquad (4-17)$$

式中:A 为姿态角变化的幅度;ω_0 为姿态角变化的角频率;θ_0 为姿态角的初始值。根据式(4 – 17),取 $\omega_0 = 0.01°/1800\text{s}$,此时卫星姿态稳定度对卫星姿态变化幅度的影响如图 4 – 20 所示。

卫星姿态不稳定对成像质量的影响有两方面:一是造成回波信号的幅度调制,产生成对回波;二是造成多普勒频谱的微小变化,引入多普勒中心频率估计误差。目前,SAR 系统姿态稳定度可以做到 10^{-4}rad/s 的量级,则姿态角变化幅度 A 的量级为 10^{-7}rad。因此,由前面卫星姿态误差对 SAR 成像质量影响的分析可以看出,姿态稳定度对 SAR 卫星成像质量的影响较小。

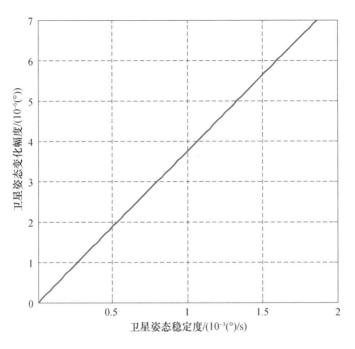

图4-20 卫星姿态稳定度对卫星姿态变化的影响

4.3 有效载荷误差对图像质量影响分析

4.3.1 雷达天线误差

1. 波束指向误差

波束指向误差是指雷达天线波束在天线坐标系中的指向误差,包括波束俯仰角指向误差和波束方位角指向误差。星载 SAR 相控阵天线通过调相改变波束指向,但波束指向的改变并不是连续的,而是存在一个最小波束指向改变间隔,因此会给天线波束指向带来量化误差。雷达波束照射地面的几何关系如图4-21 所示。

雷达波束俯仰角指向误差将影响测绘带内尤其是边缘的 NESZ。

雷达波束方位角指向误差将导致多普勒中心估计误差。波束方位角为 0° 时,雷达波束方位指向误差对多普勒中心估计误差的影响为

$$\Delta f_{dc} = -\frac{2V_r}{\lambda}\sin(\Delta \xi) \qquad (4-18)$$

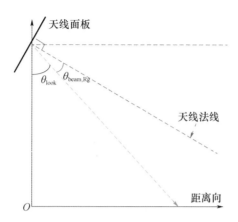

图 4-21 雷达波束对地观测几何示意图

式中：Δf_{dc} 为波束方位指向误差导致的多普勒中心估计误差；$\Delta \xi$ 为成像斜平面波束中心斜视角的误差。有

$$\cos(\Delta \xi) = 1 - \frac{\sin^2 \theta_{look}}{\sin^2(\theta_{look} + \theta_{beam,Rg})}(1 - \cos(\Delta \theta_{beam,Az})) \quad (4-19)$$

式中：θ_{look} 为波束中心下视角；$\theta_{beam,Rg}$ 为波束中心俯仰角，$\Delta \theta_{beam,Az}$ 为波束方位指向误差。以波束中心下视角为 7°，波束中心俯仰角为 0° 为例，雷达波束方位角指向误差引起的多普勒中心误差如图 4-22 所示。

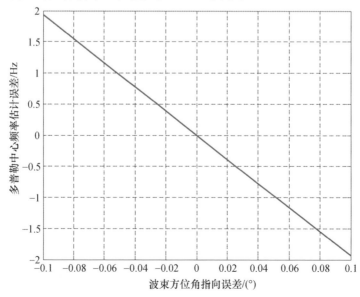

图 4-22 雷达波束方位角指向误差引起的多普勒中心频率估计误差

第4章 地球同步轨道 SAR 系统误差成像影响

波束方位指向误差导致方位调频率估计误差为

$$\Delta K_a = \frac{2V_r^2}{\lambda R}\sin^2(\Delta \xi) \qquad (4-20)$$

以波束中心下视角为 7°,波束中心俯仰角 0°为例,雷达波束方位指向误差引起的多普勒调频率误差如图 4-23 所示。

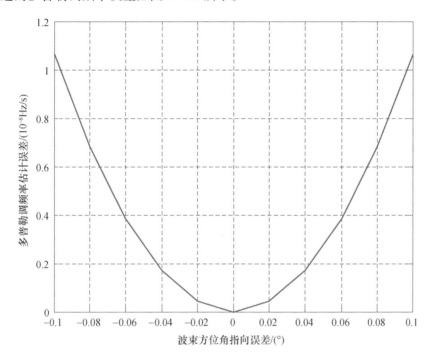

图 4-23 波束方位角指向误差引起多普勒调频率误差

波束方位向指向误差将影响 SAR 图像的方位向分辨率、方位向模糊度、峰值旁瓣比、积分旁瓣比和相位误差等。波束方位向指向误差对 SAR 图像的方位向分辨率影响如图 4-24 所示。

由图 4-24 可以看出,波束方位向指向误差在 0.1°范围内时,对 GEO SAR 方位向的影响较小,可以忽略。根据给定的参数可以看出,波束指向测量精度可以优于 0.01°,它对成像的影响是完全可以忽略的。

根据仿真分析结果得出,波束方位指向误差在 0.1°范围内时,波束方位指向误差对 SAR 图像峰值旁瓣比和积分旁瓣比的影响较小,这里不再给出详细的峰值旁瓣比变化图。波束方位向指向误差引起 AASR 的影响如图 4-25 所示。

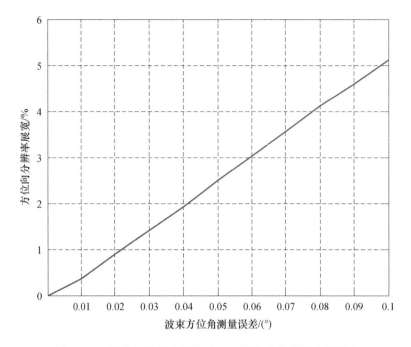

图 4-24 波束方位指向误差对 SAR 图像方位分辨率的影响

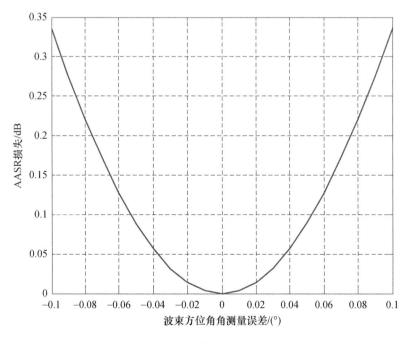

图 4-25 波束方位向指向误差引起 AASR 损失

下面分析天线展开误差的影响。受空间外力干扰或相控阵天线伸展机构机械误差的影响，星载相控阵天线面板会出现展开误差。天线展开误差将导致天线增益改变、天线波束主瓣展宽及天线波束指向误差，这些误差会影响成像后图像质量的空间分辨率、等效噪声系数、方位模糊度、距离模糊度、峰值旁瓣比、积分旁瓣比、相位质量等。

实际工程中天线展开误差模型较为复杂[94-95]。为简化分析，本节采用简化模型开展研究。该天线展开误差模型仅适用于如图 4-26 所示的情况。假定星载相控阵天线由四块面板组成，分别为 p_1、p_2、p_3 和 p_4，以卫星所在天线阵面的方位向和俯仰向中心 O 为坐标原点，理想情况下天线面板方位向为 x 轴，天线面板俯仰向为 y 轴建立空间直角坐标系。天线展开误差用点 A、B、C 和 D 到 x 轴的距离（可为负）Δh_1、Δh_2、Δh_3 和 Δh_4 来衡量。

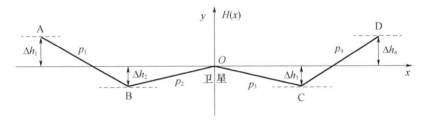

图 4-26 天线展开误差模型

理想情况下，天线方向图表达式为

$$D(\psi_x,\psi_y) = e^{-j(\frac{N-1}{2}\psi_x+\frac{M-1}{2}\psi_y)}\sum_{n=0}^{N-1}\sum_{m=0}^{M-1}\omega_{nm}e^{j(n\psi_x+m\psi_y)} \quad (4-21)$$

式中：ψ_x 和 ψ_y 分别为波束矢量在 x 和 y 方向的分量。另有

$$\begin{cases}\psi_x = \dfrac{2\pi}{\lambda}d_x\sin\theta\cos\phi \\ \psi_y = \dfrac{2\pi}{\lambda}d_y\sin\theta\sin\phi\end{cases} \quad (4-22)$$

式中：θ 和 ϕ 为球形坐标系下的波束指向角度；d_x 和 d_y 分别为方位向和俯仰向阵元间距，如图 4-27 所示。

当存在天线展开误差情况下，假设天线阵元 (i,j) 的真实位置与理想位置的误差为 Δd_x 和 Δd_z（y 方向上阵元位置误差为 0），此时二维相控阵天线的方向图为

$$D(\psi_x,\psi_y) = e^{-j(\frac{N-1}{2}\psi_x+\frac{M-1}{2}\psi_y)}\sum_{n=0}^{N-1}\sum_{m=0}^{M-1}\omega_{nm}e^{j(n\psi_x+m\psi_y+\psi_z)} \quad (4-23)$$

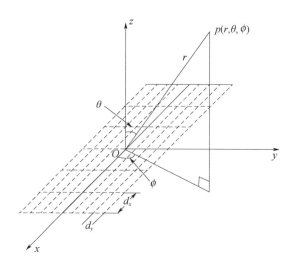

图 4 – 27 二维平面阵列结构

且 ψ_x、ψ_y、ψ_z 可表示为

$$\begin{cases} \psi_x = \dfrac{2\pi}{\lambda}(d_x + \Delta_x)\sin\theta\cos\phi \\ \psi_y = \dfrac{2\pi}{\lambda}d_y\sin\theta\sin\phi \\ \psi_z = \dfrac{2\pi}{\lambda}\Delta_z\cos\theta \end{cases} \quad (4-24)$$

对式(4 – 24)变换为

$$D(\psi_x,\psi_y) = e^{-j\left(\frac{N-1}{2}\psi_x + \frac{M-1}{2}\psi_y\right)} \sum_{n=0}^{N-1}\sum_{m=0}^{M-1}\left(\omega_{nm} e^{j\frac{2\pi}{\lambda}\Delta_x\sin\theta\cos\phi} e^{j\frac{2\pi}{\lambda}\Delta_z\cos\theta}\right) e^{j(n\psi_x + m\psi_y)}$$

$$(4-25)$$

由式(4 – 25)可以看出,天线展开误差导致天线阵元位置误差,等效为改变天线阵元加权的权值。因此,天线展开误差将引起天线发射波束增益改变、天线发射波束展宽、天线波束指向误差及天线主瓣相位误差等。

天线展开误差对天线发射波束增益的影响如表 4 – 15 和图 4 – 28 所示。

表 4 – 15 天线展开误差对天线发射波束增益的影响

天线展开误差幅度/mm	天线增益降低/%
0	0
1	– 0.0688
2	– 0.1063

续表

天线展开误差幅度/mm	天线增益降低/%
3	0.0742
4	0.2025
5	0.2785
6	0.5695
7	0.8066
8	0.9896
9	1.1187
10	1.4562

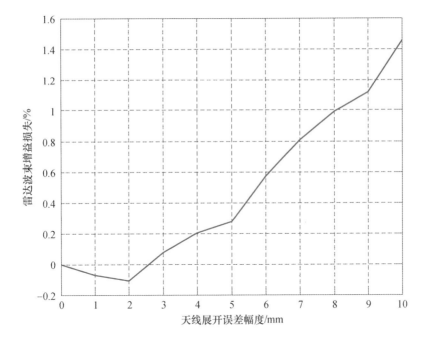

图 4-28 天线展开误差对天线发射波束增益的影响

天线展开误差对天线发射波束展宽的影响如表 4-16 和图 4-29 所示。

表 4-16 天线展开误差对天线发射波束展宽的影响

天线展开误差幅度/mm	天线发射波束展宽/%
0	0
1	0

续表

天线展开误差幅度/mm	天线发射波束展宽/%
2	0
3	0.3268
4	0.6536
5	0.9804
6	1.6340
7	2.2876
8	2.9412
9	3.5948
10	4.5752

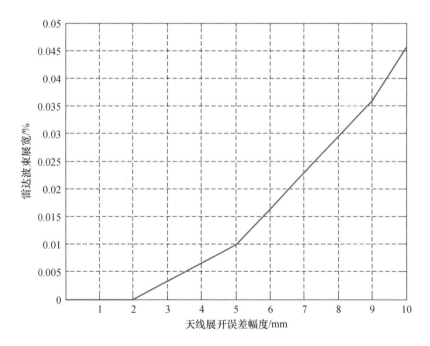

图 4-29　天线展开误差对雷达发射波束展宽的影响

天线展开误差对 SAR 图像方位模糊度的影响如图 4-30 所示。

2. 天线形变误差

受到空间环境中太阳辐射、地球反射、温度变化的影响,SAR 天线阵面将产生形变误差。天线形变误差模型如图 4-31 所示。

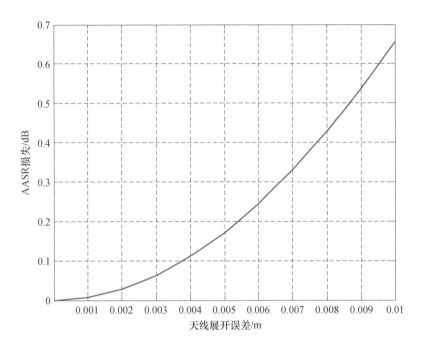

图 4-30 天线展开误差引起 AASR 损失

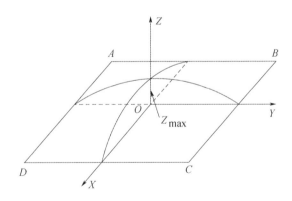

图 4-31 天线形变误差模型

图 4-31 所示天线面板形变模型为

$$z(x,y) = Z_{\max}\left[1 - \frac{(x-x_0)^2}{x_{\max}^2}\right]\left[1 - \frac{(y-y_0)^2}{y_{\max}^2}\right] \quad (4-26)$$

式中：$Z_{\max}$ 为单块天线面板最大形变量；(x_0, y_0) 为天线形变抛物面顶点在单块面板中的位置；$x_{\max}$ 和 $y_{\max}$ 分别为单块天线面板方位向和距离向长度的一半；$z(x,y)$ 为每块天线面板 (x,y) 处天线面板扭曲量。

天线面板形变将导致天线阵元位置误差,从而导致天线方向图畸变,包括天线发射波束增益改变、主瓣展宽及波束指向误差等。天线面板形变误差对天线发射波束增益的影响如表4-17所示。

表4-17　天线形变误差对天线发射波束增益的影响

天线形变误差/mm	方位向增益损失/%
-10	0.4902
-8	0.3118
-6	0.1789
-4	0.0780
-2	0.0229
0	0
2	0.0229
4	0.0780
6	0.1789
8	0.3118
10	0.4902

天线形变误差对天线发射波束主瓣展宽的影响如表4-18所示。

表4-18　天线形变误差对天线发射波束主瓣展宽的影响

天线形变误差/mm	方位向波束展宽/%
-10	0.1320
-8	0.0880
-6	0.0440
-4	0.0220
-2	0
0	0
2	0
4	0.0220
6	0.0440
8	0.0880
10	0.1320

天线形变误差对方位向和俯仰向波束指向误差的影响如表4-19和图4-32所示。

第 4 章　地球同步轨道 SAR 系统误差成像影响

表 4 – 19　天线形变误差对天线波束指向的影响

天线形变误差幅度/mm	方位向波束指向误差/(°)
−10	0.0686
−8	0.0547
−6	0.0408
−4	0.0269
−2	0.0139
0	0
2	−0.0139
4	−0.0269
6	−0.0408
8	−0.0547
10	−0.0686

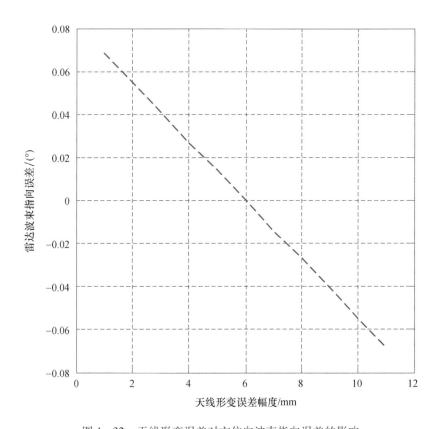

图 4 – 32　天线形变误差对方位向波束指向误差的影响

天线形变误差将导致天线波束方位指向误差。根据前面的分析可知,天线形变误差将影响 SAR 成像质量的方位分辨率、方位模糊度、噪声等效后向散射系数、复图像的相位误差及点目标响应的峰值旁瓣比、积分旁瓣比等。

天线形变误差对 SAR 图像方位模糊度的影响如图 4-33 所示。

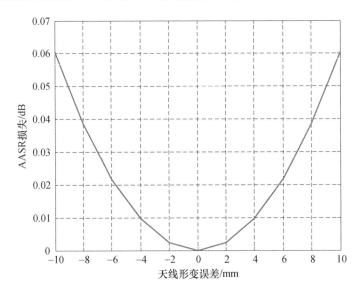

图 4-33　天线形变误差对 SAR 图像方位模糊度的影响

3. 天线阵元误差

天线阵元误差包括阵元失效误差和阵元位置随机误差。阵元失效误差是由于一个或多个天线阵元不能工作(主要由元器件老化、空间碰撞等因素造成)所带来的误差。天线阵元失效误差主要影响天线增益,假设天线失效阵元的位置是随机的,则天线阵元失效误差对天线方向图增益的影响如表 4-20 和图 4-34 所示。

表 4-20　天线阵元失效误差对天线方向图的影响

天线阵元失效率/%	天线增益降低/%
0.0	0
1.0	0.9008
2.0	2.0956
3.0	2.9928
4.0	3.8948

续表

天线阵元失效率/%	天线增益降低/%
5.0	5.1003
6.0	6.0002
7.0	6.8959
8.0	8.0922
9.0	8.9952
10.0	9.8997

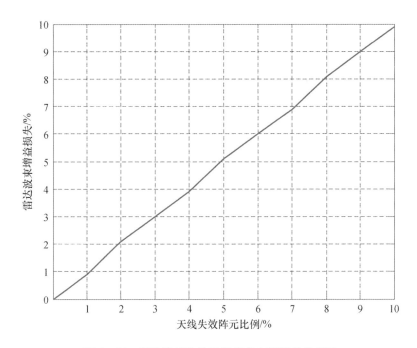

图 4-34 天线阵元失效对天线方向图增益的影响

4.3.2 发射机通道幅相误差

1. 发射机幅度平坦度

发射机幅度平坦度不会引起误差传递模型中间变量（即多普勒中心误差、方位调频率误差、斜距误差）等的估计和测量误差，而会影响雷达发射波束增益，进而影响接收目标回波的功率，使 SAR 图像的均值、方差动态范围等辐射质量指标产生误差。

2. 发射机相位线性度

发射机通道相位线性度是用于描述一个理想的线性调频信号经过发射通道后引起的线性相位误差,一般为 0.05°/MHz。

理想线性调频信号的频域为

$$H(f) = \text{rect}\left(\frac{f}{|K|T}\right)\exp\left(j\pi\frac{f^2}{K}\right) \qquad (4-27)$$

引入发射通道线性相位误差后,信号表示为

$$H(f) = \text{rect}\left(\frac{f}{|K|T}\right)\exp\left(j\pi\frac{f^2}{K}\right)\exp(j\Delta_\theta f) \qquad (4-28)$$

式中:K 为发射信号调频率;T 为发射脉冲持续时间;$\Delta_\theta f$ 为发射机线性相位误差。

可以看出,发射机的线性相位误差将引入 SAR 图像距离向的位置偏移[97],根据雷达参数仿真得到点目标距离向偏移量与发射机线性相位误差之间的关系,如图 4-35 所示。

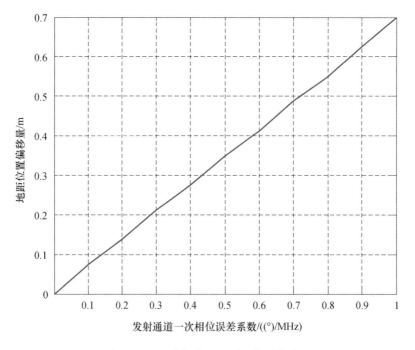

图 4-35 一次相位误差引入位置偏移量

可以看出,发射通道一次相位误差对距离向偏移量的影响较小。

3. 发射机二次相位误差

添加发射通道二次相位误差后的线性调频信号可以表示为

$$H(f) = \text{rect}\left(\frac{f}{|K|T}\right)\exp\left(j\pi\frac{f^2}{K}\right)\exp(j\Delta_k f^2) \qquad (4-29)$$

式中:Δ_k 为发射通道二次相位误差系数。根据误差模型可以看出,发射机通道二次相位误差将导致发射信号调频率误差,从而导致 SAR 图像的点目标响应展宽,影响 SAR 图像质量的距离分辨率、峰值旁瓣比和积分旁瓣比等。

通过误差模型可以看出,发射机的二次相位误差会引起距离向调频率的失配,使距离向的聚焦性能下降,地距向分辨率损失,PSLR 衰减及 ISLR 衰减变化如图 4-36 ~ 图 4-38 所示。

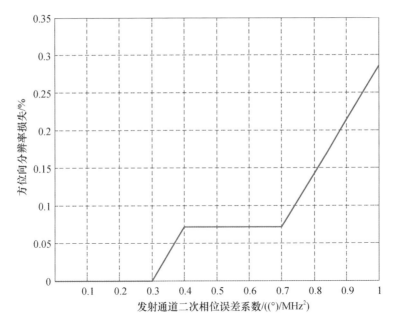

图 4-36 二次相位误差引入距离向分辨率损失
(图中折线是由于仅选取若干组典型值进行计算的结果)

4.3.3 接收机通道幅相误差

1. 接收机幅度平坦度

接收机通道幅度平坦度不会导致误差传递模型中间变量(即多普勒中心、方位调频率、斜距历程)产生误差,但会影响接收目标回波的功率,引入 SAR 图像的均值、方差、动态范围等辐射指标误差。

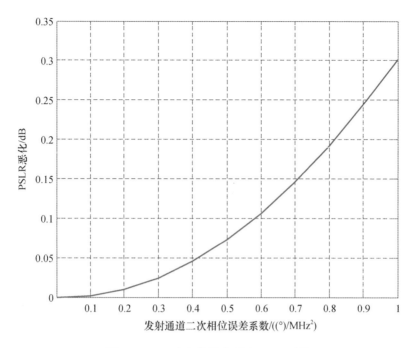

图 4-37 二次相位误差引入 PSLR 恶化

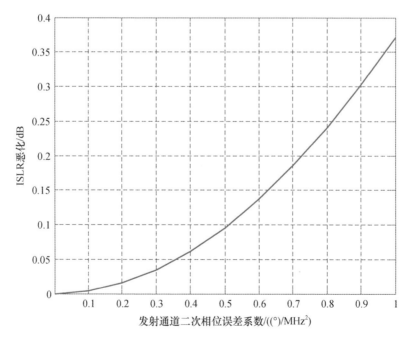

图 4-38 二次相位误差引入 ISLR 恶化

2. 接收机相位线性度

接收机通道相位线性度将给目标回波带来线性相位误差，误差模型为

$$s(\bar{t},t_m) = A_0 \omega_r\left(\bar{t} - \frac{2R(t_m)}{c}\right)\omega_a(t_m - t_{mc})\exp\left(-\frac{\mathrm{j}4\pi f_0 R(t_m)}{c}\right) \cdot$$

$$\exp\left(\mathrm{j}\pi K_r\left(\bar{t} - \frac{2R(t_m)}{c}\right)^2\right)\exp(\mathrm{j}2\pi f_r \Delta\tau)$$

(4-30)

式中：A_0 为复常数；$\bar{t}$ 为距离向快时间；t_m 为方位慢时间；t_{mc} 为波束中心穿越目标的中心时刻；$\dfrac{2R(t_m)}{c}$ 为接收目标回波延迟；ω_a 为方位向回波包络；ω_r 为距离向回波包络。

由误差模型可以看出，接收机相位线性度并不会给接收到的回波信号带来多普勒中心和方位调频率估计误差，而只会影响 SAR 图像中目标点成像的距离向位置。接收机相位线性度的影响与发射机相位线性度的影响一致，仿真分析结果如图 4-39 所示。

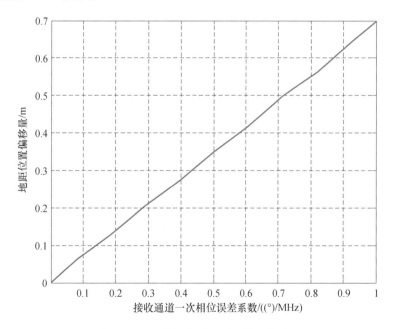

图 4-39 一次相位误差引入位置偏移量

3. 接收机二次相位误差

添加接收通道二次相位误差后的场景目标回波信号的时域表达式为

$$s(\bar{t}, t_m) = A_0 \omega_r \left(\bar{t} - \frac{2R(t_m)}{c} \right) \omega_a (t_m - t_{mc}) \cdot$$

$$\exp\left(-\frac{\mathrm{j}4\pi f_0 R(t_m)}{c} \right) \exp\left(\mathrm{j}\pi K_r \left(\bar{t} - \frac{2R(t_m)}{c} \right)^2 \right) \exp(\mathrm{j}2\pi \Delta K_r \bar{t}^2)$$

(4-31)

式中：ΔK_r 为由接收机通道二次相位误差导致的距离调频率误差。

通过误差模型可以看出，接收机的二次相位误差会引起成像时距离向调频率的失配，导致成像距离向的聚焦性能下降，地距向分辨率损失、PSLR 衰减及 ISLR 衰减变化如图 4-40～图 4-42 所示。

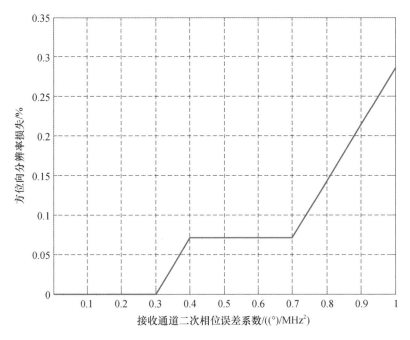

图 4-40 二次相位误差引入距离向分辨率损失

（图中折线是由于仅选取若干组典型值进行计算的结果）

4.3.4 频率源误差

1. 频率源误差模型

实际频率源信号并非理想的正弦信号，存在随时间变化的相位误差，误差模型为

$$V(t) = \sin(2\pi f_{osc} t + \varphi_e(t))$$

(4-32)

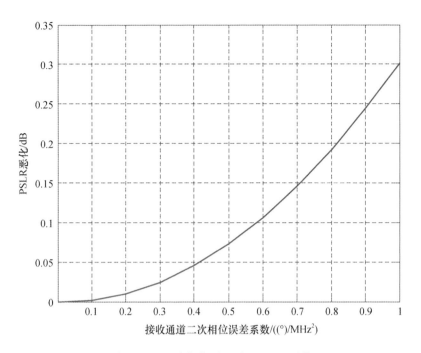

图 4-41　二次相位误差引入 PSLR 恶化

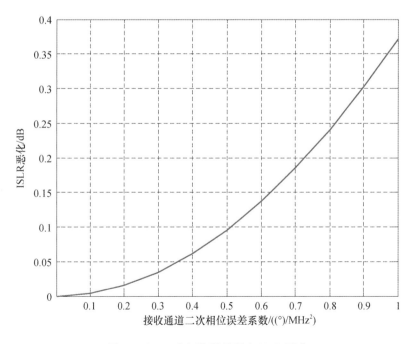

图 4-42　二次相位误差引入 ISLR 恶化

式中:f_{osc}为频率源的理想频率;$\varphi_e(t)$为t时刻频率源瞬时相位误差。通常用频率源稳定度描述时变相位误差。频率稳定度按时间长短分为长期稳定度和短期稳定度,其中长期稳定度用来描述由元器件老化以及环境条件改变引起的慢变化(小时、日、年变化等),短期稳定度描述的是由热噪声等因素引起的频率随机抖动变化。在实际工程应用中,通常使用一段时间内频率的平均变化率描述频率源稳定度,即

$$\bar{y}_k(\Delta t) = \frac{\varphi_e(t_k + \Delta t) - \varphi_e(t_k)}{2\pi f_{osc}\Delta t} \quad (4-33)$$

式中:Δt为时间间隔。

对频率源相位误差模型进行了研究,采用如式(4-34)所示频率源相位误差模型,即

$$\varphi_e(t) = \sum_{i=0}^{\infty} D_i t^i + \Delta\varphi_T\sin(2\pi f_T t) + \varphi_n(t) \quad (4-34)$$

式中:第一项为多项式模型相位误差项,D_i为第i阶多项式系数;第二项为周期性相位项,$\Delta\varphi_T$为调制幅度,f_T为调制频率,前两项为确定性相位误差;第三项$\varphi_n(t)$为频率源随机相位噪声。

通常随机相位噪声$\varphi_n(t)$建模为二阶平稳随机过程,在时域用 Allen 方差$\sigma_{\varphi_n}(\tau)$描述,在频域用功率谱密度函数$S_{\varphi_n}(f)$描述。Barnes 提出的幂律模型可对常见相位噪声类型进行建模,有

$$S_{\varphi_n}^{(TS)}(f) = af^{-4} + bf^{-3} + cf^{-2} + df^{-1} + e \quad (4-35)$$

式中:a,b,c,d,e分别描述了各噪声分量的影响;a为频率随机走动噪声系数;b为频率闪烁噪声系数;c为频率白噪声系数;d为相位闪烁噪声系数;e为相位白噪声系数。图4-43 所示给出了星载 SAR 典型频率源的噪声功率谱密度函数(幂律模型参数为$a=-95\text{dB},b=-90\text{dB},c=-200\text{dB},d=-130\text{dB},e=-155\text{dB}$),其理想频率$f_{osc}$为10MHz。为方便分析,使用相位噪声单边功率谱$S_{\varphi_n}(f)$代替$S_{\varphi_n}^{(TS)}(f)$,有

$$S_{\varphi_n}(f) = \begin{cases} 2S_{\varphi_n}^{(TS)}(f), & f > 0 \\ 0, & f < 0 \end{cases} \quad (4-36)$$

存在频率源误差的回波信号表达式可以表示成

$$s(t) = \exp(-j2\pi f_0\tau)\exp[j\phi_e(t,\tau)] \quad (4-37)$$

式中:$\phi_e(t,\tau) = m[\phi_e(t-\tau) - \phi_e(t)]$表示接收信号相位误差。

接下来分别分析多项式模型相位误差,周期性相位误差以及随机相位误差对成像的影响,并给出对应频率源稳定度的要求。

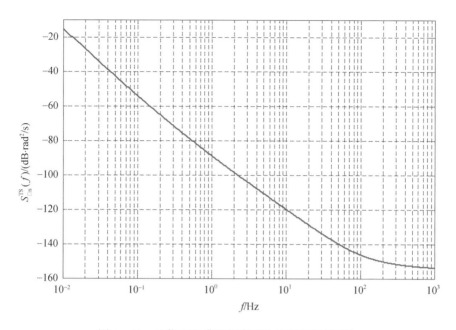

图 4 – 43 星载 SAR 典型频率源的功率谱密度函数

2. 一阶相位误差

当频率源相位误差为一阶误差模型，即频率源频率误差为常数时，此时回波信号的相位误差为

$$\phi_e = -mD_1\tau \tag{4-38}$$

式中：m 为倍频数。除固定相位偏差外，合成孔径时间内目标延迟 τ 是随慢时间 t_m 二次变化的，从而引入方位向的二次相位误差，可能导致 SAR 方位向散焦。目标时延 τ 随慢时间 t_m 的变化关系可以表示为

$$\tau(t_m) = 2R(t_m)/c \approx 2R(t_{m0})/c + \frac{v_e^2}{cR(t_{m0})}(t_m - t_{m0})^2$$

$$= 2R_0/c + \frac{v_e^2}{cR_0}(t_m - t_{m0})^2 \tag{4-39}$$

对于低于 2% 的主瓣展宽，二次相位误差应该控制在 $\pi/4$ 以内，即需要满足

$$\left| mD_1 \frac{v_e^2}{cR_0}\left(\frac{T_a}{2}\right)^2 \right| \leq \frac{\pi}{4} \tag{4-40}$$

即

$$|D_1| \leq \frac{\pi c R_0}{m(v_e T_a)^2} \tag{4-41}$$

根据设定参数,近地点时刻的等效速度为 261m/s,合成孔径时间为 285s,计算得到 $|D_1|\leqslant 51855$Hz,频率源稳定度为 8.253×10^{-4},目前的星载 SAR 系统都可以满足该稳定度要求。

3. 二阶相位误差

当频率源相位误差为二阶模型,即频率源频率存在线性漂移时,此时回波信号的相位误差为

$$\phi_e = mD_2\tau^2 - 2mD_2\tau t_m \qquad (4-42)$$

二阶相位误差中第一项会引入距离向的调频率误差,但是由于二阶相位误差系数 D_2 较小,因此第一项对于距离向成像的影响可以忽略,仿真分析也验证了这一假设。二次相位误差中的第二项在合成孔径时间内表现为线性相位,成像后将导致方位主瓣的位置偏离,影响目标的方位向定位,该方位偏移量可以近似表示为

$$\Delta x = v_g \frac{mD_2\tau}{\pi k_a} \qquad (4-43)$$

式中:$k_a \approx -2v^2/\lambda r$ 为回波信号的调频率,λ 为波长,$r\approx c\tau/2$ 为雷达斜距。假定系统限定方位偏移量不大于 10m,$D_2 \leqslant 1.3\times 10^{-3}$Hz^2,对应合成孔径时间内的频率稳定度为 1.1726×10^{-8}。

回波信号经距离压缩后,距离向偏移量表示为

$$\Delta r = \frac{c_0}{4\pi k_r}\frac{\partial \phi_e}{\partial \tau} = \frac{mD_2 R(t_m)}{2\pi k_r} \qquad (4-44)$$

式中:k_r 为发射信号调频率。根据前面的 D_2 限制,距离向偏移量可以忽略。

4. 三阶相位误差

当频率源相位误差为三阶相位误差模型时,接收信号的相位误差为

$$\phi_e = mD_3(3\tau t_m^2 - 3\tau^2 t_m - \tau^3) \qquad (4-45)$$

该相位误差中的第二项将引起目标方位向位置偏移,第一项将导致方位向图像散焦和旁瓣电平升高,当 $t_m = T_s/2$ 时 ϕ_e 取得最大值,由此可得其中的二次相位引起的图像散焦小于 3% 的限制条件为

$$\left|3mD_3\tau\left(\frac{T_a}{2}\right)^2\right| \leqslant \pi/4 \qquad (4-46)$$

式(4-46)表明,合成孔径时间越长,系统对频率源的稳定度要求越高。按照前面的仿真参数,$|D_3|\leqslant 4.3095\times 10^{-7}$,对应的合成孔径时间内的频率源姿

态稳定度为 $\bar{y}(T_a) \leq 4.1645 \times 10^{-9}$。

5. 正弦起伏误差

当频率源相位误差为周期性正弦相位误差时，接收信号的相位误差为

$$\phi_e = -2m\Delta\varphi_T \sin(\pi f_T \tau) \cdot \cos\left[2\pi f_T\left(t_m - \frac{\tau}{2}\right)\right] \quad (4-47)$$

式(4-47)为正弦起伏相位，将引起成对回波的出现，在 SAR 图像中引入虚假目标效应，接收信号为

$$s(t) = \exp(-j2m\pi f_{osc}\tau) + j\frac{\Delta\phi'_T}{2}\exp(-j2m\pi f_{osc}\tau) \cdot$$
$$\left\{\exp\left[j2\pi f_T\left(t_m - \frac{\tau}{2}\right)\right] + j \cdot \exp\left[-j2\pi f_T\left(t_m - \frac{\tau}{2}\right)\right]\right\}$$
$$(4-48)$$

式中：$\Delta\phi'_T = -2m\Delta\phi_T \sin(\pi f_T \tau)$。低于 $1/T_a$ 频率分量引起的虚假目标响应峰值将会出现在真实目标主瓣范围内，导致 SAR 图像主瓣展宽；大于 $1/T_a$ 的高频分量引起的目标响应峰值将出现在主瓣范围以外，从而影响 SAR 图像的积分旁瓣比。在星载 SAR 系统设计时，通常要求成对回波引起的 ISLR 小于 -25dB，此时可以计算得到 $|\Delta\phi'_T| \leq 0.112\text{rad}$，即 $|\Delta\phi_T \sin(\pi f_T \tau)| \leq 4.48 \times 10^{-4}\text{rad}$，对应的脉冲时延内频率源稳定度 $y(\tau) \leq 5.70 \times 10^{-11}$。

6. 随机频率误差

雷达接收信号的随机相位误差 $\phi_e(t_m,\tau)$ 可以表示为

$$\phi_e(t_m,\tau) = m(\varphi_n(t_m - \tau) - \varphi_n(t_m)) \quad (4-49)$$

其傅里叶变换表达式可以表示成

$$\Phi_e(f) = 2m(e^{-j2\pi f\tau} - 1)\Phi_n(f) \quad (4-50)$$

得到随机频率误差的功率谱密度为

$$S_{\phi_e}(f) = 4m^2 \sin^2(\pi f\tau) S_{\varphi_n}(f) \quad (4-51)$$

图 4-44 所示为低轨单基(其脉冲时延 $\tau=6.7\text{m}$)和 GEO SAR 的随机相位噪声功率谱密度函数图。由图 4-44 可知，GEO SAR 低频噪声抑制能力相比低轨 SAR 而言差，低轨 SAR 系统对频率源的相位特性要求不适用于 GEO SAR 系统。

频率源随机相位噪声通常会产生 SAR 图像偏移、主瓣展宽以及积分旁瓣比损失等影响，典型分析结果如图 4-45 至图 4-47 所示。

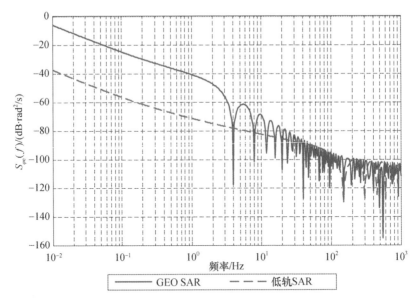

图 4-44 高轨及低轨 SAR 频率源相位噪声功率谱密度函数

1) 图像偏移

SAR 图像的图像偏移主要由回波信号的线性相位误差引起。对于工作于正侧视的 GEO SAR 系统,回波相位误差引入的方位偏移量为

$$\Delta x \approx v_g \frac{1}{2\pi K_a} \frac{\mathrm{d}\phi_e(t_m)}{\mathrm{d}t_m} \quad (4-52)$$

图像固定偏移可以利用地面控制点进行校正,但频率源相位噪声是随机的,由相位噪声引起的图像方位偏移随机变化。经合成孔径相干处理后,相位噪声引起的 SAR 图像方位偏移量方差为

$$\sigma_{\Delta x}^2(\Delta t) = 2\frac{v_g^2 c_0^2 r^2}{v_e^4} \int_0^{+\infty} S_{\varphi_n}(f) \sin^2(\pi f\tau) \cdot \mathrm{sinc}^2(\pi f T_a) \sin^2(\pi f \Delta t) \frac{f^2}{f_{\mathrm{osc}}^2} \mathrm{d}f$$

$$(4-53)$$

式中: Δt 为目标点与校正参考点方位距离对应的时间差。

2) 主瓣展宽

SAR 图像主瓣展宽主要由接收回波的二次相位误差引起。合成孔径时间内二次相位误差的方差可表示为

$$\sigma_{\phi_{e2}}^2 = \pi^2 \left(\frac{T_a}{2}\right)^4 \sigma_{\Delta K_a}^2 = m^2 \left(\frac{\pi T_a}{2}\right)^4 \int_0^{\frac{1}{T_a}} f^4 \sin^2(\pi f\tau) S_{\phi_n}(f) \mathrm{d}f \quad (4-54)$$

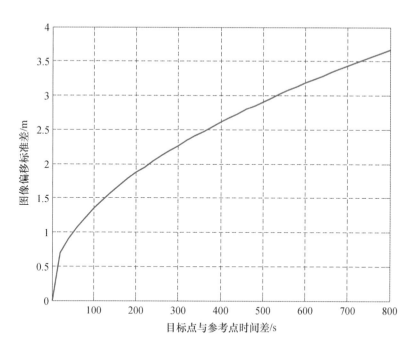

图 4-45 随机相位误差引起图像偏移标准差

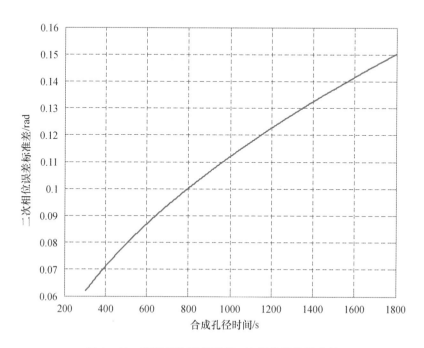

图 4-46 随机相位误差引起二次相位误差标准差

3）积分旁瓣比损失

频率源高频相位噪声引起成对回波,影响 SAR 图像的积分旁瓣比,GEO SAR 系统相位噪声对 SAR 图像 ISLR 的影响可表示为

$$\text{ISLR}_{\text{osc}} = 4m^2 \int_{1/T_a}^{\infty} \sin^2(\pi \tau f) S_{\varphi_n}(f) \mathrm{d}f \tag{4-55}$$

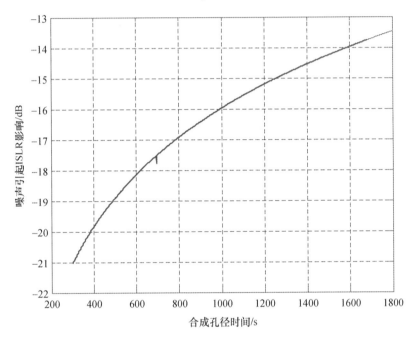

图 4-47　随机相位误差引起 ISLR 损失

4.3.5　中央电子设备误差

1. 定时误差

定时误差由估算传感器电延迟 τ_e 导致。电延迟 τ_e 表示从发射机脉冲控制信号的产生到该脉冲从天线上发射所经过的时间,再加上接收回波从天线经过接收机到模数转换器(ADC)[96]所用的时间。电延迟一般在 μs 量级,而电延迟的测量误差为纳秒级,由定时误差引起的斜距测量误差为厘米级,所以在 GEO SAR 成像时可以忽略不计。

2. DDS 线性相位误差

直接数字频率合成器(direct digital synthesis,DDS)包括频率控制、D/A 转换等部分,是雷达中控制产生线调频信号的部分。DDS 相位误差对线性调频信

号的影响与通道相位误差相类似。

DDS 线性相位误差将导致发射线性调频信号的频率偏移,给场景目标的距离向定位带来误差。DDS 线性相位误差对 GEO SAR 成像的影响与通道相位误差一致。

3. DDS 二次相位误差

DDS 二次相位误差将导致发射线性调频信号的调频率误差,从而影响场景目标的点目标脉冲响应。DDS 线性相位误差对 GEO SAR 成像的影响与通道相位误差一致。

4.4 传播空间环境对成像质量的影响

传播媒介影响所有频率电磁波的传播,导致信号传输路径弯曲、到达接收机的时间延迟等,进而影响雷达接收信号的幅度、相位和极化特性。

4.4.1 电离层影响

电离层广泛分布于地面上空 60~1000km 的范围内,是地球大气层和空间环境的重要组成部分之一。作为一种色散介质,电离层对低波段信号有着不可忽略的影响。由于 GEO SAR 系统的运行高度在电离层之上,因此其信号不可避免地受到影响。

电离层研究对象主要是电子密度,包括电子密度的垂直分布和水平分布,它也是对电磁波传播影响最主要的因素。电离层中的自由电子密度 N_e 是指单位体积的自由电子数,它是一个与太阳活动、大气密度剖面、地理位置(纬度、经度、高度)、地磁场大小和方位以及时间(太阳黑子周期、季节、昼夜、年周期)有关的变量。电子密度 N_e 会随着高度变化,一般在 250~400km 达到峰值。在此高度之下,由于太阳辐射能量大部分会被吸收,因此 N_e 迅速减小。电离层随着空间垂直方向会形成 D 层、E 层、F1 层和 F2 层分层结构。其中:E 层白天有时会发生偶发 E 层(Es 层)现象,形成小尺度不规则体,F1 层会在夜间消失,而电子密度峰值一般处在 F 层。

电离层主要包含背景电离层和中小尺度不规则体。背景电离层主要引起相位色散效应,中小尺度不规则体引起闪烁效应。由于电离层闪烁效应分析比较复杂,因此这里只分析背景电离层色散效应对 GEO SAR 成像的影响。

雷达信号在穿越电离层时的群速度小于光速,引入群时延,可以认为是电

离层时延。假设各向同性条件,且电波为准纵传播,电离层群折射指数为

$$n_\text{g} \approx 1 + \frac{\omega_\text{p}^2}{2\omega^2} = 1 + \frac{A}{f^2} N_\text{e} \qquad (4-56)$$

式中:$A = 40.28\text{m}^3/\text{s}^2$ 为常数,由背景电离层引起的信号时延可以表示为

$$t_\text{g} = \frac{1}{c} \int_\text{path} (n_\text{g} - 1) \text{d}s = \frac{A}{cf^2} \text{TEC} \qquad (4-57)$$

群时延的物理意义是:由于电离层是色散介质,电波能量在其中传播的速度小于光速,此时与在真空中传播相比(真空中的群折射指数为1),时延为 t_g。

当不考虑地磁场时,电离层的相折射指数小于1,在整个路径上的相延迟会引起相位超前,即

$$\Delta\phi = 4\pi f \cdot t_\text{p} = \frac{4\pi f}{c} \int_\text{path} (n_\text{p} - 1) \text{d}s = -\frac{4\pi A \cdot \text{TEC}}{cf} \qquad (4-58)$$

由于地磁场的存在,电离层表现为各向异性特性,此时雷达发射的线极化信号在穿过电离层时分解为旋转方向相反、能量相等的两种圆极化波。大多数情况下,电波的传播满足准纵传播近似。当两种不同极化方式的电波分别以不同的相速度穿过电离层时,Y_T 分量就会导致极化旋转。当信号穿过整个电离层区域之后,电波仍合成为线极化波。而由于两种圆极化波的相速度不同,最终合成的线极化波极化方向相对于初始方向有一个角度偏差,即为法拉第旋转角。法拉第旋转角表示为

$$\Omega = 2.365 \times 10^4 \frac{B_0}{f^2} \text{TEC} \cdot \cos\theta \qquad (4-59)$$

式中:$B_0 = 0.5 \times 10^{-4}\text{T}$,假设地磁场的磁场强度为不变量。

背景电离层对 SAR 成像的影响主要是引入群时延相位,可以通过对 SAR 回波信号进行建模分析。SAR 发射的线性调频信号为

$$s(t) = \exp(\text{j}\pi k t^2) \cdot \exp(\text{j}2\pi f_\text{c} t) \qquad (4-60)$$

在不考虑电离层影响时,经过空间传播,到达地面后散射的回波,假设经过时间延迟为 τ,卫星的接收信号为

$$s(t) = \exp(\text{j}\pi k (t-\tau)^2) \cdot \exp(\text{j}2\pi f_\text{c}(t-\tau)) \qquad (4-61)$$

加入电离层的影响,相当于在原来的时延基础上引入了随频率变化的群时延。有

$$s(t) = \exp(\text{j}\pi k (t-\tau-\Delta\tau)^2) \cdot \exp(\text{j}2\pi f_\text{c}(t-\tau-\Delta\tau)) \qquad (4-62)$$

进行下变频处理,去掉载频后对距离向进行傅里叶变换,得到距离频域表达式为

$$s(f_r) = \left(\exp\left(-j\pi\frac{f_r^2}{k}\right)\exp(-j2\pi(f_r+f_c)\tau)\right)\exp\left(-j4\pi\frac{A\cdot\mathrm{TEC}}{c(f_c+f_r)}\right)$$

(4-63)

当信号穿过电离层时,由于其色散特性会对回波附加一个相位因子,因此会最终导致成像质量的下降。由于星载 SAR 信号的传播路径是双程的,因此当天线接收到目标的回波时,背景电离层引起的附加相位为

$$\Delta\phi_{\mathrm{iono}}(f_r) = \exp\left(-j4\pi\frac{A\cdot\mathrm{TEC}}{c(f_c+f_r)}\right),\ f_r\in\left[-\frac{B}{2},\frac{B}{2}\right] \quad (4-64)$$

在中心频率处对式(4.64)进行泰勒级数展开至三次项可得

$$\Delta\phi_{\mathrm{iono}}(f_r) \approx \Delta\phi_0(f_r) + \Delta\phi_1(f_r) + \Delta\phi_2(f_r) + \Delta\phi_3(f_r) \quad (4-65)$$

式中

$$\Delta\phi_0(f_r) = -\frac{4\pi A\cdot\mathrm{TEC}}{cf_c}$$

$$\Delta\phi_1(f_r) = -\frac{4\pi A\cdot\mathrm{TEC}}{cf_c^2}f_r$$

$$\Delta\phi_2(f_r) = -\frac{4\pi A\cdot\mathrm{TEC}}{cf_c^3}f_r^2$$

$$\Delta\phi_3(f_r) = -\frac{4\pi A\cdot\mathrm{TEC}}{cf_c^4}f_r^3$$

式中:零次项不会影响距离向成像,但会影响方位向成像。根据傅里叶变换的时频关系,一次项与距离向图像平移量有关,二次项会引起匹配滤波器失配问题,从而引起脉压后的主瓣展宽,而三次项会引起脉压后旁瓣的不对称畸变,严重时会引起虚假目标的出现。

根据傅里叶变换关系,距离向频域中一次项误差项 $\Delta\phi_1(f_r)$ 的加入,会使得最后时域产生时延,进而导致图像在距离向的偏移,根据前面的信号模型推导的距离向偏移量表达式为

$$\Delta L_r = \frac{A\cdot\mathrm{TEC}}{f_c^2} \quad (4-66)$$

考虑加入背景电离层影响和不加入背景电离层影响两种情况,验证背景电离层引入的距离向图像偏移。仿真结果如图 4-48 所示。

对成像结果进行分析可知,仿真得到的偏离量与理论分析结果吻合。

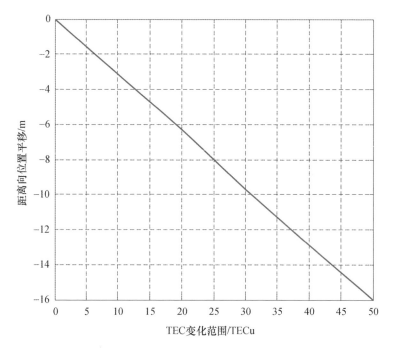

图 4-48 TEC 对于距离向图像偏移的影响结果

除了一次项误差,电离层引起的频域二次项误差会导致脉压后主瓣展宽。电离层引入了距离向二次误差项,根据傅里叶变换持性,频域中的二次相位会导致时域脉压后主瓣展宽。频域二次项误差项会产生匹配滤波器的失配,对其定量描述的参数为二次相位误差(QPE),即

$$\text{QPE} \approx \frac{\pi AB^2 \text{TEC}}{cf_c^3} \quad (4-67)$$

从式(4-67)可以看出,QPE 与带宽 B 的平方、TEC 成正比,与载频的三次方成反比。通常情况下,当 QPE 大于 $\pi/4$ 时,即认为发生失配。根据前面的雷达仿真参数,可以计算出 QPE 为 0.0216,远小于 $\pi/4$,通过仿真验证了脉冲展宽效应可以忽略。

当考虑频域三次项误差 $\Delta\phi_3$ 时,信号模型会引入三次相位误差,可以表示为

$$\text{CPE} \approx \frac{\pi AB^3 \text{TEC}}{4cf_c^4} \quad (4-68)$$

一般认为,三次相位误差在大于 $\pi/4$ 时,二维脉压后的信号会出现左右旁瓣不对称的情况,通常三次相位差的影响较小,基本可以忽略。

假若 TEC 沿着方位向具有空间梯度变化特性,则会对方位向图像结果产生影响,接下来分别对方位向图像偏移和成像质量进行分析。若只考虑零次相位误差,则距离向脉压后的回波表达式可写为

$$s_{r\_\Delta\phi_0} = \mathrm{sinc}\left[B\left(\tau - \frac{2R(\eta)}{c}\right)\right]\mathrm{rect}\left[\frac{\eta}{T_a}\right] \cdot \exp(-\mathrm{j}\pi K_a \eta^2)\exp\left(\mathrm{j}\frac{4\pi A\mathrm{TEC}(\eta)}{cf_c}\right)$$

(4-69)

当 TEC 沿方位向具有梯度变化时,产生的多普勒频移为

$$\Delta f_{d_0} = \frac{2AV}{cf_c}\frac{\partial \mathrm{TEC}(x)}{\partial x}$$

(4-70)

根据电离层 TEC 实测数据得出,太阳活动低年的 TEC 平均梯度为 0.0021TECu/km,太阳活动高年 TEC 平均梯度为 0.0067TECu/km。借助前面的雷达参数进行仿真分析,TEC 梯度变化采取太阳活动高年的经验值,仿真结果如图 4-49 所示。

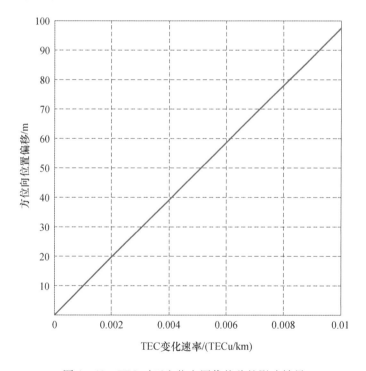

图 4-49 TEC 对于方位向图像偏移的影响结果

在每一个脉冲发射时刻,SAR 与目标之间的传输路径不同,导致每个回波受到背景电离层的影响不同。因此除了电离层梯度引起方位向平移之外,由于

雷达运动引起的 TEC 值沿方位向的变化会附加一个二次误差项,会影响到方位向图像分辨率。该二次误差项表达式为

$$\text{QPE} \approx \frac{\pi A L_s^2 \text{TEC}_0}{2 c f_c R_0^2} \qquad (4-71)$$

仿真得到不同程度的 TEC 二次变化速率对于方位向成像的影响。方位向分辨率损失、PSLR 恶化、ISLR 恶化的影响分别如图 4-50 ~ 图 4-52 所示。

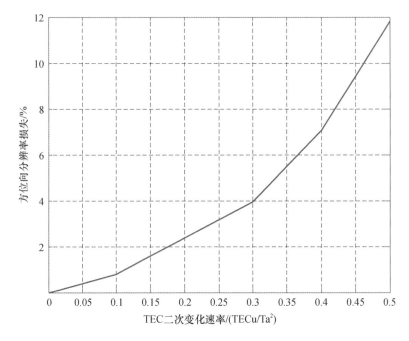

图 4-50 方位向分辨率损失变化关系图

电离层色散会引起法拉第旋转效应,根据前面得到的法拉第旋转角关于电离层 TEC 的表达式,仿真得到法拉第旋转角随 TEC 的变化趋势如图 4-53 所示。

法拉第旋转效应对特征目标极化特征的影响较大,以与雷达视线方向垂直放置的短细棒为例,分析引入法拉第旋转前后,特征目标极化响应的变化。图 4-54 所示为加入法拉第旋转后短细棒的极化响应图。可以看出在加入法拉第旋转后,该特征目标的极化响应图变化较大,给实际极化分析研究带来了一定问题。

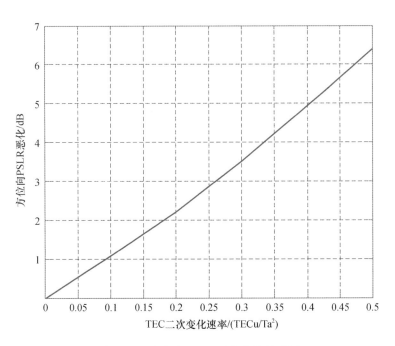

图 4-51　方位向 PSLR 恶化变化关系图

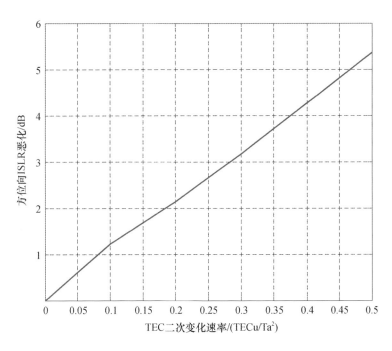

图 4-52　方位向 ISLR 恶化变化关系图

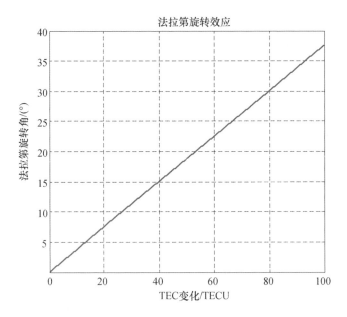

图 4-53　法拉第旋转角随 TEC 变化关系图

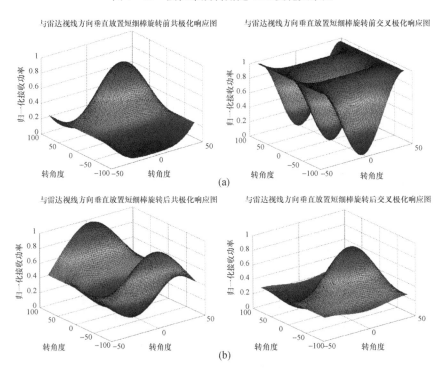

图 4-54　短细棒在法拉第旋转角影响前后极化响应图

（a）短细棒在法拉第旋转前的极化响应图；（b）短细棒在法拉第旋转后的极化响应图。

4.4.2 对流层影响

低层大气主要为对流层,对流层是大气层中距离地球最近的层,对流层中温度随着高度的增加而降低。星载 SAR 系统穿越对流层如图 4-55 所示。

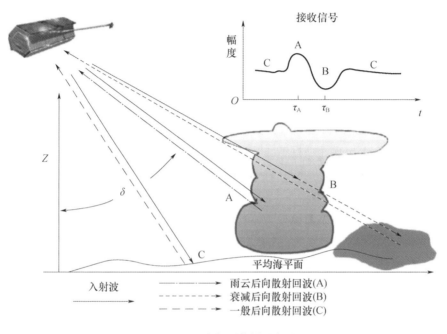

图 4-55 大气层传播示意图

对流层对电磁波传播的影响包括衰减和延迟。对流层引入的衰减对于成像增益会产生一定影响,但是对成像聚焦质量的影响可以忽略。对流层延迟是指电磁波在对流层中的传播路径与真实路径的差。

$$\Delta r = \int_{\text{ATM}} n(r) \text{d}r - \int_{\text{VACCUM}} \text{d}r = \text{SHD} + \text{SWD} + \text{SLD} \qquad (4-72)$$

式中:$n(r)$ 为对流层大气的折射率;VACCUM 为电磁波在真空中的传播路径;ATM 为电磁波在对流层中的传播路径;SHD(slant hydrostatic delay)为主要由干燥空气引起的流体静态斜距误差;SWD(slant wet delay)为主要由对流层中垂直分布的水蒸气引起的湿度斜距误差;SLD(slant liquid delay)为主要由液态水体引起的斜距误差。

对流层流体静态斜距误差模型为

$$\text{SHD} = \text{ZHD} \cdot m_h(\vartheta) \qquad (4-73)$$

式中：ZHD 为垂直流体静态斜距误差（zenith wet delay）。ZHD 的 Saastamoinen 模型为

$$\text{ZHD} = \frac{0.0022767 p_0}{1 - 0.00266\cos(2\varphi) - 0.00028h} \quad (4-74)$$

式中：φ 为地球椭球模型的纬度；p_0 为观察目标散射点处的静态压强（hPa），h 为在椭球模型中观测点的高度，单位为 km；$m_h(\vartheta)$ 为流体静态误差函数

$$m_h(\vartheta) = \frac{1 + \dfrac{a}{1 + b/(1+c)}}{\cos\vartheta + \dfrac{a}{\cos\vartheta + b/(\cos\vartheta + c)}} \quad (4-75)$$

式中：系数 a、b 和 c 为测量站所在纬度的函数；ϑ 为下视角。对流层流体静态双程斜距延迟为 4.6m。散射点处的静态气压测量精度高于 0.4hPa，Saastamoinen 模型给出的 ZHD 估计精度能够达到 1mm。补偿对流层流体静态斜距延迟后，相干积累损失为 0.01dB。

对流层湿度斜距误差模型为

$$\text{SWD} = \text{ZWD} m_{wv}(\vartheta) \quad (4-76)$$

式中：ZWD 为垂直湿度斜距误差（zenith wet delay）。ZWD 的 Hopfield 模型为

$$\text{ZWD} = \left\{555.7\left[\frac{mK^2}{hPa}\right] + 1.792 \times 10^{-4}\left[\frac{mK^2}{hPa}\right]\exp\left(\frac{t_0}{22.90[\text{℃}]}\right)\right\}\frac{e_0}{T_0^2} \quad (4-77)$$

ϑ 为下视角；$m_{wv}(\vartheta)$ 为湿度误差函数。有

$$m_{wv}(\vartheta) = \frac{1 + \dfrac{a}{1 + b/(1+c)}}{\cos\vartheta + \dfrac{a}{\cos\vartheta + b/(\cos\vartheta + c)}} \quad (4-78)$$

式中：系数 a、b 和 c 是测量站所在纬度的函数。Hopfield 模型给出的 ZWD 估计精度为 1mm。

利用专用设备（如无线电高空探测仪）估计对流层湿度斜距延迟能够达到很高的精度，其模型为

$$\text{SWD} = \prod^{-1} \text{PWV} \quad (4-79)$$

式中：$\prod$ 是一个无量纲的比例常数，为 0.15；利用无线电高空探测仪，PWV（precipitable water vapor）的测量精度能够达到 0.5mm，此时相干积累损失为 0.004dB。

在没有实测对流层中水蒸气压力的情况下,MOPS 模型是唯一可用的对流层湿度延迟估计模型,估计精度为 5cm。此时,利用此模型补偿对流层湿度斜距延迟引入的相位噪声后,可假定残余的相位噪声模型是标准差为 5cm 的零均值高斯噪声,进而研究对成像质量的影响。

对流层液态水体引起的折射率变化模型为

$$N_{\text{liq}} = 1.45W \tag{4-80}$$

式中:W 为液态水体的总量(g/m^3)。对流层液态水体引起的斜距误差可以忽略。

分别利用 Sastamoinen 模型和 Hopfield 模型估计流体静态斜距延迟和湿度斜距延迟,获得的对流层斜距延迟精度优于 1m。

1. 对流层衰减影响模型

对流层吸收衰减由下列因素导致:氧气和水蒸气,雨雪、冰雹等水汽凝结体,云雾等,对流层衰减随着电磁波频率的升高而加强。

由氧气和水蒸气引起的吸收衰减与空气的温度和压强有关,随着空气中水蒸气含量的增加而增加。在大气压强为 101.3kPa,温度为 273.15K 时,由氧气和水蒸气引起的衰减与空气中水蒸气含量变化的关系如表 4-21 和图 4-56 所示。

表 4-21 氧气和水蒸气引起的吸收衰减与水蒸气含量的关系

空气中水蒸气含量/(g/m^3)	氧气和水蒸气引起的吸收衰减/dB
0	0
2	0.16
4	0.166
6	0.1665
8	0.18
10	0.1949
12	0.2092
14	0.2231
18	0.2512
20	0.2660

由雪和冰粒引起的衰减很小,频率低于 50GHz 的电磁波的传播影响可以忽略。

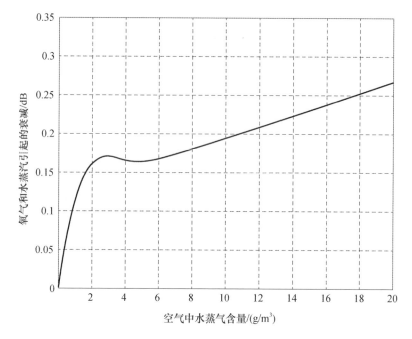

图4-56 氧气和水蒸气引起的吸收衰减与水蒸气含量的关系

空气中的云雾为微型液态水滴,通过单位 g/m^2 计量,表示穿越云雾层的单位面积的管道内液态水滴的含量。由云雾引起的吸收衰减与空气中的液体水滴含量和温度有关。在标准大气压强的情况下,由云雾引起的吸收衰减与温度和微型液态水滴含量的关系如表4-22和图4-57所示。

表4-22 云雾引起的吸收衰减与液态水含量及温度的关系

温度/℃	云和雾引起的吸收衰减	
	$0.2 kg/m^2$	$1.0 kg/m^2$
-8	0.069	0.34
-4	0.0582	0.2889
0	0.0510	0.2550
4	0.0464	0.2332
8	0.0433	0.2184
12	0.0407	0.2054
16	0.0376	0.1890
20	0.0330	0.1640

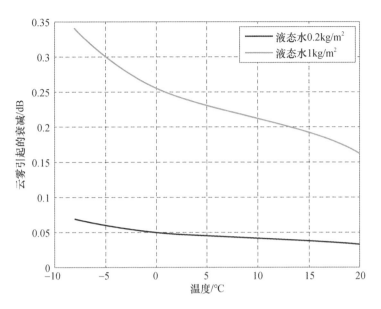

图 4-57　云雾引起的吸收衰减与液态水含量及温度的关系

由于降雨的频繁性和降雨引起衰减的严重性，降雨引起的衰减在诸多衰减中是最严重的。降雨强度利用降雨率(即 mm/h)表示，普通中雨的典型降雨率为 4mm/h。

由降雨引起的双程传播衰减为

$$A(t) = \int_0^{2h} \gamma(x,t) \mathrm{d}x \tag{4-81}$$

式中：$A(t)$ 为由降雨引起的给定时刻 t 的双程衰减；h 为经过降雨区的传播路径长度；x 为传播路径中的某个点；$\gamma(x,t)$ 为每千米降雨区传播引起的衰减，其表达式为

$$\gamma(x,t) = aR^b \tag{4-82}$$

式中：R 为降雨率；a 和 b 为与雷达信号载频、雨滴尺寸、极化模式等有关的系数。

2. 对流层延迟影响模型

对流层引入的斜距误差可以建模为关于方位慢时间的函数表达式

$$\Delta r(t_a) = \Delta R_0 + q_1 t_a + q_2 t_a^2 + q_3 t_a^3 + \cdots \tag{4-83}$$

式中：$q_1 \sim q_3$ 为对流层延迟的各阶系数。此时，在对流层斜距延迟影响下，GEO SAR 回波信号可以表示为

$$S(f_r, t_a) = A_r(f_r) A_a(f_a) \exp\left(-\mathrm{j}\frac{\pi f_r^2}{k_r}\right) \cdot \exp\left[-\mathrm{j}\frac{4\pi(f_r + f_0) r(t_a)}{c}\right] \cdot$$

$$\exp\left[-\mathrm{j}\frac{4\pi}{\lambda}(\Delta R_0 + q_1 \cdot t_a + q_2 \cdot t_a^2 + q_3 \cdot t_a^3 + \cdots)\right] \quad (4-84)$$

利用级数反演理论和傅里叶变换,将式(4-84)变换到二维频域,回波信号的二维频谱表达式为

$$S(f_a,f_r) = A_a(f_a)A_r(f_r) \cdot \exp\left(-\mathrm{j} \cdot \pi \frac{f_r^2}{k_r}\right) \cdot \exp\left(-\mathrm{j}2\pi \frac{2(f_r + f_0)}{c}(r_0 + \Delta R_0)\right) \cdot$$

$$\exp\left(\mathrm{j}2\pi \frac{1}{4(k_2 + q_2)} \frac{c}{2(f_r + f_0)} \cdot \left[f_a + \frac{2(k_1 + q_1) \cdot (f_r + f_0)}{c}\right]^2\right) \cdot$$

$$\exp\left(\mathrm{j}2\pi \frac{k_3 + q_3}{8 \cdot (k_2 + q_2)^3}\left(\frac{c}{2(f_r + f_0)}\right)^2 \cdot \left[f_a + \frac{2(k_1 + q_1)(f_r + f_c)}{c}\right]^3\right)$$

$$(4-85)$$

斜距四阶展开式为

$$r(t_a) = \|\boldsymbol{r}_s(t_a) - \boldsymbol{r}_g(t_a)\| = r_0 + k_1 \cdot t_a + k_2 \cdot t_a^2 + k_3 \cdot t_a^3 + k_4 \cdot t_a^4 + \cdots$$

$$(4-86)$$

式中:$\boldsymbol{r}_s(t_a)$ 为 t_a 时刻卫星的位置矢量;$\boldsymbol{r}_g(t_a)$ 为 t_a 时刻的目标位置矢量;r_0 为信号的中心斜距;$k_1 \sim k_4$ 为斜距关于方位向慢时间 t_a 的一阶至四阶导数。这里主要分析对流层对成像的影响,采用拟合的方式获取 r_0 及 $k_1 \sim k_3$ 的值。

将式(4-85)的二维频谱在 $f_r = 0$ 处泰勒展开,二维频谱表达式为

$$S(f_a,f_r) = A_a(f_a)A_r(f_r)\exp(\mathrm{j}\phi_r(f_r))\exp(\mathrm{j}\phi_a(f_a)) \cdot$$

$$\exp(\mathrm{j}\phi_{\mathrm{RCM}}(f_r,f_a))\exp(\mathrm{j}\phi_{\mathrm{SRC}}(f_r,f_a))\exp(\mathrm{j}\phi_{\mathrm{residual}})$$

$$(4-87)$$

式中:$\exp(\mathrm{j}\phi_r(f_r))$ 为距离向脉冲压缩项;$\exp(\mathrm{j}\phi_a(f_a))$ 为方位向脉冲压缩项;$\exp(\mathrm{j}\phi_{\mathrm{RCM}}(f_r,f_a))$ 为距离徙动项;$\exp(\mathrm{j}\phi_{\mathrm{SRC}}(f_r,f_a))$ 为二次距离压缩项;$\exp(\mathrm{j}\phi_{\mathrm{residual}})$ 为残余相位项。这里仅分析距离向脉冲压缩项 $\exp(\mathrm{j}\phi_r(f_r))$ 和方位向脉冲压缩项 $\exp(\mathrm{j}\phi_a(f_a))$ 对 GEO SAR 成像的影响。

泰勒展开后,距离向脉冲压缩项表达式为

$$\phi_r(f_r) = \frac{2\pi}{c}\left\{-2(r_0 + \Delta R_0) + \frac{(k_1 + q_1)^2}{2(k_2 + q_2)} + \frac{(k_1 + q_1)^3(k_3 + q_3)}{4(k_2 + q_2)^3}\right\}f_r - \pi\frac{f_r^2}{k_r}$$

$$(4-88)$$

由于对流层不是色散介质,不会造成距离向聚焦性能损失,但从式(4-88)可以看出对流层斜距误差会引入图像距离向偏移。距离向图像偏移量误差为

$$\Delta L_{\mathrm{r}} = -2\Delta R_0 \frac{2\pi}{c} \left\{ \frac{(k_1+q_1)^2}{2(k_2+q_2)} + \frac{(k_1+q_1)^3(k_3+q_3)}{4(k_2+q_2)^3} - \frac{k_1^2}{2k_2} - \frac{k_1^3 k_3}{4k_2^3} \right\}$$

(4-89)

方位向处理后可以表示为

$$\phi_{\mathrm{a}}(f_{\mathrm{a}}) = \frac{\pi(k_1+q_1)}{(k_2+q_2)} \left[1 + \frac{3(k_1+q_1)(k_3+q_3)}{4(k_2+q_2)^2} \right] f_{\mathrm{a}} + \frac{\pi\lambda}{4(k_2+q_2)} \left[1 + \frac{3(k_1+q_1)(k_3+q_3)}{2(k_2+q_2)^2} \right] f_{\mathrm{a}}^2 + \frac{\pi\lambda^2(k_3+q_3)}{16(k_2+q_2)^3} f_{\mathrm{a}}^3$$

(4-90)

关于方位向 f_{a} 的一次项会引入方位向的位置偏移，偏移量大小可以表示为

$$\Delta L_{\mathrm{a}} = v_{\mathrm{g}} \left\{ \frac{(k_1+q_1)}{(k_2+q_2)} \left[1 + \frac{3(k_1+q_1)(k_3+q_3)}{4(k_2+q_2)^2} \right] - \frac{k_1}{2k_2} \left(1 + \frac{3k_1 k_3}{4k_2^2} \right) \right\}$$

(4-91)

另外影响聚焦效果的方位向二次相位误差和三次相位误差大小为

$$\phi_{\mathrm{a}2}(f_{\mathrm{a}}) = \left\{ \frac{\pi\lambda}{4(k_2+q_2)} \left[1 + \frac{3(k_1+q_1)(k_3+q_3)}{2(k_2+q_2)^2} \right] - \frac{\pi\lambda}{4k_2} \left[1 + \frac{3k_1 k_3}{2k_2^2} \right] \right\} \left(\frac{B_{\mathrm{a}}}{2} \right)^2$$

(4-92)

$$\phi_{\mathrm{a}3}(f_{\mathrm{a}}) = \frac{\pi\lambda^2}{16} \left[\frac{(k_3+q_3)}{(k_2+q_2)^3} - \frac{k_3}{k_2^3} \right] \left(\frac{B_{\mathrm{a}}}{2} \right)^3 \qquad (4-93)$$

基于现有研究和大量对流层的实测数据统计分析，设对流层引入的斜距误差为

$$\Delta r(t_{\mathrm{a}}) = 3 + 0.001 \cdot t_{\mathrm{a}} + 1 \times 10^{-6} \cdot t_{\mathrm{a}}^2 + 1 \times 10^{-9} \cdot t_{\mathrm{a}}^3 \qquad (4-94)$$

由上面的斜距误差模型可以看出，对流层误差对聚焦的影响随着积累时间的增加而增大。另外斜距误差模型的系数根据不同的天气条件是变化的，所以有必要建立不同天气情况下的系数库。以不同的合成孔径时间为例，分析对流层斜距误差对 GEO SAR 成像点目标聚焦效果的影响，如图 4-58 和图 4-59 所示。

从图 4-58 和图 4-59 可以看出，按照给定的对流层斜距误差参数，随着合成孔径时间的增长，方位向 PSLR 和 ISLR 的恶化较为严重。另外，根据前面的分析，对流层斜距误差还会引入目标方位向和距离向聚焦位置的偏移，仿真实验得到方位向位置偏移量为 44.7375m，距离向位置偏移量为 5.1125m。

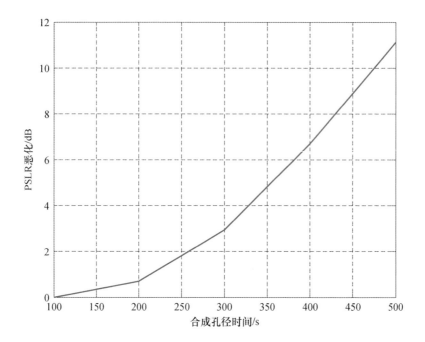

图 4-58 PSLR 恶化随合成孔径时间变化关系

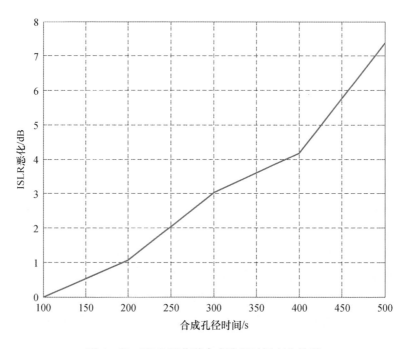

图 4-59 ISLR 恶化随合成孔径时间变化关系

4.5 观测场景参数误差对成像的影响

4.5.1 地球自转误差

在雷达波束照射区域内,由于地球自转的存在,使得雷达等效速度沿距离向发生变化,引入多普勒中心和多普勒调频率估计误差,最终影响 SAR 图像的聚焦性能和保相性。例如,一般星载情况下(如 RadarSat),采用三次多项式来近似雷达速度随观测距离的变化,我们需要研究不同轨道高度、不同测绘带宽情况下,采用多项式拟合给多普勒中心和多普勒调频率估计所带来的残余误差,建立此误差与 SAR 图像质量指标之间的数学模型。

4.5.2 杂波运动误差

GEO SAR 卫星合成孔径时间长,在合成孔径时间内天气因素的变化(如刮风、下雨等)对地面散射点会发生一定程度的位移(杂波运动),尤其是对植被覆盖区域的影响更为严重,会导致其地面散射单元的等效中心发生变化,导致 GEO SAR 回波序列去相关,这个变化会影响回波的相干积累,导致图像的信噪比降低。所以,需要通过建立合理的杂波运动模型,仿真分析在成像时间内杂波运动对成像质量的影响。杂波运动建模包括两类:一类是假定杂波运动为正弦运动(或者若干个不同频率的正弦运动的叠加);另一类是假定杂波运动为高斯布朗运动。地面散射点杂波运动的 GEO SAR 几何关系如图 4-60 所示。这里只考虑了地面散射点在 X 轴方向上的运动。

1. 杂波正弦运动

为了简化分析,杂波运动模型设定为一维正弦运动,仅考虑沿雷达视线方向的散射点运动。仿真分析中,地面散射点的运动模型为

$$\Delta x = M\sin\left(\frac{2\pi}{T}t_m\right) \quad (4-95)$$

式中:Δx 为散射点沿雷达视线方向的瞬时偏移量;M 为正弦运动的幅度;T 为正弦运动周期;t_m 为方位时刻。

方位时刻 $t_m = 0$ 时,在卫星轨道坐标中,卫星运动到坐标原点,点目标坐标为 $[x_0, 0, -h]$;X 当处于方位时刻 t_m 时,点目标运动到 $[x_0 + M\sin(2\pi/Tt_m), 0, -h]$,卫星到运动散射点的斜距可以表示为

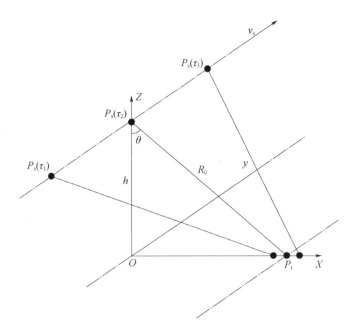

图 4-60 GEO SAR 杂波运动几何简图

$$R(t_m) = \sqrt{h^2 + (v_a t_m)^2 + (x_0 + \Delta x)^2} \quad (4-96)$$

对式(4-96)在 $t_m = 0$ 处进行泰勒展开,忽略二阶以上的分量可得

$$R(t_m) = \sqrt{h^2 + (x_0 + \Delta x)^2} + \frac{(v_a t_m)^2}{\sqrt{h^2 + (x_0 + \Delta x)^2}} \quad (4-97)$$

然后将式(4-97)在 $\Delta x = 0$ 处展开,并化简可得

$$\begin{aligned} R(t_m) &\approx \sqrt{h^2 + x_0^2} + \frac{(v_a t_m)^2}{\sqrt{h^2 + x_0^2}} + \frac{x \Delta x}{(\sqrt{h^2 + x_0^2})} \\ &= \sqrt{h^2 + x_0^2} + \frac{(v_a t_m)^2}{\sqrt{h^2 + x_0^2}} + \frac{x}{(\sqrt{h^2 + x_0^2})} M \sin\left(\frac{2\pi}{T} t_m\right) \end{aligned} \quad (4-98)$$

式中:$\sqrt{h^2 + x_0^2}$ 为散射点目标的最近斜距,记为 R_0。式(4-98)可以简化为

$$R(t_m) = R_0 + \frac{(v_a t_m)^2}{R_0} + \frac{x_0}{R_0} M \sin\left(\frac{2\pi}{T} t_m\right) \quad (4-99)$$

建立信号的回波模型,将其调频到基带并进行距离压缩,距离频域方位时域信号表达式为

$$S(f_\tau, t_m) = A_r(f_\tau) \exp\left(-j \frac{4\pi(f_0 + f_\tau)}{c} R(t_m)\right) \quad (4-100)$$

将 $R(t_m)$ 代入式(4-100)并化简可得

$$s(f_\tau, t_m) \approx A_r(f_\tau) \exp\left\{-\mathrm{j}\frac{4\pi(f_0+f_\tau)}{c}\left(R_0+\frac{(v_a t_m)^2}{R_0}\right)\right\}\cdot$$
$$\exp\left(-\mathrm{j}\frac{4\pi(f_0+f_\tau)}{c}\frac{x_0 M}{R_0}\sin\left(\frac{2\pi}{T}t_m\right)\right) \quad (4-101)$$

对式(4-100)中第二个指数项进行泰勒展开,这里仅保留 $\sin\left(\dfrac{2\pi}{T}t_m\right)$ 的一次项,进一步展开可得

$$s(f_\tau, t_m) \approx A_r(f_\tau)\exp\left\{-\mathrm{j}\frac{4\pi(f_0+f_\tau)}{c}\left(R_0+\frac{(v_a t_m)^2}{R_0}\right)\right\}\cdot$$
$$\left(1-\mathrm{j}\frac{2\pi(f_0+f_\tau)}{c}\frac{x_0 M}{R_0}\left(\exp\left(\mathrm{j}\frac{2\pi}{T}t_m\right)-\exp\left(-\mathrm{j}\frac{2\pi}{T}t_m\right)\right)\right)$$
$$(4-102)$$

从式(4-102)可以看出,杂波的正弦运动会导致回波中出现成对的虚假回波,从而导致在聚焦后出现虚假目标。接下来通过仿真手段验证前面的结论。仿真实验中,选取正弦运动周期 T 为 1s,幅度 M 为 1cm,其他仿真参数与前面相同。仿真实验方位向脉冲响应如图 4-61 所示。

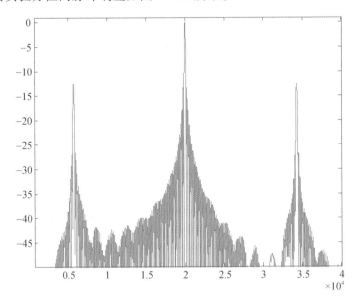

图 4-61 正弦运动杂波成像方位向脉冲响应结果

从图 4-61 可以看出,正弦运动的杂波会引入成对虚假回波。由于前面公

式推导中仅保留了 $\sin\left(\frac{2\pi}{T}t_m\right)$ 的一次项,表示一次项引入一对虚假回波,事实上 $\sin\left(\frac{2\pi}{T}t_m\right)$ 的不同阶次对于回波都是有影响的,正弦运动的周期不同,引入的虚假回波的组数不同。选取周期为 5s,正弦运动幅度为 1cm,结果如图 4 - 62 所示。

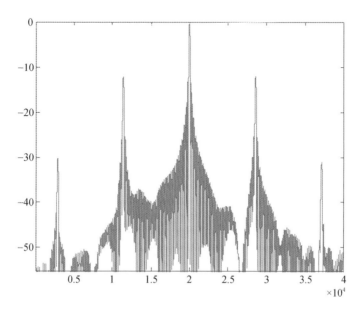

图 4 - 62　不同变化周期下正弦运动杂波成像方位向脉冲响应结果

2. 杂波布朗运动

为了简化分析,杂波运动模型设定为一维高斯布朗运动,仅考虑沿雷达视线方向的散射点运动。对风吹杂波运动进行建模

$$\mu(t_m) = \sqrt{\alpha}\sum_m a_m + \sqrt{1-\alpha}\sum_n a_n \exp\left(-j\frac{4\pi}{\lambda}x_n(t_m)\right) \quad (4-103)$$

式中:α 为稳定散射点部分的功率系数;a_m 为稳定散射点的后向散射系数,这里认为在合成孔径时间内,不同观测视角下,每个散射点的后向散射特性是稳定的;$1-\alpha$ 为非稳定散射点部分的功率系数;a_n 表示非稳定散射点的后向散射系数;$x_n(\tau)$ 是一个随机过程,表示非稳定散射点在雷达视线方向上的位置偏移,该随机过程可以建模为布朗运动过程。在给定时间 τ,随机变量的值满足分布 $N(0,\sigma_{x,n}^2\tau)$。非稳定散射点的运动方差 $\sigma_{x,n}^2$ 取决于散射点的特性、数据录取的季节、天气等条件。假设运动方差 $\sigma_{x,n}^2$ 在波长级,这样可以认为在数据录取过程

中非稳定散射点的运动在原来的分辨单元内。

在长合成孔径时间内,一个分辨单元的信号是地面大量独立散射点的回波能量之和,其中有一部分稳定的散射点,也有一部分受风影响的运动的散射点,所以,上面的建模具有合理性。

仿真分析时,只考虑进行一维布朗运动的单个散射点的成像影响。为了模拟一维高斯布朗运动,首先生成一组高斯分布伪随机数,然后沿方位时间相加,模拟散射点的运动规律,在回波仿真过程中将其添加到斜距历程中。在仿真验证过程中发现,目标点的聚焦效果与高斯分布的标准差有关,但由于杂波运动是随机过程,所以无法得到准确的解析表达式。高斯标准差不同情况下的点目标方位聚焦结果如图4-63所示。

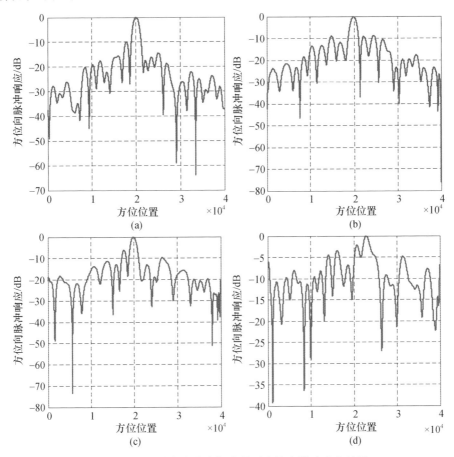

图4-63 不同高斯分布标准差下方位向脉冲响应结果

(a)高斯分布标准差0.001m;(b)高斯分布标准差0.002m;(c)高斯分布标准差0.003m;
(d)高斯分布标准差0.004m。

4.5.3 地球潮汐运动误差

地球潮汐会导致地面目标散射点偏移,主要影响因素包括极地潮汐偏移、大气加载偏移、固体潮汐偏移、海洋加载偏移,其中主要影响因素为固体潮汐和海洋加载效应。这些因素引起的散射点位置偏移最大可达 25cm(单程),对 GEO SAR 成像的质量产生较大影响,如峰值旁瓣比、积分旁瓣比恶化,方位向成像位置偏移等。因此,需要研究这些因素对 GEO SAR 成像质量的影响,并建立误差传递模型。

地球潮汐影响地球表面散射体的位置和卫星轨道的测量精度。目前,在卫星轨道测量时,由潮汐对卫星轨道确定产生的影响已经考虑在内,能够获得的轨道精度可达到 1~2cm,因此潮汐对卫星轨道测量精度的影响可以忽略。

1. 极地潮汐

由极地潮汐引起的目标散射点的位置波动最大可达到 25mm,极地潮汐有两个周期,分别为 12 个月和 14 个月(钱德勒周期),均远大于地球同步轨道卫星的孔径积累时间,因此由极地潮汐引起的场景位置波动可以忽略。

2. 大气加载效应

对于大气加载偏移,只有场景内大气压强变化 2kPa 时,由大气加载引起的场景位置波动才很严重,而这种情况通常是不可能出现的,因此由大气加载引起的场景位置波动也可以忽略。

3. 固体潮汐

固体潮汐影响地球表面的重力加速度,给地球带来形变,周期为 12h,引起地面场景偏移的量级可以和波长相比,是引起地面场景位置偏移的主要因素。固体潮汐引起地面目标散射点偏移的范围为 5~25cm(单程)。对于高轨卫星,需要进行固体潮汐偏移补偿才能获得聚焦良好的图像。利用现有的模型估计固体潮汐引起的场景偏移,精度可达到 1mm。

考虑到固体潮汐偏移的测量精度,假设补偿后的固体潮汐偏移残余部分为标准差为 1mm 的零均值高斯随机噪声,则补偿后的相干积累损失为

$$L = -4.343\delta^2 \qquad (4-104)$$

式中:L 为相干积累损失(dB);δ 为高斯相位噪声偏移(rad);δ 的表达式为

$$\delta = \frac{4\pi\sigma}{\lambda} \qquad (4-105)$$

式中:λ 为雷达发射信号载频对应的波长;σ 为高斯相位噪声的标准差。

4. 海洋加载效应

海水的运动使地球表面的海水质量分布及地壳对海水的负载发生变化,导致地球产生随时间变化的形变,这种现象被称为海洋加载效应。海洋加载效应引起的地面目标散射点垂直偏移的量级为厘米级。存在海洋潮汐运动的情况下,海洋加载偏移模型的估计精度为 ±3mm,在分析时间去相关因素时,海洋加载偏移不能被忽略。海洋加载效应对给定位置造成的偏移为

$$\Delta C = \sum_j f_j A_j \cos(\omega_j t + \mu_j + \chi_j - \Phi_j) \qquad (4-106)$$

式中:j 为特定的潮汐成分;f_j 和 μ_j 为依赖于月球模式的系数;χ_j 为 $t=0$ 时的天文参数;A_j、ω_j、Φ_j 分别为所考虑的海洋潮汐成分幅度、角频率和相位。

为了分析海洋加载效应的影响,给地面目标散射点加入一定变化周期、一定幅度的正弦偏移量,然后分析其对 SAR 成像质量的影响。

4.6 走停假设误差对成像质量的影响

首先建立基于矢量分析的"走停"假设误差模型,如图 4-64 所示。

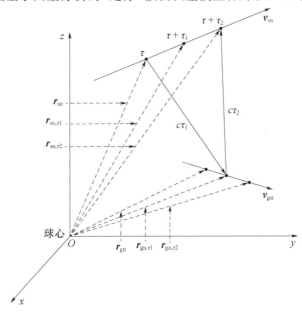

图 4-64 GEO SAR"走停"误差分析几何简图

在地心惯性坐标系下进行'走停'模型误差的分析。地心惯性坐标系的坐标原点为球心，x 轴指向春分点，z 轴沿自转轴指向北极，y 轴指向可通过右手法则确定。

τ 时刻，卫星运行速度为 v_{sn}。在地心惯性坐标系下，地面散射点目标是移动的，在 τ 时刻假定目标运动速度为 v_{gn}，卫星位置矢量和目标位置矢量分别为 r_{sn} 和 r_{gn}。经过信号传播时间 τ_1，发射信号照到目标点，该方位时刻的卫星位置矢量和目标位置矢量分别为 r_{sn,τ_1} 和 r_{gn,τ_1}，雷达信号重新返回卫星接收机经过了 τ_2 时间，当前时刻的卫星位置矢量和目标位置矢量分别为 r_{sn,τ_2} 和 r_{gn,τ_2}。那么 τ 时刻发射信号脉冲经历的斜距历程可以表示为

$$R_{s,\tau} = \|r_{sn} - r_{gn,\tau_1}\|_2 + \|r_{gn,\tau_1} - r_{sn,\tau_2}\|_2 = c\tau_1 + c\tau_2 \quad (4-107)$$

假设在信号收发时间内目标点和卫星速度矢量不变，将（4 - 107）展开为

$$R_{1n} = \|r_{sn} - r_{gn,\tau_1}\|_2 = \|r_{sn} - r_{gn} - v_{gn} \cdot \tau_1\|_2 \quad (4-108)$$

$$R_{2n} = \|r_{gn,\tau_1} - r_{sn,\tau_2}\|_2 = \|r_{gn,\tau_1} - r_{sn,\tau_1} - v_{sn} \cdot \tau_2\|_2 \quad (4-109)$$

对于 2 - 范数 $\|x + y \cdot s\|_2$，式中：x 和 y 为行航向量；s 为自变量。则该 2 - 范数在 $s=0$ 时泰勒展开式的一阶和二阶系数表达式为

$$\dot{z}(0) = \frac{x \cdot y^T}{\|x\|_2} \quad (4-110)$$

$$\ddot{z}(0) = \frac{y \times (I - u_x^T \times u_x) \times y^T}{\|x\|_2} \quad (4-111)$$

利用求导公式进行泰勒展开到二阶，得到表达式

$$R_1(\tau) = \|r_{sn} - r_{gn}\| + (-v_{gn} u_{gs,n}^T)\tau + \frac{1}{2}\frac{v_{gn}(I - u_{gs,n}^T u_{gs,n})v_{gn}^T}{\|r_{sn} - r_{gn}\|}\tau^2$$
$$(4-112)$$

$$R_2(\tau) = \|r_{gn,\tau_1} - r_{sn,\tau_1}\| + (-v_{sn} u_{gs,\tau_1,n}^T)\tau + \frac{1}{2}\frac{v_{sn}(I - u_{gs,\tau_1,n}^T u_{gs,\tau_1,n})v_{sn}^T}{\|r_{gn,\tau_1} - r_{sn,\tau_1}\|}\tau^2$$
$$(4-113)$$

通过估算式（4 - 112）和式（4 - 113）中的平方项，该项的值在 10^{-4} 数量级，可以忽略不计。简化后的斜距表达式为

$$R_1(\tau_1) = c\tau_1 = \|r_{sn} - r_{gn}\|_2 + (-v_{gn} u_{gs,n}^T)\tau_1 \quad (4-114)$$

$$R_2(\tau_2) = c\tau_2 = \|r_{gn,\tau_1} - r_{sn,\tau_1}\|_2 + (-v_{sn} u_{sg,\tau_1,n}^T)\tau_2 \quad (4-115)$$

由此可以得到发射信号传播时间和接收信号传播时间的表达式为

第4章 地球同步轨道 SAR 系统误差成像影响

$$\tau_1 = \frac{\| \bm{r}_{sn} - \bm{r}_{gn} \|_2}{c + \bm{v}_{gn}\bm{u}_{gs,n}^{\mathrm{T}}} \quad (4-116)$$

$$\tau_2 = \frac{\| \bm{r}_{gn,\tau_1} - \bm{r}_{sn,\tau_1} \|_2}{c - \bm{v}_{sn}\bm{u}_{gs,\tau_1,n}} \quad (4-117)$$

由于 $\bm{v}_{gn}\bm{u}_{gs,n}^{\mathrm{T}}$ 和 $\bm{v}_{sn}\bm{u}_{gs,\tau_1,n}$ 远小于光速 c,所以可以将上面两式进一步化简,并且由于 $\| \bm{r}_{gn,\tau_1} - \bm{r}_{sn,\tau_1} \|_2 = \| (\bm{r}_{gn} - \bm{r}_{sn}) + (\bm{v}_{gn} - \bm{v}_{sn})\tau_1 \|_2$,可以得到最终的双程斜距为

$$R_{s,n} \approx 2 \cdot \| \bm{r}_{sn} - \bm{r}_{gn} \|_2 + \frac{2(\bm{v}_{sn} - \bm{v}_{gn})(\bm{r}_{sn} - \bm{r}_{gn})^{\mathrm{T}}}{c} \quad (4-118)$$

根据前面推导出的结果可以得到地心固连坐标系(这里采取的是 WGS84 坐标系)下的双程斜距误差表达式为

$$\Delta R_n = \frac{2\bm{v}_{sn}(\bm{r}_{sn} - \bm{r}_g)^{\mathrm{T}}}{c} \quad (4-119)$$

在地心固连坐标系下,地面点目标没有相对于地球的运动,式(4-119)中的 $\bm{v}_{sn}$ 与前面的地心惯性坐标系中的 $\bm{v}_{sn}$ 不同,是卫星相对地球运动速度。下面仿真不同轨道位置处"走停"假设引入的斜距误差和相位误差,合成孔径时间选取 1800s,仿真结果如图 4-65 所示。

从图 4-65 可以看出,在仿真 1800s 的合成孔径时间内,近地点位置处引入的"走停"误差比赤道位置处引入的误差要大,但是两个典型位置处的"走停"误差都远大于波长,因此对于成像的影响都是巨大的,所以在实际成像处理过程中必须考虑修正"走停"模型的误差量。

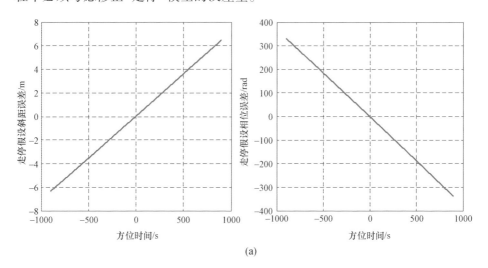

(a)

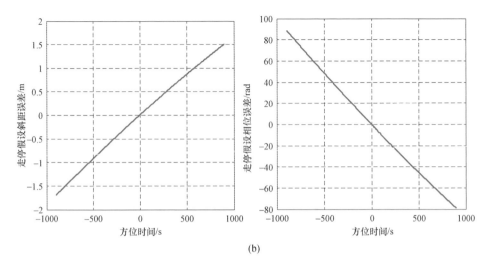

图4-65 不同轨道位置处"走停"假设引入斜距误差和相位误差
(a)近地点位置"走停"假设误差;(b)赤道位置"走停"假设误差。

4.7 小结

本章对 GEO SAR 卫星平台误差、卫星姿态误差、极化耦合、波束指向误差、天线形变、天线展开误差、电离层影响、大气传输路径、地球自转等非理想因素进行了数学建模和定量化分析,对全链路星地指标的分析与分解提供了理论支撑。

第 5 章

地球同步轨道 SAR 信号模拟与成像

5.1 概述

为了验证地球同步轨道 SAR 成像机理,本章将对其信号模拟与成像技术进行研究。结合地球同步轨道 SAR 条带模式、扫描模式、干涉模式、差分干涉模式和多角度连续观测等成像模式的特点[30,112],本章将分节对不同模式的回波模拟、成像算法及图像质量评估方法进行详细阐述。

5.2 回波模拟技术研究

5.2.1 回波模拟算法

被模拟的场景可以看作是由分布在矩形网格交点上的大量点目标组成的,那么整个场景的回波信号就是各个点目标回波信号的相干叠加。设矩形网格上总目标个数为 K,由时域叠加回波模拟算法推导可得,在某一脉冲时刻 SAR 回波信号可以表示为

$$s(t) = \sum_{k=1}^{K} A_k \text{rect}\left[\frac{t - 2R_k(t)/c}{T_p}\right] \exp\left\{-j4\pi f_c \frac{R_k(t)}{c} + j\pi k_r \left[t - \frac{T_p}{2} - 2R_k(t)/c\right]^2\right\}$$

(5-1)

式中:A_k 为第 k 个目标回波的幅度信息;$R_k(t)$ 为随时间变化的第 k 个目标到雷达相位中心斜距;c 为光速;λ 为波长。

在某脉冲时刻,目标到雷达相位中心和目标场景斜平面的关系如图 5-1

所示。按场景中某点到雷达天线相位中心斜距相等的关系等间距划分等弧线,如图 5-1 中虚线所示。当等弧线间距小于距离向分辨率时,可以将同一个等弧带内的所有目标斜距用该等弧带中心处的斜距来代替。因此,在同一等弧带状区域内,可以叠加等弧带内所有目标的复散射系数。

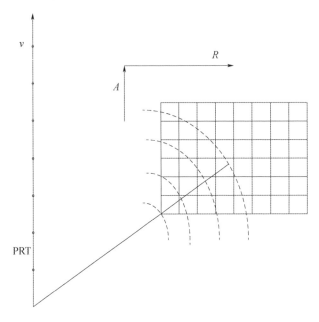

图 5-1 等弧线示意图

如图 5-2 所示,R_{e1}、R_{e2} 分别表示相邻两条等弧线到雷达天线相位中心的斜距,R_m 为该等弧带中心到雷达天线相位中心的斜距。该等弧带状区域里有 N 个目标,在某脉冲时刻到雷达天线相位中心的斜距分别为 $R_1, R_2, \cdots, R_N$。该等弧带状区域里所有目标到雷达天线相位中心的斜距为 R_m,在该等弧线中心叠加所有目标的复散射系数。

根据传统回波模拟算法,在该等弧带状区域里,一个脉冲的回波信号可以表示为

$$s(t) = \sum_{k=1}^{K} A_k \text{rect}\left[\frac{t - 2R_k(t)/c}{T_p}\right] \exp\left\{-\text{j}4\pi f_c \frac{R_k(t)}{c} + \text{j}\pi k_r \left[t - \frac{T_p}{2} - 2R_k(t)/c\right]^2\right\}$$

(5-2)

根据上述对等弧带的分析,利用该等弧带的中心斜距代替各目标斜距,在该等弧带状区域里,一个脉冲的回波信号可以表示为

第5章 地球同步轨道 SAR 信号模拟与成像

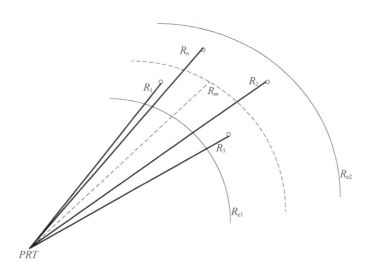

图 5-2 相邻等弧带状区域目标分布

$$s_d(t) = \sum_{n=1}^{N} A_n \text{rect}\left[\frac{t - 2R_{dm}/c}{T_p}\right] \exp\left(j\pi k_r \left(t - \frac{T_p}{2} - \frac{2R_{dm}}{c}\right)^2\right) \exp\left(-j4\pi f_c \frac{R_{dm}}{c}\right)$$

(5-3)

通过对比发现,对多普勒相位项的近似可通过相位补偿消除。因此,在该等弧带状区域里,一个脉冲的回波信号可以改写为

$$\begin{aligned}
s_d(t) &= \sum_{n=1}^{N} A_n \text{rect}\left[\frac{t - 2R_{dm}/c}{T_p}\right] \cdot \exp\left(j\pi k_r \left(t - \frac{T_p}{2} - \frac{2R_{dm}}{c}\right)^2\right) \cdot \\
&\quad \exp\left(-j4\pi f_c \frac{R_{dm}}{c}\right) \cdot \exp\left(-j4\pi f_c \frac{(R_n - R_{dm})}{c}\right) \\
&= \sigma_d \text{rect}\left[\frac{t - 2R_{dm}/c}{T_p}\right] \exp\left(j\pi k_r \left(t - \frac{T_p}{2} - \frac{2R_{dm}}{c}\right)^2\right) \exp\left(-j4\pi f_c \frac{R_{dm}}{c}\right)
\end{aligned}$$

(5-4)

式中:$\sigma_d = \sum_{n=1}^{N} A_n \exp\left(-j4\pi f_c \frac{(R_n - R_{dm})}{c}\right)$。

设整个场分成 D 个等弧带,那么在某脉冲时刻,整个目标场景的回波信号可表示为

$$s(t) = \sum_{d=1}^{D} \sigma_d \text{rect}\left[\frac{t - 2R_{dm}/c}{T_p}\right] \exp\left(j\pi k_r \left(t - \frac{T_p}{2} - \frac{2R_{dm}}{c}\right)^2\right) \exp\left(-j4\pi f_c \frac{R_{dm}}{c}\right)$$

(5-5)

式中:R_{dm} 为第 d 个等弧带中心的斜距;σ_d 为第 d 个等弧带内所有目标的回波幅

度信息和多普勒相位补偿的叠加。

令 $\tau_d = R_{dm}/c$,则式(5-5)可以写为

$$s(t) = \sum_{d=1}^{D} \text{rect}\left[\frac{t - 2\tau_d}{T_p}\right] \exp\left(j\pi k_r \left(t - \frac{T_p}{2} - 2\tau_d\right)^2\right) \sigma_d \exp(-j4\pi f_c \tau_d) \tag{5-6}$$

式中:τ_d 为第 d 个等弧带中心的目标回波延迟;f_c 为载频。前两项与快时间变量 t 有关。因此,式(5-6)可以写为

$$s(t) = \text{rect}\left(\frac{t}{T_p}\right) \exp\left(j\pi k_r \left(t - \frac{T_p}{2}\right)^2\right) * \sum_{d=1}^{D} \sigma_d \exp(-j4\pi f_c \tau_d) \delta(t - 2\tau_d) \tag{5-7}$$

令

$$p(t) = \text{rect}\left(\frac{t}{T_p}\right) \exp\left(j\pi k_r \left(t - \frac{T_p}{2}\right)^2\right) \tag{5-8}$$

$$h(t) = \sum_{d=1}^{D} \sigma_d \exp(-j4\pi f_c \tau_d) \delta(t - \tau_d) \tag{5-9}$$

则

$$s(t) = p(t) * h(t) \tag{5-10}$$

因此,可以将 $p(t)$ 和 $h(t)$ 分别进行傅里叶变换,在频域相乘后进行傅里叶逆变换得到 $s(t)$,这样可以利用 FFT 的方法来实现快速卷积,产生面目标原始数据。

在快速面目标回波模拟过程中,为了提高回波数据精度,可以对发射信号 $p(t)$ 进行升采样处理,对回波信号 $s(t)$ 进行降采样处理。根据快速面目标回波模拟算法的基本原理实现算法流程,其算法的实现流程如图 5-3 所示。

5.2.2 非理想因素仿真模型

在 GEO SAR 回波仿真时必须考虑各种非理想因素的影响,主要包括轨道误差、卫星姿态误差和平台控制误差、天线方向图和波束控制误差、系统幅频特性和相频特性、通道一致性、极化耦合等。系统误差包括轨道误差、卫星姿态误差和平台控制误差、天线方向图和波束控制误差、系统幅频特性和相频特性误差、通道一致性误差等。

1. 轨道误差仿真

卫星的轨道误差主要指卫星轨道参数的测量误差,包括卫星的位置误差和速度误差。轨道误差可以分解为:沿航迹向误差、垂直航迹向误差和径向误差。

第 5 章　地球同步轨道 SAR 信号模拟与成像

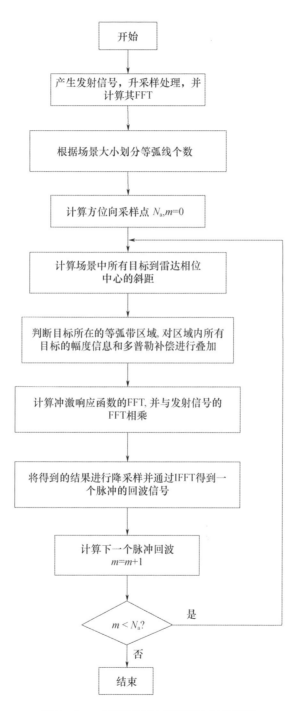

图 5-3　一维频域回波模拟算法实现流程

卫星在轨道上的运动状态是比较稳定的,不会出现位置和速度的抖动,在采用了杂波锁定和自聚焦算法后,轨道误差对成像质量的影响较小,主要导致定位误差。以下分别对三部分误差进行分析。

1)沿航迹向位置误差 ΔR_x

沿航迹向位置误差将引起方位向定位误差

$$\Delta x_1 = \Delta R_x R_t / R_s \tag{5-11}$$

式中:ΔR_x 为沿航迹方向位置误差;R_t 为目标到地心的距离;R_s 为平台到地心的距离。ΔR_x 引起的距离向定位误差可以忽略。

2)垂直航迹向位置误差 ΔR_y

垂直航迹向位置误差将引起距离向定位误差

$$\Delta r_1 = \Delta R_y R_t / R_s \tag{5-12}$$

式中:ΔR_y 为垂直航迹方向位置误差。ΔR_y 引起的方位向定位误差可以忽略。

3)径向位置误差 ΔR_z

径向位置误差将引起距离向定位误差

$$\Delta r_2 \approx \frac{R \Delta \gamma}{\sin \eta} \tag{5-13}$$

式中:R 为平台到目标的斜距;η 为入射角;$\Delta \gamma$ 可以根据式(5-14)计算,即

$$\Delta \gamma = \arccos\left[\frac{R^2 + R_s^2 - R_t^2}{2RR_s}\right] - \arccos\left[\frac{R^2 + (R_s + \Delta R_z)^2 - R_t^2}{2R(R_s + \Delta R_z)}\right]$$

$$\tag{5-14}$$

式中:ΔR_z 为径向位置误差。

径向位置误差将引起方位向定位误差,即

$$\Delta x_2 \approx \frac{\Delta f_{dc} \lambda R V_g}{2 V_r^2} \tag{5-15}$$

式中:V_r 为平台与目标的相对速度;V_g 为波束在地面的速度。

2. 姿态误差仿真

卫星的姿态误差包括卫星的姿态精度误差和姿态稳定度误差。

姿态精度误差包括姿态控制精度误差和姿态测量精度误差。姿态控制精度误差是指卫星实际姿态指向与理想姿态指向的恒定偏差,由卫星姿态控制系统中的非理想因素导致;姿态测量精度误差是指卫星姿态指向的测量值与卫星实际姿态指向(真实值)的恒定偏差,由卫星姿态测量系统中的非理想因素导致。实际上,卫星姿态控制系统需要对卫星的姿态进行测量,因此两者并不完

全独立。

姿态稳定度误差是指姿态抖动误差,其定义为合成孔径时间内姿态变化角速率均方根的 3 倍(3σ)。对于单频正弦抖动,其具体表达式为

$$\sigma_s = \frac{3\sqrt{2}}{2}\omega_0 \theta_m \sqrt{1 + \frac{\sin 2\omega_0 T_s}{2\omega_0 T_s}} \quad (5-16)$$

式中:ω_0 为抖动的角频率;θ_m 为抖动幅度;T_s 为合成孔径时间。

星载 SAR 天线与星体间为刚性连接,卫星姿态误差会对天线产生两方面影响:第一,卫星姿态误差会导致天线波束中心指向发生变化,影响天线照射范围和回波信号的多普勒参数;第二,由于天线相位中心与卫星质心不重合,因此卫星姿态误差会使天线相位中心的位置发生偏移,导致回波信号的相位发生变化。

若偏航、俯仰和横滚误差分别为 $\Delta\theta_y$、$\Delta\theta_p$ 和 $\Delta\theta_r$,天线波束中心的视角为 θ_l,那么天线方位向和距离向波束指向误差分别为

$$\begin{cases} \Delta\theta_a \approx \Delta\theta_p \cos\theta_l - \Delta\theta_y \sin\theta_l \\ \Delta\theta_e \approx \Delta\theta_r \end{cases} \quad (5-17)$$

若天线相位中心在卫星姿态坐标系中的坐标为 $[x_b, y_b, z_b]$,那么姿态误差导致的天线相位中心方位向和距离向的位置误差分别为

$$\begin{cases} \Delta a = -y_b \cdot \Delta\theta_y + z_b \cdot \Delta\theta_p \\ \Delta r = (x_b \cdot \Delta\theta_y - z_b \cdot \Delta\theta_r)\sin\theta_l - (x_b \cdot \Delta\theta_p - y_b \cdot \Delta\theta_r)\cos\theta_l \end{cases}$$

$$(5-18)$$

5.2.3 大气传输误差仿真

地球同步轨道 SAR 发射的电磁波信号需要经过平台到目标之间距离的双程时延才能够到达接收机处。由于传播过程中,电磁波需要穿透大气层,而不同高度大气层的折射率存在差异,使得电磁波的传播速度存在差异。另外,电磁波穿过不同折射率的大气时,电磁波的传播路径会发生弯曲,偏离理想平台到目标之间的直线路径,如图 5-4 所示。其中:θ 为下视角;θ_{inc} 为入射角。

GEO SAR 发射的电磁波信号为微波波段,微波波段电磁波在大气中传播路径弯曲引起的大气传输时延小于 1mm,通常可以忽略。因此,对于 GEO SAR 而言,通常只考虑由于大气层折射率变化引起电磁波传播速度变化对大气传输时延的影响。

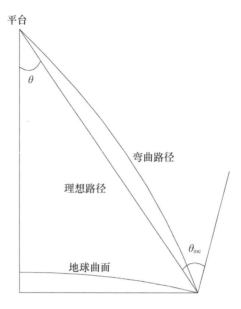

图 5-4 地球同步轨道 SAR 大气传输几何示意图

大气折射率包括四部分:空气、水蒸气、液态水以及电离层。下面将讨论水蒸气和液态水对大气传输时延的影响。

液态水对大气传输时延模型为

$$S_l = \frac{1.45}{\cos\theta_{inc}} P_{LW} \qquad (5-19)$$

式中: θ_{inc} 为目标处的入射角; P_{LW} 为可降液态水, 定义为

$$P_{LW} = \frac{1}{\rho_l} \int W dh \qquad (5-20)$$

式中: ρ_l 为液态水的密度; W 为云等的液态含水量。

水蒸气引起的大气传输时延受温度和湿度的影响, 且通常变化比较大, 其模型为

$$S_v = \frac{\Pi^{-1}}{\cos\theta_{inc}} P_{WV} \qquad (5-21)$$

式中: Π 为无量纲的比例因子, 与测量表面的温度和高度等有关, 通过大量实验测量, 通常取 $\Pi = 0.15$; P_{WV} 为可降水蒸气, 定义为

$$P_{WV} = \frac{1}{\rho_l} \int \rho_v dh \qquad (5-22)$$

式中: ρ_l 为液态水的密度; ρ_v 为水蒸气的密度。

5.2.4 电离层仿真

电离层效应可从背景电离层影响和电离层闪烁影响两个方面进行考虑。其中:背景电离层对 SAR 信号主要产生吸收、色散、群时延、相位超前以及法拉第旋转等电离层现象,电离层闪烁主要产生信号的相位和幅度闪烁。下面将依据这两种电离层效应的自身特性,分别提出相应仿真方法,构建仿真模块,引入 GEO SAR 回波之中。对于背景电离层影响仿真的关键技术在于 TEC 空变性和时变性的构造;对于电离层闪烁影响仿真的关键技术在于通过多相位屏理论构造电离层随机相位起伏和幅度起伏。将二者综合引入 GEO SAR 回波模型,完成 GEO SAR 成像电离层效应的仿真。

1. 背景电离层仿真

背景电离层将引起距离向图像偏移及图像散焦(包括旁瓣升高、主瓣展宽、不对称旁瓣等)。通过 TEC 变化,背景电离层会对 GEO SAR 产生一个附加相位 ϕ_r,有

$$\phi_r = \exp\left(-j\frac{2\pi \cdot 80.6\text{TEC}}{c(f_0 + f_r)}\right) \quad (5-23)$$

式中:TEC 为背景电离层参考位置处 TEC 值;f_0 为信号载频;f_r 为信号距离向频率轴;ϕ_r 包含背景电离层信息,需要在距离频域加入,在回波信号的添加形式为

$$s'_r(t) = \text{IFFT}(S_r(\omega) \cdot \phi_r) \quad (5-24)$$

式中:$S_r(\omega)$ 是回波信号 $s_r(t)$ 的傅里叶变换。

GEO SAR 信号穿过电离层时,在背景电离层作用下将给信号带来一个附加相位,此相位将对聚焦产生影响。在 GEO SAR 中由于高轨道高度、长孔径时间、大成像场景的特性,必须考虑背景电离层变化的问题,即时变性与空变性问题。

(1) 时变性:GEO SAR 超长孔径时间内不同时刻 TEC 的不同。

(2) 空变性:GEO SAR 大成像场景范围内不同位置处 TEC 的不同。

因此,在将背景电离层信息加入 GEO SAR 信号时需要考虑 TEC 的变化问题。背景电离层仿真流程如图 5-5 所示。首先进行带高斯误差的背景电离层计算,再将电离层影响添加至回波信号中。

2. 电离层闪烁仿真

电离层闪烁对于 GEO SAR 回波信号的影响可以表示为

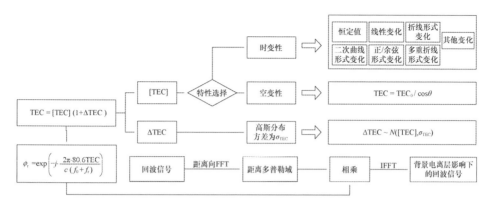

图 5-5　背景电离层仿真流程

$$s_r(t) = \sum_{n=-\infty}^{\infty} A_{\text{iono}}(t) \cdot A \cdot \text{rect}\left[\frac{t - nT_{\text{prt}} - 2R(t)/c}{T_p}\right] \cdot$$

$$\exp\left\{-j4\pi f_c \frac{R(t)}{c} + j\pi k_r \left[t - nT_{\text{prt}} - \frac{T_p}{2} - 2R(t)/c\right]^2 + j \cdot \varphi_{\text{iono}}(t)\right\}$$

$$(5-25)$$

式中：$\varphi_{\text{iono}}(t)$ 为电离层闪烁产生的相位起伏；$A_{\text{iono}}(t)$ 为电离层闪烁产生的幅度起伏。对于 GEO SAR 每个 PRT 时间内，快时间的变化范围为 T_p，即信号脉冲时间宽度。由于 T_p 时间很短，电离层闪烁变化不大，将 $\varphi_{\text{iono}}(t)$ 和 $A_{\text{iono}}(t)$ 看成随场景区域的空间变化，记作 $\varphi_{\text{iono}}(r)$ 和 $A_{\text{iono}}(r)$。通过多相位屏原理构造每个 PRT 的波束成像场景中的二维随机相位和幅度起伏，并引入至 GEO SAR 回波信号中。

值得注意的是，在电离层闪烁起伏较弱的情况下，信号起伏幅度较小，对 GEO SAR 成像的影响较小。对 GEO SAR 系统成像而言，主要聚焦于信号相位的变化以实现成像，实际仿真只考虑相位 $\varphi_{\text{iono}}(r)$，而忽略幅度 $A_{\text{iono}}(r)$。

电离层闪烁对 GEO SAR 影响的仿真成像场景如图 5-6 所示。

首先，对于 GEO SAR 卫星在运行过程中共发射了 m 个 PRT 的脉冲信号，每个 PRT 信号时间内会接收到 n 个地面场景目标的回波，在 GEO SAR 信号穿过电离层的二维平面内时，每个接收的回波会受到电离层的相位屏的影响，产生一个随机相位，共对应为 n 个随机相位，因此产生的结果数据为 $m \times n$ 个随机相位。

然后，对于 GEO SAR 信号进入相位屏的入射角为波束中心和水平方向的夹角，虽然每个目标回波的接收角度有所不同，但是由于 GEO SAR 相互之间的

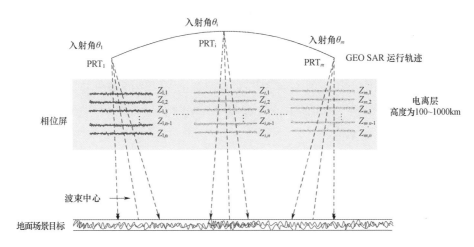

图 5-6 仿真成像场景

相位屏入射角度都相差较小,所以每个 PRT 的回波信号可以看作相互平行,与水平面夹角为波束中心与水平面的夹角 θ_i。

另外,相位屏的原理要求构造的电离层长度到达电离层不规则体外尺度的 5~10 倍,如外尺度尺寸为 2.5km,电离层相位屏幕的水平尺寸需要达到 25km,但是对于 GEO SAR 一个 PRT 的时间而言,其成像场景的尺度无法完全达到要求,因此仿真以波束中心为相位屏中心构造 10 倍外尺寸长度的相位屏,对于 n 个回波场景尺寸,则对每个相位屏的 n 个随机相位进行取值。

多相位屏成像场景如图 5-7 所示。

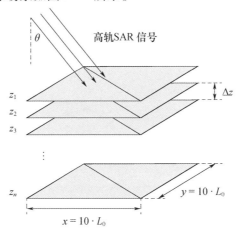

图 5-7 多相位屏成像场景

产生 GEO SAR 电离层闪烁随机起伏相位的主要步骤分为以下两步。

（1）依据电离层基本参数和成像场景参数，通过数值模拟的方法，得到每个高度二维相位屏的随机起伏相位分布。

（2）将信号波束所在的平面和相位屏平面相交区域的随机起伏相位提取出来，通过分步傅里叶变换的方法计算 GEO SAR 信号传播过程中经过电离层后产生的随机起伏相位。

5.2.5 非走停模型

经典的 SAR 信号模型都是基于"STOP – AND – GO"假设建立的，即在计算回波信号延迟的时候是假设平台和目标都是静止的。在典型的星载平台条件下，当方位分辨率不高于 2m 时，其引入的误差可以忽略。但是，对于一些特殊情况，如平台和目标都是高速运动或目标与平台之间的距离较远且传播时间较长等，这时"STOP – AND – GO"假设会引入一定的误差，这些误差在长合成孔径时间中随时间变化。因此，需要研究其对 GEO SAR 成像的影响。

对于 GEO SAR 系统，轨道高度 36000km，在下视角度 4°时，其斜距达到 40000km 量级，其双程的传播延迟达到秒量级，卫星的速度为 3000m/s。在回波传播期间，平台和目标运动导致的斜距变化，使得"STOP – AND – GO"假设出现较大的误差。图 5 – 8 所示为当发射平台在第 nT 时刻发射信号，在信号传播期间，平台和目标运动的示意图。

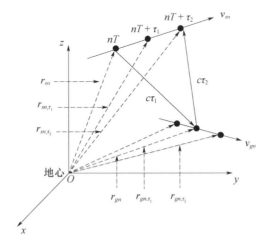

图 5 – 8　目标与平台运动几何示意图

在推导平台与目标之间精确的收发延迟之前,先对图中的一些常量进行定义。坐标系 $O-xyz$ 为惯性坐标系,地心为坐标原点。平台在第 nT 时刻的速度矢量为 $\boldsymbol{v}_{sn} = [v_{sx,n}, v_{sy,n}, v_{sz,n}]$,位置矢量为 $\boldsymbol{r}_{sn} = [x_{sn}, y_{sn}, z_{sn}]$,在信号传播期间,速度矢量近似为常量;同理,在第 nT 时刻目标的速度矢量和位置矢量可以分别表示为 $\boldsymbol{v}_{gn} = [v_{gx,n}, v_{gy,n}, v_{gz,n}]$ 和 $\boldsymbol{r}_{gn} = [x_{gn}, y_{gn}, z_{gn}]$。发射信号经过延迟时间 τ_1 后到达目标,由于平台和目标的运动,其位置坐标记为 $\boldsymbol{r}_{sn,\tau_1} = [x_{sn,\tau_1}, y_{sn,\tau_1}, z_{sn,\tau_1}]$ 和 $\boldsymbol{r}_{gn,\tau_1} = [x_{gn,\tau_1}, y_{gn,\tau_1}, z_{gn,\tau_1}]$。信号经过目标反射后再次到达平台的延迟时间记为 τ_2,在 $nT+\tau_1+\tau_2$ 时刻,平台和目标的位置为 $\boldsymbol{r}_{sn,\tau_2} = [x_{sn,\tau_2}, y_{sn,\tau_2}, z_{sn,\tau_2}]$ 和 $\boldsymbol{r}_{gn,\tau_2} = [x_{gn,\tau_2}, y_{gn,\tau_2}, z_{gn,\tau_2}]$。从上面分析可知发射信号从平台到目标在平台传播的总距离可以表示为 $R_{sn} = c\tau_1 + c\tau_2$。根据上述几何关系可以得到

$$\begin{cases} R_1 = c\tau_1 = \| \boldsymbol{r}_{sn} - \boldsymbol{r}_{gn,\tau_1} \| \\ R_2 = c\tau_2 = \| \boldsymbol{r}_{gn,\tau_1} - \boldsymbol{r}_{sn,\tau_2} \| \end{cases} \quad (5-26)$$

式中:$\|\cdot\|$ 为范数算子。根据范数的定义上面的方程可进一步写为

$$\begin{cases} R_1^2 = c^2\tau_1^2 = (\boldsymbol{r}_{sn} - \boldsymbol{r}_{gn,\tau_1}) \cdot (\boldsymbol{r}_{sn} - \boldsymbol{r}_{gn,\tau_1})^{\mathrm{T}} \\ R_2^2 = c^2\tau_2^2 = (\boldsymbol{r}_{gn,\tau_1} - \boldsymbol{r}_{sn,\tau_2}) \cdot (\boldsymbol{r}_{gn,\tau_1} - \boldsymbol{r}_{sn,\tau_2})^{\mathrm{T}} \end{cases} \quad (5-27)$$

式中:上标 T 表示转置。根据位置与速度矢量的关系表达式有

$$\begin{cases} \boldsymbol{r}_{gn,\tau_1} = \boldsymbol{r}_{gn} + \boldsymbol{v}_{gn} \cdot \tau_1 \\ \boldsymbol{r}_{sn,\tau_1} = \boldsymbol{r}_{sn} + \boldsymbol{v}_{sn} \cdot \tau_1 \\ \boldsymbol{r}_{sn,\tau_2} = \boldsymbol{r}_{sn,\tau_1} + \boldsymbol{v}_{sn} \cdot \tau_2 \end{cases} \quad (5-28)$$

在每个发射脉冲时刻,$\boldsymbol{v}_{gn}$ 和 $\boldsymbol{v}_{sn}$ 都是恒定值,但平台的速度和目标的速度可以是任意情况,如匀加速或者变加速,在信号的传播期间,近似忽略目标加速度引起的速度变化,利用式(5-27)和式(5-28),可得

$$\begin{cases} \boldsymbol{r}_{sn} \cdot \boldsymbol{r}_{sn}^{\mathrm{T}} - 2 \cdot \boldsymbol{r}_{sn} \cdot \boldsymbol{r}_{gn}^{\mathrm{T}} + \boldsymbol{r}_{gn} \cdot \boldsymbol{r}_{gn}^{\mathrm{T}} - 2 \cdot \boldsymbol{r}_{sn} \cdot \boldsymbol{v}_{gn}^{\mathrm{T}} \cdot \tau_1 + 2 \cdot \boldsymbol{r}_{gn} \cdot \boldsymbol{v}_{gn}^{\mathrm{T}} \cdot \tau_1 \\ \quad + \boldsymbol{v}_{gn} \cdot \boldsymbol{v}_{gn}^{\mathrm{T}} \cdot \tau_1^2 = c^2 \tau_1^2 \\ \boldsymbol{r}_{gn,\tau_1} \cdot \boldsymbol{r}_{gn,\tau_1}^{\mathrm{T}} - 2 \cdot \boldsymbol{r}_{gn,\tau_1} \cdot \boldsymbol{r}_{sn,\tau_1}^{\mathrm{T}} + \boldsymbol{r}_{sn,\tau_1} \cdot \boldsymbol{r}_{sn,\tau_1}^{\mathrm{T}} - 2 \cdot \boldsymbol{r}_{gn,\tau_1} \cdot \boldsymbol{v}_{sn}^{\mathrm{T}} \cdot \tau_2 \\ \quad + 2 \cdot \boldsymbol{r}_{sn,\tau_1} \cdot \boldsymbol{v}_{sn}^{\mathrm{T}} \cdot \tau_2 + \boldsymbol{v}_{sn} \cdot \boldsymbol{v}_{sn}^{\mathrm{T}} \cdot \tau_2^2 = c^2 \tau_2^2 \end{cases}$$

$$(5-29)$$

对式(5-29)进行合并与化简可得

$$\begin{cases} (c^2 - \boldsymbol{v}_{gn} \cdot \boldsymbol{v}_{gn}^{\mathrm{T}})\tau_1^2 + 2 \cdot (\boldsymbol{r}_{sn} - \boldsymbol{r}_{gn}) \cdot \boldsymbol{v}_{gn}^{\mathrm{T}} \cdot \tau_1 - (\boldsymbol{r}_{sn} - \boldsymbol{r}_{gn}) \cdot (\boldsymbol{r}_{sn} - \boldsymbol{r}_{gn})^{\mathrm{T}} = 0 \\ (c^2 - \boldsymbol{v}_{sn} \cdot \boldsymbol{v}_{sn}^{\mathrm{T}})\tau_2^2 + 2 \cdot (\boldsymbol{r}_{gn,\tau_1} - \boldsymbol{r}_{sn,\tau_1}) \cdot \boldsymbol{v}_{sn}^{\mathrm{T}} \cdot \tau_2 - (\boldsymbol{r}_{gn,\tau_1} - \boldsymbol{r}_{sn,\tau_1}) \cdot (\boldsymbol{r}_{gn,\tau_1} - \boldsymbol{r}_{sn,\tau_1})^{\mathrm{T}} = 0 \end{cases}$$

$$(5-30)$$

在第 nT 时刻,位置矢量 $\boldsymbol{r}_{sn}$ 和 $\boldsymbol{r}_{gn}$ 是已知的,可以解得延迟时间 τ_1。根据延迟时间,可以计算得到 $\boldsymbol{r}_{gn,\tau_1}$ 和 $\boldsymbol{r}_{sn,\tau_1}$,对式(5 - 30)求解得

$$\begin{cases} \tau_1 = \dfrac{\sqrt{(\boldsymbol{r}_{sn}-\boldsymbol{r}_{gn})\cdot\boldsymbol{v}_{gn}^{\mathrm{T}}\cdot\boldsymbol{v}_{gn}\cdot(\boldsymbol{r}_{sn}-\boldsymbol{r}_{gn})^{\mathrm{T}}+(c^2-\boldsymbol{v}_{gn}\cdot\boldsymbol{v}_{gn}^{\mathrm{T}})\cdot(\boldsymbol{r}_{sn}-\boldsymbol{r}_{gn})\cdot(\boldsymbol{r}_{sn}-\boldsymbol{r}_{gn})^{\mathrm{T}}}}{c^2-\boldsymbol{v}_{gn}\cdot\boldsymbol{v}_{gn}^{\mathrm{T}}} - \\ \qquad \dfrac{(\boldsymbol{r}_{sn}-\boldsymbol{r}_{gn})\cdot\boldsymbol{v}_{gn}^{\mathrm{T}}}{c^2-\boldsymbol{v}_{gn}\cdot\boldsymbol{v}_{gn}^{\mathrm{T}}} \\ \tau_2 = \dfrac{\sqrt{(\boldsymbol{r}_{gn,\tau_1}-\boldsymbol{r}_{sn,\tau_1})\cdot\boldsymbol{v}_{sn}^{\mathrm{T}}\cdot\boldsymbol{v}_{sn}\cdot(\boldsymbol{r}_{gn,\tau_1}-\boldsymbol{r}_{sn,\tau_1})^{\mathrm{T}}+(c^2-\boldsymbol{v}_{sn}\cdot\boldsymbol{v}_{sn}^{\mathrm{T}})\cdot(\boldsymbol{r}_{gn,\tau_1}-\boldsymbol{r}_{sn,\tau_1})\cdot(\boldsymbol{r}_{gn,\tau_1}-\boldsymbol{r}_{sn,\tau_1})^{\mathrm{T}}}}{c^2-\boldsymbol{v}_{sn}\cdot\boldsymbol{v}_{sn}^{\mathrm{T}}} - \\ \qquad \dfrac{(\boldsymbol{r}_{gn,\tau_1}-\boldsymbol{r}_{sn,\tau_1})\cdot\boldsymbol{v}_{sn}^{\mathrm{T}}}{c^2-\boldsymbol{v}_{sn}\cdot\boldsymbol{v}_{sn}^{\mathrm{T}}} \end{cases}$$

(5 - 31)

根据式(5 - 31),可以计算平台到目标再到平台的总时间延迟 $\tau_1+\tau_2$。下面对式(5 - 31)进行化简,利用奇异值分解,定义

$$\begin{cases} \boldsymbol{v}_{gn}^{\mathrm{T}}\cdot\boldsymbol{v}_{gn}+(c^2-\boldsymbol{v}_{gn}\cdot\boldsymbol{v}_{gn}^{\mathrm{T}})\boldsymbol{I} = \boldsymbol{U}_1\boldsymbol{\Lambda}_1^{1/2}(\boldsymbol{U}_1\boldsymbol{\Lambda}_1^{1/2})^{\mathrm{T}} \\ \boldsymbol{v}_{sn}^{\mathrm{T}}\cdot\boldsymbol{v}_{sn}+(c^2-\boldsymbol{v}_{sn}\cdot\boldsymbol{v}_{sn}^{\mathrm{T}})\boldsymbol{I} = \boldsymbol{U}_2\boldsymbol{\Lambda}_2^{1/2}(\boldsymbol{U}_2\boldsymbol{\Lambda}_2^{1/2})^{\mathrm{T}} \end{cases}$$

(5 - 32)

式中:$\boldsymbol{U}_1$ 和 $\boldsymbol{U}_2$ 分别为各自矩阵分解的酉矩阵;$\boldsymbol{\Lambda}_1$ 和 $\boldsymbol{\Lambda}_2$ 分别为各自矩阵分解的奇异值矩阵。利用式(5 - 32),延迟时间为

$$\begin{cases} \tau_1 = \dfrac{\|(\boldsymbol{r}_{sn}-\boldsymbol{r}_{gn})\cdot\boldsymbol{U}_1\boldsymbol{\Lambda}_1^{1/2}\| - \|(\boldsymbol{r}_{sn}-\boldsymbol{r}_{gn})\cdot\boldsymbol{v}_{gn}^{\mathrm{T}}\|}{c^2-\boldsymbol{v}_{gn}\cdot\boldsymbol{v}_{gn}^{\mathrm{T}}} \\ \tau_2 = \dfrac{\|[(\boldsymbol{r}_{gn}-\boldsymbol{r}_{sn})+(\boldsymbol{v}_{gn}-\boldsymbol{v}_{sn})\cdot\tau_1]\cdot\boldsymbol{U}_2\boldsymbol{\Lambda}_2^{1/2}\| - \|[(\boldsymbol{r}_{gn}-\boldsymbol{r}_{sn})+(\boldsymbol{v}_{gn}-\boldsymbol{v}_{sn})\cdot\tau_1]\cdot\boldsymbol{v}_{sn}^{\mathrm{T}}\|}{c^2-\boldsymbol{v}_{sn}\cdot\boldsymbol{v}_{sn}^{\mathrm{T}}} \end{cases}$$

(5 - 33)

5.3　SAR 成像算法研究

针对 GEO SAR 成像幅宽大、合成孔径时间长、"走 - 停"假设不成立等特点[23-26],国内外开展了大量关于 GEO SAR 回波特性[62,102,117]及成像算法的研究[43,46,70,107,108,111,116]。本节将对条带模式、扫描模式、干涉处理、差分干涉处理及多角度连续观测处理算法开展研究及仿真验证。

5.3.1　条带成像处理算法

采用四阶斜距模型,精确拟合目标的斜距历史,成像算法采用两维 NCS 成

像处理算法。首先在距离向聚焦处理时,使用距离向 NCS 操作消除参数距离向空变性引入的斜距误差,精确校正目标的距离徙动;然后通过方位向 NCS 操作,消除方位向参数空变性引入的相位误差,实现方位向精确聚焦。成像流程如图 5-9 所示。

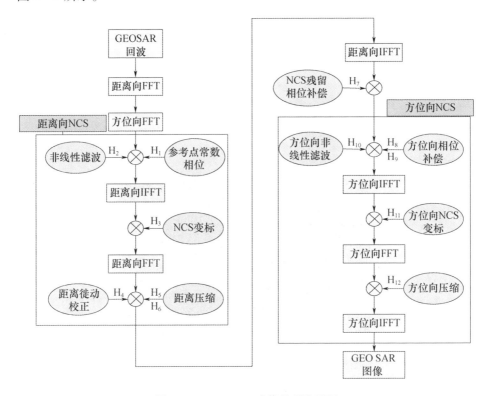

图 5-9　GEO SAR 成像处理流程图

为了验证成像算法的有效性,针对水滴形轨道进行成像仿真。仿真参数如表 5-1 所示,条带模式成像结果如图 5-10 所示。成像质量评估结果如表 5-2 所示。

表 5-1　成像仿真参数

参数	参数值
下视角/(°)	4.65
信号带宽/MHz	8
采样频率/MHz	20
波长/m	0.24

续表

参数	参数值
PRF/Hz	100
脉宽/μs	20
合成孔径时间/s	450
轨道高度/km	36000
成像场景/(km×km)	500×500

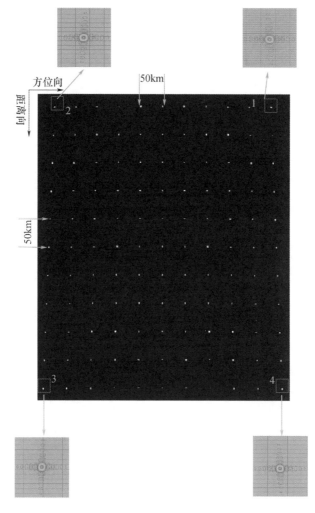

图 5-10　条带模式成像结果

表 5-2　成像质量评估结果

目标位置/km	峰值旁瓣比/dB		分辨率/m	
	距离向	方位向	距离向	方位向
1	(-250, 250)	-13.28	-13.26	16.61	19.38
2	(-250, -250)	-13.27	-13.24	16.61	19.35
3	(250, -250)	-13.32	-13.21	16.61	19.65
4	(250, 250)	-13.20	-13.20	16.61	19.54

5.3.2　扫描成像处理算法

扫描成像的处理流程如图 5-11 所示。各个子条带采用二维 NCS 算法进行成像处理。仿真参数如表 5-3 所示,扫描模式成像结果如图 5-12 所示。成像质量评估结果如表 5-4 所示。

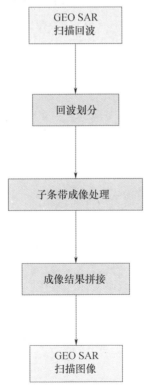

图 5-11　GEO SAR 扫描模式成像处理流程

表 5-3 仿真参数

参数	参数值
信号带宽/MHz	3
采样频率/MHz	7.2
波长/m	0.24
轨道高度/km	36000
波位个数	5
波位持续时间/s	180
方位向分辨率/m	50
距离向测绘带宽/km	3000

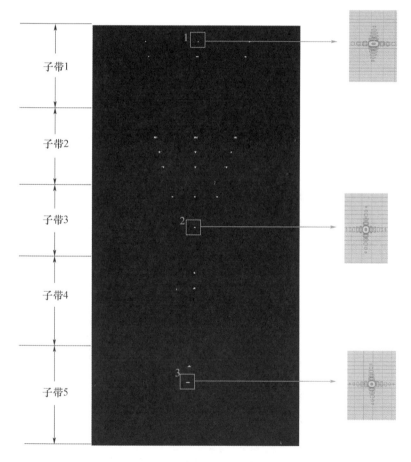

图 5-12 扫描模式成像结果

表 5-4 评估结果

目标位置/km	峰值旁瓣比/dB		分辨率/m	
	距离向	方位向	距离向	方位向
1 (-1500,0)	-13.40	-13.15	44.31	47.95
2 (0,0)	-13.20	-13.23	44.31	48.05
3 (1500,0)	-13.29	-13.18	44.31	43.75

5.3.3 干涉处理算法

1. GEO SAR 干涉处理流程

GEO SAR 干涉处理算法流程如图 5-13 所示。

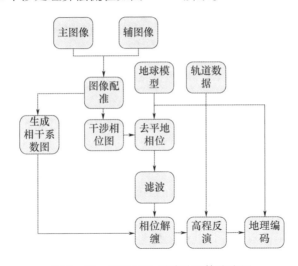

图 5-13 GEO SAR 干涉处理算法流程

GEO SAR 干涉处理的主要流程如下。

(1) SAR 图像配准：由于两幅 SAR 图像成像轨道、视角或时间存在偏差，在距离向和方位向都会存在一定的错位和扭曲，生成干涉图之前必须使同一场景的两幅 SAR 图像的几何关系一致，以保证干涉图具有较高的相干性。

(2) 干涉图生成与去平地效应：配准完成后将主图像和辅图像共轭相乘，得到干涉相位图。生成干涉图的相位信息包含了平地相位信息和地形高程相位信息。平地效应常常会引起干涉条纹过密，给相位解缠带来困难，因此，在相位解缠前，需要先消除平地效应，得到反映地形高度变化的稀疏干涉条纹。

(3) 相关系数图的生成:在进行主辅图像配准后就可以生成相关系数图。相关系数图不仅可以用来判断生成干涉图的质量,而且可以作为相位解缠的质量图,指导相位解缠的路径或权值设置。

(4) 干涉图的相位滤波:时间或基线去相关、热噪声、数据处理噪声等噪声的存在使得干涉图信噪比较低,严重影响了相位解缠的精度,甚至使相位解缠无法进行。因此,必须采用有效的措施滤除干涉相位噪声。

(5) 相位解缠:由于三角函数的周期性,干涉图中各点的相位值只能落入主值的范围内,所以干涉纹图中的相位只是真实相位的主值,要得到反映高程信息的真实相位值就必须对每个相位值加上 2π 的整数倍,将由相位主值得到真实相位值的过程统称为相位解缠。相位解缠是干涉数据处理过程中关键环节,直接影响数字高程图的精度。

(6) 生成 DEM:相位解缠得到反映地形高程变化的真实相位后,首先通过相位到高程的转换过程,转换为场景高度的变化;然后通过插值成均匀网格进行地理编码,使图像变换到 WGS84 坐标系下显示高程。

1) 配准算法

雷达干涉测量的基础是两个天线(处于不同位置)对地面上同一点回波信号的相位分析,而不同的天线获取的数据分成了两个不同的数据集合,需要确定两个集合中哪些是同一点的数据。当两个数据集合转化为影像时,所面临的任务就是找同名点,即数据配准。SAR 图像对必须进行精确配准以保证输出的干涉条纹具有良好的相干性。

下面利用相关函数法进行分析。相关系数法以复数据作为对象,既有振幅信息,又有相位信息。一般地,在初步确定同名点和搜索范围后,可按式(5 - 34)计算相关系数,即

$$\bar{\gamma} = \frac{\left| \sum_{n=1}^{N} \sum_{m=1}^{M} u_1(n,m) u_2^*(n,m) e^{-j\phi(n,m)} \right|}{\sqrt{\sum_{n=1}^{N} \sum_{m=1}^{M} |u_1(n,m)|^2 \sum_{n=1}^{N} \sum_{m=1}^{M} |u_2(n,m)|^2}} \quad (5-34)$$

式中:$u_1(n,m)$ 和 $u_2(n,m)$ 为目标窗中对应位置 (n,m) 上的复数据;$u_2^*(n,m)$ 为 $u_2(n,m)$ 的共轭复数。在整个搜索范围内,逐一计算每一搜索点位上的 $\bar{\gamma}$ 值,取其中最大值所对应的位置为配准点位置,最后对所有控制点的偏移量进行拟合。利用拟合后得到的关系式对全场景的像素偏移量进行计算,实现整幅图像的配准,图像配准流程如图 5 - 14 所示。

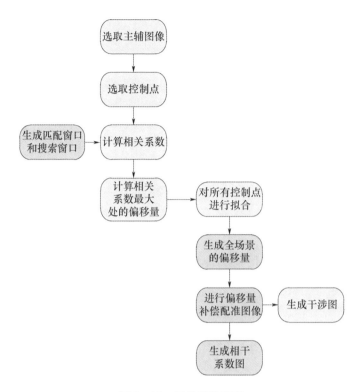

图 5-14　图像配准流程

2）相关计算算法

在进行主辅图像配准后,即可生成相关系数图。相关系数图不仅可以用来判断生成干涉图的质量,而且可以作为相位解缠的质量图,指导相位解缠的路径或权值设置。计算关系式为

$$\gamma = \frac{E[\,|u_1 u_2^*|\,]}{\sqrt{E[\,|u_1|^2\,]E[\,|u_2|^2\,]}} \qquad (5-35)$$

式中:u_1 和 u_2 为目标窗中对应位置上的复数据;"*"表示取共轭。在整个搜索范围内,逐一计算每一搜索点上的值,最后取其中最大值所对应的位置为配准点位置。

3）去平地处理算法

选用基于轨道的去平地方法,方法原理如图 5-15 所示。

基于轨道的去平地处理应首先选取参考面,主天线相对于参考面的高度为 H,计算主天线相对于选取参考面的(即一个场景的平地)下视角 θ。

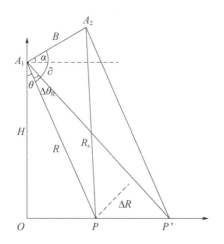

图 5-15 基于轨道法的去平地效应原理图

$$\theta = \arccos \frac{H}{R} \quad (5-36)$$

计算基线与主天线斜距夹角 ∂ 为

$$\partial = 90° + \alpha - \theta \quad (5-37)$$

由余弦定理计算辅天线斜距 R_s 为

$$R_s = \sqrt{R^2 + B^2 - 2RB\cos\partial} \quad (5-38)$$

由于 P 点相对于参考面的高度为 0,对于两个天线不应产生相位差,由此可以计算出场景内每一点的平地相位差为

$$\Delta R = R - R_s \quad (5-39)$$

$$\Delta \phi = \frac{2\pi \Delta R}{\lambda} \quad (5-40)$$

通过轨道参数补偿场景内相对于每一个像素点的两个天线斜距上的视角差即可完成去平地处理,有

$$s'(t) = s(t) e^{-j\Delta\phi} \quad (5-41)$$

式中:$s(t)$ 为去平地前的回波信号;$s'(t)$ 为去平地后的回波信号。

上述去平地处理流程如图 5-16 所示。

4)相位滤波和相位解缠算法

GoldStein 相位滤波是一种频域自适应滤波,其滤波函数与自身的频谱相关。通过这种滤波方式,可以在损失较低分辨率的情况下,达到减小相位噪声的效果。

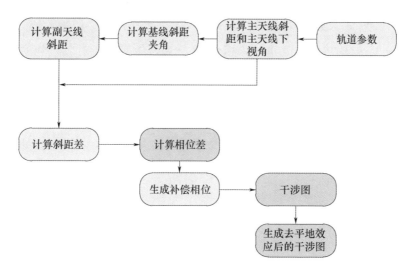

图 5-16 去平地处理流程

设复干涉相位数据为 $I(x,y)$，那么其二阶傅里叶变换的幅值为

$$S(u,v) = |\text{FFT}(I(x,y))| \qquad (5-42)$$

将二维频谱的幅值作平滑处理，即

$$\tilde{S}(u,v) = S(u,v) * W(u,v) \qquad (5-43)$$

式中：$W(u,v)$ 为平滑窗。处理的目的是为了减小频域噪声的影响，式(5-43)中使用了卷积运算，在实际处理过程中，可以采用时域相乘加快运行速度。

最终，滤波的窗函数可以表示为

$$Z(u,v) = \tilde{S}(u,v) \cdot |\tilde{S}(u,v)|^\alpha \qquad (5-44)$$

式中：$\alpha(0 \leq \alpha \leq 1)$ 为滤波器加权函数的幂指数。

利用枝切算法进行相位解缠，枝切法通过识别正负残差点，连接邻近的两个或多个残差点，连接线称为枝切线，要求枝切线上连接的正残差点与负残差点数量相等，称为"电荷"总数平衡，然后作路径积分来实现相位解缠。积分路径必须绕过枝切线而不能与之相交。这个算法的公认优点是运算速度快，存储空间小，适合残差点比较稀少的区域。

5）高程反演算法

高程反演是一个从解缠相位到地形高程的重要环节，利用对基线的估计，通过式(5-45)对高程进行数值迭代，确定地形高程，即

$$H_p = -\frac{\lambda R_p \sin\theta_p}{4\pi B_{\perp,p}} \phi_p \qquad (5-45)$$

式中：H_p 为场景中像素点的高程；λ 为雷达信号波长；R_p 为主图像像素点对应的斜距长度；θ_p 为像素点处本地入射角；$B_{\perp,p}$ 为该像素点所对应时刻的基线长度；ϕ_p 为相位解缠后该像素点的相位值。

在整个干涉处理流程的最后一步，通过地理编码将斜距方位坐标转化到地距方位坐标，即将场景中的坐标由经度、纬度和高度表示。在转换的过程中，由于直接由斜距方位坐标转化到地距方位坐标的结果不是均匀分布的，处理时还需进行插值处理，完成上述操作后生成 DEM。

2. GEO SAR 干涉处理仿真

GEO SAR 干涉处理仿真参数如表 5-5 所示，星下点轨迹如图 5-17 所示。

表 5-5　GEO SAR 干涉仿真参数

参数	参数值
轨道高度/km	36000
PRF/Hz	150
合成孔径时间/s	500
带宽/MHz	20
分辨率/m	优于 20×20（地距向×方位向）
空间基线/km	11.092
反演高程最高点/m	260
设置高程/m	260（最高点）0（平坦区域）

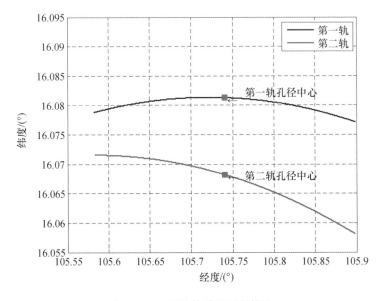

图 5-17　干涉轨道星下点轨迹

干涉仿真结果如图 5-18～图 5-23 所示。

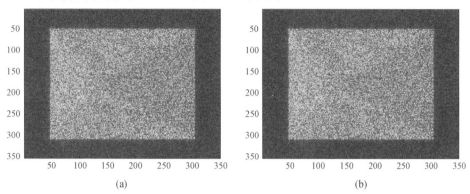

图 5-18　主辅图像

(a)主图像；(b)辅图像。

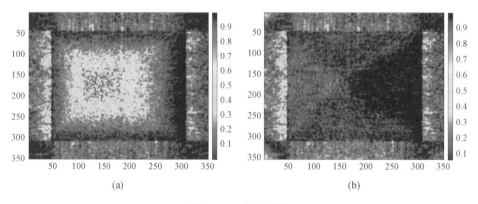

图 5-19　相关系数

(a)配准前的相干系数图(5×5 计算窗)；(b)配准后的相干系数图(5×5 计算窗)。

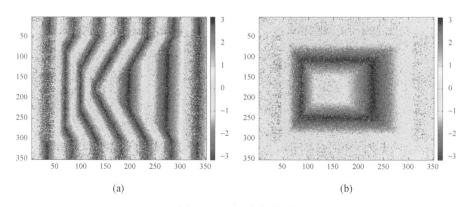

图 5-20　干涉条纹图

(a)生成的干涉条纹图；(b)去除平地相位后的干涉条纹图。

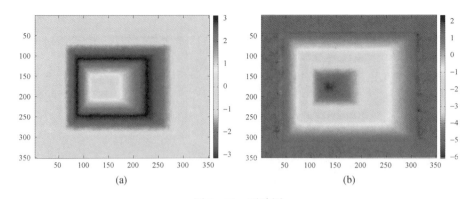

图 5-21 干涉图
(a)滤波后的干涉图;(b)相位解缠后的干涉图。

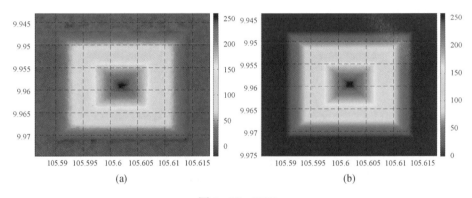

图 5-22 DEM
(a)反演的 DEM;(b)原始 DEM。

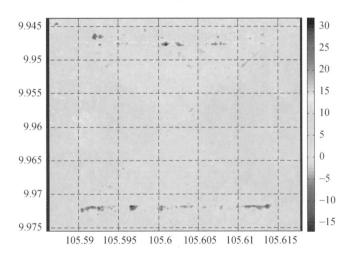

图 5-23 DEM 误差比较(全场景绝对高程均方根误差 5.5778m,优于 10m)

5.3.4 差分干涉处理算法

1. GEO SAR 差分干涉处理流程

GEO SAR 差分干涉测量采用三轨法进行数据处理,主要包括以下步骤。

(1) 选取两幅形变前的 GEO SAR 图像作为主辅图像,其中主图像作为两幅干涉图生成时的主图像,因此为基准主图像。

(2) 对形变前的主辅图像进行配准、距离向和方位向预滤波、去平地处理、相位滤波直到相位解缠,并计算相对于参考地球模型的垂直基线。

(3) 选取形变后的一幅 GEO SAR 图像作为辅图像,将其配准到基准主图像上,最后生成形变干涉图。

(4) 对形变干涉图进行去平地处理,并计算相对于参考地球模型的垂直基线,同时需要保证形变干涉图的垂直基线小于地形干涉图的垂直基线,以提高形变干涉图相位的可靠性,避免噪声的放大。

(5) 对相位解缠后的地形相位乘以比例因子,对形变相位图和乘以比例因子后的地形相位图作差,并对减去地形分量之后的形变相位进行相位解缠,得到场景形变值。

三轨法处理的整体流程如图 5-24 所示。

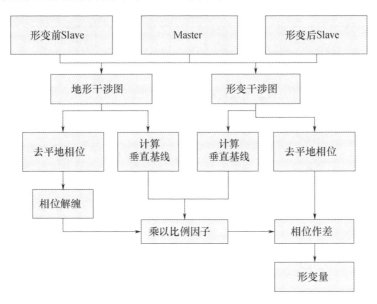

图 5-24 三轨法处理的整体流程图

差分干涉 SAR 主要涉及配准与去平地相位算法、相位滤波算法、相位解缠算法及形变反演算法,下面对形变反演算法进行介绍。

形变反演算法从 SAR 图像中提取地表形变信息,基本原理是利用三轨影像生成两幅干涉纹图,一幅反映地形信息,另一幅反映地表形变信息,然后通过对两幅图像进行差分测量得到形变信息。理论上场景的干涉相位可以表示为

$$d_{\text{def}} = -\frac{\lambda}{4\pi}\left(\varphi' - \frac{B'_{\text{para}}}{B_{\text{para}}}\varphi\right) \quad (5-46)$$

式中:φ' 和 φ 分别为形变分量干涉相位和地形分量干涉相位;B'_{para} 和 B_{para} 分别为形变干涉对和地形干涉对中的平行基线分量。

在实际处理过程中,由于地形未知,无法准确获得入射角 θ,导致无法准确计算垂直基线。因此,利用该方法计算场景的形变量时会引入较大误差。为了解决该问题,在进行处理时常利用卫星相对于参考面的垂直基线计算形变量,得到场景的形变量。

2. GEO SAR 差分干涉仿真实验

差分干涉处理仿真参数如表 5-6 所示,轨道星下点轨迹如图 5-25 所示。

表 5-6 GEO SAR 差分干涉仿真参数

参数	参数值
轨道高度/km	36000
PRF/Hz	150
合成孔径时间/s	500
带宽/MHz	20
分辨率/m	优于 20×20(地距向×方位向)
空间基线/km	10.275(地形测量) 2.065(形变监测)
设置形变量/mm	20(最大) 0(最小)

差分干涉仿真结果如图 5-26 ~ 图 5-28 所示。

第 5 章 地球同步轨道 SAR 信号模拟与成像

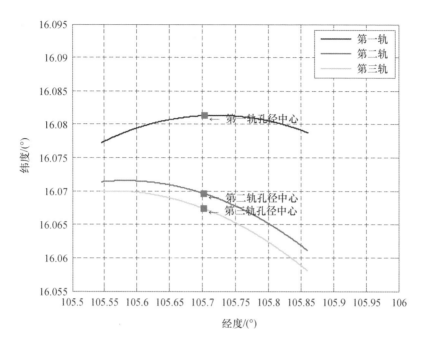

图 5-25 差分干涉轨道星下点轨迹

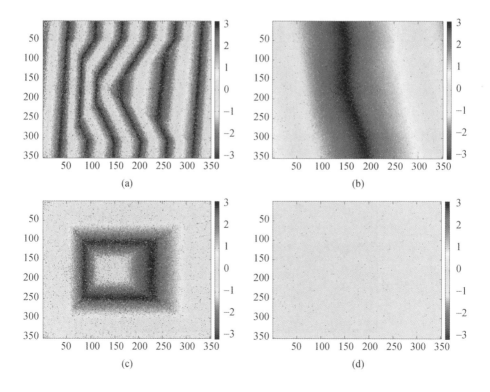

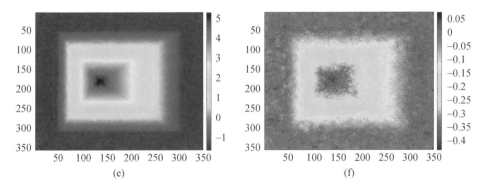

图 5-26 干涉图

(a)地形干涉图;(b)形变干涉图;(c)去除平地相位后的地形干涉图;
(d)去除平地相位的形变干涉图;(e)滤波及相位解缠后的地形干涉图;(f)滤波后的形变干涉图。

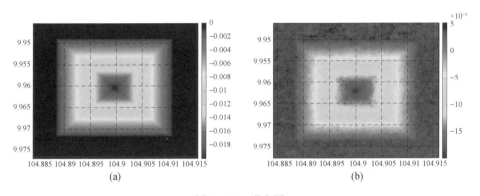

图 5-27 形变图

(a)原始形变图(垂直方向);(b)反演得到的形变图(垂直方向)。

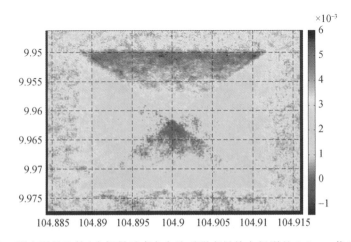

图 5-28 形变误差比较(全场景垂直方向绝对形变量均方根误差2.9mm,优于10mm)

5.3.5 多角度连续观测处理算法

解调后,GEO SAR 的点目标基带回波为

$$s(t_r, t_a) = w_r\left(t_r - \frac{2R_n}{c}\right) \cdot w_a(t_a) \cdot \exp\left(-j\pi k_r\left(t_r - \frac{2R_n}{c}\right)^2\right) \cdot \exp\left(-j\frac{4\pi R_n}{\lambda}\right)$$

(5-47)

多角度成像处理流程介绍如下。

1. 方位向子孔径划分和成像网格划分

为提高 BP 算法的效率,对回波信号进行方位向子孔径划分,使用多线程的方法进行三维 BP 成像处理。同时,根据成像所需的场景大小和三维分辨率需求,将成像场景划分为三维网格。

2. 三维 BP 反投

针对某一子孔径的回波信号,选择场景中心点作为参考点,构造距离向压缩函数

$$H_1(t_r, t_a, R_0) = w_r\left(t_r - \frac{2R_0(t_a)}{c}\right)\exp\left(-j\pi k_r\left(t_r - \frac{2R_0(t_a)}{c}\right)^2\right)$$

(5-48)

式中:$R_0(t_a)$ 为 t_a 时刻场景中心点与雷达载体的距离,且有

$$R_0(t_a) = \sqrt{(x_0(t_a) - x_s(t_s))^2 + (y_0(t_a) - y_s(t_s))^2 + (z_0(t_a) - z_s(t_s))^2}$$

(5-49)

式中:$[x_0(t_a), y_0(t_a), z_0(t_a)]$ 为场景中心点在地平坐标系中的位置;$[x_s(t_a), y_s(t_a), z_s(t_a)]$ 表示卫星位置。

进行距离脉压处理后,便可以根据要求,解算目标点与匹配滤波函数选定的参考点距离,计算出 $\Delta t(t_a)$,利用该结果可以由距离脉压结果找到目标点的幅值,将此位置的值填入到相应的网格中。对各 PRT 信号重复上述操作,可以实现三维 BP 成像,获得子孔径图像。

$$\Delta t(t_a) = \frac{2\sqrt{(x - x_s(t_a))^2 + (y - y_s(t_a))^2 + (z - z_s(t_a))^2}}{c} - \frac{2R_0(t_a)}{c}$$

(5-50)

3. 子孔径图像相干叠加

由于各子孔径的成像结果位于同一坐标系下,将各个子孔径的图像结果进行相干叠加,可以得到三维成像结果,流程如图 5-29 所示。

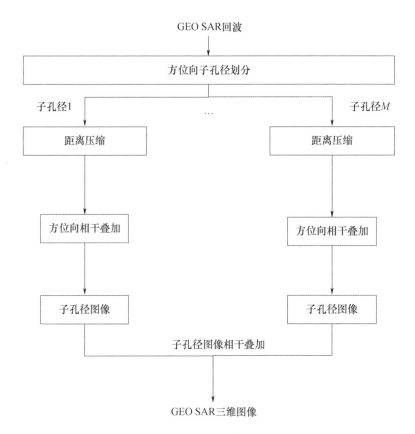

图 5-29　三维成像流程图

对表 5-7 所示参数进行三维成像仿真，仿真结果如图 5-30 所示。

表 5-7　成像仿真参数

参数	参数值
带宽/MHz	18
波长/m	0.24
观测时间/s	7200
入射角/(°)	30.6796
观测转角/(°)	4.9708

取出三轴剖面进行评估，得到三维分辨率，如图 5-31~图 5-33 所示。评估结果如表 5-8 所示。

第 5 章　地球同步轨道 SAR 信号模拟与成像

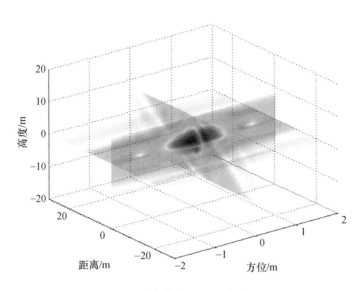

图 5-30　三维成像精确结果(目标位置:0,0,0)

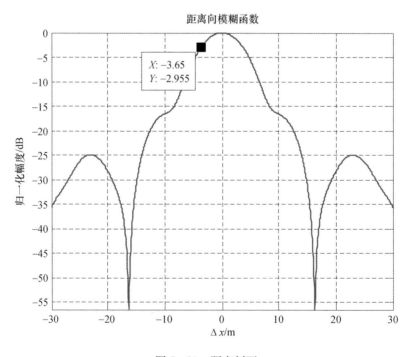

图 5-31　距离剖面

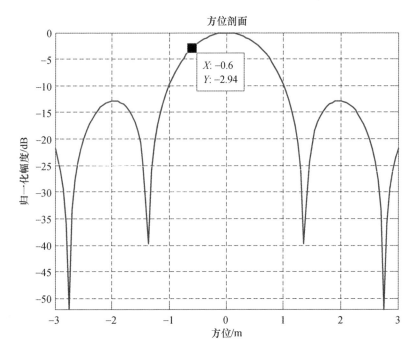

图 5-32　方位剖面

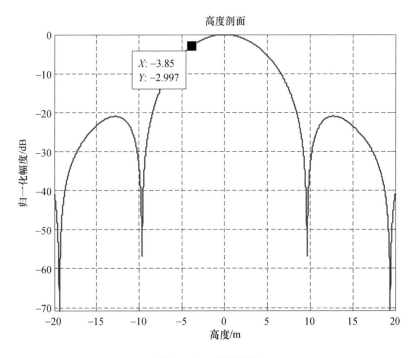

图 5-33　高度剖面

表 5-8 分辨率评估结果

目标位置/km	分辨率/m		
	距离向	方位向	高度向
(0,0,0)	7.3	1.2	7.7

5.4 地球同步轨道 SAR 图像质量评估研究

5.4.1 图像质量评估指标

1. 空间分辨率

空间分辨率为点目标冲激响应半功率点(-3dB)处宽度,有距离向空间分辨率ρ_r和方位向空间分辨率ρ_a之分,它是衡量 SAR 系统分辨两个相邻地物目标最小距离的指标。

计算空间分辨率时,首先应分析窗对 SAR 图像划定范围,并保证分析窗内仅存在一个点目标冲激响应。为了精确计算ρ_r和ρ_a的值,可以对图像上点目标区域进行插值,然后以点目标所在窗口的灰度最大值点为起点,沿距离向(或方位向)一侧搜索,直到遇到冲激响应强度低于最大值 1/2 的点,该点的前一相邻点强度应略大于最大值的 1/2。在这两点间进行插值,可以更精确地得到 1/2 最大值点的位置。对距离向(或方位向)的另一侧进行相同的处理,计算两个 1/2 最大值点之间的距离,就估算出了ρ_r或ρ_a的实际值,其计算流程如图 5-34 所示。

2. 峰值旁瓣比

峰值旁瓣比(PSLR)是指剖面上主瓣峰值强度与旁瓣区域中峰值强度之比,通常用分贝(dB)表示。峰值旁瓣比分为距离向峰值旁瓣比和方位向峰值旁瓣比。

在实际的峰值旁瓣比计算中,是以最大值点为起点,沿距离向(或方位向)向某一方向搜索,直到强度值从减小到第一次开始上升,这一点标志着主瓣与旁瓣的界线,继续搜索到局部峰值,可以计算出这一侧的峰值旁瓣比。然后,再搜索另一侧的强度值,计算峰值旁瓣比,取其中最大的作为距离向(或方位向)峰值旁瓣比。

峰值旁瓣比计算公式为

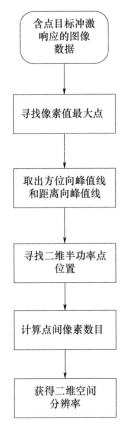

图 5-34 空间分辨率计算流程

$$\text{PSLR} = 10\lg \frac{P_\text{S}}{P_\text{M}} \qquad (5-51)$$

式中：PSLR 为峰值旁瓣比；P_S 为第一旁瓣峰值；P_M 为主瓣峰值。

峰值旁瓣比的计算流程如图 5-35 所示。

3. 积分旁瓣比

积分旁瓣比(ISLR)是指剖面上主瓣能量与旁瓣能量之比。积分旁瓣比分为距离向积分旁瓣比和方位向积分旁瓣比。

在实际的积分旁瓣比计算中，通常规定在以主瓣峰值为中心的 ±1 个分辨单元内计算主瓣的能量(像元灰度值之和)，在 ±10 个分辨单元内计算旁瓣的能量(能量值的总和减去主瓣能量)。

积分旁瓣比计算公式为

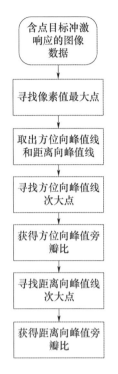

图 5-35 峰值旁瓣比的计算流程

$$\text{ISLR}_{1D} = 10\lg \frac{E_S}{E_M} \tag{5-52}$$

式中：ISLR_{1D} 为积分旁瓣比；E_S 为旁瓣总能量；E_M 为主瓣能量。E_S 和 E_M 的计算公式分别为

$$E_S = \int_{-\infty}^{a} |h(r)|^2 dr + \int_{b}^{+\infty} |h(r)|^2 dr \tag{5-53}$$

$$E_M = \int_{a}^{b} |h(r)|^2 dr \tag{5-54}$$

式中：积分限(a,b)之内对应主瓣区域；积分限(a,b)之外对应旁瓣区域。即 a 和 b 为主瓣与旁瓣的交界。

积分旁瓣比的计算流程如图 5-36 所示。

5.4.2 非正交旁瓣图像质量评估

不同于低轨 SAR 正侧视情况，通常 GEO SAR 点目标的旁瓣扩展方向不再与图像栅格方向一致。因此，在评估 GEO SAR 点目标成像质量时，需要首先确

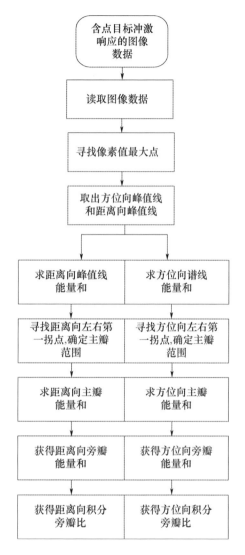

图 5-36 积分旁瓣比的计算流程

定方位向和距离向,通过 GEO SAR 图像域本身的信息自动搜索分辨方向,并确定各指标数值。

当 GEO SAR 的发射信号为 Chirp 信号时,其点扩展函数实际上是一个二维 sinc 包络的乘积。在图像域上,为了确定方位分辨方向和距离分辨方向,可以使用 5×5 的模版遍历整个成像结果的灰度图。若 $g(x,y)$ 表示第 x 行、第 y 列位置上像素的灰度值,则当 $g(x,y)$ 大于 (x,y) 周围的 24 个像素的灰度值时,令 $f(x,y)=1$;反之,令 $f(x,y)=0$。即

$$f(x,y) = \begin{cases} 1 & g(x,y) = g_{\max} \\ 0 & g(x,y) \neq g_{\max} \end{cases} \quad x,y \in [1,5] \quad (5-55)$$

单点目标成像结果经遍历后得到 $f(x,y)$，如图 5 – 37(b)所示。

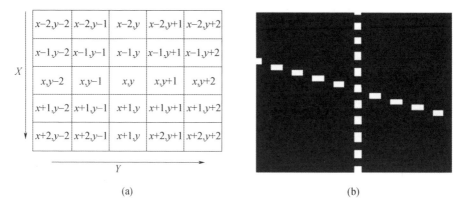

图 5 – 37 点目标成像结果

(a)5×5 模版；(b)双基地单点目标成像结果遍历后灰度示意图

图 5 – 37(b)中，$f(x,y) = 1$ 的部分呈白色，$f(x,y) = 0$ 的部分为黑色。对两条白线的 x、y 分别进行最小二乘拟合，以其中一条白线为例，设其 x、y 满足 $y = bx + a$ 的线性关系，a、b 为此线性函数的参数。已知 x_i、y_i($i = 1,2,\cdots,n$)，则参数 a、b 应使式(5 – 56)为最小值

$$S = \sum_{i=1}^{n}(y_i - y)^2 = \sum_{i=1}^{n}(y_i - a - bx_i)^2 \quad (5-56)$$

即参数 a、b 应使 $\partial S/\partial a = 0$，$\partial S/\partial b = 0$，由此确定参数 a、b，则旁瓣扩展方向为 $\theta = \arctan(b)$，使用同样的方法可以求出另一扩展方向，即求出距离等值线和多普勒等值线方向。方位分辨方向垂直于多普勒等值线方向，距离分辨方向垂直于距离等值线方向，由此，可以求解方位分辨方向和距离分辨方向。

确定点目标的旁瓣扩展方向后，需通过 sinc 重采样精确获得其旁瓣强度值。重采样是一个用样本值来重建某一函数的过程。为了精确计算每点值，可以采用 sinc 重采样的方法。具体说来，就是由该点所在列(或行)的所有点 $x(nT)$ 的 sinc 进行包络叠加，从而实现函数重建，然后确定此函数上的特定点的值。sinc 插值的公式为

$$x(t) = \sum_{n=-\infty}^{+\infty} x(nT) \frac{\sin\frac{\pi}{T}(t-nT)}{\frac{\pi}{T}(t-nT)} \quad (5-57)$$

在实际使用中,需采用截断的 sinc 插值,即每个插值点仅使用邻近几个点的信息。对于 N 点 sinc 插值,其表达式为

$$x_r(\tau) = x_r(t)\big|_{t=\tau} = \sum_{n=-N/2+1}^{N/2} x(nT) \frac{\sin\frac{\pi}{T}(t-nT)}{\frac{\pi}{T}(t-nT)}\bigg|_{t=\tau} \quad (5-58)$$

式中:N 为采样点的个数;$x(nT)$ 为内插点的值。

5.5 小结

本章系统研究了地球同步轨道 SAR 信号模拟与成像中的各项关键技术,对 GEO SAR 回波模拟方法、GEO SAR 各模式成像处理算法与流程以及 GEO SAR 图像质量评估方法进行了阐述。其中:GEO SAR 回波模拟研究阐述了卫星轨道与地球模型、回波模拟算法、非理想因素仿真模型、大气传输误差及电离层影响,并根据 GEO SAR 的特点引入了非"走-停"假设模型,实现了 GEO SAR 点目标和点阵目标的模拟;GEO SAR 成像研究涵盖了条带模式与扫描模式成像算法、干涉处理算法、差分干涉处理算法及多角度连续观测处理算法。在条带、扫描模式中,根据 GEO SAR 的回波特点引入了四阶斜距模型,并采用二维 NCS 成像算法;GEO SAR 图像质量评估研究详细论证了图像质量指标,并根据 GEO SAR 图像特点研究了非正交旁瓣图像质量评估的方法。

第 6 章
地球同步轨道 SAR 干涉与差分干涉

6.1 概述

地球同步轨道 SAR 系统的概念最初由 Tomiyasu 于 1978 年提出，同时对 GEO SAR 系统参数进行了分析。1983 年 Tomiyasu 对之前提出的系统参数进行了改进，将轨道倾角由 1°改为 50°，以取得较大的地球覆盖范围与相对地球运行速度，并对美国 97°W 附近地区进行成像论证。

进入 21 世纪后，针对 GEO SAR 系统的研究转入系统论证与详细指标分析阶段。2003 年，NASA 提出利用若干颗 GEO SAR 卫星、MEO SAR 卫星与 LEO SAR 卫星实现全球无缝观测，建设全球地震卫星观测系统（global earthquake satellite system,GESS），并发布了一份项目可行性与系统设计方案。2005 年，JPL 提出大型天线技术是 GEO SAR 系统实现的核心技术。2009 年，意大利 Guarnieri 等人研究了水蒸气对 Ku 波段 GEO SAR 系统性能的影响[100]。2011 年，Wei 等人分析了 GEO SAR 系统的运动补偿问题[101]。2014 年，Hobbs 等人研究了 GEO SAR 中对流层和电离层的传输问题，并分析了大气传输补偿的可行性。

国内近年来也开展了关于 GEO SAR 系统的研究。北京理工大学提出了多种斜距模型的精确描述方案，如基于原始直线模型修正的 SOA 模型、基于高阶多项式展开的 RSM 模型，并分析了"走－停"假设对 GEO SAR 系统成像的影响及校正方法[103]。中国科学院空天信息创新研究院对高阶多普勒斜距模型进行了深入研究，并利用 sinc 插值、子孔径、方位向扰动等方式解决 GEO SAR 系统的空变性问题。提出面向基于多普勒斜距模型的改进距离多普勒成像算法[138]。西安电子科技大学提出了基于修正斜距模型的改进 CS 算法与 WK 算法、基于子孔径的成像算法,以消除系统空变性影响[105-106]。北京航空航天大学对 GEO SAR 系统的研究主要包括后向投影(back-projection,BP)成像算法、动目标成像与步进频成像方法[108-110]。哈尔滨工业大学基于传统斜距模型推导了大气延迟、电离层延迟与"走-停"假设下的二维频谱,并提出了消除距离向空变性非线性调频方法[111-117]。

利用 GEO 干涉/差分干涉(GEO InSAR/DInSAR)系统测量地形高度与地表形变时会存在较大的误差。2014 年,西安电子科技大学杨桃丽等人研究了一种 GEO SAR 干涉测量模型[118],在考虑地球曲面、斜距、基线、平台高度、干涉相位和 DEM 等因素的情况下,推导了 GEO InSAR 绝对测高精度、相对测高精度与 GEO DInSAR 形变测量精度的数学模型。同年,北京理工大学李元昊等人分析了利用 GEO SAR 系统实现差分干涉测量的可行性,并针对影响形变测量精度的各种因素进行了仿真。

由国内外 GEO SAR/InSAR/DInSAR 系统的发展状况可知,目前对 GEO SAR 系统的研究主要集中于大气传输、电离层效应对成像的影响,以及成像算法的改进;对 GEO InSAR/DInSAR 系统的研究主要集中于干涉测量误差分析。因此,针对 GEO SAR 进行的大气环境模拟、雷达回波数据仿真以及成像算法验证,对 GEO SAR 系统的研究具有重要意义。此外,利用 GEO SAR 系统进行干涉与差分干涉的仿真处理,有利于对 GEO SAR 干涉处理算法与差分干涉处理算法存在的问题提出改进方法。

6.2 传统 SAR 几何模型

星载 SAR 系统以卫星作为运载平台,向观测目标区域以固定的 PRF 发射线性调频信号,然后接收由目标区域反射的回波信号,原始回波信号经"星-地"下传给地面接收系统后,经成像处理生成目标区域的 SAR 图像。星载 SAR 成像模式主要有条带、扫描、聚束、滑动聚束等,以条带成像模式说明 SAR 成像几何模型,如图 6-1 所示。

图 6-1 中,沿卫星的速度方向称为方位向,垂直于方位向的雷达视线方向称为斜距向,雷达斜距投影到地面的方向称为地距方向,SAR 在斜距和地距方向具有不同的分辨率,SAR 接收回波在斜距方向均匀采样,在斜距方向具有一致的分辨率,于是有

第6章 地球同步轨道 SAR 干涉与差分干涉

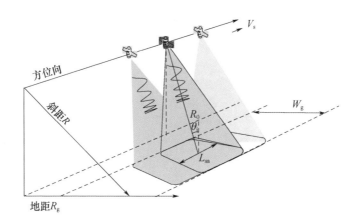

图 6-1 SAR 成像几何模型

$$\delta_r = \frac{c}{2W} \quad (6-1)$$

式中：δ_r 为斜距方向分辨率；W 为信号带宽；c 为光速。为获取较高的分辨率，需要发射宽带信号。为了降低发射功率以获取宽带信号，SAR 一般发射线性调频信号，通过匹配滤波技术在接收端获取高的时域分辨率。SAR 图像地距方向的分辨率与斜距方向分辨率关系为

$$\delta_g \approx \frac{\delta_r}{\sin\theta_i} \quad (6-2)$$

式中：δ_g 为地距方向分辨率；θ_i 为局部入射角。由式(6-2)可看出，地距分辨率沿地距方向是变化的。SAR 系统理想方位分辨率与方位向天线尺寸关系为

$$\delta_{az} \approx \frac{L_{az}}{2} \quad (6-3)$$

式中：L_{az} 为方位向天线尺寸。SAR 图像能够获取的方位向理想分辨率为方位向天线尺寸的一半。

6.3 基本概念与原理

6.3.1 传统 InSAR 几何模型

InSAR 是两个或多个 SAR 天线以微小视角差异对同一目标进行观测，对获取的两个或多个 SAR 图像作干涉处理，以此获取观测目标的高程信息[122-124]。

本节以单航过 InSAR 几何模型说明 InSAR 的基本原理,其测高几何模型如图 6-2 所示。

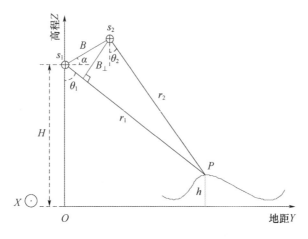

图 6-2 InSAR 几何模型

图 6-2 中,s_1 与 s_2 分别为主、辅 SAR 天线,天线之间的连线为基线 B,其垂直于视线方向的分量 $B_\perp$ 称为垂直有效基线,α 为基线倾角,θ_1 与 θ_2 分别为天线 s_1 与 s_2 的下视角,r_1 与 r_2 分别为天线 s_1 与 s_2 到目标点的斜距,H 为主天线的高度,h 为目标 P 的高度。假设 s_1 与 s_2 接收信号聚焦后的 SAR 复图像分别为 u_1 与 u_2,表示为

$$u_1 = |u_1| e^{j\phi_1} \tag{6-4}$$

$$u_2 = |u_2| e^{j\phi_2} \tag{6-5}$$

式中:$|u_1|$ 与 $|u_2|$ 为 SAR 图像的幅度;ϕ_1 与 ϕ_2 为图像的相位。一发双收的主辅 SAR 图像的相位表示为

$$\phi_1 = -\frac{2\pi}{\lambda} \cdot 2r_1 = -\frac{4\pi}{\lambda} \cdot r_1 \tag{6-6}$$

$$\phi_2 = -\frac{2\pi}{\lambda} \cdot (r_1 + r_2) \tag{6-7}$$

式中:λ 为雷达工作波长。主辅 SAR 图像配准后,复干涉相位由主辅 SAR 图像共轭相乘得到

$$v = u_1 \cdot u_2^* = |u_1||u_2| e^{j(\phi_1 - \phi_2)} = |u_1||u_2| e^{j\phi} \tag{6-8}$$

式中:上标" * "表示共轭相乘;v 为复干涉相位;$\phi = \phi_1 - \phi_2$ 为无模糊的干涉相位。一发双收的干涉相位可以写为

$$\phi = -\frac{2\pi}{\lambda}(r_1 - r_2) = \frac{2\pi}{\lambda}\Delta r \qquad (6-9)$$

式中：$\Delta r = r_2 - r_1$。由式(6-9)可以看出，斜距差的测量精度在波长级精度，远高于斜距的测量精度，这也是与雷达摄影测量的主要区别。实际观测或者测量的相位在$[-\pi, \pi)$内，观测相位φ表示为

$$\varphi = \langle \phi \rangle_{2\pi} = \phi - 2\pi k, \; k \in \mathbf{Z} \qquad (6-10)$$

式中：$\langle \cdot \rangle$表示取余操作；k为模糊数。为了获得无模糊的干涉相位，需要求取模糊数k，在InSAR处理中称为相位解缠处理。干涉相位图中某点的干涉相位与目标点的高程是对应的。下面说明目标高程和相位的关系。

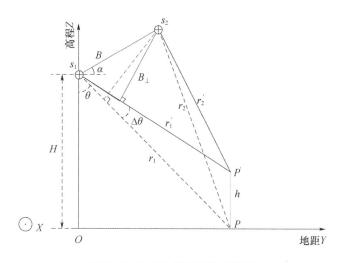

图 6-3 InSAR测高灵敏度模型

图6-3中目标点P到主辅天线的斜距差Δr可以近似为基线到主星视线方向的投影，表示为

$$\Delta r = r_1 - r_2 \approx B\sin(\theta - \alpha) \qquad (6-11)$$

式中：θ为主星下视角；α为基线倾角，定义为基线与水平方向的夹角。

考虑与P点地距相同，具有不同高程的目标点P'，其干涉相位为

$$\Delta \varphi' = \left\langle \frac{4\pi}{\lambda}\Delta r' \right\rangle_{2\pi} \qquad (6-12)$$

由高程变化Δh引起主星下视角变化$\Delta \theta$，则$\Delta r'$可以写为

$$\Delta r' = r_1' - r_2' = B\sin(\theta + \Delta\theta - \alpha) \qquad (6-13)$$

联立式(6-11)~式(6-13)可得到由目标高程变化引起的干涉相位差

$$\Delta\varphi = \left\langle \frac{2\pi}{\lambda}(\Delta r - \Delta r') \right\rangle_{2\pi} = \left\langle \frac{2\pi B}{\lambda}(\sin(\theta - \alpha) - \sin(\theta + \Delta\theta - \alpha)) \right\rangle_{2\pi}$$

$$= \left\langle \frac{2\pi B}{\lambda}(\cos(\theta - \alpha)\Delta\theta) \right\rangle_{2\pi} \tag{6-14}$$

由图 6-3 可以得到 Δh 与 $\Delta\theta$ 的关系为

$$\Delta h = H - r_1'\cos(\theta + \Delta\theta) = r_1\cos\theta - r_1\cos(\theta + \Delta\theta)$$
$$= r_1\cos\theta - r_1\cos\theta\cos\Delta\theta + r_1\sin\theta\sin\Delta\theta \tag{6-15}$$
$$= r_1\sin\theta\Delta\theta$$

将式(6-15)代入式(6-14)可得

$$\Delta\varphi = \left\langle \frac{2\pi B}{\lambda r_1\sin\theta}\cos(\theta - \alpha)\Delta h \right\rangle_{2\pi} = \left\langle \frac{2\pi B_\perp}{\lambda r_1\sin\theta}\Delta h \right\rangle_{2\pi} \tag{6-16}$$

式(6-16)可以表示干涉相位(去平地后)与目标点高程的关系。定义干涉测量中的模糊高度为

$$H_{oA} = \frac{\lambda r_1\sin\theta}{B_\perp} \tag{6-17}$$

模糊高度表示干涉相位变化 2π 时测量高度的变化量。

6.3.2 干涉相位统计特性

由于 SAR 分辨单元远大于雷达波长,单个分辨单元表现为分辨单元内若干散射体幅度和相位的相干叠加。因此,对于观测场景内主要为自然场景的中低分辨率 SAR 来说,可以认为分辨单元内的散射体是相互独立的,可以用零均值高斯模型进行建模。需要指出的是,对于高分辨率 SAR 和分辨单元内包含以人工目标为主的散射体时,高斯模型不再适用。符合高斯分布的两幅 SAR 图像 u_1 和 u_2 的联合概率密度函数为

$$p(\boldsymbol{w}) = \frac{1}{\pi^2|\boldsymbol{C}|}\exp(-\boldsymbol{w}^{*\mathrm{T}}\boldsymbol{C}^{-1}\boldsymbol{w}) \tag{6-18}$$

式中:$\boldsymbol{w} = (u_1, u_2)^\mathrm{T}$;$|\boldsymbol{C}|$ 是复协方差矩阵 $\boldsymbol{C}$ 的行列式。复协方差矩阵 $\boldsymbol{C}$ 定义为

$$\boldsymbol{C} = E[\boldsymbol{w}\boldsymbol{w}^{*\mathrm{T}}] = \begin{pmatrix} E[|u_1|^2] & \gamma\sqrt{E[|u_1|^2]E[|u_2|^2]} \\ \gamma^*\sqrt{E[|u_1|^2]E[|u_2|^2]} & E[|u_2|^2] \end{pmatrix}$$

$$= \begin{pmatrix} \bar{I}_1 & \gamma \bar{I} \\ \gamma^* \bar{I} & \bar{I}_2 \end{pmatrix} \quad (6-19)$$

式中：$\bar{I} = \sqrt{E[|u_1|^2]E[|u_2|^2]}$ 为 SAR 图像幅度期望的几何平均；$E[\cdot]$ 为数学期望；γ 为复相干系数。γ 定义为

$$\gamma = \frac{E[u_1 u_2^*]}{\sqrt{E[|u_1|^2]E[|u_2|^2]}} = \frac{E[v]}{\bar{I}} \quad (6-20)$$

相干系数是评价 InSAR 产品性能和质量的一个关键参数，描述了两幅 SAR 图像之间的互相关性和干涉相位图的质量。由式(6-20)可得到绝对相位和相干系数的联合概率密度函数

$$\rho(\phi;\gamma) = \frac{1-|\gamma|^2}{2\pi} \frac{1}{1-|\gamma|^2 \cos^2(\phi-\phi^0)} \cdot$$

$$\left(1 + \frac{|\gamma|\cos(\phi-\phi^0)\mathrm{acos}(-|\gamma|\cos(\phi-\phi^0))}{\sqrt{1-|\gamma|^2\cos^2(\phi-\phi^0)}}\right)$$

$$(6-21)$$

式中：ϕ^0 为干涉相位真值。式(6-21)描述了由去相干因素导致的干涉相位的偏差，不同相干系数时，干涉相位的概率密度函数分布如图 6-4 所示。

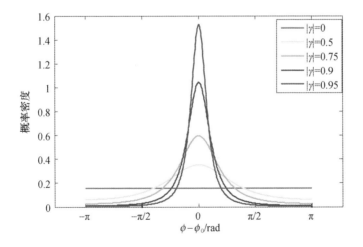

图 6-4　干涉相位概率密度函数

由图 6-4 可以看出，随着相干系数增大，干涉相位分布的标准差随之变小。当相干系数为 0，即完全去相干时，干涉相位呈均匀分布。通常采用多视的方法降低干涉相位噪声，以降低干涉相位分布的标准差。对干涉相位采用多视

处理后,式(6-21)转换为

$$\rho(\phi;\gamma,L) = \frac{\Gamma(L+1/2)(1-|\gamma|^2)(1-|\gamma|^2)^L|\gamma|\cos(\phi-\phi^0)}{2\sqrt{\pi}\Gamma(L)(1-|\gamma|^2\cos^2(\phi-\phi^0))^{L+1/2}}$$
$$+ \frac{(1-|\gamma|^2)^L}{2\pi} {}_2F_1(L,1;1/2;|\gamma|^2\cos^2(\phi-\phi^0))$$

(6-22)

式中:L 为多视视数;$\Gamma(\cdot)$ 为伽马函数;${}_2F_1(\cdot)$ 为高斯超几何分布函数。有

$${}_2F_1(L,1;1/2;|\gamma|^2\cos^2(\phi-\phi^0)) = \frac{\Gamma(1/2)}{\Gamma(L)\Gamma(1)} \sum_{i=0}^{\infty} \frac{\Gamma(L+i)\Gamma(1+i)}{\Gamma(1/2+i)} \frac{(\beta^2)^i}{i!}$$

(6-23)

通过提高干涉相位处理的多视视数,能够降低干涉相位噪声标准差,当多视视数较大时,干涉相位噪声的克拉美罗下界(Cramer-Rao lower bound,CRLB)为

$$\sigma_{\phi,\text{CRLB}}^2 = \frac{1-|\gamma|^2}{2|\gamma|^2 L}$$

(6-24)

准确估计干涉 SAR 图像对之间的相干性对 InSAR 处理具有重要意义。实际应用中,假设散射体在估计窗口内符合独立同分布特性,通过对局部窗内像素作统计平均进行相干性估计,有

$$\hat{\gamma} = \frac{\sum_{m=0}^{M}\sum_{n=0}^{N} u_1(m,n)u_2^*(m,n)\exp(-j\cdot\phi_c(m,n))}{\sqrt{\sum_{m=0}^{M}\sum_{n=0}^{N}|u_1(m,n)|^2}\sqrt{\sum_{m=0}^{M}\sum_{n=0}^{N}|u_2(m,n)|^2}}$$

(6-25)

式中:M 与 N 分别为方位向与距离向窗口大小;$\phi_c(m,n)$ 为估计窗内每个像素的补偿相位,其目的是使估计窗内的相位更符合独立同分布特性。上述估计为有偏估计:原因之一是统计窗内仍然存在部分干涉相位,残余相位不满足独立同分布特性;原因之二是统计窗内估计选择的样本有限。

6.3.3 InSAR 系统性能分析

本节对 InSAR 系统性能主要评价指标的计算方法进行介绍。

1. 相干系数

相干系数用于表示 InSAR 系统获取的两幅 SAR 复图像之间干涉相位的可信度,该指标与干涉相位精度相关。相干系数越接近于1,表明两幅 SAR 复图

像的相关性越好。

2. 模糊高度

模糊高度指斜距不变时,使干涉相位变化 2π 对应的高程变化量,其计算公式为

$$h_{\text{amb}} = \frac{\partial h}{\partial \Delta \phi} 2\pi = \frac{\lambda r \sin(\theta)}{2B_\perp} \qquad (6-26)$$

模糊高度越小,干涉条纹越密集,越不利于相位解缠等处理。而模糊高度过大时,干涉相位误差将引起较大的测高误差。

3. 测高精度

测高精度分为绝对测高精度与相对测高精度。

绝对测高精度用于描述 DEM 产品中目标点高程与其参考高程的偏离程度,其计算公式为

$$\Delta AH = \sqrt{\frac{1}{N} \sum_{i=1}^{N} (z_i - z_i')^2} \qquad (6-27)$$

式中:z_i 与 z_i' 分别表示目标点的高程测量值与参考高程值。

相对测高精度用于描述 DEM 产品中目标点之间的高程之差与其参考高程之差的偏离程度,其计算方式为

$$\Delta RH = \sqrt{\frac{1}{C_N^2} \sum_{i=1}^{N-1} \sum_{j=i+1}^{N} (\Delta z_{ij} - \Delta z_{ij}')^2} \qquad (6-28)$$

式中:$\Delta z_{ij} = z_i - z_j$;$\Delta z_{ij}' = z_i' - z_j'$。

4. 相位保持性能

相位保持性能用于描述所获取干涉数据的绝对相位与其实际相位的偏离程度,其计算公式为

$$\Delta Pha = \sqrt{\frac{1}{N} \sum_{i=1}^{N} \left(\Delta r_i \frac{4\pi}{\lambda} - \phi_i \right)^2} \qquad (6-29)$$

式中:Δr_i 为目标点 i 对应的主辅星斜距差;ϕ_i 为目标点 i 计算得到的绝对相位。

5. 定位精度

定位精度用于描述 DEM 产品中目标点的空间位置与其参考位置的偏离程度,其计算公式为

$$\Delta TP = \sqrt{\frac{1}{N} \sum_{i=1}^{N} \left[(x_i - x_i')^2 + (y_i - y_i')^2 + (z_i - z_i')^2 \right]} \qquad (6-30)$$

式中:(x_i, y_i) 与 (x_i', y_i') 分别为目标点的水平位置测量值与参考水平位置。

6.4 几何原理与性能分析

6.4.1 几何原理及处理方法

InSAR 技术在获取 DEM 时,要求两幅 SAR 图像获取期间地表没有形变发生,且未考虑外界条件变化影响。如果雷达两次航过期间,地表发生了形变,此时,则可以使用 DInSAR 技术测量地表形变量。

当形变发生时,跨越形变期获取的两幅 SAR 图像组成的干涉相位中包含地形相位和形变相位分量。DInSAR 的本质就是从干涉相位中分离得到形变相位。其中,地形相位的去除既可以利用外部 DEM 数据结合 InSAR 系统参数模拟干涉条纹,也可以通过没有形变发生的干涉图去除。

根据 DInSAR 技术所使用 SAR 图像数量的不同,分为二轨法、三轨法和四轨法。三种差分干涉处理方法的不同点如表 6-1 所示。

表 6-1 差分干涉处理方法

差分干涉处理方法	需要数据	DEM 来源	差分前是否需要相位解缠绕
二轨法	一对 SAR 图像,DEM	外部 DEM 数据	不需要
三轨法	三幅 SAR 图像	从其中一幅干涉图中获得	需要
四轨法	四幅 SAR 图像	从其中一幅干涉图中获得	需要

1. 二轨法

1993 年,Massonnet 提出只需两幅地表形变前后获取的 SAR 图像和观测区域的 DEM 就可以消除地形因素的影响,获取沿雷达视线方向的地表形变量。其基本思想是:对配准好的两幅跨越形变期的 SAR 图像做干涉处理,得到包含地形信息和形变信息的相位。使用已知的 DEM 数据和 InSAR 系统几何参数反演干涉相位。由于反演干涉相位中只包含地形相位,不包含形变相位、大气延迟相位和其他噪声相位。所以,将干涉相位和 DEM 反演得到的相位做差分处理,从干涉相位中去除地形相位,进而计算沿雷达视线方向的地表形变量。二轨法处理流程如图 6-5 所示。

二轨法差分观测几何模型如图 6-6 所示。其中 S_m 和 S_s 分别为主星和辅星,B 为基线,α 为基线倾角,$B_\perp$ 为垂直有效基线,$B_\parallel$ 为水平基线,θ 为主星下视角,T 为地表发生形变前目标点的位置,T_0 为形变前在参考平地上目标点对应的位置，T' 为地表发生形变后目标点的位置，R_1 和 R_2 分别为主辅星雷达天线相位中心到目标点的斜距，Δr 为沿雷达视线方向的地表形变量。

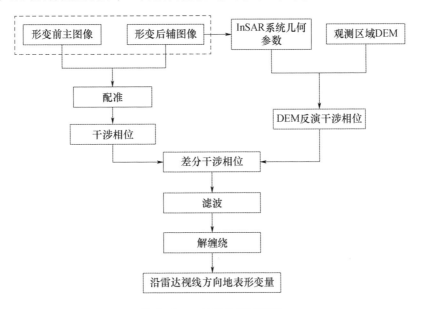

图 6-5 二轨法处理流程图

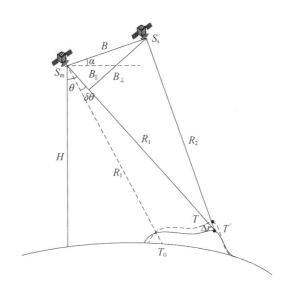

图 6-6 二轨法差分观测几何模型

跨越形变期的两幅 SAR 图像做干涉处理得到干涉相位 φ_{int}，有

$$\varphi_{\text{int}} = \varphi_{\text{def}} + \varphi_{\text{topo}} + \varphi_{\text{atmo}} + \varphi_{\text{noise}} \tag{6-31}$$

式中：φ_{topo} 为地形相位；φ_{atmo} 为大气相位；φ_{noise} 为相位噪声；φ_{def} 为沿雷达视线方向的地表形变相位，即

$$\varphi_{def} = \frac{4\pi}{\lambda}\Delta r \tag{6-32}$$

二轨法可以利用外部 DEM 数据和 InSAR 系统参数模拟干涉图去除地形相位分量 φ_{topo}。其本质是通过对研究区域的地面目标点定位，求取未发生形变时主辅星的斜距差 ΔR，得到地形相位分量，即

$$\varphi_{topo} = \frac{4\pi}{\lambda}\Delta R \tag{6-33}$$

SAR 图像中任意像素的地面位置是雷达波束中心与地面的交点，该交点可以通过斜距方程、多普勒方程和地形方程（使用地球椭球方程近似代替）确定。

星载 SAR 到地面目标点 T 的斜距 R_1 为

$$R_1 = |\boldsymbol{T} - \boldsymbol{S}_m| \tag{6-34}$$

式中：$\boldsymbol{T}$ 为目标点位置矢量；$\boldsymbol{S}_m$ 为卫星位置矢量。令 R_1 为常数，则等距离线形成以星下点为中心的一些同心圆，如图 6-7 所示。

地面目标点回波的多普勒中心频率 f_{dc} 为

$$f_{dc} = \frac{2\boldsymbol{V}_m \cdot (\boldsymbol{T} - \boldsymbol{S}_m)}{\lambda |\boldsymbol{R}_1|} \tag{6-35}$$

式中：$\boldsymbol{V}_m$ 为卫星与目标点间的相对速度矢量；λ 为波长。令 f_{dc} 为常数，则等多普勒线形成如图 6-7 所示的一簇双曲线。

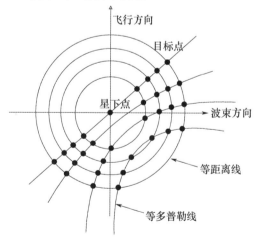

图 6-7 等距离线和等多普勒线示意图

第6章 地球同步轨道 SAR 干涉与差分干涉

由于没有研究区域地形方程的显式表达式,通常用地球椭球模型近似,有

$$\frac{T_x^2 + T_y^2}{(R_e + h)^2} + \frac{T_z^2}{(1 - 1/f)^2 (R_e + h)^2} = 1 \qquad (6-36)$$

式中:R_e 为地球平均赤道半径;$f = 298.255$ 为平坦度因子;h 为目标点高程。

图 6-7 中等距离线和等多普勒线的交点就是 R_1 和 f_{dc} 对应目标点的位置。式(6-34)~式(6-36)组成方程组(6-37),由于无法获得目标点位置的解析表达式,只能通过迭代方法,得出目标点位置的矢量解,从而计算主辅图像对应地面同一像素的斜距差 ΔR,得到形变前地形相位 $\varphi_{\text{sim\_topo}}$。

$$\begin{cases} R_1 = |\boldsymbol{T} - \boldsymbol{S}_m| \\ f_{dc} = \dfrac{2\boldsymbol{V}_m \cdot (\boldsymbol{T} - \boldsymbol{S}_m)}{\lambda |\boldsymbol{R}_1|} \\ \dfrac{T_x^2 + T_y^2}{(R_e + h)^2} + \dfrac{T_z^2}{(1 - 1/f)^2 (R_e + h)^2} = 1 \end{cases} \qquad (6-37)$$

目标定位具体过程为:对于 SAR 图像中像素 (i,j),由 SAR 图像及 InSAR 系统参数得到其对应的斜距 $R_1(i,j)$ 和成像多普勒中心频率 f_{dc}。设定像素 (i,j) 在式(6-37)中的参考高程值为 h_0。用当前高程值 h_0 对式(6-37)进行修正,使用迭代方法求解式(6-37)中当前像素在地固坐标系下的坐标 (T_x, T_y, T_z),并将其转换到 DEM 数据对应的大地坐标系(或高斯-克吕格坐标系)下,得到大地坐标系下的坐标 (L, B, H)。通过线性插值 DEM 高程,计算像素 (i,j) 对应高程值 h_1,再由此计算参考高程值和当前高程值之差 Δh,即有

$$\Delta h = |h_1 - h_0| \qquad (6-38)$$

当 Δh 小于某一阈值时,可以认为像素 (i,j) 的高程值为 h_1,当前像素对应坐标系下的坐标为 (T_x, T_y, T_z);否则,更新参考高程值 h_0 为 h_1,代入式(6-37),重新迭代计算像素 (i,j) 的高程值。流程如图 6-8 所示。

对于复杂地形,如陡峭山脉和山谷等坡度较大的局部区域,由于雷达成像几何会产生层叠现象。对像素定位时,Δh 可能不满足阈值,导致迭代过程不收敛。当迭代次数大于某一阈值时,就可以停止迭代。

通过干涉相位 φ_{int} 与 DEM 反演得到的地形相位 $\varphi_{\text{sim\_topo}}$ 相减,可以得到差分干涉相位 φ_{diff},通过解缠绕可以获得沿雷达视线方向的地表形变量 Δr,即有

$$\varphi_{\text{diff}} = \varphi_{\text{int}} \cdot \text{conj}(\varphi_{\text{sim\_topo}}) = \frac{4\pi}{\lambda} \Delta r \qquad (6-39)$$

$$\Delta r = \frac{\lambda [\varphi_{\text{diff}}]_{\text{unw}}}{4\pi} \qquad (6-40)$$

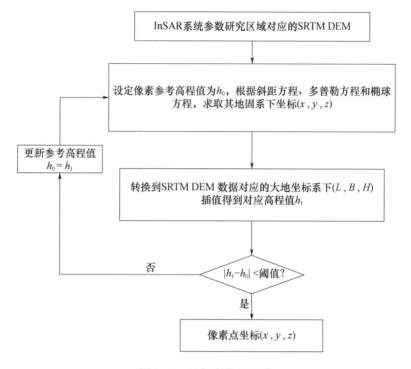

图 6-8　目标定位流程图

由式(6-39)可得

$$\frac{\varphi_{\text{diff}}}{\Delta r} = \frac{4\pi}{\lambda} \tag{6-41}$$

由式(6-41)可以看出,差分干涉相位对地表变化非常敏感。对于 ERS-1/2 卫星,波长 λ 为 5.6cm,斜距 R_1 为 830km,有效基线 $B_\perp$ 长度不大于 200m,当地表形变量 Δr 为 2.8cm 时就会引起 2π 的相位变化;而只有当高程 h 变化 4500cm 时,才会产生同样的效果。因此,DInSAR 技术非常适用于地表形变检测。

二轨法处理中相位解缠绕在生成差分干涉相位图后进行,差分干涉图中条纹数较干涉图中稀疏,极大地降低了解缠绕的难度。但是,二轨法需要观测区域的外部 DEM 数据辅助,否则无法采用该方法。然而,在引入 DEM 数据的同时,DEM 高程误差、基线误差和 DEM 与 SAR 图像的配准误差会影响形变检测精度。

2. 三轨法

三轨法是 Zebker 等人于 1994 年提出的,该方法可以直接从三幅 SAR 图像中提取地表形变信息。基本原理是选取地表形变前雷达获取的一幅 SAR 图像为公共主图像,地表形变前的另一幅 SAR 图像与主图像组成地形对,地表形变后的另一幅 SAR 图像与主图像组成形变对。在公共主图像的选取上,要求其与形变前的辅图像获取时间间隔尽量短,且有效基线相对较长;其与形变后的辅图像有效基线要尽量短。通过这两幅干涉图差分处理就可以去除地形相位,得到形变相位。三轨法的处理流程如图 6-9 所示。

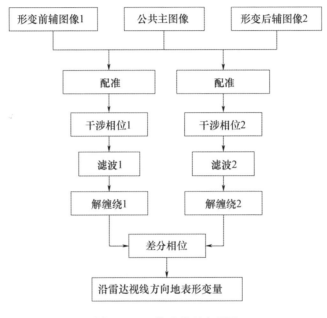

图 6-9 三轨法处理流程图

三轨法在缺乏 DEM 数据的观测区域也可以进行地表形变检测。但是由于有效基线长度限制,很难找到符合要求的具有良好相干性的主辅图像,且干涉相位解缠绕引入的误差会影响最终测量结果。

3. 四轨法

四轨法需要两对独立的 SAR 图像,一对形变前获取的 SAR 图像用来估计地形相位,这两幅图像获取时间间隔应尽量短,且有效基线尽量长;另一对跨越形变期的 SAR 图像用来估计地形和形变相位,此对图像有效基线越短越好,同时需要考虑时间去相平。本质上,四轨法与三轨法相似,只是由一对独立的 SAR 图像生成地形相位,在差分处理前需要将两幅干涉相位图重采样到同一参考几何内。四轨法处理流程如图 6-10 所示。

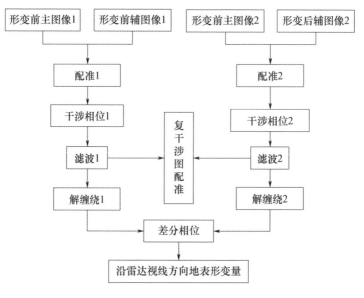

图 6 – 10 四轨法处理流程图

6.4.2 差分干涉 SAR 性能分析

尽管 DInSAR 技术在形变检测中表现出了极大的应用潜力[119-121],但是在实际应用中还是受到雷达波长、大气效应、去相干、DEM 高程误差、卫星轨道误差和噪声等因素的限制和影响,使形变检测中存在误差或者根本不能进行 DInSAR 处理。因此,只有选择相干性好的干涉图,使用精确的卫星位置和速度矢量,并去除地形相位、大气相位后才能消除这种影响。

1. 波段选择

当沿雷达视线方向发生形变量为 Δr 的地表形变时,差分干涉相位

$$\varphi_{\text{diff}} = \frac{4\pi}{\lambda}\Delta r \qquad (6-42)$$

由式(6-42)可以看出,对于相同的形变量,短波长(如 X 波段)的雷达波比长波长(如 L 波段)的雷达波在形变检测方面敏感度更高。

Zebker 等人研究发现,相干系数 γ 与波长 λ、散射体位置的水平变化量 σ_y^2、垂直变化量 σ_z^2 及入射角 θ 存在如下关系

$$\gamma = e^{-\frac{1}{2}\left(\frac{4\pi}{\lambda}\right)^2(\sigma_y^2\sin^2\theta + \sigma_z^2\cos^2\theta)} \qquad (6-43)$$

由式(6-43)可以看出,波长与相干性成正比。试验表明,假设只发生水平

运动,对于 C 波段,2~3cm 的随机位移就可以导致完全失相干;但对于 L 波段,10cm 的随机位移才能导致完全失相干。

因此,使用 DInSAR 技术进行形变检测时,对于不同波段的雷达数据,为了保证形变检测的精度,需要选择波长较短的数据;为了保证图像的相干性,又要选择波长较长的数据。实际处理中,当存在多波段数据可供选择时,要折中考虑这两方面。

2. 大气延迟

虽然电磁波能够穿越大气层,但大气层中电离层和对流层对电磁波传播影响较大,其中对流层影响最大。对流层中水蒸气含量、气压和温度等随时间和空间不断变化,都会影响电磁波传播路径,使其发生偏移,导致实际传播路径比理论传播路径延长。特别是在多航过 SAR 系统中,多次观测获取数据时大气层介质的非均匀性会导致雷达回波信号的相位延迟。

DInSAR 技术进行地表形变检测时使用的两幅 SAR 图像分别在不同时刻采集,一般情况下它们对应的大气层状况是不同的,从而使得大气相位对干涉测量结果的影响不可忽略。Zebker 等人研究表明,有效基线长度为 100~400m 的情况下,空间和时间上大气中 20% 的相对湿度变化将会导致 10cm 左右的形变测量误差,会严重影响高精度差分干涉形变测量的结果。

同时,大气相位表现为低波数谱特性,不能从相干系数图中检测和估计出来。而且,缺乏与 SAR 数据采集时间同步的气象数据,传统差分干涉处理中的大气相位很难从干涉相位中去除,被当作形变相位的一部分,大大降低了 DInSAR 形变检测结果的可靠性和精度。

3. 时间去相干

干涉成功的前提就是数据录取期间地面回波信号的随机变化仍能保持较高的相干性,若回波信号的相干性减弱或者完全失相干,将导致干涉测量失败。

对于多航过 SAR 系统来说,雷达在不同时间对地面同一分辨单元进行观测时,植被生长、土壤湿度变化和散射体位置变化等都会导致分辨单元回波相位发生变化,时间间隔越长,干涉相位中的噪声越大,从而导致时间失相干。特别是在农作物和植被覆盖地区,即使观测时间间隔较短,地貌特征的时变也较快,容易改变散射体的特性,导致回波信号相干性减弱。研究表明,对于水体区域,由于其表面时刻变化,相干时间只有几十微秒;对于农作物和植被覆盖区域,根据植被的生长情况不同,相干时间可以为数小时到数天;对于裸露的岩石和建筑物,其散射特性较稳定,相干时间可达数年之久。

目前,DInSAR 技术用于监测长时间缓慢积累的形变具有较低的成功率,也是因为受到了长时间间隔录取数据干涉相位去相干的限制。

4. 空间去相干

重复航过时,由于卫星位置不同,存在视角差异。在不同视角下观测同一分辨单元,其散射体排列次序随机变化,会引入空间去相干。有效基线较短时,雷达近似在在同一视角下观测目标,回波信号相位变化不明显;有效基线较长时,多次观测的下视角、入射角和斜视角变化较大,回波信号相干性随之降低,会引入相位解缠绕误差。当有效基线长度超过临界基线时,回波信号就完全去相干,干涉和差分干涉测量也就无法进行。一般情况下,单航过双天线 SAR 系统几乎不存在空间去相干,而多航过单天线 SAR 系统受空间去相干影响较为显著。

DInSAR 技术进行形变检测时,要求多航过数据的有效基线不能太长。空间去相干限制了可用数据样本和有效干涉对的数量,使得差分干涉测量仅局限于在部分满足基线条件的 SAR 数据上进行,而监测长期积累的微小地表形变较为困难。

5. 轨道误差

二轨法 DInSAR 技术用于形变检测时,需要根据卫星轨道矢量反演地形相位。由于卫星飞行过程中实际数据录取时间与卫星上时钟记录时间存在误差,即 SAR 数据中记录的第一个方位采样时刻和斜距与实际不符。第一个方位采样时刻用于卫星位置和速度矢量插值,而卫星位置和速度矢量、斜距是目标点定位的关键参数,轨道参数误差会影响目标点的定位精度,导致 DEM 反演的干涉图与实际不符,差分干涉图中残余的地形相位分量被误认为形变相位的一部分,降低了测量精度。

二轨法 DInSAR 数据处理时,可以通过地面控制点进行卫星轨道校正。当不存在地面控制点时,可以使用外部 DEM,按照雷达成像几何特性模拟 SAR 图像来校正卫星轨道,降低轨道误差对 DInSAR 测量结果的影响。

在模拟 SAR 图像时,可以仅利用计算每个像素点的局部入射角 θ 建立简单模型的方法,模拟 SAR 幅度图,任意分辨单元局部入射角模型如图 6-11 所示。

具体实现方法如下:对研究区域进行目标点定位,计算每个像素点的在地固系下的坐标 $T(x,y,z)$。根据卫星位置矢量 P 和每个像素点的坐标 $T(x,y,z)$ 建立局部入射角 θ 的模型,如图 6-11 所示。根据式(6-44),可以得到模拟的 SAR 图像。将模拟 SAR 图像与实测 SAR 图像进行配准,计算偏移量 $(\Delta x, \Delta y)$。若偏移量不为 0,则结合脉冲重复频率 PRF 和距离向采样频率 F_r 计算方位向时

图 6-11 任意分辨单元局部入射角模型

间误差 Δt_a 和距离向时间误差 Δt_r，详见式 (6-45) 和式 (6-46)。将 Δt_a 和 Δt_r 分别补偿到第一个方位采样时刻 t_0 和近边斜距 R_{near} 上完成校正，如式 (6-47) 和式 (6-48) 所示。最后，利用修正后的第一个方位采样时刻 t_0' 重新插值计算卫星位置和速度矢量。

$$\text{Amplitude} \approx 1 - \sin\theta \tag{6-44}$$

$$\Delta t_a = -\frac{\Delta x}{\text{PRF}} \tag{6-45}$$

$$\Delta t_r = -\frac{\Delta y}{2F_r} \tag{6-46}$$

$$t_0' = t_0 + \Delta t_a \tag{6-47}$$

$$R_{near}' = R_{near} + \frac{\Delta t_r \cdot c}{2} \tag{4-48}$$

利用 SRTM DEM 模拟 SAR 图像的具体流程如图 6-12 所示，每次使用迭代修正后的卫星位置、速度矢量和斜距重新模拟 SAR 图像，并与实测 SAR 图像进行配准，直到配准偏移量为 0 为止。

6. DEM 高程误差

二轨法差分干涉需要利用外部 DEM 数据去除地形相位以获取形变量，DEM 高程误差影响差分干涉处理结果的精度。

假设重复航过期间，没有形变发生，两次斜距差

$$\Delta R = -B\sin(\theta - \alpha) + \frac{B^2}{2R_1} \tag{6-49}$$

此时干涉相位

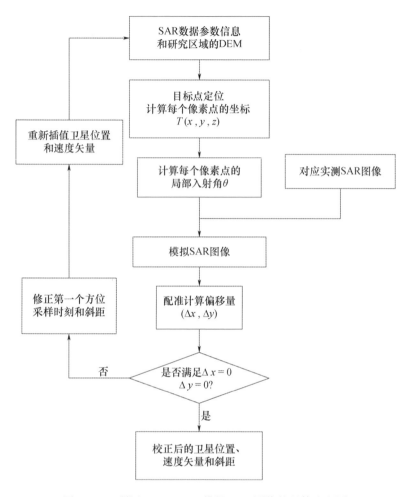

图 6-12 利用 SRTM DEM 模拟 SAR 图像的具体流程图

$$\varphi_1 = \frac{4\pi}{\lambda}\left(-B\sin(\theta-\alpha)+\frac{B^2}{2R_1}\right) \quad (6-50)$$

当重复航过有形变发生时,形变量为 Δr,此时干涉相位为

$$\varphi_2 = \frac{4\pi}{\lambda}(\Delta R+\Delta r) = \frac{4\pi}{\lambda}\left(-B\sin(\theta-\alpha)+\frac{B^2}{2R_1}+\Delta r\right) \quad (6-51)$$

式(6-49)和式(6-51)对 h 求偏导,得

$$\begin{cases} 1 = R_1\sin\theta\,\dfrac{\partial\theta}{\partial h} \\ 0 = \dfrac{4\pi}{\lambda}\left(-B\cos(\theta-\alpha)\,\dfrac{\partial\theta}{\partial h}+\dfrac{\partial\Delta r}{\partial h}\right) \end{cases} \quad (6-52)$$

式(6-52)进一步化简,得到

$$\frac{\partial \Delta r}{\partial h} = \frac{B_\perp}{R_1 \sin\theta} \quad (6-53)$$

可以看出,二轨法使用的DEM精度对形变测量结果的影响程度,有效基线越长,DEM精度对形变测量结果的影响越大。

对于ERS1/2卫星,斜距R_1为830km,平地下视角为23°,随有效基线的变化,DEM精度对形变测量结果的影响如图6-13所示。

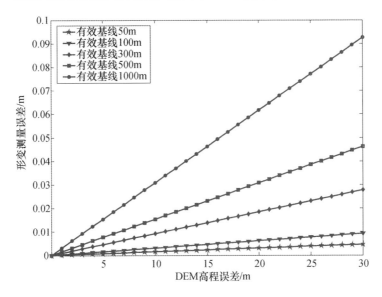

图6-13　DEM精度对形变测量结果的影响

对于较短有效基线(50m和100m),当测量精度要求不低于1cm时,DEM精度对测量结果影响不大。但是随着有效基线的增长,DEM精度对形变测量结果的影响越来越明显。使用DInSAR技术进行高精度形变检测时,会对测量结果产生较大影响。

美国航天飞机雷达地形测绘任务(shuttle radar topography mission,SRTM) DEM分辨率为90m,绝对高程精度为±16m,相对高程精度为±10m,绝对平面精度为±20m,相对平面精度为±15m。在平坦地区,SRTM DEM高程误差较小,但是在地面起伏变化较大的地区,SRTM DEM的精度较低。因此,使用二轨法DInSAR技术测量形变时,若有效基线较长,则DEM高程误差对形变测量结果有较大影响。

6.5 GEO-InSAR 全链路误差分析

6.5.1 性能分析思路

按照获取 InSAR 产品的整个流程，全链路误差影响因素如图 6-14 所示。误差因素主要包括卫星参数、载荷参数、传输链路和地面处理等，各误差因素最终影响干涉 SAR 的测高精度。

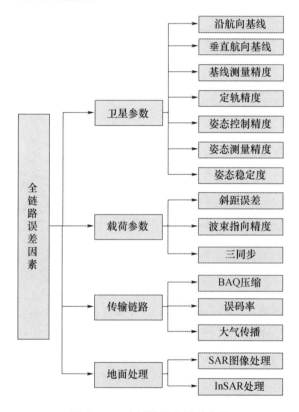

图 6-14 全链路误差影响参数

一般而言，干涉 SAR 的高程误差主要受下列五个因素的影响：斜距测量误差 Δr_1、水平向基线误差 ΔB_x、高度向基线误差 ΔB_y、平台高度误差 ΔH_s 和干涉相位误差 $\Delta \phi$，各因素引起的高程误差为

$$\Delta h_{r_1}(h,\theta) = \frac{r_1 - (H_s + R_e)\cos\theta}{h + R_e}\Delta r_1 \qquad (6-54)$$

$$\Delta h_{B_x} = \frac{r_1(H_s + R_e)\sin^2\theta}{(h + R_e)(B_x\cos\theta + B_y\sin\theta)}\Delta B_x \quad (6-55)$$

$$\Delta h_{B_y} = -\frac{r_1(H_s + R_e)\sin\theta\cos\theta}{(h + R_e)(B_x\cos\theta + B_y\sin\theta)}\Delta B_y \quad (6-56)$$

$$\Delta h_{H_s}(h,\theta) = \frac{(H_s + R_e) - r_1\cos\theta}{h + R_e}\Delta H_s \quad (6-57)$$

$$\Delta h_\phi(h,\theta) = \frac{\lambda r_1(H_s + R_e)\sin\theta}{4\pi(h + R_e)B\cos(\theta - \alpha)}\Delta\phi \quad (6-58)$$

6.5.2 相对测高精度分析

相对测高精度是指在一幅场景中任意两点之间的高程差与实际地面上对应两点的高程差之间的均方根误差。相对测高精度反映了地形的几何畸变。假设各影响因素之间是相互独立的,则总的相对测高误差表示为

$$\Delta h_{\text{tot}}^{\text{rel}} = \sqrt{(\Delta h_{r_1}^{\text{rel}})^2 + (\Delta h_{B_x}^{\text{rel}})^2 + (\Delta h_{B_y}^{\text{rel}})^2 + (\Delta h_{H_s}^{\text{rel}})^2 + (\Delta h_\phi^{\text{rel}})^2}$$

$$(6-59)$$

式中: $\Delta h_{r_1}^{\text{rel}}$、$\Delta h_{B_x}^{\text{rel}}$、$\Delta h_{B_y}^{\text{rel}}$、$\Delta h_{H_s}^{\text{rel}}$ 和 $\Delta h_\phi^{\text{rel}}$ 分别为由斜距误差、水平向基线误差、高度向基线误差、平台高度误差和干涉相位误差引起的相对测高误差。下面分别对以上因素进行分析。

1. 斜距误差引起的相对测高误差

根据式(6-54)可知,由斜距误差引起的相对测高误差为

$$\Delta h_{r_1}^{\text{rel}}(\Delta h, \Delta\theta) = \Delta h_{r_1}(h + \Delta h, \theta + \Delta\theta) - \Delta h_{r_1}(h,\theta) \quad (6-60)$$

式中: $\Delta\theta$ 为测绘带宽内下视角变化值; Δh 为目标高程变化值。图6-15所示为目标高程变化9000m、测绘带宽为500km、入射角为15°或58°时,由斜距误差引起的相对测高误差。可以看出,斜距误差对相对测高误差的影响较小。

2. 基线误差引起的相对高程误差

垂直航向基线是实现干涉处理的基础。垂直航向基线越长,基线误差引起的绝对和相对高程误差就越小。根据式(6-55)和式(6-56)可得由水平基线误差和高度基线误差引起的相对测高误差为

$$\Delta h_{B_x}^{\text{rel}}(\Delta h, \Delta\theta) = \Delta h_{B_x}(h + \Delta h, \theta + \Delta\theta) - \Delta h_{B_x}(h,\theta) \quad (6-61)$$

$$\Delta h_{B_y}^{\text{rel}}(\Delta h, \Delta\theta) = \Delta h_{B_y}(h + \Delta h, \theta + \Delta\theta) - \Delta h_{B_y}(h,\theta) \quad (6-62)$$

式中: $\Delta\theta$ 为测绘带宽内下视角的变化值; Δh 为目标高程变化值。

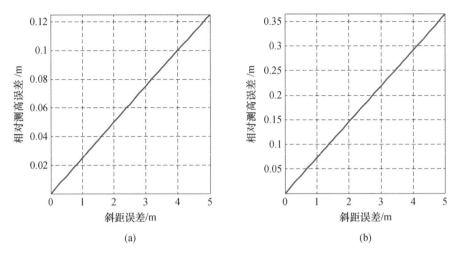

图 6-15 斜距误差引起的相对测高误差

(a) 入射角 15°；(b) 入射角 58°。

两轴基线误差引起的相对测高误差为

$$\Delta h_{\mathrm{B}}^{\mathrm{rel}}(\Delta h, \Delta \theta) = \sqrt{\left[\Delta h_{B_x}^{\mathrm{rel}}(\Delta h, \Delta \theta)\right]^2 + \left[\Delta h_{B_y}^{\mathrm{rel}}(\Delta h, \Delta \theta)\right]^2} \quad (6-63)$$

图 6-16 所示为当目标高程变化 9000m、测绘带宽为 500km 时，两轴基线误差（即 ΔB_x 和 ΔB_y）引起的相对测高误差。可以看出，基线误差对相对测高误差的影响很大。

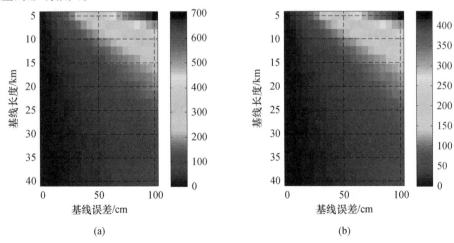

图 6-16 基线误差引起的相对测高误差

(a) 入射角 15°；(b) 入射角 58°。

3. 平台高度误差引起的相对高程误差

根据式(6-57)可得由平台高度误差引起的相对测高误差为

$$\Delta h_{H_s}^{rel}(\Delta h, \Delta \theta) = \Delta h_{H_s}(h + \Delta h, \theta + \Delta \theta) - \Delta h_{H_s}(h, \theta) \quad (6-64)$$

式中:$\Delta \theta$ 为测绘带宽内下视角的变化值;Δh 为目标高程变化值。图 6-17 所示为目标高程变化 9000m、测绘带宽为 500km，平台高度误差为 10m。可以看出，平台高度误差引起的相对测高误差较小。

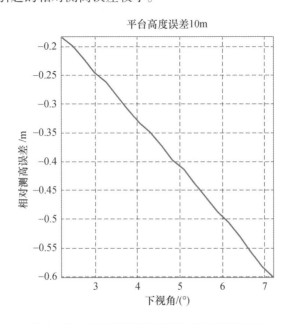

图 6-17 平台高度误差引起的相对测高误差

4. 干涉相位误差引起的相对高程误差

根据式(6-58)可得，由干涉相位误差引起的相对测高误差为

$$\Delta h_\phi^{rel} = \sqrt{2}\Delta h_\phi \quad (6-65)$$

图 6-18 所示为干涉相位误差引起的相对测高误差。

在 InSAR 数据处理中，用于干涉处理的 SAR 图像对之间的相干性直接决定了干涉相位误差。干涉相位误差的概率密度函数为

$$p_\varphi(\varphi) = \frac{\Gamma\left(L+\frac{1}{2}\right)(1-|\gamma|^2)^L \gamma \cos\varphi}{2\sqrt{\pi}\Gamma(L)(1-\gamma^2\cos^2\varphi)^{L+1/2}} + \frac{(1-|\gamma|^2)^L}{2\pi} F\left(L, 1; \frac{1}{2}; \gamma^2\cos^2\varphi\right) \quad (6-66)$$

式中:L 为视数;γ 为相干系数;Γ 为伽马函数;F 为高斯超几何函数，其定义式为

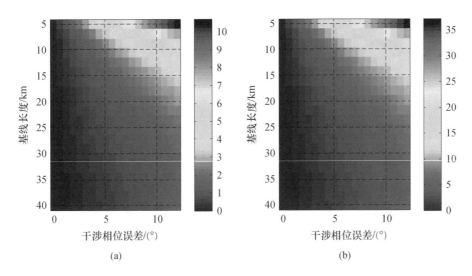

图 6-18 干涉相位误差引起的相对测高误差

(a) 入射角 15°；(b) 入射角 58°。

$$F(a,b;c;x) = \sum_{m=0}^{\infty} \frac{(a,m)(b,m)}{(c,m)} \frac{x^m}{m!} \quad (6-67)$$

式中：$(a,0)=1,(a,m)=a(a+1)\cdots(a+m-1)$，$m$ 为整数。由此可得干涉相位误差的标准差为

$$\sigma_\varphi = \sqrt{\int_{-\pi}^{\pi} \varphi^2 p_\varphi(\varphi) \cdot \mathrm{d}\varphi} \quad (6-68)$$

图 6-19 所示为不同视数情况下，干涉相位误差标准差随相干系数的变化。

影响相干系数 γ 的因素有很多，总的来说，星载干涉处理去相干源包括信噪比去相干 γ_{SNR}、天线模糊度去相干 γ_{Amb}、空间基线去相干 γ_B、体散射去相干 γ_{vol}、时间去相干 γ_{temp} 和处理去相干 γ_{proc}。总的相干系数可表示为

$$\gamma_{tot} = \gamma_{SNR} \cdot \gamma_{Amb} \cdot \gamma_B \cdot \gamma_{vol} \cdot \gamma_{temp} \cdot \gamma_{proc} \quad (6-69)$$

1）信噪比去相干

信噪比去相干可以表示为

$$\gamma_{SNR} = \frac{1}{\sqrt{(1+SNR_1^{-1})} \cdot \sqrt{(1+SNR_2^{-1})}} \quad (6-70)$$

式中：SNR_1 和 SNR_2 分别为进行干涉的两幅图像的信噪比。这里的信噪比包括由热噪声、量化噪声引起的总的信噪比。图 6-20 所示为相干系数随信噪比的变化。信噪比为 6dB 时对应的相干系数为 0.799。

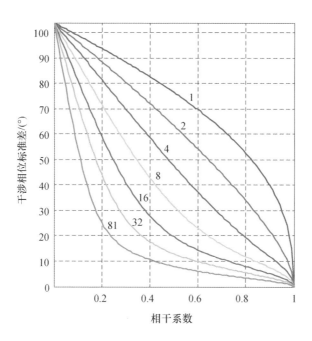

图 6-19 干涉相位误差标准差随相干系数的变化曲线

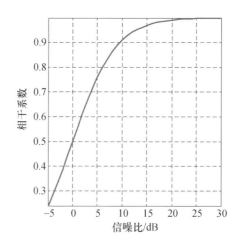

图 6-20 相干系数随信噪比的变化曲线

（1）热噪声信噪比。主辅 SAR 图像的信噪比 SNR 为

$$\text{SNR} = \sigma_0(\beta) - \text{NESZ} \tag{6-71}$$

式中：σ_0 为后向散射系数；β 为入射角；NESZ 为噪声等效后向散射系数，与雷达系统有关。图 6-21 所示为在 L 波段下，不同地物类型随入射角、不同极化的后向散射系数。

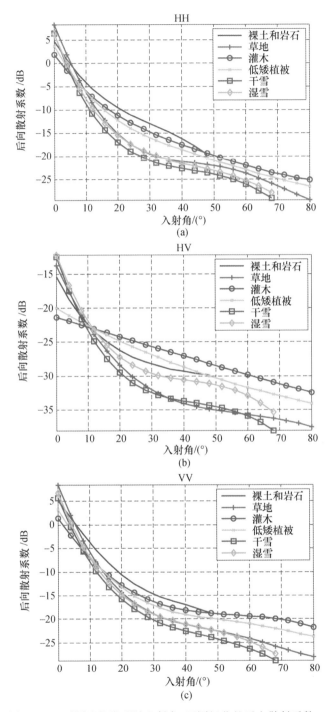

图 6-21 不同地物类型随入射角、不同极化的后向散射系数 σ_0

(a)HH;(b)HV;(c)VV。

(2)量化信噪比。BAQ 压缩不仅要考虑数据量的大小,还应考虑其引入的量化信噪比。图 6-22 所示为利用 TerraSAR-X 和 TanDEM-X 实验所得的不同地物情况下由 BAQ 压缩引起的相干性损失,图中横坐标为双基 BAQ 压缩比。例如,8:4/8:3 表示 TerraSAR-X 采用 BAQ 8:4,TanDEM-X 采用 BAQ 8:3;纵坐标为相对 BAQ 8:8/8:8 所得的相干性损失百分比。图 6-22 中紫罗兰实线表示理论计算值,黑色实线表示实验平均值,可以看出实验值与理论值较吻合。与期望相一致,量化比特越少,相干性损失越大。从图 6-22 中可以看出,量化比特为 4 和 3 对应的相干性损失分别为 1% 和 3.5%。

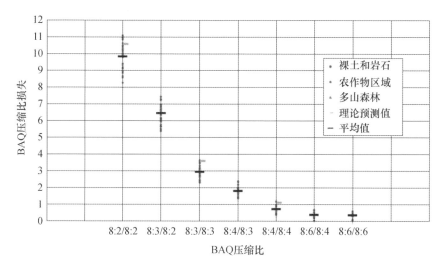

图 6-22 不同地物情况下 BAQ 压缩的相干性损失(相对 BAQ 8:8/8:8)

2) 天线模糊度去相干

星载 SAR 系统模糊的产生是由于无用信号与有用信号在时域或频域的混叠,对有用信号产生干扰。模糊度包括距离向模糊度和方位向模糊度,分别定义为

$$\text{RASR} = \frac{\text{距离向模糊区内回波信号的总功率}}{\text{测绘带内回波信号的总功率}} \quad (6-72)$$

$$\text{AASR} = \frac{\text{方位向模糊区内回波信号的总功率}}{\text{测绘带内回波信号的总功率}} \quad (6-73)$$

式中:RASR 和 AASR 分别为距离向模糊度和方位向模糊度。

模糊度是星载 SAR 非常重要的系统设计指标之一,它同图像质量密切相关。当图像的模糊度指标很差时将会严重影响 SAR 图像的解译和判读。模糊

度引起的去相干,可由式(6-74)计算得到,即

$$\gamma_{\text{Amb}} = \frac{1}{1 + \text{RASR}} \cdot \frac{1}{1 + \text{AASR}} \tag{6-74}$$

图 6-23 所示为仅由距离模糊或方位模糊引起的去相干。当方位和距离模糊度均为 -19dB 时,模糊去相干系数为 0.975。

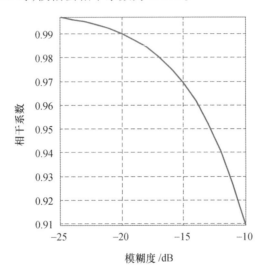

图 6-23　距离或方位模糊对相干性的影响

3) 基线去相干

基线去相干包括多普勒去相干以及垂直基线去相干,其中多普勒去相干可表示为

$$\gamma_{\text{dop}} = \begin{cases} 1 - \dfrac{|f_{\text{dc1}} - f_{\text{dc2}}|}{B_{\text{a}}}, & |f_{\text{dc1}} - f_{\text{dc2}}| \leqslant B_{\text{a}} \\ 0, & |f_{\text{dc1}} - f_{\text{dc2}}| > B_{\text{a}} \end{cases} \tag{6-75}$$

式中:f_{dc1} 和 f_{dc2} 分别为两幅天线的多普勒中心;B_{a} 为多普勒带宽。

图 6-24 所示为多普勒去相干随姿态控制误差的变化曲线。

垂直基线去相干与垂直有效基线长度和极限基线长度有关,其表达式为

$$\gamma_{B_\perp} = \begin{cases} 1 - \dfrac{B_\perp}{B_{\text{cr}}}, & |B_\perp| \leqslant B_{\text{cr}} \\ 0, & |B_\perp| > B_{\text{cr}} \end{cases} \tag{6-76}$$

式中:$B_\perp$ 为垂直有效基线长度;B_{cr} 为极限基线长度。极限基线可表示为

第 6 章 地球同步轨道 SAR 干涉与差分干涉

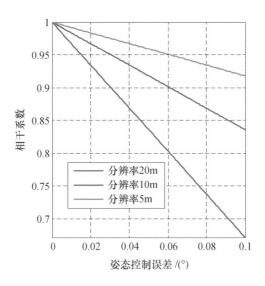

图 6-24　多普勒去相干随姿态控制误差的变化曲线

$$B_{cr} = \frac{B_r \lambda r (R_e + H_s) \sin\theta}{c[(R_e + H_s)\cos\theta - r]} \quad (6-77)$$

式中：B_r 为信号带宽；λ 为波长；r 为雷达斜距；θ 为雷达下视角；c 为电磁波传播速度；R_e 为地球半径；H_s 为卫星轨道高度。假设基线倾角为 5°，图 6-25 所示为垂直基线去相干随基线长度的变化曲线。

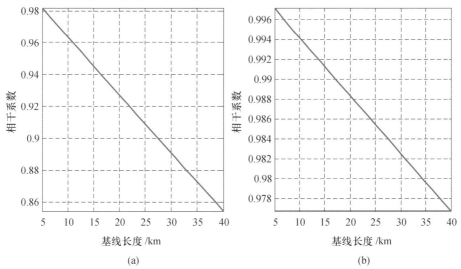

图 6-25　垂直有效基线去相干随基线长度的变化曲线

(a) 入射角 15°；(b) 入射角 58°。

4) 体散射去相干

体散射去相干主要存在于植被区域,其大小与植被类型、植被高度和模糊高度有关,有

$$\gamma_v = \int_0^{h_v} \sigma_0(z) \exp\left(j2\pi \frac{z}{h_{amb}}\right) dz \bigg/ \int_0^{h_v} \sigma_0(z) dz \qquad (6-78)$$

$$\sigma_0(z) = \exp\left[-2\xi \frac{h_v - z}{\cos\beta}\right], \quad 0 \leq z \leq h_v \qquad (6-79)$$

式中:h_v 为植被体散射平均高度;ξ 为单程幅度消光系数(L 波段为 0.2dB/m);z 表示散射体的不同高度,分布区为 $[0, h_v]$;β 为雷达入射角;h_{amb} 为模糊高度。图 6-26 所示为当基线倾角为 5°,植被体散射平均高度为 10m 时,体散射去相干随基线长度的变化曲线。

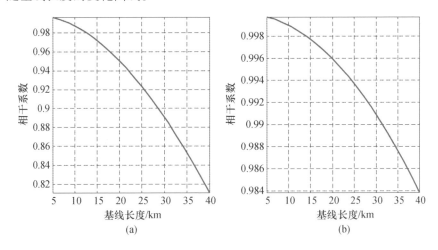

图 6-26 体散射去相干随基线长度的变化曲线

(a) 入射角 15°;(b) 入射角 58°。

5) 时间去相干

时间去相干因素主要由重轨期间地物散射特性变化(如土壤湿度变化、树木随风抖动),以及电离层法拉第旋转效应引起的地物极化散射特性去相干。这里假定时间去相干模型为

$$\gamma_{temp} = \exp\left[-\frac{1}{2}\left(\frac{4\pi}{\lambda}\right)^2 (\sigma_y^2 \sin^2\beta + \sigma_z^2 \cos^2\beta)\right] \qquad (6-80)$$

式中:λ 为波长;β 为入射角;σ_y 和 σ_z 分别为散射体在水平向和高度向的位置变化。图 6-27 所示为时间去相干随散射体位置偏移的变化曲线,横坐标表示 σ_y 和 σ_z 均为此值。

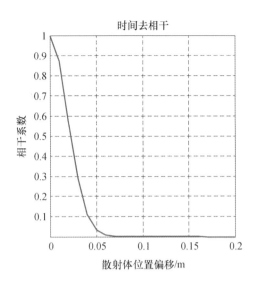

图 6-27 相干系数随散射体位置偏移的变化曲线

6）处理去相干

InSAR 处理去相干因素主要表现为图像配准去相干。考虑方位向配准误差为 Δx 个分辨单元,距离向配准误差为 Δr 个分辨单元,图像配准相干系数为

$$\gamma_{\text{proc}} = \text{sinc}(\Delta x)\text{sinc}(\Delta r) \qquad (6-81)$$

图 6-28 所示为相干系数随配准误差的变化曲线。这里配准误差仅指距离或方位向的配准误差。假设距离向与方位向的配准误差分别为 0.1 个分辨单元时,图像配准相干系数为 0.967。

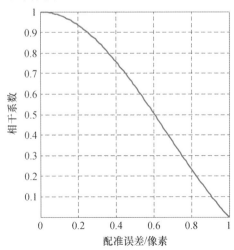

图 6-28 相干系数随配准误差的变化曲线

7）总相干系数

根据各种去相干因素的分析,对总相干性做出总结。基本假设条件如下:信噪比为 6dB,BAQ 为 8∶3,方位和距离模糊度为 -19dB,姿态误差为 0.03°,基线倾角为 5°,植被体散射平均高度 10m,配准精度为 0.1 个分辨单元,采用 32 视,忽略时间去相干的影响,图 6-29 所示为总的相干系数以及对应的干涉相位误差和相对测高误差随基线长度的变化。

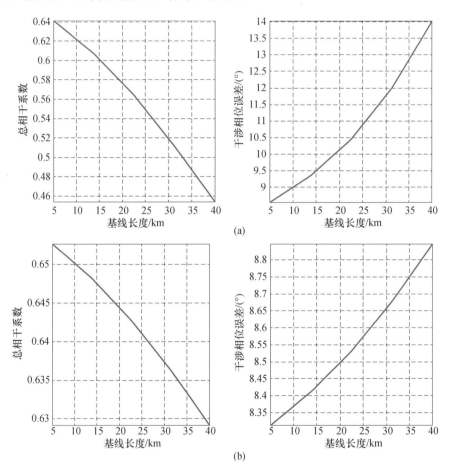

图 6-29 相干性随基线长度的变化

(a) 入射角 15°;(b) 入射角 58°。

要进行干涉测高和形变测量,就必须存在垂直有效基线。对于 GEO SAR 干涉来说,可利用轨道摄动,在不同重复轨道间形成干涉基线,以达到干涉测高和形变测量的目的。通常情况下,重轨 24h 可以形成 5km 的垂直有效基线,模糊高度在几百米量级以上。通过前面的分析可知,干涉测高和形变测量受基线误差的影响最大。在一定基线误差的前提下,基线越长,干涉测高精度越高,形变测量精度越低。因此,在进一步提高定轨精度、降低基线误差的前提下,对于干涉测高来说,应尽量增加干涉基线长度;而对于形变测量来说,则应尽量减小干涉基线长度。

假设斜距误差为5m,平台高度误差为10m,DEM误差为17m,SNR为8dB,系统损耗为2.044dB,BAQ为8∶3,距离和方位模糊度为-19dB,姿态误差为0.03°,植被体散射平均高度为10m,配准误差为0.1个分辨单元,采用32视,忽略时间去相干,图6-30所示为若要满足相对测高误差50m、20m、10m和5m所要求的基线长度和基线误差。图6-30中从右到左的白线下方分别表示满足50m、20m、10m和5m相对测高误差要求的基线长度和基线误差。

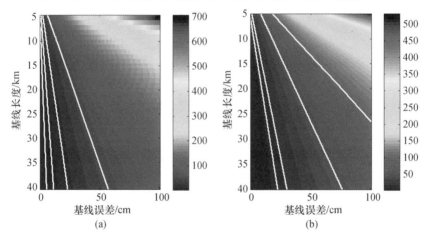

图6-30 总的相对测高误差

(a) 入射角15°;(b) 入射角58°。

6.5.3 绝对测高精度分析

绝对测高精度定义为DEM中目标点的高程与实际地面上对应点的真实高程之间的均方根值,反映了DEM与真实地形沿高度向的整体偏移和扭曲。假设各影响因素之间是相互独立的,则总的绝对测高误差可以表示为

$$\Delta h_{\text{tot}} = \sqrt{(\Delta h_{r_1})^2 + (\Delta h_B)^2 + (\Delta h_\alpha)^2 + (\Delta h_{H_s})^2 + (\Delta h_\phi)^2} \quad (6-82)$$

式中:Δh_{r_1}、Δh_B、Δh_α、Δh_{H_s}和Δh_ϕ的定义见式(6-54)~式(6-58)。

下面分别对以上因素进行分析。

斜距误差 5m 引起的绝对测高误差如图 6-31 所示。

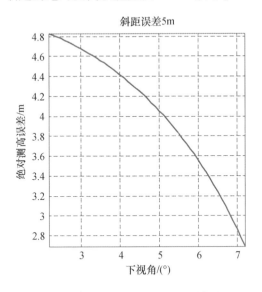

图 6-31　斜距误差引起的绝对测高误差

假设基线倾角为 5°，图 6-32 所示为绝对测高误差随基线误差和基线长度的变化。由此可以看出，基线误差对绝对测高误差的影响很大。

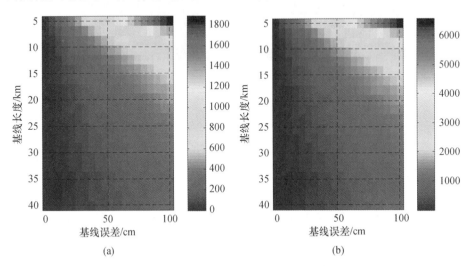

图 6-32　绝对高程误差随基线误差和基线长度的变化

(a) 入射角 15°；(b) 入射角 58°。

平台高度误差 10m 引起的绝对测高误差如图 6-33 所示。

第6章 地球同步轨道 SAR 干涉与差分干涉

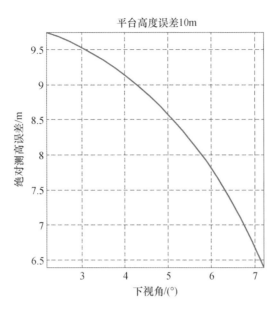

图 6-33 平台高度误差引起的绝对测高误差

干涉相位误差引入的绝对测高误差如图 6-34 所示。

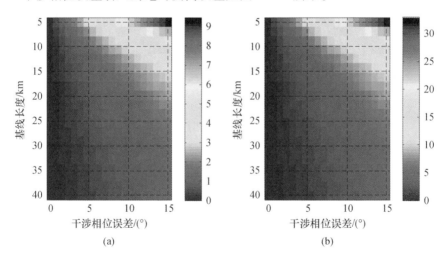

图 6-34 干涉相位误差引起的绝对测高误差
(a) 入射角 15°;(b) 入射角 58°。

图 6-35 所示为若要满足绝对测高误差 200m、100m、40m 和 20m 所要求的基线长度和基线误差。图 6-35 中从右到左的白线下方分别表示满足 200m、100m、40m 和 20m 绝对测高误差要求的基线长度和基线误差。

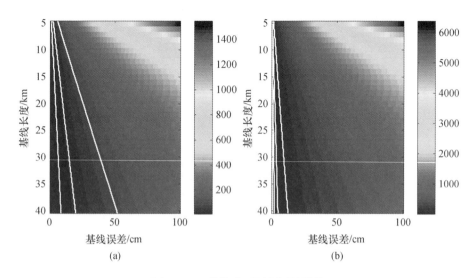

图 6-35 总的绝对测高测量误差

(a) 入射角 15°；(b) 入射角 58°。

6.5.4 法拉第旋转影响分析

线极化电波穿过电磁场时，极化面相对入射角产生偏转，偏转的角度即为法拉第旋转角（Faraday rotation，FR）。假设垂直方向地磁场感应强度不变，电磁波入射角 β_i 在波传播过程中不变，可得法拉第旋转角为

$$\Omega_F = -2.61 \times 10^{-13} \cdot \rho_e \cdot B_m \cdot \lambda^2 \cos\Theta_{B_m} \sec\beta_i \tag{6-83}$$

式中：ρ_e 为垂直距离上总电子密度（$10^{16}\mathrm{e/m^2}$）；B_m 为地磁场感应强度（T）；Θ_{B_m} 为电波入射方向与地磁场方向的夹角。

$$\cos\Theta_B = \cos\theta_i \sin\Theta + \sin\theta_i \cos\Theta \sin\Phi \tag{6-84}$$

式中：Θ 为磁倾角；Φ 为磁偏角。

1. 法拉第旋转对 SAR 成像的影响

法拉第旋转角在一天内的变化不大，但是随季节变化。利用表 6-2 所示的系统参数计算得到的法拉第旋转角变化。

表 6-2 L 波段 SAR 参数

参数	数值
轨道	太阳同步轨道
下视角/(°)	18~40

续表

参数	数值
载频/GHz	1.26
测绘带宽/km	200
轨道高度/km	660
轨道倾角/(°)	80

在赤道附近区域,法拉第旋转角梯度相当明显,在太阳活动最强期,单程 Ω_F 以每 1.5°/100km 的速度增加,而太阳活动最弱期该速率是 0.5°/100km。法拉第旋转角快速增加的区域大致延伸到赤道两侧 1000km。在中纬地区,法拉第旋转角的梯度也比较明显,在高纬度地区 TEC 值比较低,但在极地区域随纬度变化较大。对于 GEO SAR 来说,若波长为 0.24m,方位天线尺寸为 23m,由此得到的合成孔径长度为 2000km,即在一个合成孔径范围内法拉第旋转角最大变化 30°。

法拉第旋转具有较弱的频率依赖性,一般只会引起同时获取的不同极化通道之间的相对相位关系变化,而不会导致图像散焦。不同法拉第旋转角下不同极化 SAR 图像如图 6-36 所示,三幅图均采用相同的标准进行色彩量化。

图 6-36 利用 L 波段 AIRSAR 获取的极化 SAR 图像
(a)0°;(b)10°;(c)20°。
(蓝:HH,绿:VV,红:HV)(见彩图)

2. 法拉第旋转对 InSAR 处理的影响

虽然法拉第旋转对 SAR 聚焦影响不大,但进行干涉处理的 SAR 图像对是在不同时间获取的,因此其法拉第旋转差别较大。法拉第旋转导致 SAR 后向散射系数发生变化,进而对 InSAR 相干系数产生影响。

图 6-37 所示为利用 SIR-C L 波段 SAR 图像对,用无法拉第旋转的图像作为主图像、有法拉第旋转的图像作为辅图像得到的相干系数随法拉第旋转角的变化。

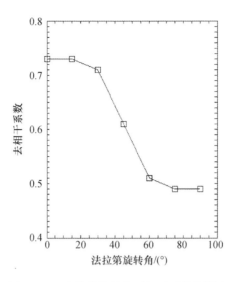

图 6-37 法拉第旋转角对相干系数的影响

为进一步说明法拉第旋转对相干系数的影响,我们利用 RADARSAT-2 的全极化实测数据进行仿真分析。以 HH 通道为例,假设其无法拉第旋转,并设其为主图像,然后利用其他极化通道数据对 HH 通道加入法拉第旋转角,设为辅图像。图 6-38 所示为主辅图像相干系数随法拉第旋转角的变化。无法拉第旋转时相干系数为 1,在一定范围内随着法拉第旋转角的增大,相干系数降低,同时以 180° 为周期变化。为保证相干性,主辅图像间的相对法拉第旋转角应控制在 20° 以内。

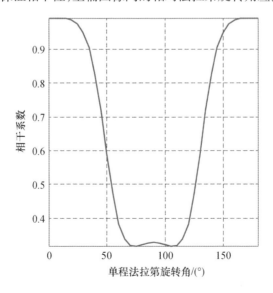

图 6-38 相干系数随法拉第旋转角的变化

表6-3和表6-4列出了典型基线长度的情况下,为满足特定测高精度和形变测量精度所能容忍的最大基线误差,对应的定轨精度为其$1/\sqrt{2}$,其中"—"表示现有系统参数无法满足测高或形变测量要求。

表6-3 相对测高误差要求

相对测高误差/m \ 基线误差/cm \ 基线长度/km		5	10	15	30
50	入射角15°	6.9000	14.0000	21.1000	42.2000
50	入射角58°	9.7000	22.0000	33.7000	68.2000
20	入射角15°	2.6000	5.5000	8.3000	16.8000
20	入射角58°	0	6.9000	12.3000	26.7000
10	入射角15°	0.9000	2.5000	4.0000	8.3000
10	入射角58°	—	—	3.2000	12.2000
5	入射角15°	—	0.8000	1.7000	3.9000
5	入射角58°	—	—	—	2.7000

表6-4 绝对测高误差要求

绝对测高误差/m \ 基线误差/cm \ 基线长度/km		5	10	15	30
100	入射角15°	6.4000	12.8000	19.2000	38.4000
100	入射角58°	1.5000	3.1000	4.6000	9.3000
40	入射角15°	2.4000	4.9000	7.4000	14.9000
40	入射角58°	0.5000	1.2000	1.8000	3.6000
20	入射角15°	1.0000	2.1000	3.2000	6.4000
20	入射角58°	—	0.5000	0.8000	1.7000
10	入射角15°	—	—	—	—
10	入射角58°	—	—	0.1000	0.6000

6.6 GEO DInSAR 全链路误差分析

相对形变测量精度主要取决于干涉相位误差、DEM 误差和基线误差[125],

总的相对形变测量误差可以表示为

$$\Delta d_{\text{total}} = \sqrt{\Delta d_\varphi^2 + \Delta d_{\text{DEM}}^2 + \Delta d_B^2} \quad (6-85)$$

式中:Δd_φ、Δd_{DEM} 和 Δd_B 分别为由干涉相位误差、DEM 误差和基线误差引起的相对形变测量误差。

6.6.1 干涉相位误差

干涉相位误差引起的相对形变测量误差 Δd_φ 可表示为

$$\Delta d_\varphi = \sqrt{2}\frac{\lambda}{4\pi} \cdot \Delta\varphi \quad (6-86)$$

式中:$\Delta\varphi$ 为干涉相位误差。图 6-39 所示为相对形变测量误差随干涉相位误差的变化。

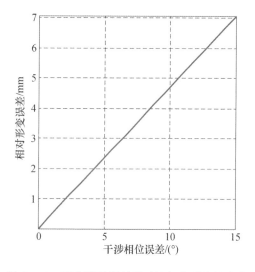

图 6-39 形变测量误差随干涉相位误差的变化

6.6.2 DEM 误差

根据雷达干涉成像原理,干涉相位为

$$\varphi = \frac{4\pi}{\lambda}(r_2 - r_1) \approx \frac{4\pi}{\lambda}B\sin(\theta - \alpha) = \frac{4\pi}{\lambda}B_\parallel \quad (6-87)$$

式中:r_1 和 r_2 分别为两次航过期间卫星到目标的斜距;λ 为波长;B 为基线长度;θ 为下视角;α 为基线倾角;$B_\parallel = B\sin(\theta - \alpha)$ 为沿视线基线长度。

再结合 InSAR 成像原理以及 GEO SAR 模糊高度,由 DEM 误差引起的干涉

相位误差为

$$\Delta\varphi_{DEM} = \frac{4\pi B_\perp (R_e + h)}{r_1 \lambda (H_s + R_e)\sin\theta}\Delta h_{DEM} \quad (6-88)$$

式中:Δh_{DEM}为DEM误差;$B_\perp$为垂直有效基线长度。结合式(6-87)可得,DEM误差引起的绝对形变测量误差为

$$\Delta d_{DEM}^{abs}(h,\theta) = \frac{B_\perp (R_e + h)}{r_1 (H_s + R_e)\sin\theta}\Delta h_{DEM} \quad (6-89)$$

对应的相对形变测量误差为

$$\Delta d_{DEM}(\Delta h, \Delta\theta) = \Delta d_{DEM}^{abs}(h+\Delta h, \theta+\Delta\theta) - \Delta d_{DEM}^{abs}(h,\theta) \quad (6-90)$$

式中:$\Delta\theta$为测绘带宽内视角的变化值;Δh为目标高程变化值。图6-40所示为相对形变误差随DEM误差和基线长度的变化,其中测绘带宽为500km。

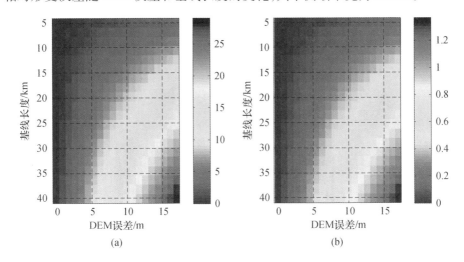

图6-40 DEM误差引入的相对形变测量误差

(a)入射角15°;(b)入射角58°。

从图6-40可知:利用GEO SAR卫星进行DInSAR测量时,在一定DEM误差的情况下,基线越长,相对形变误差也越大。

6.6.3 基线误差

由地形形变引起的干涉相位误差为

$$\Delta\varphi = \frac{4\pi}{\lambda}d \quad (6-91)$$

式中:d表示地形形变。根据式(6-87)可知

$$\frac{\partial \varphi}{\partial B_{\parallel}} = \frac{4\pi}{\lambda} \qquad (6-92)$$

结合以上两式，可得基线误差引起的绝对形变测量误差为

$$\Delta d_{\mathrm{B}}^{\mathrm{abs}} = \Delta B_{\parallel} \qquad (6-93)$$

由此可得基线误差引起的相对形变测量误差为

$$\Delta d_{\mathrm{B}}(\Delta h_0, \Delta \theta) = \Delta d_{\mathrm{B}}^{\mathrm{abs}}(h_0 + \Delta h_0, \theta + \Delta \theta) - \Delta d_{\mathrm{B}}^{\mathrm{abs}}(h_0, \theta) \qquad (6-94)$$

式中：$\Delta \theta$ 为测绘带宽内最近端与最远端目标的下视角差；Δh_0 为目标高程差。图 6-41 所示为基线误差引起的相对形变测量误差，地距变化为 500km。

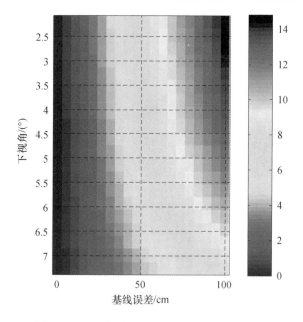

图 6-41 基线误差引起的相对形变测量误差

图 6-42 所示为满足相对形变误差 10mm 的基线长度和基线误差，白线上方分别表示要求的基线长度和基线误差，相应的要求见表 6-5。

表 6-5 相对形变测量误差 10mm 的要求

基线误差/cm 入射角/(°)	基线长度/km			
	5	10	15	30
15	56.5000	36.4000	—	—
58	115.0000	114.8000	114.5000	113.4000

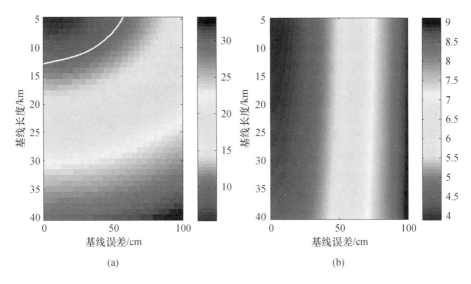

图 6-42　总的相对形变测量误差

(a) 入射角 15°；(b) 入射角 58°。

6.7　基线误差估计与补偿

基线误差对 GEO SAR 干涉测高的影响非常严重，尤其是绝对测高精度（包括差分干涉时条纹反演的精度）的影响较为明显。在实际应用中，必须降低基线误差以达到系统指标要求的测高精度，首先提高对系统测量精度的要求，其次还可通过基线误差估计的方法来降低基线误差的影响。下面给出基于子孔径处理的基线误差估计方法。

为了便于分析，我们假设主图像的运行轨迹精确已知，辅图像相对主图像存在基线误差。成像在某一斜视角上的图像分辨率，由处理的合成孔径长度和成像几何的平均斜视角所决定。对于某一观测区域，方位向带宽为 W 的全分辨率图像，可以将聚焦好的 SAR 图像进行方位向傅里叶变换，然后将方位向频谱分为若干段，其中每一频段称为一个子孔径。如图 6-43 所示，将频谱分为正负两段，再将每一孔径数据进行方位向逆傅里叶变换，得到同一观测地区两幅中心斜视角不同的 SAR 图像。由于带宽减小到全孔径的一半，每幅 SAR 图像的分辨率都会降低。

当没有运动误差的情况下，对于每个子孔径，实际的图像信息仍然处于同样的位置，因此对于相同区域，各子孔径形成的差分干涉相位为零。

在星载 InSAR 系统存在基线误差的情况下，卫星在飞行过程中的有效基线变化将导致干涉相位出现抖动。由于基线误差变化与目标的干涉相位差有一定的对应关系，因此可以利用干涉相位差估计有效基线误差的变化量。

可以利用 t_0 时刻照射到的目标点 T 估计该时刻的基线误差变化量，即

$$\frac{\partial}{\partial t} B(t_0) = \lim_{\Delta t \to 0} \frac{B(t_0 + \Delta t) - B(t_0)}{\Delta t} \quad (6-95)$$

下面介绍利用地面目标 T 的信息对残余基线误差进行估计的方法。假设目标 T 在两个子孔径中对应的方位多普勒时刻为 t_{01} 和 t_{02}，此时两个时刻的相位信息都是关于目标 T 的，只是成像多普勒中心不同，分别为 f_{dc1} 和 f_{dc2}，如果利用 t_{01} 和 t_{02} 时刻的信息，则二者需满足条件为

$$\begin{cases} t_{02} - t_{01} \to 0 \\ t_{01} + t_{02} \to 2t_0 \end{cases} \quad (6-96)$$

由图 6-44 所示的子孔径处理方法对应的时频关系可知

$$\begin{cases} f_{dc1} = K_a(t_{01} - t_0) \\ f_{dc2} = K_a(t_{02} - t_0) \end{cases} \quad (6-97)$$

式中：K_a 为多普勒调频率；t_0 为目标 T 对应的零多普勒时间；t_{01} 和 t_{02} 分别为对应中心频率 f_{dc1} 和 f_{dc2} 的多普勒时刻。

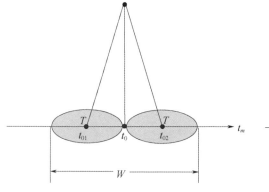

图 6-43　子孔径处理法示意图

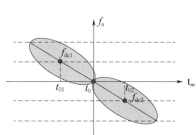

图 6-44　子孔径法对应的时频关系

在两子孔径中分别对目标 T 进行成像，得到的差分干涉相位为

$$\phi(t_{02}) - \phi(t_{01}) = \phi_T + \phi_{\Delta B}(t_{02}) - \phi_T - \phi_{\Delta B}(t_{01}) \quad (6-98)$$

式中：$\phi(t_{01})$ 为多普勒时刻 t_{01} 对应的目标干涉相位；$\phi(t_{02})$ 为多普勒时刻 t_{02} 对应的目标干涉相位。

由以上的分析可知,t_0 时刻基线误差为

$$\frac{4\pi}{\lambda}\frac{\partial B(t_0)}{\partial t} = \lim \frac{\phi_{\Delta B}(t_{02}) - \phi_{\Delta B}(t_{01})}{t_{02} - t_{01}} = \lim \frac{\phi_{\Delta B}(t_{02}) - \phi_{\Delta B}(t_{01})}{(f_{dc2} - f_{dc1})/K_a}$$

(6 - 99)

由式(6 - 99)及对应的参数关系,可得

$$\frac{\partial B(t_0)}{\partial x} = \lim \frac{v}{2\pi r \Delta f}(\phi_{\Delta B}(t_{02}) - \phi_{\Delta B}(t_{01})) = \lim \frac{v}{2\pi r \Delta f}\phi_{\text{diff0}}$$

(6 - 100)

式(6 - 100)反映了 t_0 时刻差分干涉相位与基线误差变化的关系,Δf 为两子孔径的中心频率差,即 $f_{dc2} - f_{dc1}$。前面分析了有效基线误差在 t_0 时刻的变化,在其他方位位置的有效基线误差变化同式(6 - 100)相似,这里不再赘述。因此,如果得到方位向每一目标点在两子孔径中对应的差分干涉相位,沿方位向对 $\frac{\partial B(t)}{\partial x}$ 进行积分即可得出有效基线误差,即

$$\frac{\partial}{\partial x}B = \frac{v}{2\pi r \Delta f}\arg\{(S_1^1 S_1^{2*})(S_2^1 S_2^{2*})^*\}$$

(6 - 101)

式中:v 为载机速度;r 为斜距;S_1^1 和 S_1^2 为子孔径 1 的主、辅图像;S_2^1 和 S_2^2 为子孔径 2 的主、辅图像。

当然,使用上述方法进行有效基线误差估计时,每条航迹各自的运动误差信息丢失了,只有随时间变化的有效基线误差可以估计出。同时,由于基线误差的初始值未知,经过式(6 - 101)计算后的积分值总是与实际基线误差相差一个常数,因此在实际处理中通常利用场景中的一个参考点,以此点作为积分初始点,再根据拟合的主辅天线理想航迹和实际航迹,计算出有效基线误差的初始值。

6.8 电离层误差估计与补偿

6.8.1 图像配准估计电离层效应的影响

本节给出干涉和差分干涉处理时电离层误差估计与补偿的方法。

1. 图像配准估计电离层效应的原理

根据电子密度确定传播路径上的电子总量为

$$TEC = \int_L n_e(l)\,dl \quad (6-102)$$

式中：n_e 为电子密度；L 为电波传播路径。

根据电子总量计算电离层相位为

$$\phi_{ionos} = -\frac{4\pi}{\lambda}\frac{40.23}{f^2}TEC \quad (6-103)$$

式中：λ 为波长；f 为载波中心频率。

由于电离层相位的存在会导致 SAR 成像后图像中的像素位置发生偏移，从而导致两幅图像之间的偏移量发生变化，而两幅图像之间的相对偏移量可以通过 SAR 图像的配准获得，干涉相位图中的电离层相位估计为

$$\frac{\partial\phi}{\partial x} = -\frac{4\pi\Delta x}{\lambda R_0} \quad (6-104)$$

$$\frac{\partial\phi_{ionos}}{\partial x} = -\frac{4\pi}{\lambda}\frac{40.23}{f^2}\frac{\partial TEC}{\partial x} \quad (6-105)$$

$$\Delta x = \frac{40.23}{f^2}\frac{\partial TEC}{\partial x}R_0 \quad (6-106)$$

根据以上分析可知：通过配准误差偏移量的估计可以获得对电子密度的估计，进而估计电离层传播路径上电子总量，最终获得干涉相位图中的电离层相位估计。

2. 图像配准估计电离层效应的实测数据试验

本节利用实际的星载 SAR 数据进行电离层效应的估计试验，原始 SAR 图像如图 6-45 所示。

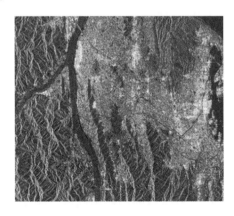

图 6-45　原始 SAR 图像

距离向和方位向配准估计的偏移量如图6-46所示。

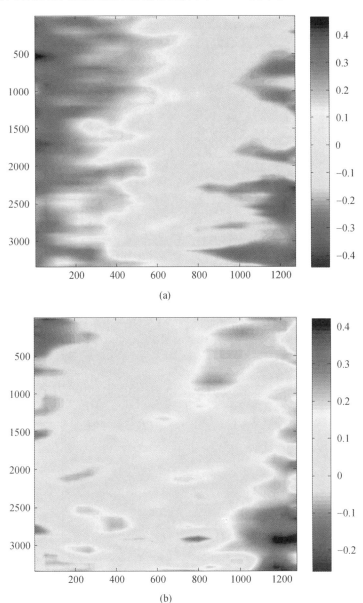

图6-46 距离向和方位向配准偏移量的估计(见彩图)
(a)距离向配准偏移量;(b)方位向配准偏移量。

采用低阶拟合的配准方法和先中值再均值滤波偏移量的配准方法得干涉相位图如图6-47所示。

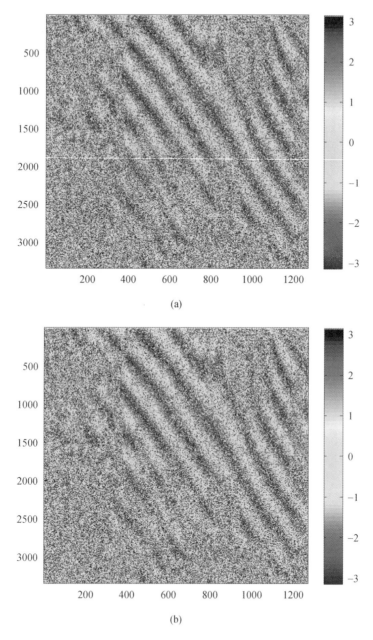

图 6-47 不同配准方法获得的干涉相位图
(a) 低阶拟合得到配准的干涉图;(b) 先中值再均值滤波的干涉图。

采用低阶和高阶拟合得到的相干系数如图 6-48 所示。

获得的方位向与距离向电离层效应相位估计结果如图 6-49 所示。

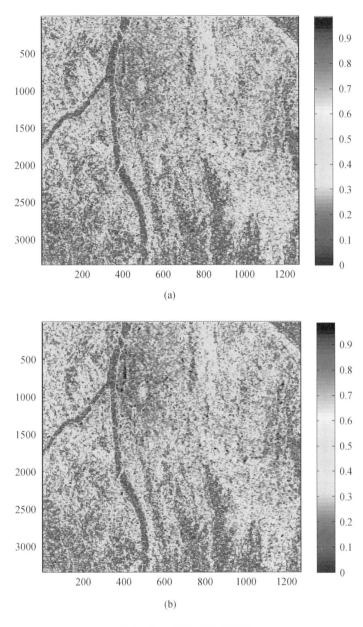

图 6-48 相干系数对比图
(a)低阶拟合方法的相干系数;(b)高阶拟合方法的相干系数。

电离层相位剖面图如图 6-50 所示。

采用传统粗配准和精配准后的相干性分布直方图如图 6-51 所示。

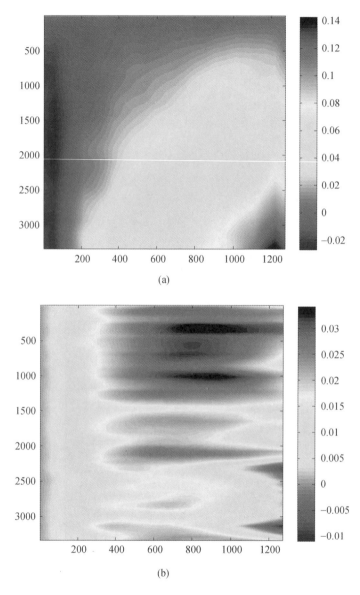

图6-49 电离层效应估计结果（见彩图）

(a)方位向电离层效应相位估计结果;(b)距离向电离层效应相位估计结果。

通过图像配准估计电离层效应并进行补偿是一种提高相干性的方法,但是无法将电离层相位和其他误差引起的相位进行分离,是一种近似的估计与补偿方法。

第 6 章 地球同步轨道 SAR 干涉与差分干涉

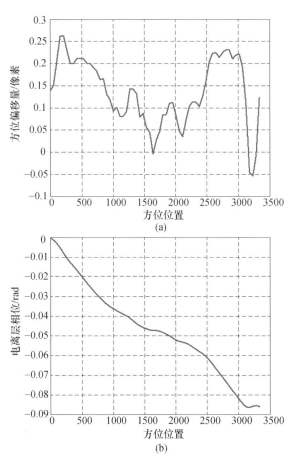

图 6-50 电离层相位剖面图

(a)方位偏移量;(b)电离层相位。

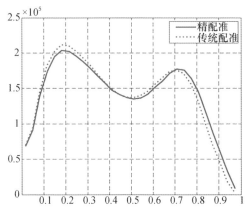

图 6-51 相干性分布直方图

6.8.2 多孔径干涉技术

MAI 技术借助方位向子孔径分割处理，分别产生前视和后视的 SAR 单视复图像。子孔径下前视和后视复图像的多普勒中心与全孔径单视复图像相比发生了偏移，多普勒带宽是原来图像的一半。前视干涉相位图与后视干涉相位图的复共轭结果就是最终的 MAI 干涉相位图。MAI 干涉相位表示为

$$\phi_{MAI} = \phi_f - \phi_b = -\frac{4\pi}{l} n x \qquad (6-107)$$

式中：ϕ_f 和 ϕ_b 分别为前后视干涉相位；x 为沿航迹地表形变；l 为有效天线尺寸；n 为子孔径带宽占全孔径带宽的比例，通常取 0.5。

沿航迹地表形变的测量标准差为

$$\sigma_x = \frac{l}{4\pi n} \sigma_{\phi, MAI} \qquad (6-108)$$

式中：σ_x 为偏移量测量值的标准差；$\sigma_{\phi, MAI}$ 是 MAI 相位的标准差。测量精度与相位噪声有直接关系，而相位噪声是相干系数的函数。地表形变引起的干涉相位引起了相干系数的降低，从而导致测量精度损失。

MAI 干涉相位的标准差可以简化为

$$\sigma_{\phi, MAI} \approx \frac{1}{\sqrt{N_L}} \frac{\sqrt{1-\gamma^2}}{\gamma} \qquad (6-109)$$

由于视数和 SNR 的降低，MAI 干涉相位的标准差至少是全孔径干涉相位标准差的两倍。因此，MAI 干涉相位需要获取比全孔径干涉相位更高的相干系数。

对于前视干涉图，主辅图像之间的斜距差表示为

$$\delta\rho_f = -B\sin(\theta - \alpha) \qquad (6-110)$$

式中：B 为基线；θ 和 α 分别为下视角和基线倾角。后视干涉图主辅图像之间的斜距差为

$$\delta\rho_f = -(B+\Delta B)\sin(\theta + \Delta\theta - \alpha - \Delta\alpha) \qquad (6-111)$$

式中：ΔB、$\Delta \theta$ 和 $\Delta \alpha$ 分别为前后视图像对之间的基线、下视角和基线倾角的差值。

MAI 的斜距差为

$$\delta\rho_{MAI} = \delta\rho_f - \delta\rho_b = -B[\sin(\theta-\alpha) - \sin(\theta + \Delta\theta - \alpha - \Delta\alpha)] + \Delta B \sin(\theta + \Delta\theta - \alpha - \Delta\alpha)$$

$$(6-112)$$

对于星载 SAR 系统,沿航迹方向的多普勒中心变化相对较小,下视角变化在 $10^{-4}°$ 的量级,因此 $|\Delta\theta - \Delta\alpha|$ 可以忽略。所以 $\delta\rho_{\text{MAI}}$ 表示为

$$\delta\rho_{\text{MAI}} \approx \Delta B \sin(\theta - \alpha) \qquad (6-113)$$

从而推导出 MAI 相位表达式为

$$\phi_{\text{MAI}} = \frac{4\pi}{\lambda}\Delta B \sin(\theta - \alpha) \qquad (6-114)$$

式中:ΔB 为前后视干涉几何的基线差;θ 和 α 分别为下视角和基线倾角。

在 MAI 处理时,通过截取不同部分的多普勒带宽获取前后视 SLC 图像对,从主辅图像中获取四幅 SLC 图像。由于天线位置的变化,主辅图像的多普勒中心频率是不同的。当利用四个不同的多普勒中心频率成像得到四幅图像时,为了避免在 MAI 处理时出现不匹配的现象,需要进行额外的配准。方位向带宽滤波可以减小主辅数据的去相干。为了精确控制斜视角的带宽,需要确定四个参数:原始多普勒中心,前、后视 SLC 数据的多普勒中心和子孔径的多普勒带宽。

原始多普勒中心可以表示为

$$f_{\text{DC,c}} = \frac{f_{\text{DC,m}} + f_{\text{DC,s}}}{2} \qquad (6-115)$$

式中:$f_{\text{DC,m}}$ 和 $f_{\text{DC,s}}$ 分别为主、辅数据估计的多普勒中心频率。前后视的多普勒中心对称于 $f_{\text{DC,c}}$,滤波器的中心频率表达式为

$$f_{\text{DC,f}} = f_{\text{DC,c}} + n\frac{\Delta f_{\text{D}}}{2}$$

$$f_{\text{DC,b}} = f_{\text{DC,c}} - n\frac{\Delta f_{\text{D}}}{2} \qquad (6-116)$$

式中:Δf_{D} 为有效的多普勒带宽。子孔径的多普勒带宽表达式为

$$\Delta f_{\text{D,s}} = \Delta f'_{\text{D}} - n \cdot \Delta f_{\text{D}} \qquad (6-117)$$

式中:$\Delta f'_{\text{D}}$ 为主辅 SAR 图像频带重叠部分,表示为

$$\Delta f'_{\text{D}} = \Delta f_{\text{D}} - |f_{\text{DC,m}} - f_{\text{DC,s}}| \qquad (6-118)$$

通过前面的方法进行方位向谱分割后,可以得到前后视 SLC 图像对,接下来按照图 6-52 所示的算法流程进行 MAI 干涉相位的获取。

由于干涉相位中电离层相位扰动项与电离层 TEC 和雷达载频有关,高 TEC 值和低雷达载频会引起显著的电离层扰动。SAR 图像的方位向和距离向的偏移也会导致干涉相位的扰动。通过理论分析得到电离层扰动的干涉相位与 MAI 相位之间的关系,提出了一种有效校正电离层扰动的干涉相位图的方法。

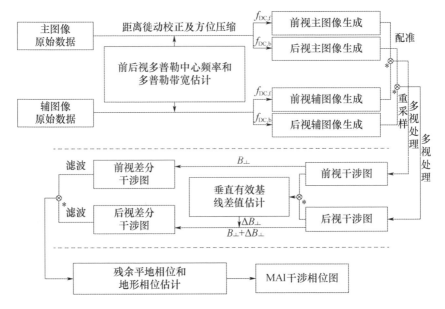

图 6-52 MAI 处理算法流程图

可以得到电离层扰动引起的干涉相位偏移量为

$$\phi_{\text{ION}} = -\frac{4\pi K}{cf}\frac{1}{\cos\theta}\Delta\text{TEC} \qquad (6-119)$$

式中:K 为 $40.28\text{m}^3/\text{s}^2$;$c$ 为光速;f 为雷达载频;θ 为雷达入射角;ΔTEC 为 TEC 变化量。电离层沿方位向导数与方位向偏移量的关系为

$$\frac{\text{d}\phi_{\text{ION}}}{\text{d}x} = \alpha\frac{4\pi}{\lambda}\Delta x \qquad (6-120)$$

式中:x 为方位向的坐标;Δx 为方位向偏移量;λ 为载波波长;α 是与系统和成像几何有关的因子。

方位向偏移量与 MAI 相位的关系为

$$\Delta x = -\frac{l}{4\pi n}\phi_{\text{MAI}} \qquad (6-121)$$

电离层扰动相位沿方位向导数与 MAI 相位之间的关系式为

$$\frac{\text{d}\phi_{\text{ION}}}{\text{d}x} = -\alpha\frac{l}{n\lambda}\phi_{\text{MAI}} \qquad (6-122)$$

式(6-122)表明电离层相位沿方位向导数与 MAI 相位之间是呈线性关系的,电离层扰动相位表示为

$$\phi_{\text{ION}} = -\alpha\frac{l}{n\lambda}\int\phi_{\text{MAI}}\text{d}x \qquad (6-123)$$

进一步得到 TEC 变化量关于 MAI 相位的表达式

$$\Delta \text{TEC} = \frac{cf\cos\theta}{4\pi K} \frac{\alpha l}{n\lambda} \int \phi_{\text{MAI}} dx \qquad (6-124)$$

电离层扰动相位以及 TEC 变化量可以由 MAI 相位沿方位向的积分获取。所以,假设 MAI 相位完全由电离层效应引起,借助 MAI 技术从干涉相位图中测量并校正电离层相位。

测量的不确定性表示为

$$\sigma_{\phi,\text{ION}} = \frac{\Delta_{\text{az}}}{\sqrt{2}} \frac{l \cdot |\alpha|}{n\lambda} \sigma_{\phi,\text{MAI}} = \frac{\Delta_{\text{az}}}{\sqrt{2}} \frac{l \cdot |\alpha|}{n\lambda} \frac{1}{\sqrt{N_L}} \frac{\sqrt{1-\gamma^2}}{\gamma} \qquad (6-125)$$

式中:$\sigma_{\phi,\text{ION}}$ 和 $\sigma_{\phi,\text{MAI}}$ 分别为电离层相位和 MAI 的标准差;Δ_{az} 为干涉相位图多视后方位向像素间隔。在推导过程中假设两个相邻方位向像素的电离层相位影响是独立变化的。

对于电离层扰动相位估计和校正,首先进行 MAI 技术处理,获取配准后的 InSAR 和 MAI 干涉相位图。InSAR 相位和 MAI 相位的解析关系式为

$$\frac{\Delta\phi_{\text{InSAR}}(x,r)}{\Delta_{\text{az}}} = \alpha \overline{\phi}_{\text{MAI}}(x,r) + \beta \qquad (6-126)$$

式中:r 为距离向坐标;β 为用于计算 MAI 干涉图参考相位的偏离量;$\Delta\phi_{\text{InSAR}}(x,r)/\Delta_{\text{az}}$ 为 InSAR 相位的方位向导数,InSAR 的相位差分表达式为

$$\Delta\phi_{\text{InSAR}}(x,r) = \phi_{\text{InSAR}}(x+1,r) - \phi_{\text{InSAR}}(x,r) \qquad (6-127)$$

变标后的 MAI 相位表达式为

$$\overline{\phi}_{\text{MAI}}(x,r) = -\frac{l}{n\lambda} \phi_{\text{MAI}}(x,r) \qquad (6-128)$$

参数 α 和 β 可以通过全场景像素的拟合得到。为了提高参数计算的精度,可以掩膜去掉地形变化较大区域的像素点。电离层相位表达式为

$$\phi_{\text{ION}}(x,r) = \sum_{u=1}^{x} [(\alpha \cdot \overline{\phi}_{\text{MAI}}(u,r) + \beta) \cdot \Delta_{\text{az}}] + C(r) \qquad (6-129)$$

式中:$C(r)$ 为沿距离向变化的积分常数。由于这个积分常数的值是在 $x=0$ 处获取的,所以该值不可知。可以间接通过校正电离层扰动相位后的 InSAR 相位中获取积分常数。最后,校正的 InSAR 相位可以表示为

$$\overline{\phi}_{\text{InSAR}}(x,r) = \phi_{\text{InSAR}}(x,r) - \phi_{\text{ION}}(x,r) \qquad (6-130)$$

基于 MAI 技术校正电离层效应的算法流程如图 6-53 所示。

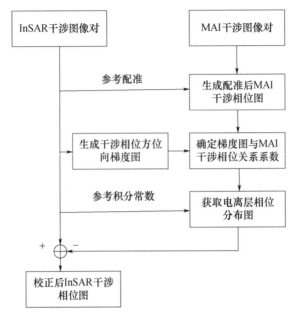

图 6-53 结合 MAI 估计校正电离层效应算法流程图

6.9 对流层延迟误差估计与补偿

6.9.1 对流层延迟分析

由于大气层质量的 80% 都集中在对流层,因此对雷达信号的影响主要来自于对流层。对流层对微波信号的影响主要是信号在经过对流层传播时会产生速度变化和路径弯曲,综合表现为斜距向传播路径的附加,即大气斜距向的延迟,其实质是折射率的变化。对流层折射率为温度、气压和水汽压的函数表示为

$$N = k_1 \frac{P_d}{T} Z_d^{-1} + k_2 \frac{P_w}{T} Z_w^{-1} + k_3 \frac{P_w}{T^2} Z_w^{-1} \quad (6-131)$$

式中:$k_i (i=1,2,3)$ 为折射常数,$k_1 = 77.60 \pm 0.05 (\text{k/hPa})$,$k_2 = 70.40 \pm 2.2 (\text{k/hPa})$,$k_3 = (3.739 \pm 0.012) \times 10^5 (\text{k/hPa})$;$P_d$ 和 P_w 分别为干洁空气和水汽的局部压力(hPa);T 为绝对温度;Z_d^{-1} 和 Z_w^{-1} 分别为干洁空气和水汽的逆向可压缩系数,即针对非理想气体的纠正。由于不确定因素的影响,其计算精度为 0.02%。等号右边第一项反映了干洁空气的影响,通常称为干折射指数分量(N_d),第二

项为水汽的影响,第三项为水分子偶极分量的影响,第二和第三项合称为湿折射分量(N_w),即有

$$N = N_d + N_w \tag{6-132}$$

Davis 等使用状态方程对其进行了改进,有

$$N = k_1 R_d \rho + k_2' \frac{P_w}{T} Z_w^{-1} + k_3 \frac{P_w}{T^2} Z_w^{-1}$$

$$= k_1 R_d \rho + k_2' R_w Z_w^{-1} + k_3 R_w \frac{Z_w^{-1}}{T} \tag{6-133}$$

式中:$k_2' = k_2 - k_1 \left(\frac{R_d}{R_w} \right) = 17 \pm 10 (\text{k/hPa})$;$\rho$ 为空气密度,R_d 和 R_w 分别为干洁空气和水汽的气体常数。第一项与地面气压有关,与干湿空气的混合率无关,常被称为流体静力学折射指数分量 N_h;其他两项由水汽分布决定,常被称作湿折射指数分量 N_w,可写成

$$N = N_h + N_w \tag{6-134}$$

由于天顶延迟是折射指数沿天顶方向的积分,故结合式(6-134),天顶总延迟(zenith total delay,ZTD)可以表示成天顶静力延迟分量(zenith hydrostatic delay,ZHD)和湿延迟分量(zenith wet delay,ZWD),即

$$ZTD = 10^{-6} \int N \mathrm{d}h = 10^{-6} \int (N_h + N_w) \mathrm{d}h$$

$$= 10^{-6} \{ k_1 R_d \int \rho \mathrm{d}h + \int (k_2' R_w Z_w^{-1} + k_3 R_w \frac{Z_w^{-1}}{T}) \mathrm{d}h \} \tag{6-135}$$

$$= ZHD + ZWD$$

天顶静力延迟在天顶方向一般大小为 2.3m,天顶静力延迟对地面气压测量误差的敏感度为 2.3mm/hPa,因此当地面气压测量精度优于 0.4hPa 时,天顶静力延迟的计算精度能达到 1mm,通常地面气压测量精度优于 0.2hPa,所以天顶静力延迟的计算精度优于 1mm。然而在极端条件下,如有暴风雨以及严重的大气湍流,气压在 100kPa 时,该误差可以达到 20mm 以上。

6.9.2 对流层延迟校正

1. 基于外部数据的对流层延迟校正方法

对流层中气压、温度和相对湿度的变化在干涉图中将产生 15~20cm 的延迟误差,该误差的量级通常大于测绘区域的形变信号。使用外部大气数据校正对流层延迟,外部数据为李振洪教授团队的 GACOS 大气解算值。GACOS 使用

了对流层迭代分解(iterative tropospheric decomposition,ITD)模型从对流层大气延迟中分离出垂直分层分量和湍流分量,生成高空间分辨率的天顶延迟图,可用于 InSAR/DInSAR 测量校正及其他应用。GACOS 具有下列特点:①全球覆盖性;②近实时性;③易用性;④良好的交互性。GACOS 中使用了下列数据:①高分辨率 ECMWF 天气模型,空时分辨率分别为 0.125°和 6h;②GNSS生成的对流层延迟;③SRTM DEM(90m,S60 - N60);④ASTER GDEM(90m,N60 - N83,S60 - S83)。在一定条件下,基于 GPS 数据的大气解算值能达到 3cm 相对校正精度。该外部数据校正效果如图 6 - 54 所示。图 6 - 54 中,图(a)为 SAR 图像中的原始相位,图(b)为外部的 GACOS 大气数据,图(c)为校正大气延迟后的 SAR 数据相位。

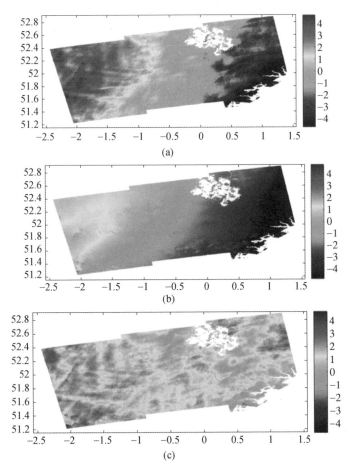

图 6 - 54　GACOS 数据校正大气延迟效果图(见彩图)

(a)相位;(b)延迟校正数据;(c)延迟校正后相位。

2. 基于时空滤波法的对流层延迟校正方法

地表形变和大气延迟均为空间变化量,服从空间自相关分布规律,即空间两点距离越近,其空间特性(如地表形变、大气状态)越相似。在一定距离范围内,干涉图中各个点的地表形变、大气延迟分别存在较强的空间自相关性。已有研究表明,在 $1km^2$ 范围内大气效应具有较强的空间相关性。对于相关性较强的空间变量,其在空间域的变化频率较低,可以认为大气与形变信号在空间域属于低频信号。一般而言,形变在时间维度上会有少量变化,但相比大气信号来说,变化幅度较小,较为平稳,表现为低频分量。而对于大气信号而言,由于大气状态(如温度、气压和相对湿度)具有很强的不稳定性,在不同的时刻对雷达波的折射率不同,一般认为在时间序列上大气信号表现为高频特性,差分干涉相位中的噪声主要是去相关噪声,去相关噪声在时间上和空间上呈现出随机性,即属于高频信号,可以依据相位成分的时空特性,通过时空滤波法去除大气相位的影响。

3. 基于高程数据拟合法

大气相位与观测区域的地形相关,因此建立大气相位与高程的函数模型,然后基于外部提供的高程数据拟合大气相位,进而从差分干涉相位中去除。建立模型函数如下

$$\varphi_{atm} = a_0 + a_1 h + a_2 h^2 \qquad (6-136)$$

式中:$a_i(i=0,1,2)$ 分别为常数项、一次项及二次项系数;h 为高程值。

该方法的局限性为:只能去除与地形相关的对流层延迟分量(垂直分层分量),无法去除与地形不相关的对流层延迟分量(湍流分量)。

6.10 预滤波参数估计与补偿

在实际中,多种去相干因素(包括信噪比去相干、空间基线去相干、时间去相干、体散射去相干和图像配准去相干)会导致 SAR 图像之间的相干性降低。具有重叠谱的雷达回波存在相干性,而非重叠的谱段部分则是非相干的,会导致相干性的下降。因此,在 SAR 成像时应只利用公共谱,如图 6-55 所示。实际中,可以通过距离向和方位向预滤波处理提高相干性,即滤除互不重叠的距离波数谱和方位多普勒谱而只截取其谱的重叠部分。对距离波数谱和方位多普勒谱截取公共部分后,再对公共谱采用相同的 SAR 成像处理算法获得相干性高的干涉 SAR 图像对。

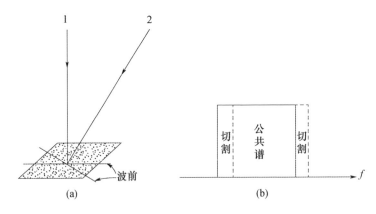

图 6-55 InSAR 的空间基线去相干及预滤波处理示意图
(a)相干性下降;(b)谱滤波提高相干性。

6.10.1 距离波数谱预滤波

干涉高程测量用两个天线相位中心以不同的视角对地面进行观测,通过每个像素的观测相位差计算波程差获得像素的高度信息。垂直航向基线的存在是进行 InSAR 高程测量的基础,但是同时带来了空间去相干的问题。

垂直航向基线引入了距离波数谱偏移。SAR 天线接收的回波数据可以看作是地面反射率与入射信号的卷积,从频域上看是地面反射率谱与这一信号谱的乘积,其表达式为

$$S_1(\omega) = R(\omega + \omega_0 \frac{\sin(\theta_1 - \alpha)}{\sin(\theta - \alpha)}) e^{-j(2\omega_0/c)r_1} W(\omega) \quad (6-137)$$

$$S_2(\omega) = R(\omega + \omega_0 \frac{\sin(\theta_2 - \alpha)}{\sin(\theta - \alpha)}) e^{-j(2\omega_0/c)r_2} W(\omega) \quad (6-138)$$

式中:$R(\omega)$ 为地面反射率的傅里叶变换;ω_0 为雷达中心频率;r_1 和 r_2 分别为卫星到地面目标的斜距;θ_1 和 θ_2 分别为卫星的下视角;$\theta = (\theta_1 + \theta_2)/2$;$\alpha$ 为地面坡度;$W(\omega)$ 为 SAR 系统发射和接收的带通滤波器,其带宽为 B。不同下视角的卫星接收的信号对应于地面反射率谱的不同谱段,如图 6-56 所示。

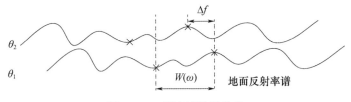

图 6-56 距离波数谱偏移

可以看出,不同的下视角引起地面反射率谱的不同偏移,即从带通滤波器输出不同的地面反射率谱段。不同下视角之间的地面反射率谱的偏移量为

$$\Delta f = \frac{f_0 \Delta \theta}{2\tan(\theta - \alpha)} \quad (6-139)$$

式中:$\Delta \theta$ 为视角差;α 为地面坡度;f_0 为雷达载频。不重叠谱段(非相干谱段)相当于重叠谱段(相干谱段)的噪声,从而降低了相干性。因此必须切除不重叠谱段而只保留重合谱段。

当相对频移与信号带宽相等时,两个谱将没有重叠部分,此时两个信号完全去相关,即 $\Delta f = B$ 是完全去相关条件。设极限基线长度为 B_c,则有

$$B_c = \frac{2BR\tan(\theta - \alpha)}{f_0} \quad (6-140)$$

通过以上分析,提高距离信号相干性的方法为:根据反射率谱移动量 Δf,截取公共距离波数谱,再对具有公共距离波数谱的信号进行距离压缩处理。

需要说明的是,上述推导假定地面为理想斜平面,但在实际情况中地面并不能表示为一个理想斜面,即使在一个像素单元内,地面的斜率发生变化。因此,预滤波处理的效果受到多种因素的限制。

6.10.2 方位多普勒谱预滤波

由于方位向配准误差等因素影响,卫星不同航过对同一地面单元观测的方位角度范围不完全重叠,如图 6-57 所示。而方位角度与多普勒频率一一对应,因此回波多普勒谱也不完全重叠。只有相同视角范围内的空间采样才能用

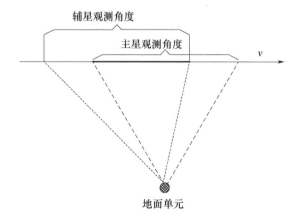

图 6-57 主辅星的方位观测角度

于干涉处理。相同的视角范围对应于相同的多普勒谱(假定主辅星速度相同),因此提高方位信号相干性的方法为截取公共的多普勒谱,再利用公共的多普勒谱完成方位压缩处理。

具体实现方法:根据回波数据的多普勒谱中心频率(由成像的几何关系或运动参数估计得出)和多普勒带宽确定出重叠的多普勒谱,然后滤除掉非重叠部分的多普勒谱。

假定 f_{dc1} 和 f_{dc2} 分别为主辅星回波的多普勒中心频率,且 $f_{dc1} \geq f_{dc2}$,主辅星回波的多普勒带宽都为 B_d,则重合谱段为 $\left[f_{dc1} - \dfrac{B_d}{2}, f_{dc2} + \dfrac{B_d}{2}\right]$,如图 6-58 所示。然后,从主辅星回波数据中截取出谱段 $\left[f_{dc1} - \dfrac{B_d}{2}, f_{dc2} + \dfrac{B_d}{2}\right]$ 内的公共多普勒谱。在 SAR 成像处理时仅对此公共多普勒谱进行方位压缩处理,从而提高主辅星 SAR 图像之间的相干性。预滤波前的干涉相位图如图 6-59 所示。

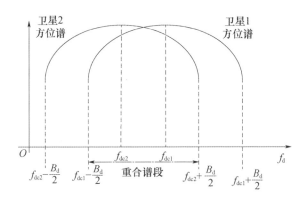

图 6-58 方位预滤波多普勒谱段示意图

图 6-59 预滤波前的干涉相位图

6.11 相位滤波梯度估计与补偿

6.11.1 梯度估计与补偿原理

测量的干涉相位为理想的干涉相位和加性噪声相位之和,即

$$\varphi_m = \varphi_i + \varphi_n \tag{6-141}$$

式中:φ_m 为测量的干涉相位;φ_i 为理想的无噪声污染的干涉相位;φ_n 为噪声相位。

ML 和 MUSIC 以及分维搜索的局部频率估计方法都是假定在估计窗口内只有一个频率分量,因此在满足局部一阶模型的假设下(也即估计窗口内只有一个频率分量),式(6-141)可以写为

$$\varphi_m(m+p,n+q) = 2\pi p f_x + 2\pi q f_y + \varphi_i(m,n) + \varphi_n(m+p,n+q) \tag{6-142}$$

式中:(m,n) 为中心像素的位置;(p,q) 为窗口内的其他像素与中心像素的相对位置;$\varphi_n(m+p,n+q)$ 为加性噪声。基于坡度补偿的圆周期均值滤波算法是利用坡度估计的结果补偿中心像素和滤波窗口内其他像素的干涉相位差,经过坡度补偿以后,滤波窗口内的像素和中心像素的相位一致(不考虑噪声)

$$\begin{aligned}\varphi'_m(m+p,n+q) &= \varphi_i(m,n) + \varphi_n(m+p,n+q) \\ &= \varphi_m(m+p,n+q) - 2\pi p f_x - 2\pi q f_y + \varphi_n(m+p,n+q)\end{aligned} \tag{6-143}$$

式中:$\varphi'_m(m+p,n+q)$ 为坡度补偿后的干涉相位。

经过坡度补偿后,滤波窗口内的干涉相位是一致的,而各个像素的噪声是统计独立的,进行均值滤波,有

$$\hat{\varphi}(m,n) = \arg\Big(\sum_{p=-M}^{p=M}\sum_{q=-N}^{N}\exp(-j\varphi'(m+p,n+q))\Big) \tag{6-144}$$

干涉相位的幅度有助于提高干涉相位滤波的性能,坡度补偿的均值滤波器为

$$\hat{\varphi}(m,n) = \arg\Big(\frac{1}{(2M+1)(2N+1)}\sum_{p=-M}^{M}\sum_{q=-N}^{N}A(m+p,n+q)\exp(-j\varphi'(m+p,n+q))\Big) \tag{6-145}$$

式中:$A(m+p,n+q)$ 为复干涉信号的幅度。

6.11.2 高阶误差估计与补偿

前面的分析中,假定估计窗口内的地形近似为斜面,没有利用相位条纹中的高阶信息(条纹的高阶信息中包含了干涉相位的细节信息),因此求得的局部频率不可避免地存在误差。尤其是对于地形变化剧烈的区域,为获得好的估计结果,常常将估计窗口取得很大,导致难以满足斜面的假设,估计值会严重偏离真值,因此对地形变化剧烈区域进行滤波时,会严重影响干涉条纹的连续性。这里提出一种利用全局最小二乘拟合局部相位梯度的方法,联合较大区域的信息进行高次拟合局部相位梯度,能够在条纹密集区获得较好的滤波效果。

利用全局最小二乘拟合的局部梯度估计方法进行相位滤波的流程如图6-60所示。

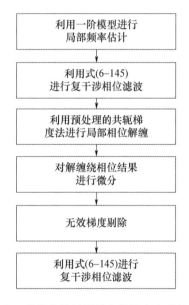

图6-60 全局最小二乘拟合的局部梯度估计方法进行相位滤波的流程图

接下来对全局最小二乘拟合的局部梯度估计方法进行相位滤波的流程图进行详细说明。

(1) 对干涉SAR图像对进行精确配准,并利用一阶平面模型(最大似然局部频率估计方法、MUSIC超分辨局部频率估计方法,以及分维搜索的局部频率估计方法)对局部频率(坡度)进行粗估计;对于条纹比较稀疏(地形起伏比较平缓)或者相干性较好的干涉相位,可以不进行坡度估计而直接采用传统均值滤波的结果(此时可能需要更多的迭代次数);最大似然局部频率估计方法使用快速傅里叶变换,从而避免了 MUSIC 方法二维搜索带来的巨大运算量。

(2)用粗估计结果对干涉相位进行补偿,然后利用均值滤波器对含噪干涉相位进行滤波,由于是采用坡度粗补偿,因此滤波窗口不能取得太大,否则会破坏干涉相位条纹的连续性(在条纹密集的地方会产生大量的残点噪声,条纹的连续性不能得到有效保证)。

(3)利用加权最小二乘对第(2)步中的滤波结果进行干涉相位解缠绕,对权值设置门限,低于门限值的区域权值设为 0。

进行相位展开时通常假设展开相位的梯度绝对值小于 π。对于全局类的解缠绕方法,寻求解缠绕相位梯度与缠绕相位梯度整体偏差最小的解。由于条纹密集区的相干性比较差,且最小二乘在进行相位解缠绕时没有对干涉相位质量进行衡量,因此利用加权的整体最小二乘算法获得较平滑且精度较好的解缠绕相位,即最小化代价函数(加权最小二乘),即

$$\min(U_{m,n} \mid \phi_{m+1,n} - \phi_{m,n} - \nabla\varphi_{m,n}^{y} \mid^2 + V_{m,n} \mid \phi_{m,n+1} - \phi_{m,n} - \nabla\varphi_{m,n}^{x} \mid^2)$$

(6-146)

$$U_{m,n} = \min(w_{m+1,n}^2, w_{m,n}^2) \quad (6-147)$$

$$V_{m,n} = \min(w_{m,n+1}^2, w_{m,n}^2) \quad (6-148)$$

式中:$w_{m,n}$ 为质量图权系数(由相干系数、伪相干系数、相位梯度、噪声能量等来获得)。对不同质量的干涉相位进行加权,在相位解缠绕的过程中尽量减少低质量的干涉相位或者噪声相位对相位解缠绕的影响。

(4)相位解缠绕会引入一个常数,但不会对相邻像素的梯度产生影响。对相位解缠绕结果按行、列分别求微分,即可得梯度估计值

$$f_x(m,n) = \phi(m+1,n) - \phi(m,n) \quad (6-149)$$

$$f_y(m,n) = \phi(m,n+1) - \phi(m,n) \quad (6-150)$$

式中:$\phi(m,n)$ 为解缠绕后的干涉相位值。

(5)坏值剔除,假设地形是缓变的,相邻梯度之间的差值较小,设置门限相位,将大于该门限的值剔除掉,并利用周围像素的中值滤波值对当前像素的梯度估计值进行近似,最后得到平滑的距离向和方位向坡度估计,即

$$\mid f_x(m,n) - f_x(m+1,n) \mid \leq \varepsilon_x \quad (6-151)$$

$$\mid f_y(m,n) - f_y(m,n+1) \mid \leq \varepsilon_y \quad (6-152)$$

式中:ε_x 和 ε_y 为剔除坏值时设定的梯度门限。

(6) 利用第(5)步的估计结果进行坡度补偿滤波,得到滤波结果。

上述处理可以采用迭代方法,一般一到两次迭代可以获得较好的滤波结果,尤其是在相位条纹密集(即地形变化比较剧烈的区域)或低信噪比的区域,滤波效果的改善相当明显,并且有效地保持干涉相位条纹的连续性。

6.11.3 仿真结果

Etna 火山口滤波处理结果如图 6-61 所示。

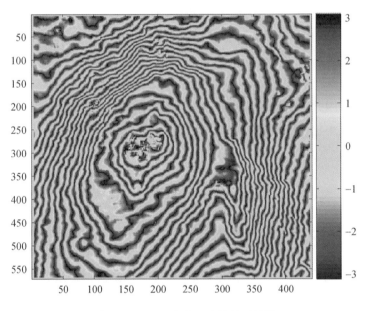

图 6-61　Etna 火山口滤波处理结果

由图 6-61 看出,该方法能够在有效抑制噪声的同时,较好地保持条纹的连续性。

6.12 小结

本章首先概述了 InSAR/DInSAR 的基本原理及对其性能分析方法,然后针对 GEO InSAR 及 GEO DInSAR 性能,对全链路误差进行了详细分析,最后给出了影响 GEO InSAR/GEO DInSAR 性能的误差补偿及处理方法,主要包括基线误差估计与补偿、电离层与对流层延迟误差估计与补偿、InSAR/DInSAR 预滤波参数估计与补偿以及相位滤波梯度估计与补偿方法。

第 7 章

地球同步轨道 SAR 时变散射特性

7.1 概述

通常情况下,SAR 可以对地面静止的地物进行成像处理。如果地物在合成孔径时间内散射特性发生变化,则图像可能会出现散焦现象。与 LEO SAR 卫星相比,GEO SAR 卫星轨道升高,导致合成孔径时间变长,地物的散射特性可能会影响 GEO SAR 成像处理。对于不同地物,散射特性随时间的变化不同[53-55],因此本章对不同时变散射特性的地物成像情况进行仿真和试验验证。

7.2 基于时变散射特性的 SAR 场景信号建模

在本章内容中,我们建立以下具有时变散射特性的地物 GEO SAR 信号模型。

(1) 模拟分析森林在不同风力作用下的形态结构变化:模拟分析森林基本散射单元(树枝、树叶、树干)的散射特性;模拟分析森林基本散射单元的后向散射截面随雷达观测量的变化;分析高轨观测模式下电磁波与森林的相互作用机理;模拟分析电磁波在森林场景各介质层中的传播衰减特性;建立具有时变散射特性的森林 GEO SAR 后向散射信号模型。

(2) 模拟分析水稻在典型生长期的形态随风力的变化:模拟分析水稻基本散射单元(稻叶、稻秆)的散射特性;模拟分析高轨观测模型下水稻在典型生长期的后向散射系数随风力的变化规律。

(3) 时变海面 GEO SAR 信号建模:根据海面运动特征,在海浪方向谱与深海波浪弥散关系的基础上,建立时变海面二维场景仿真模型;然后结合粗糙海面微波散射计算方法,建立面向 GEO SAR 系统参数与雷达观测几何的粗糙海面的时变微波散射信号模型。

7.2.1 时变森林/水稻场景信号建模

入射电磁场信号主要参数包括频率、电场强度、电场相位、电场极化模式等。植被场景信号建模即针对入射电磁场与时变植被场景(森林、水稻)交互作用后的散射电磁场进行建模[56-59]。雷达成像中一般使用地物目标的后向散射系数,因而入射电磁场的电场强度可以假设为单位电场强度。基于时变散射特性的 GEO SAR 植被场景信号建模流程如图 7-1 所示。

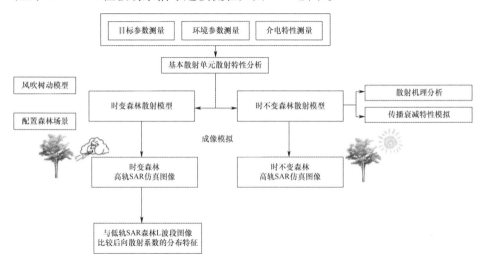

图 7-1　时变森林场景信号建模流程图

1. 模拟分析森林在不同风力作用下的形态结构变化

风是散射单元的几何形态发生变化的外力之源。首先需要构造森林与水稻的几何形态,如图 7-2 所示。

森林的基本散射单元为树枝、树叶、树干、下垫面,树枝又按照尺寸大小进一步划分为一级枝与二级枝,因此森林共有五种基本散射单元。一般使用有限长度的圆柱体模拟树枝,模拟一级枝与二级枝的圆柱体半径和长度各不相同;树叶分为阔叶林树叶与针叶林树叶,阔叶林树叶一般使用椭圆盘进行模拟,而针叶林树叶使用细小圆柱进行模拟;树干同树枝,也是使用有限长的圆柱体进行模拟。

第 7 章　地球同步轨道 SAR 时变散射特性

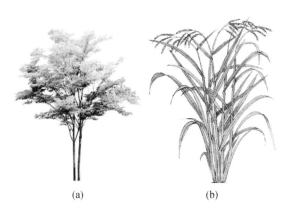

图 7-2　植被场景示意图
(a)森林;(b)水稻。

水稻的基本散射单元为稻叶、稻秆、稻穗、下垫面,其中稻穗在水稻抽穗期才开始出现,因此在抽穗期前水稻只有三种散射单元,之后则有四种散射单元。稻叶细长且弯曲,目前的微波散射模型中多使用椭圆盘进行模拟;稻秆则使用有限长度的圆柱体进行模拟;稻穗有三种模型,即小圆柱、双圆柱以及多球聚集体,不同生长期的稻穗可以选用不同的模型。

其次,需要建立风与基本散射单元交互的力学模型。风吹树(稻)动是一个很有挑战性的问题。因为树(稻)在风中的运动是一个复杂的流固耦合问题,风吹过树引起树摇动,反过来树的摇动会改变风场的速度分布;此外,树本身是一个非线性的柔性系统,准确简洁地计算树(稻)在风中的(基于物理的)变形并不是一件容易的事情。真实模拟树木(水稻)对风的响应,需要考虑四个部分的内容:风力模型、力学模型、树木几何结构模型与树木结构模型。本节对风吹树(稻)动的基本物理场景予以简化,只考虑基本散射单元的风力作用模拟,主要包括两个部分的内容,即风力模型与力学模型。风力模型中,风场模拟使用均匀风场,即风力时不变。以树枝为例,风力 F 由阻力 F_d 与升力 F_l 组成,$F_d = \frac{1}{2} C_d \rho V^2 S$,$F_l = \frac{1}{2} C_l \rho V^2 S$。其中:$C_d$ 与 C_l 分别为阻力系数与升力系数;S 为圆柱体的迎风面积;V 为风速;ρ 为空气密度,在标准状况下为 1.29 kg/m³。散射单元的力学模型中,由于树枝(稻秆)的长度远大于直径,且树木在风中的舞动效果主要体现为树枝(稻秆)的弯曲,枝条的剪切变形影响可以忽略,故采用 Euler - Bernoulli 梁(欧拉 - 伯努利梁)来模拟树枝(稻秆)。Euler - Bernoulli 梁的几何特性和物理特性的模型决定了树枝(稻秆)在风中运动的真实感。树木的力学性质和建模过程非常复杂,这里对其做以下假定。

(1) 作用在树一个侧面上的风场强度相等。

(2) 不进行树枝与树叶间的相互碰撞检测。

(3) 不考虑树枝和树叶被风力破坏的情况,仅考虑弹性形变阶段,树枝在无风作用时可以恢复到原来的状态。

2. 模拟分析森林的基本散射单元(树枝、树叶、树干)的散射特性

1) 树枝的散射特性

入射波矢量和散射波矢量的关系如图7-3所示。

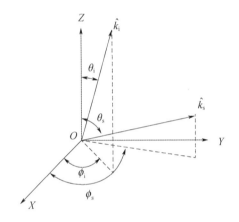

图7-3 入射波矢量和散射波矢量的关系图

传统的树枝散射模型以圆柱为基本几何形态,利用双频 Debye – Cole 公式计算介电常数,利用基于无限长圆柱近似的散射模型计算树枝的散射特性。无限长圆柱近似的基本思想是有限长圆柱内的电流与无限长圆柱内的电流强度相同,对于长度为 l,半径为 a,介电常数为 ε_s 的有限长圆柱体,其散射辐度矩阵为

$$f_{hh}^t = \frac{k_0^2(\varepsilon_s - 1)u}{2}\left\{-B_0\eta h_{0h} + 2\sum_{n=1}^{\infty}(iA_n\cos\theta_i e_{nh} - B_n\eta h_{nh})\cos[n(\phi_s - \phi_i)]\right\}$$

(7-1)

$$f_{vv}^t = \frac{k_0^2(\varepsilon_s - 1)u}{2}\left\{e_{0v}(B_0\cos\theta_i\cos\theta_s + Z_0\sin\theta_s) + 2\sum_{n=1}^{\infty}[(B_n\cos\theta_i e_{nv} + iA_n\eta h_{nv})\cos\theta_s + e_{nv}Z_n\sin\theta_s]\cos[n(\phi_s - \phi_i)]\right\}$$

(7-2)

$$f_{\text{hv}}^{t} = \frac{k_0^2(\varepsilon_s - 1)u}{2} 2i \sum_{n=1}^{\infty} \left[(iA_n \cos\theta_i e_{nv} - B_n \eta h_{nv}) \sin[n(\phi_s - \phi_i)] \right] \quad (7-3)$$

$$f_{\text{vh}}^{t} = \frac{k_0^2(\varepsilon_s - 1)u}{2} 2i \sum_{n=1}^{\infty} \left[(B_n \cos\theta_i e_{nh} + iA_n \eta h_{nh}) \cos\theta_s + e_{nh} Z_n \sin\theta_s \right] \sin[n(\phi_s - \phi_i)] \quad (7-4)$$

式中：

$$u = \frac{e^{i(k_{zi} - k_{zs})l} - 1}{i(k_{zi} - k_{zs})} \quad (7-5)$$

式中：k_{zi} 和 k_{zs} 分别为入射波向量和散射波向量在 $\hat{z}$ 上的分量。Z_n、A_n 和 B_n 分别表示为

$$Z_n = \frac{a}{k_{1\rho i}^2 - k_{\rho s}^2} \left[k_{1\rho i} \mathrm{J}_n(k_{\rho s}a) \mathrm{J}_{n+1}(k_{1\rho i}a) - k_{\rho s} \mathrm{J}_n(k_{1\rho i}a) \mathrm{J}_{n+1}(k_{\rho s}a) \right] \quad (7-6)$$

$$A_n = \frac{k_0}{2k_{1\rho i}} (Z_{n-1} - Z_{n+1}) \quad (7-7)$$

$$B_n = \frac{k_0}{2k_{1\rho i}} (Z_{n-1} + Z_{n+1}) \quad (7-8)$$

系数 e_{nv}、e_{nh}，ηh_{nh} 和 ηh_{nv} 分别表示为

$$e_{nh} = \left(\frac{k_{\rho i}}{k_0}\right) \frac{1}{R_n \mathrm{J}_n(k_{1\rho i}a)} \left[\frac{1}{(k_{\rho i}a)^2} - \frac{1}{(k_{1\rho i}a)^2} \right] \frac{k_{zi}}{k_0} n \quad (7-9)$$

$$\eta h_{nh} = -i\left(\frac{k_{\rho i}}{k_0}\right) \frac{1}{R_n \mathrm{J}_n(k_{1\rho i}a)} \left[\frac{\varepsilon_s \mathrm{J}_n'(k_{1\rho i}a)}{k_{1\rho i} a \mathrm{J}_n(k_{1\rho i}a)} - \frac{\mathrm{H}_n^{(1)'}(k_{\rho i}a)}{k_{\rho i} a \mathrm{H}_n^{(1)}(k_{\rho i}a)} \right] \quad (7-10)$$

$$e_{nv} = i\left(\frac{k_{\rho i}}{k_0}\right) \frac{1}{R_n \mathrm{J}_n(k_{1\rho i}a)} \left[\frac{\mathrm{J}_n'(k_{1\rho i}a)}{k_{1\rho i} a \mathrm{J}_n(k_{1\rho i}a)} - \frac{\mathrm{H}_n^{(1)'}(k_{\rho i}a)}{k_{\rho i} a \mathrm{H}_n^{(1)}(k_{\rho i}a)} \right] \quad (7-11)$$

$$\eta h_{nv} = e_{nh} \quad (7-12)$$

式中：

$$R_n = \frac{\pi (k_{\rho i}a)^2 \mathrm{H}_n^{(1)}(k_{\rho i}a)}{2} \left\{ \left(\frac{k_{zi}}{k_0}\right)^2 2\left[\frac{1}{(k_{\rho i}a)^2} - \frac{1}{(k_{1\rho i}a)^2} \right]^2 n^2 - \left[\frac{\varepsilon_s \mathrm{J}_n'(k_{1\rho i}a)}{k_{1\rho i} a \mathrm{J}_n(k_{1\rho i}a)} - \frac{\mathrm{H}_n^{(1)'}(k_{\rho i}a)}{k_{\rho i} a \mathrm{H}_n^{(1)}(k_{\rho i}a)} \right] \left[\frac{\mathrm{J}_n'(k_{1\rho i}a)}{k_{1\rho i} a \mathrm{J}_n(k_{1\rho i}a)} - \frac{\mathrm{H}_n^{(1)'}(k_{\rho i}a)}{k_{\rho i} a \mathrm{H}_n^{(1)}(k_{\rho i}a)} \right] \right\} \quad (7-13)$$

$$k_{1\rho i} = \sqrt{k_0^2 \varepsilon_s - k_{zi}^2} \quad (7-14)$$

$$k_{\rho i} = \sqrt{k_0^2 - k_{zi}^2} \quad (7-15)$$

式中:k_0 为自由空间的波数;J_n 和 $H_n^{(1)}$ 分别为贝塞尔函数和第一类汉克尔函数。

利用基于无限长圆柱近似的散射模型,模拟长度为 10cm,半径在 1~10mm,质量含水量 60%,在中心频率为 1.2GHz 的 L 波段,入射角为 90°,同极化方式下,其后向散射截面随半径的变化如图 7-4 所示。

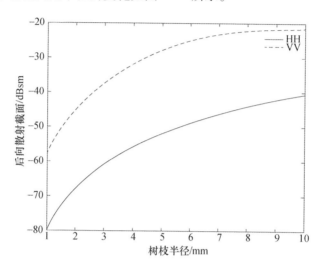

图 7-4 树枝后向散射截面随半径的变化曲线图

2) 树叶的散射特性

传统的树叶散射模型以圆盘、椭圆盘为基本几何形态,利用双频 Debye-Cole 公式计算其介电常数,利用基于泛化瑞利-甘斯近似的散射模型模拟计算树叶的散射特性。其散射幅度矩阵在柱状坐标系下为

$$f_{hh}^l = \frac{k_0^2 v_0(\varepsilon_1 - 1)}{2}\cos\theta_s'[a_{11}\sin\phi_s'\sin\phi_i' + a_{22}\cos\phi_s'\cos\phi_i']\mu(\hat{k}_s, \hat{k}_i) \quad (7-16)$$

$$f_{vv}^l = \frac{k_0^2 v_0(\varepsilon_1 - 1)}{2}[\cos\theta_i'\cos\theta_s'(a_{11}\cos\phi_i'\cos\phi_s' + a_{22}\sin\phi_i'\sin\phi_s') - a_{33}\sin\theta_i'\sin\theta_s']\mu(\hat{k}_s, \hat{k}_i)$$

$$(7-17)$$

$$f_{hv}^l = \frac{k_0^2 v_0(\varepsilon_1 - 1)}{2}\cos\theta_i'[a_{11}\sin\phi_s'\cos\phi_i' - a_{22}\cos\phi_s'\sin\phi_i']\mu(\hat{k}_s, \hat{k}_i) \quad (7-18)$$

$$f_{vh}^l = \frac{k_0^2 v_0(\varepsilon_1 - 1)}{2}\cos\theta_s'[a_{22}\sin\phi_s'\cos\phi_i' - a_{11}\cos\phi_s'\sin\phi_i']\mu(\hat{k}_s, \hat{k}_i) \quad (7-19)$$

式中:v_0 为散射体体积。另有

$$\mu(\hat{k}_s, \hat{k}_i) = \frac{2J_1(Q_e)}{Q_e} \quad (7-20)$$

$$Q_e = \frac{\sqrt{(q_x l_1)^2 + (q_y w_1)^2}}{2} \quad (7-21)$$

$$q_x = k[\sin\theta_i'\cos\phi_i' - \sin\theta_i'\cos\phi_s'] \quad (7-22)$$

$$q_y = k[\sin\theta_i'\sin\phi_i' - \sin\theta_i'\sin\phi_s'] \quad (7-23)$$

$$a_{tt} = \frac{1}{(\varepsilon_r^1 - 1)g_t + 1}, t = 1,2,3 \quad (7-24)$$

$$g_1 = \frac{a_3}{a_1} \cdot \sqrt{1-e^2}\frac{K(e,\pi/2) - E(e,\pi/2)}{e^2} \quad (7-25)$$

$$g_2 = \frac{a_3}{a_1} \cdot \frac{E(e,\pi/2) - (1-e^2)K(e,\pi/2)}{e^2\sqrt{1-e^2}} \quad (7-26)$$

$$g_3 = 1 - \frac{a_3}{a_1} \cdot \frac{E(e,\pi/2)}{\sqrt{1-e^2}} \quad (7-27)$$

$$e = \sqrt{1-(a_2/a_1)^2} \quad (7-28)$$

$(e,\pi/2)$ 与 $E(e,\pi/2)$ 是第一类与第二类椭圆积分，有

$$K(e,\pi/2) = \int_0^{\pi/2} \frac{1}{\sqrt{1-e^2\sin^2\psi}}d\psi \quad (7-29)$$

$$E(e,\pi/2) = \int_0^{\pi/2} \sqrt{1-e^2\sin^2\psi}\,d\psi \quad (7-30)$$

利用基于泛化瑞利-甘斯近似的散射模型，模拟长度为10cm，宽度为2.5cm，厚度为0.2mm的椭圆盘形叶片，质量含水量80%，在中心频率为1.2GHz的L波段，入射角为30°，同极化方式下，其后向散射截面随叶片厚度的变化如图7-5所示。

3) 树干的散射特性

传统的树干散射模型以圆盘、椭圆盘为基本几何形态，利用双频Debye-Cole公式计算其介电常数。散射强度计算公式为

$$\begin{bmatrix} E_v^{s,inf} \\ E_h^{s,inf} \end{bmatrix} = \sqrt{\frac{2}{\pi}} \frac{e^{i(-k_0 z\sin\psi_i + k_0 r\cos\psi_i - \frac{\pi}{4})}}{\sqrt{k_0 r\cos\psi_i}} \begin{bmatrix} T_{vv}(\psi_i,\phi') & T_{vh}(\psi_i,\phi') \\ T_{hv}(\psi_i,\phi') & T_{hh}(\psi_i,\phi') \end{bmatrix} \cdot \begin{bmatrix} E_v^i \\ E_h^i \end{bmatrix}$$

$$(7-31)$$

式中：

$$T_{vv} = \sum_{n=-\infty}^{\infty} (-1)^n C_n^v e^{in\phi'} \quad (7-32)$$

$$T_{vh} = \sum_{n=-\infty}^{\infty} (-1)^n \overline{C}_n e^{in\phi'} \quad (7-33)$$

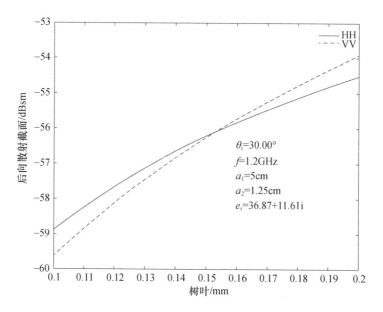

图 7-5 树叶后向散射截面随厚度的变化曲线图

$$T_{\text{hv}} = -\sum_{n=-\infty}^{\infty} (-1)^n \overline{C}_n e^{in\phi'} \qquad (7-34)$$

$$T_{\text{hh}} = \sum_{n=-\infty}^{\infty} (-1)^n C_n^h e^{in\phi'} \qquad (7-35)$$

对于相对介电常数为 ε_r 的匀质圆柱,以上各式中的系数为

$$C_n^v = -\frac{V_n P_n - q_n^2 J_n(x_0) H_n^{(1)}(x_0) J_n^2(x_1)}{P_n N_n - [q_n H_n^{(1)}(x_0) J_n(x_1)]^2} \qquad (7-36)$$

$$C_n^h = -\frac{M_n N_n - q_n^2 J_n(x_0) H_n^{(1)}(x_0) J_n^2(x_1)}{P_n N_n - [q_n H_n^{(1)}(x_0) J_n(x_1)]^2} \qquad (7-37)$$

$$\overline{C}_n = i \frac{2}{\pi x_0} \left[\frac{s_0 q_n J_n^2(x_1)}{P_n N_n - [q_n H_n^{(1)}(x_0) J_n(x_1)]^2} \right] \qquad (7-38)$$

式中:

$$x_0 = \frac{k_0 D_t \cos\psi_i}{2} \qquad (7-39)$$

$$x_1 = \frac{k_0 D_t}{2} \sqrt{\varepsilon_r - \sin^2\psi_i} \qquad (7-40)$$

$$q_n = \frac{n\sin\psi_i}{\dfrac{k_0 D_t}{2}} \left(\frac{1}{\varepsilon_r - \sin^2\psi_i} - \frac{1}{\cos^2\psi_i} \right) \qquad (7-41)$$

$$V_n = s_1 J_n(x_0) J'_n(x_1) - s_0 J'_n(x_0) J_n(x_1) \tag{7-42}$$

$$P_n = r_1 H_n^{(1)}(x_0) J'_n(x_1) - s_0 H_n'^{(1)}(x_0) J_n(x_1) \tag{7-43}$$

$$P_n = r_1 H_n^{(1)}(x_0) J'_n(x_1) - s_0 H_n'^{(1)}(x_0) J_n(x_1) \tag{7-44}$$

$$N_n = s_1 H_n^{(1)}(x_0) J'_n(x_1) - s_0 H_n'^{(1)}(x_0) J_n(x_1) \tag{7-45}$$

$$M_n = r_1 J_n(x_0) J'_n(x_1) - s_0 J'_n(x_0) J_n(x_1) \tag{7-46}$$

$$s_0 = \frac{1}{\cos\psi_i} \tag{7-47}$$

$$s_1 = \frac{\varepsilon_r}{\sqrt{\varepsilon_r - \sin^2\psi_i}} \tag{7-48}$$

$$r_1 = \frac{1}{\sqrt{\varepsilon_r - \sin^2\psi_i}} \tag{7-49}$$

为了将其应用于有限长圆柱的散射场计算,需要假设 $H_t \gg \lambda, 0.5 < k_0 \frac{D_t}{2} < 10, H_t \gg \frac{D_t}{2}$。有

$$\begin{bmatrix} E_v^s \\ E_h^s \end{bmatrix} = \frac{e^{ik_0 r}}{r} \begin{bmatrix} S_{vv}(\psi_s, \psi_i, \phi') & S_{vh}(\psi_s, \psi_i, \phi') \\ S_{hv}(\psi_s, \psi_i, \phi') & S_{hh}(\psi_s, \psi_i, \phi') \end{bmatrix} \cdot \begin{bmatrix} E_v^i \\ E_h^i \end{bmatrix} \tag{7-50}$$

式中:

$$S_{rt}(\psi_s, \psi_i, \phi') = Q(\psi_i, \psi_s) \cdot T_{rt}(\psi_i, \phi')$$

$$Q(\psi_i, \psi_s) = \frac{-iH_t \cos\psi_s}{\pi \cos\psi_i} \left\{ \frac{\sin\left[k_0(\sin\psi_i + \sin\psi_s)\frac{H_t}{2}\right]}{\left[k_0(\sin\psi_i + \sin\psi_s)\frac{H_t}{2}\right]} \right\} \tag{7-51}$$

在前向及镜向散射情形,去极化场分量消失。特殊地,在前向散射情形,即 $\psi_s = -\psi_i, \phi' = \pi$ 时,散射矩阵简化为

$$S(-\psi_i, \psi_i, \pi) = \begin{bmatrix} S_{vv}(-\psi_i, \psi_i, \pi) & 0 \\ 0 & S_{hh}(-\psi_i, \psi_i, \pi) \end{bmatrix}$$

$$= \begin{bmatrix} \dfrac{-iH_t}{\pi} \sum_{n=-\infty}^{\infty} C_n^h & 0 \\ 0 & \dfrac{-iH_t}{\pi} \sum_{n=-\infty}^{\infty} C_n^v \end{bmatrix} \tag{7-52}$$

在镜向散射情形,即 $\psi_s = -\psi_i, \phi' = 0$,有

$$S(-\psi_i,\psi_i,\pi) = \begin{bmatrix} S_{vv}(-\psi_i,\psi_i,\pi) & 0 \\ 0 & S_{hh}(-\psi_i,\psi_i,\pi) \end{bmatrix}$$

$$= \begin{bmatrix} \dfrac{-iH_t}{\pi}\sum_{n=-\infty}^{\infty}(-1)^n C_n^h & 0 \\ 0 & \dfrac{-iH_t}{\pi}\sum_{n=-\infty}^{\infty}(-1)^n C_n^v \end{bmatrix}$$

(7-53)

利用上述圆柱散射模型,模拟高度为 2m 的圆柱形垂直树干,质量含水量 80%,在中心频率为 1.2GHz 的 L 波段,入射角为 30°,同极化方式下,后向散射截面随树干半径的变化如图 7-6 所示。

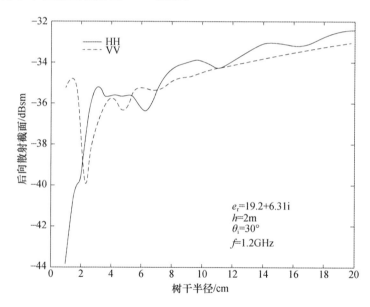

图 7-6 树干后向散射截面随半径的变化曲线图

由图 7-6 可知,随着树干半径的逐渐增加,树干后向散射截面也有增加的趋势,当半径增加至一定值后,后向散射截面的振荡程度有所增加。

3. 模拟分析森林基本散射单元的后向散射截面随雷达观测量的变化

1) 树枝、树叶、树干随入射角的变化

树枝:模拟长度为 10cm,半径在 1~10mm 的垂直树枝,质量含水量 60%,在中心频率为 1.2GHz 的 L 波段平面波照射下,其同极化后向散射截面随入射角的变化如图 7-7 所示。

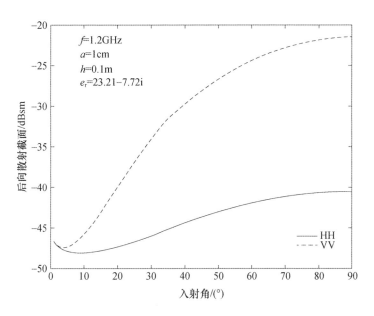

图 7-7 树枝后向散射截面随入射角的变化曲线图

将树枝倾斜 10°后,同极化后向散射截面随入射角的变化如图 7-8 所示。

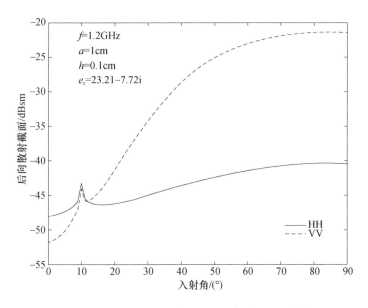

图 7-8 倾斜树枝后向散射截面随入射角的变化曲线图

树叶:模拟长度为 10cm、宽度为 2.5cm、厚度为 0.2mm 的椭圆盘形叶片,质量含水量为60%,在中心频率为1.2GHz的L波段平面波照射下,同极化后向散射截面随入射角的变化如图7-9所示。

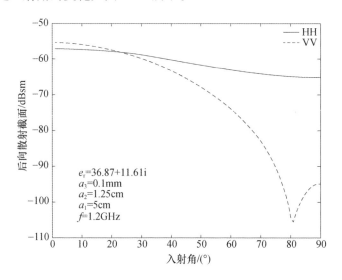

图7-9 树叶后向散射截面随入射角的变化曲线图

树干:模拟高度为2m、半径为10cm的圆柱形树干,质量含水量为60%,在中心频率为1.2GHz的L波段照射,同极化后向散射截面随入射角的变化如图7-10所示。

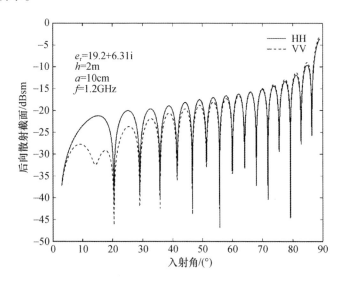

图7-10 树干后向散射截面随入射角的变化曲线图

2) 树枝、树叶、树干随入射方位角的变化

树枝:模拟长度为10cm、半径1cm、倾斜角为10°的树枝,质量含水量60%,在中心频率为1.2Hz的L波段平面波照射下,同极化后向散射截面随入射方位角的变化如图7-11所示。

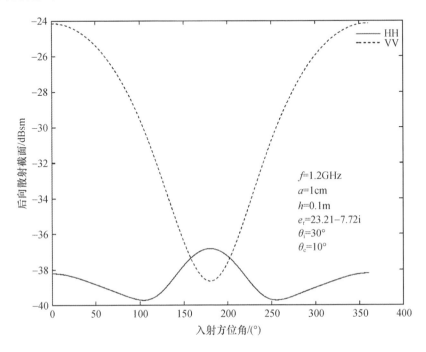

图 7-11 树枝后向散射截面随入射方位角的变化曲线图

树叶:模拟长度为10cm、宽度为2.5cm、厚度为0.2mm的椭圆盘型叶片,质量含水量为60%,在中心频率为1.2GHz的L波段平面波照射下,同极化后向散射截面随入射方位角的变化如图7-12所示。

树干:模拟高度为2m、半径为10cm的圆柱型树干,质量含水量为60%,在中心频率为1.2GHz的L波段照射,同极化后向散射截面随入射角的变化如图7-13所示。

3) 树枝、树叶、树干随入射频率的变化

树枝:模拟长度为10cm、半径1cm、倾斜角为10°的树枝,质量含水量60%,在中心频率为1~14GHz的平面波照射下,同极化后向散射截面随频率的变化如图7-14所示。

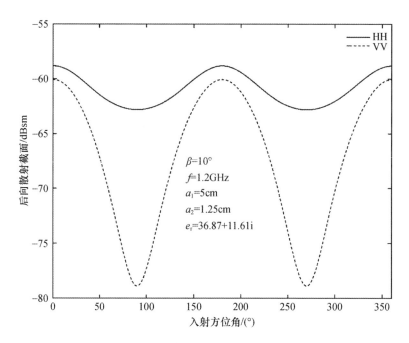

图 7-12 树叶后向散射截面随入射方位角的变化曲线图

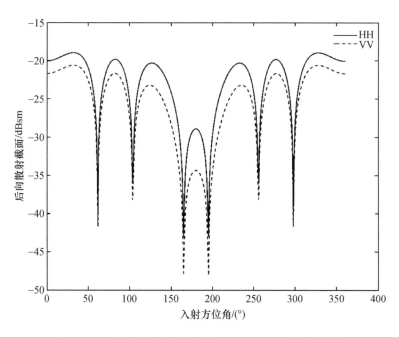

图 7-13 树干后向散射截面随入射方位角的变化曲线图

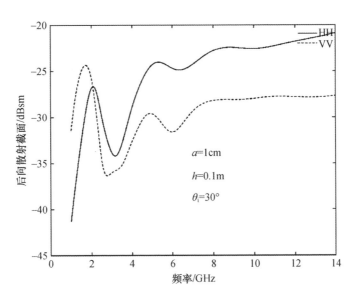

图 7-14 树枝后向散射截面随频率的变化曲线图

树叶：模拟长度为 10cm、宽度为 2.5cm、厚度为 0.2mm、倾角为 10°的椭圆盘形叶片，质量含水量为 60%，在中心频率为 1~14GHz 的平面波照射下，同极化后向散射截面随频率的变化如图 7-15 所示。

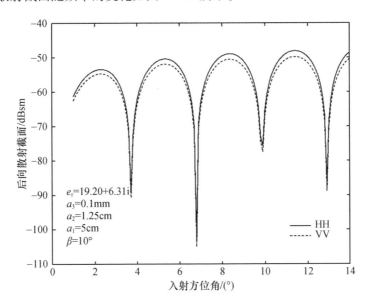

图 7-15 树叶后向散射截面随频率的变化曲线图

树干:模拟高度为2m、半径为10cm的圆柱型树干,重量含水量为60%,在中心频率为1~14GHz的平面波照射下,同极化后向散射截面及镜向后向散射截面随频率的变化如图7-16和图7-17所示。

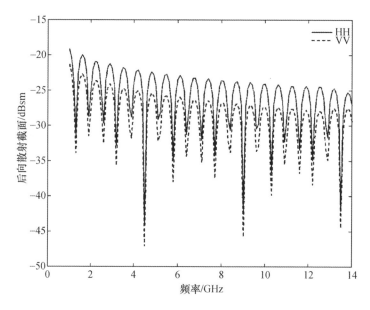

图7-16　树干后向散射截面随频率的变化曲线图

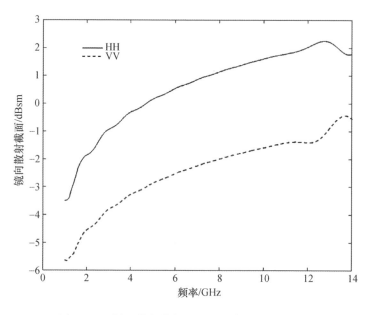

图7-17　树干镜向散射截面随频率的变化曲线图

4. 模拟分析电磁波在森林场景各介质层中的传播衰减特性

对于非均匀、各向同性的理想介质层,则电磁波在其中传播过程中的衰减特性使用 Foldy – Lax 近似进行模拟。介质层内部沿方向(θ,ϕ)传播的两个特征波的传播常数为

$$\boldsymbol{k}_{np} = k_{np}\hat{\boldsymbol{k}}_{np} = (k_0 - iM_{npp})\hat{\boldsymbol{k}}_{np} \tag{7-54}$$

式中:k_0 为电磁波在自由空间中的传播波数;$\hat{\boldsymbol{k}}_{np}$ 是 p 极化的电磁波在第 n 层中沿方向(θ,ϕ)传播时的单位方向矢量;M_{npp} 为针对每一层中散射单元的尺寸大小及朝向进行统计平均,则对于树干层(第 1 层)及枝叶混合层(第 2 层)有

$$\begin{cases} M_{1pp} = \dfrac{i2\pi}{k_0 A d_1} N_{\text{trunk}} \langle f_{pp}^{\text{trunk}}(\theta,\phi) \rangle \\ M_{2pp} = \dfrac{i2\pi}{k_0 A d_2} [N_{\text{branch}} \langle f_{pp}^{\text{branch}}(\theta,\phi) \rangle + N_{\text{leaf}} \langle f_{pp}^{\text{leaf}}(\theta,\phi) \rangle] \end{cases} \tag{7-55}$$

式中:$f_{pp}^t(\theta,\phi)$ 是散射单元 t 沿着波传播方向的散射系数,角括号表示统计平均。忽略层之间的反射及折射效应,则有 $\hat{\boldsymbol{k}}_2 = \hat{\boldsymbol{k}}_1 = \hat{\boldsymbol{k}}_i$,其中 $\hat{\boldsymbol{k}}_i$ 为入射波在自由空间中传播的方向矢量。

1) 构建理想树冠层,模拟传播衰减特性

构建理想树冠层,冠层高度为 10m,面积为 $10m^2$,由树枝与树叶组成,树枝数量体密度为 $5.32 \times 10^{-4} cm^{-3}$,树叶数量体密度为 $1.45 cm^{-3}$。树枝长 10cm,半径为 1cm,质量含水量为 60%,树枝倾角在 20°~40°均匀分布,有

$$p(\theta) = 1/20, \theta \in [20°, 40°] \tag{7-56}$$

树叶长度为 10cm,宽度为 2.5cm,厚度为 0.2mm,质量含水量为 60%,树叶倾角在 0°~30°均匀分布,有

$$p(\theta) = 1/30, \theta \in [0°, 30°] \tag{7-57}$$

则在 L 波段(1.2 GHz)照射下,衰减系数随入射角的变化如图 7 – 18 所示。

由图 7 – 18 可知,入射角对 HH 极化的衰减影响很小,而对 VV 极化的影响较大。随着入射角的增大,冠层对 VV 极化的衰减逐渐减小。在小入射角下,VV 极化波更易于穿透森林冠层,而在大入射角下,HH 极化波则更为容易。另外,衰减系数与树枝、树叶的空间朝向关系密切。

2) 构建理想树干层,模拟传播衰减特性

对于树干层,模拟高度为 2m,半径为 10cm 的圆柱形树干,质量含水量为 60%,则在 L 波段(1.2 GHz)照射下,衰减系数随入射角的变化如图 7 – 19 所示。

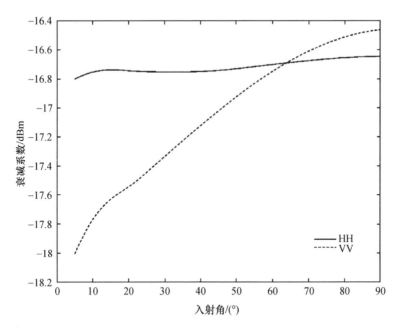

图 7-18 树冠层衰减系数随入射角的变化示意图

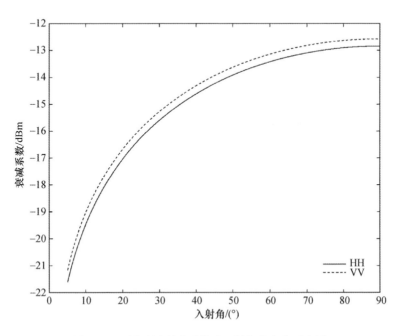

图 7-19 树干层衰减系数随入射角的变化示意图

由图 7-19 可知,对于以垂直结构为主的树干层,对 HH 及 VV 极化入射波的衰减随入射角增大而增大,又由于树干半径较大(为 10cm),与 L 波段入射波波长相近,导致 HH 极化与 VV 极化衰减差距不明显,VV 极化略高于 HH 极化。另外在固定入射角 $\theta_i = 30°$,入射频率在 1-14GHz 内,其衰减系数随入射频率的变化如图 7-20 所示。VV 极化的衰减系数高于 HH 极化。

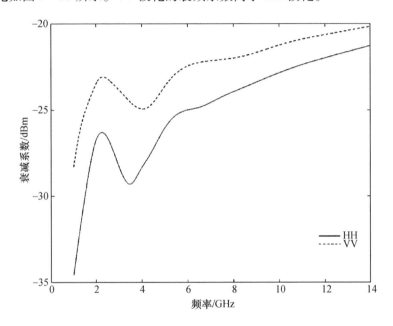

图 7-20 树干层衰减系数随入射频率的变化示意图

5. 建立具有时变散射特性的森林 GEO SAR 后向散射信号模型

针对 GEO SAR 成像特点,结合森林的几何参数、空间位置参数、介电参数的统计分布规律,基于蒙特卡洛数值模拟方法,建立具有时变散射特性的森林 GEO SAR 后向散射信号模型。模型建立主要有 9 个步骤:基本散射单元的几何形态模拟、风力作用模拟、介电特性模拟、散射特性模拟、空间位置模拟、衰减特性模拟,散射机理分解与合成,精度评价。下面分别对这些步骤予以阐述。

1) 基本散射单元的风力作用模拟

在材料力学中,树枝可看作杆件,其倾角为

$$\theta = \frac{FL^2}{2EI} = \frac{C_d \rho S L^2}{\pi E r^4} V^2$$

可以看到偏转角与风速 V 的二次方呈正比关系。最大模拟风力为 7 级,风速为15m/s。不同树枝的其杨氏模量不同。木材是天然生长的生物材料,拥有圆柱对称性与正交异向性,一般使用9个独立的弹性常数反映木材的正交异向性,包括3个弹性模量、3个切变模量和3个泊松比。松木一般是纵纹的,其弹性模量较大,即轴向不易变形,切变模量较小,树干切变模量一般取为0.5GPa,一级枝杨氏切变模量为0.05GPa,二级枝切变模量为0.03GPa,阻力系数C_d与树木的透风系数α有关,经验公式为$C_d = 0.5A(1-\alpha^2)$,其中A由风洞模拟实验得到,为1.92,透风系数$\alpha = 0.9$时,$C_d = 0.18$。图7-21所示是垂直树枝受到法向风场的作用,其末端偏转角随风速的变化关系模拟。

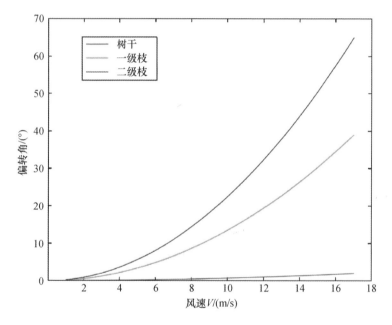

图7-21 树木散射单元(树干、一级枝、二级枝)在风力作用下的偏转角与风速的变化关系示意图

一棵小树在风力作用下的形态变化模拟图如图7-22所示。

2) 基本散射单元的介电特性模拟

植被散射单元(树枝、枝叶、树干、稻叶、稻秆、稻穗)的介电特性一般使用Debye-Cole双频色散经验模型,构建植被组织复介电常数与雷达信号入射频率、植被散射单元质量含水量的函数关系。L波段(1.2GHz)下,植被相对复介电常数随植被质量含水量的变化关系如图7-23所示。

第 7 章 地球同步轨道 SAR 时变散射特性

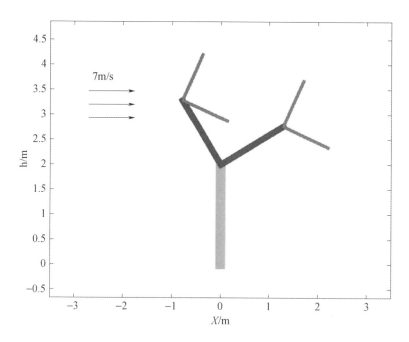

图 7-22 树木在风力作用下的形态变化模拟图

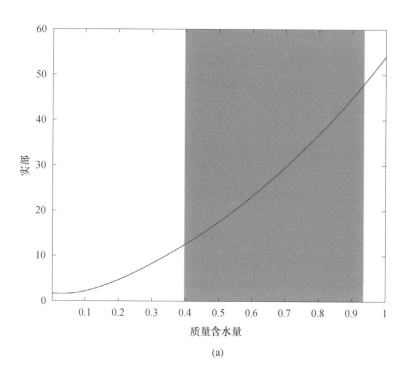

(a)

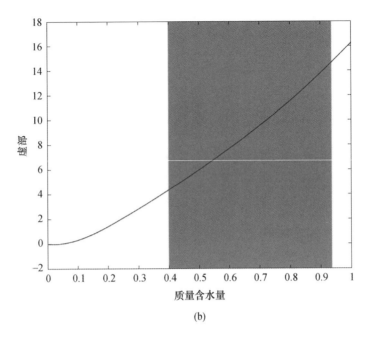

(b)

图 7-23 植被相对复介电常数随质量含水量的变化关系，
其中阴影区域是全生长期内稻叶及稻杆的质量含水量变化范围
(a)植被相对复介电常数实部；(b)植被相对复介电常数虚部。

3）基本散射单元的空间位置模拟

森林三维场景仿真模拟中，假设树干面密度为 $0.047 \mathrm{m}^{-2}$，照射面积为 $100\pi \mathrm{m}^2$，则在照射面积内有 25 株树木，各树干在地面的中心位置 $p_i(\rho_i, \phi_i)$ 服从下列分布 $\rho_i \sim N(0, \sqrt{A/\pi})$，$\phi_i \sim N(0, 2\pi)$。树干在照射面积内的分布如图 7-24 所示。

4）散射机理合成

散射机理的合成有两种方式，即基于能量或基于电磁场。两者的区别往往是由相干效应引起的。一般认为，对于稀疏介质，相干效应并不明显；但是对于致密介质，相干效应会显著影响模拟结果，如后向散射增强效应。基于能量的模型称为非相干模型，基于电磁场的模型称为相干模型。散射机理的合成方法一般有三种：独立散射近似(independent scattering approximation, IND)、相干交互模型(coherent interaction model, CIM)与相干叠加近似(coherent addition approximation, CAA)。其中，后两种属于相干模型，独立散射近似属于非相干模型。本书中森林散射机理合成使用相干叠加近似。

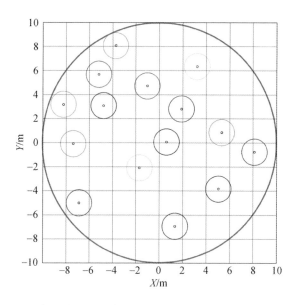

图 7-24 树干在雷达入射电磁波照射面积内的空间位置分布图

5）散射模型精度评价

散射模型的精度评价工作在微波特性测量与仿真成像科学实验平台中开展。树木的后向散射系数随风速的变化关系如图 7-25 所示。

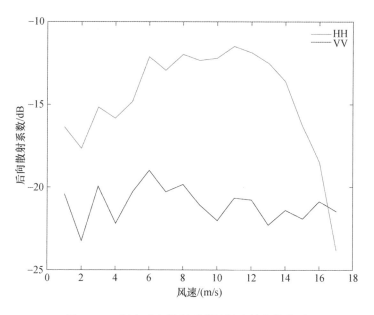

图 7-25 树木后向散射系数随风速的变化关系

可以看到风速对 HH 极化的影响要高于 VV 影响,这是由于 HH 极化穿透性较强,受冠层的衰减特性影响较大,而 VV 极化与冠层的多次散射密切相关,导致其变化的剧烈程度不如 HH 极化。更严谨的分析需要结合散射机理及微波特性测量与仿真成像科学实验平台的试验结果进行探究。

6. 模拟分析水稻在典型生长期的形态随风力的变化

选用水稻在抽穗前及抽穗后两个典型生长期,其植株形态随风力的变化主要考虑稻秆在风中的摆动。稻叶依附于稻秆之上,形态参数发生相应的改变。稻秆的切变模量相对于树木要小很多,为 5MPa。由于随着风速的增大,水稻抗倒伏的安全系数急剧降低,在 7.3m/s 风速下,安全系数降幅即可达 70%;雨后刮风,特别是风速较大的强风条件下,抗倒安全系数直线下降,多数品种在这一极端外力下出现倒伏。因此,本节模拟水稻的风速上限取为 7.3m/s。沿用前述风吹树动的建模方法,稻秆倾角随风力的变化如图 7-26 所示。

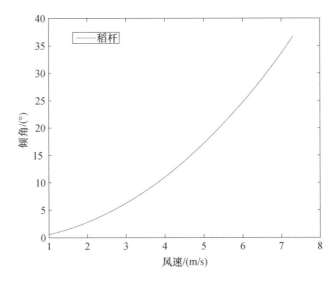

图 7-26 稻秆倾角随风力的变化关系

7. 模拟分析水稻基本散射单元(稻叶、稻秆)的散射特性

在水稻微波散射模型中,稻叶的散射模型与树叶相同,选用泛化瑞利-甘斯近似,而稻秆的散射模型则与树枝相同,选用有限长圆柱近似。

利用基于泛化瑞利-甘斯近似的散射模型,模拟长度为 20cm,宽度为 2cm,厚度为 0.2mm 的椭圆盘形叶片,质量含水量 80%,在中心频率为 1.2GHz 的 L 波段,入射角为 30°,同极化方式下,后向散射截面随叶片厚度的变化如图 7-27 所示。

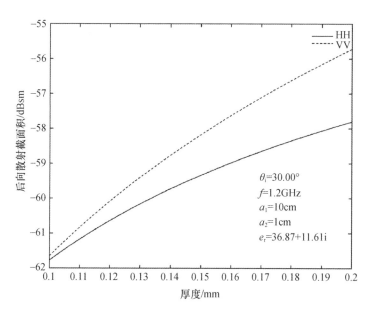

图 7-27 稻叶后向散射截面随厚度的变化关系图

利用基于无限长圆柱近似的散射模型,模拟长度为 50cm,半径在 2~5mm,质量含水量 60%,在中心频率为 1.2GHz 的 L 波段,入射角为 90°,同极化方式下,后向散射截面随半径的变化如图 7-28 所示。

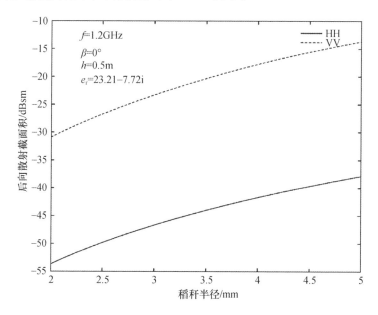

图 7-28 稻秆后向散射截面随稻秆半径的变化示意图

8. 模拟分析高轨观测模式下水稻在典型生长期的后向散射系数随风力的变化规律

模拟分析水稻在典型生长期形态随风力的变化后,建立风力作用下的水稻微波散射模型,最终得到高轨观测模式下水稻在典型生长期后向散射系数随风力的变化规律。水稻在抽穗后期随风力的变化规律如图 7-29 所示。

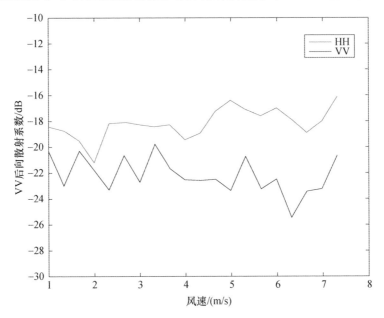

图 7-29 水稻后向散射系数与风速的变化关系

可以看到,稻田的后向散射系数随风速的变化并不明显,因为来自稻穗的直接体散射在总的后向散射中占据了较大的相对密度。稻秆的倾斜对后向散射系数的影响并不明显。更严谨的分析需要结合散射机理及微波特性测量与仿真成像科学实验平台的实验结果进行探究。

7.2.2 时变粗糙海面场景信号建模

海面的时空变化特性导致海面回波信号去相关,进而影响海面雷达后向散射系数。要建立面向粗糙海面时变特性的 GEO SAR 场景,首先需要生成时变海面场景,在此基础上,根据雷达系统参数与成像几何,利用粗糙海面电磁散射模型计算各时刻场景的面元雷达后向散射系数。时变粗糙海面场景仿真与散射特性建模技术的关键在于时变粗糙海面场景的仿真与各时刻、场景上各个面元后向散射系数的计算。其中:时变场景建模拟先利用蒙特卡罗模拟方法,模拟第一时刻的粗糙海面二维场景,然后根据深水重力波频率弥散关系,引入时间因子,以实现后续时变场景序列的建模;对于各时刻场景上各面元的雷达后向散射计算,由于 GEO SAR 积分时间很长,基于解析法的电磁散射计算方法效率低,难以满足使用需求,因此不能采用此类方法进行相关的计算。根据粗糙海面的 Bragg 散射理论,利用双尺度模型进行雷达后向散射系数建模。具体流程如图 7-30 所示。

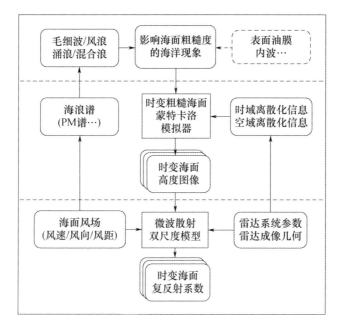

图 7-30 时变海面的生成与微波散射场景模拟流程

SAR 对海面成像时,长波波面的倾斜和流体力学调制以及长波浪轨道速度和加速度都会对雷达后向散射截面产生调制作用。其中:长波浪轨道速度和加速度的存在导致海面波的上下运动,从而产生附加的多普勒频移,使不同散射面元在方位向上产生位移。因此,在生成时变海面时,采用能够根据海面时变特征参数生成时变海面的方法,以建立海面时变特性与后续仿真的雷达图像之间的联系,便于对 GEO SAR 图像时变海面特性分析与信息提取方法研究。

现有文献通常在线性或非线性海浪谱模型的基础上构建粗糙海面。其中:线性海面主要是基于组成波的叠加原理,利用许多波峰波谷形状相同的小振幅波动叠加而成;非线性波面则考虑了波浪间的非线性水动力作用和长波、短波间的运动。也有学者根据分型理论建立了非线性海面模型。采用经典的 PM 海谱,利用蒙特卡洛方法模拟初始的二维粗糙海面,根据重力波的色散关系加入时间因子,从而生成随时间演变的时变粗糙海面。

关于海面波动场景的研究,小振幅波动理论和有限振幅波动理论是目前海浪理论研究中较为成熟的海浪理论体系。其中:小振幅波动理论是海浪理论研究过程中的基本理论,通过线性波动叠加可以清楚地阐述海浪波动理论,目前在海面数值仿真领域应用最为广泛。小振幅波动理论认为海浪的随机运动是一个固定的函数方程,海浪运动规律信息的获取可以通过流体动力学特性来分析研究,并且将海面视为简单波动的线性叠加。该理论适用于波动的振幅相对于波长无限小,由波动引起的流体质点速度、波面斜率等均视为小量等情况。在实际的海浪模拟过程中,考虑到海面随机性,难以通过确定的函数进行描述,其海面波动的振幅和相位是随机量,假定海浪是具有各态历经性质的平稳正态随机过程,可以通过随机过程理论对海浪特征和信息的获取进行分析研究。

以线性叠加法模拟海浪,静态海面即为某一时刻的海浪随机频谱。在目前已有的海浪理论中,普遍认为长波波谱部分可以由 Jonswap 谱提供的有限风区风浪部分表示,但对于短波波谱部分,不同的模型差异明显且理论值与实验值相差巨大,并且短波波谱部分与雷达回波密切相关,因此短波波谱的选择尤其关键。但是,在实际的应用中对海浪谱的长波部分更感兴趣。以 Elfouhaily(E)谱作为输入海浪模拟海洋场景。E 谱结合了海浪中低频重力波谱部分和高频毛细波谱部分,是 Elfouhaily 在长波域以 Jonswap 谱为基础、在短波域基于 Phillips 工作构建的一个全波数谱,其中的短波域由水池实验历史测量结果得到,该谱是目前应用较广的海洋谱之一。以 Elfouhaily 谱为输入海浪谱,设置海面 10m 风速 U_{10} 为 5m/s,10m/s,15m/s、海面风速 θ_w 为 0°或 45°、风区大小为 500km,Elfouhaily 谱一维海浪谱密度随海浪波数的变化如图 7 - 31 所示。Elfouhaily 谱二维海浪方向谱如图 7 - 32 所示。

可见,Elfouhaily 谱存在两个波峰:一个是长波数域重力波主波峰;一个是短波数域毛细重力波次波峰。针对主波波峰,随着风速的增大,主波谱峰左移,且峰值越高,对应的海浪峰值波数越小,海浪峰值波长越长。针对次波波峰,其峰值随摩擦风速的增大而增大,表征了风场对海面湍流动量的输入。图 7 - 32 所示为风速 U_{10} = 10m/s 时的二维海浪谱。其中:图 7 - 32(a)表示风向为 0°,图 7 - 32(b)表示风向为 45°,箭头代表卫星飞行方向。

由二维海浪谱可见,海浪的能量主要集中在主波向上,垂直于主波方向能量最小。风浪海面场景中,海浪能量主要由风场输入,主浪向与主风向一致。

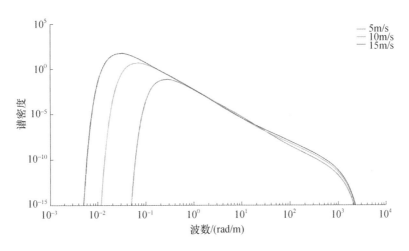

图 7-31　一维海浪谱随海浪波数变化

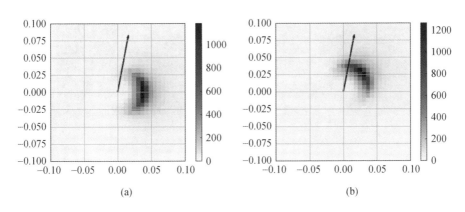

图 7-32　二维海浪方向谱
（a）风向为 0°；（b）风向为 45°。

在混合浪海面场景中，海浪能量除了风场输入外，外部涌浪（重力波）也十分重要。涌浪一般是由台风、地震等强地球物理现象引起的，其传播距离远、波长长（150~200m）、结构稳定。将二维 Elfouhaily 海浪谱作为海面场景数值模拟的输入，应用快速傅里叶变换的方法进行谱估计，分别在风浪和混合浪场景下进行海面模拟。

1. 风浪场景模拟

本节分别对 $U_{10}=5,10,15\text{m/s}$，$\theta_\text{w}=0,45°$，风区大小为 500 km 时得到的海浪谱进行仿真，得到的海面风浪场景如图 7-33 所示。

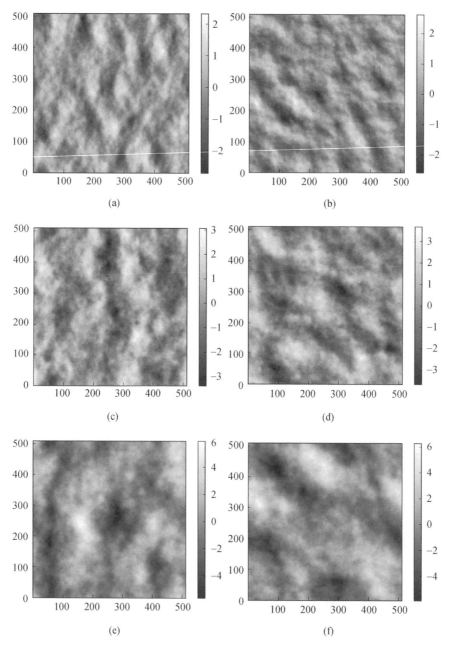

图 7-33　风浪场景二维海面模拟

(a) $U_{10}=5\mathrm{m/s}, \theta_w=0°$；(b) $U_{10}=5\mathrm{m/s}, \theta_w=45°$；(c) $U_{10}=10\mathrm{m/s}, \theta_w=0°$；
(d) $U_{10}=10\mathrm{m/s}, \theta_w=45°$；(e) $U_{10}=15\mathrm{m/s}, \theta_w=0°$；(f) $U_{10}=15\mathrm{m/s}, \theta_w=45°$。

由仿真得到的海面风浪场景,风速越大,海浪的尺度越大,条纹越明显;同时可以看出,浪向与风向一致。同样,本节计算了不同风速下的海面高度、x方向斜率、y方向斜率,计算结果如图7-34所示。

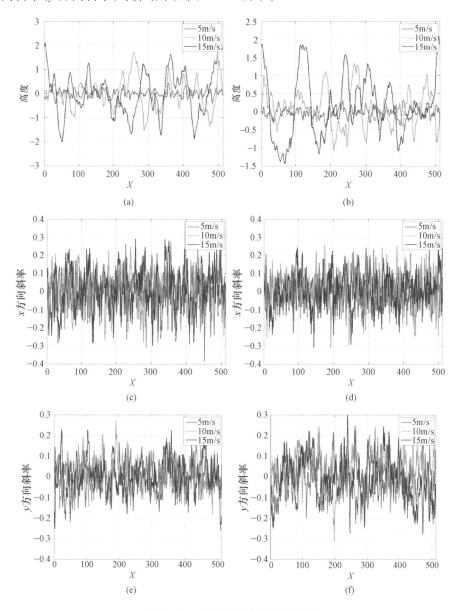

图7-34 风浪场景海面高度斜率

(a)$\theta_w=0°$时海面高度;(b)$\theta_w=45°$时海面高度;(c)$\theta_w=0°$时x方向斜率;
(d)$\theta_w=45°$时x方向斜率;(e)$\theta_w=0°$时y方向斜率;(f)$\theta_w=45°$时y方向斜率。

图 7-34(a)所示为风速 5,10,15m/s,$\theta_w=0$ 时的海面高度变化,风速越大,海面高度越大,15m/s 风速下海面最大振幅可达 2m,5m/s 风速下海面振幅为 0.5m;图 7-34(c)所示为风速 5,10,15m/s,$\theta_w=0$ 时的仿真风浪场景沿 x 方向(顺风向)斜率;图 7-34(e)所示为风速 5,10,15m/s,$\theta_w=0$ 时的仿真风浪场景沿 y 方向(侧风向)斜率,风浪场景中海面斜率主要受风速影响,风速 15m/s 时 x 方向最大斜率为 0.3,y 方向最大斜率为 0.2,风速 5m/s 时 x 方向最大斜率为 0.18,y 方向最大斜率为 0.12,与海面高度类似,$\theta_w=0$ 时风浪沿 x 方向(顺风向)和 y 方向(侧风向)的海面斜率同样与风速呈正相关性。图 7-34(b)所示为风速 5,10,15m/s,$\theta_w=45°$ 时海面高度,与图 7-34(a)所示海面高度相似,图 7-34(d)和图 7-34(f)所示为风速 5,10,15m/s,$\theta_w=45°$ 时 x 方向斜率和 y 方向斜率的变化,风浪在 x 和 y 方向的分量基本近似,同样与风速成正相关性。

2. 混合浪场景模拟

利用仿真得到的海浪 E 谱,进行傅里叶变换,得到仿真的海面混合浪场景。设置 $U_{10}=5$m/s,$\theta_w=0°$,风区大小为 500km,分别对涌浪有效波高 h_s 为 2,4,6m、主波向 θ_s 为 0 和 45°时得到的海浪谱进行海面场景仿真,得到的海面风浪场景如图 7-35 所示。

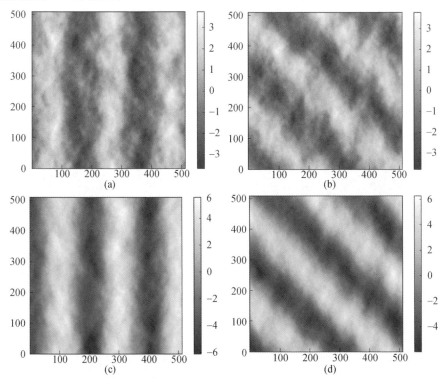

第 7 章 地球同步轨道 SAR 时变散射特性

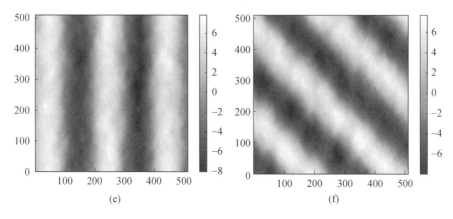

图 7-35 混合浪场景二维海面模拟

(a) $h_s = 2m, \theta_s = 0°$;(b) $h_s = 2m, \theta_s = 45°$;(c) $h_s = 4m, \theta_s = 0°$;
(d) $h_s = 4m, \theta_s = 45°$;(e) $h_s = 6m, \theta_s = 0°$;(f) $h_s = 6m, \theta_s = 45°$。

由仿真得到的海面混合浪场景,涌浪波高越大,海浪的尺度就越大,条纹就越明显;同时可以看出,浪向与涌浪波向一致。同样,计算得到不同涌浪波高下的海面高度、x 方向斜率、y 方向斜率,如图 7-36 所示。

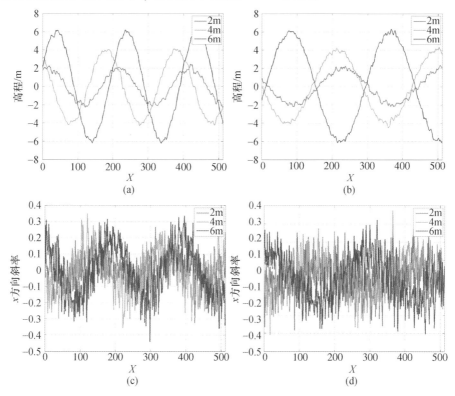

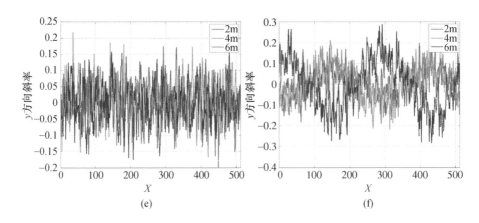

图 7-36 混合浪场景海面高度斜率

(a)$\theta_s=0°$时的海面高度;(b)$\theta_s=45°$时的海面高度;(c)$\theta_s=0°$时的x方向斜率;
(d)$\theta_s=45°$时的x方向斜率;(e)$\theta_s=0°$时的y方向斜率;(f)$\theta_s=45°$时的y方向斜率。

图 7-36(a)、(b)分别表示风速 5m/s,有效波高 h_s 为 2,4,6m,与主波向夹角 0°和 45°时混合浪场景的一维海面高度,其涌浪波长长,传播规则,海面高度呈现出类似于正弦波的变化趋势;图 7-36(c)、(d)分别表示涌浪波高为 2,4,6m,与主波向夹角为 0°时 x 方向和 y 方向的海面斜率,x 方向(主波向)海面斜率呈现周期性变化,而 y 方向(侧风向)基本无明显变化,这是涌浪特点导致的,涌浪沿主波向表现出大尺度海面斜率,而风浪则表现出涌浪表面骑行波斜率;图 7-36(e)、(f)分别表示涌浪波高为 2,4,6m,与主波向夹角 45°时 x 方向和 y 方向的海面斜率,可以看出此时混合浪海面斜率在 x 和 y 方向的分量基本近似,同样与涌浪浪高呈正相关性且呈现周期性变化。

粗糙海面随着时间的演进而变化。因此,即使雷达所有观测参数固定不变,海面的散射特性也会随时间变化。但由于雷达脉冲重复周期一般为快变化,时变海面为慢变化,因此在时变海面的电磁散射计算中,按照雷达的脉冲重复周期设定合适的时间间隔,对时变动态海面进行离散化处理,即生成的单帧海面样本都是"冻结的",从上一帧到下一帧海面则是随时间变化的。这样,计算每一帧粗糙海面样本的电磁散射信号,就得到了随雷达脉冲重复周期而变化的(即时变的)海面雷达回波信号。

为了获得动态的二维粗糙海面时变复散射系数,需要先对粗糙海面的微波散射机理进行深入研究,在此基础上,建立针对"冻结"海面的微波散射模型;然后利用合成孔径时间内雷达脉冲发射-接收时刻对时变动态海面进行时间域的离散化处理,获得与雷达脉冲发射-接收时刻相应的海面"冻结"时刻,根据拟进行雷达图像仿真的采样设计与样本需求,对每个冻结海面进行空间域的离散化;再利用已经建好的"冻结"海面的微波散射模型计算各个冻结海面上所有离散点在模拟系统参数设计条件下的散射系数,从而获得合成孔径时间内每个雷达脉冲发射-接收时刻粗糙海面的复反射系数,建立时变海面的微波散射场景。

7.3 基于地学分析的时变特性分析

本节结合典型洪水水文观测资料,建立洪水水位上涨涨速与洪水淹没区域的普遍联系,进而建立不同洪水增水条件下的水边线时空演变模型,在此基础上,结合典型的水陆交界区域的SAR图像特征,推演分析水陆交界区域在合成孔径时间内随水位变化的特性。

本节基于地学分析理论,选取典型洪水受灾前后多时相雷达影像,分析雷达后向散射系数和地面洪水淹没区和未淹没区地理要素之间的相关性,并结合典型洪水的水文观测资料,通过遥感图像处理与分析,提取洪水水边线水陆识别相关因子,建立不同洪水增水条件下水边线水陆区域时变散射场景。采用遥感地学分析中的主导因素分析法,分析洪水水边线水陆时变中的主导地学因素。洪水水边线水陆时空演变:一方面与洪水本身增水速度有关;另一方面与洪水区地形有关。利用多时相SAR数据,基于增水与地形两种主导因素,并结合典型洪水水陆交界区域的SAR图像特征,推演分析水陆交界区域雷达后向散射系数在合成孔径时间内随水位变化的特性。具体技术方案如下。

1. 影像预处理

雷达影像数据预处理,主要包括辐射校正、斑点噪声抑制、多时相影像配准、几何校正等。

(1)辐射校正:SAR一级产品影像通常没有进行辐射校正,存在着显著的辐射偏差,因此需要分别对洪灾前后的影像进行辐射校正,得到影像地物雷达后向散射系数。

(2)斑点噪声抑制:为了抑制噪声对影像解译的影响,需要分别对经过辐射校正的洪灾前后影像进行斑点噪声抑制,其中滤波器选取改进Lee算法,可以有效地消除平坦区域斑点噪声,同时保留图像的边缘信息。

(3)影像配准:影像配准是利用多时相相同传感器或不同传感器遥感影像

进行动态变化监测的基础。对斑点噪声抑制后的洪灾前后两幅影像进行影像配准,选择洪灾前获取的影像作为主影像。

(4)几何校正:由于SAR侧视成像的特点,地形起伏会使SAR影像产生很大的几何畸变,导致透视收缩、迭掩、阴影等现象。因此,为进行多时相分析,必须进行几何校正,选取距离多普勒方法对影像配准后的洪灾前后两幅影像进行几何校正。

2. 基于地形信息的雷达阴影剔除

在山区,当山体的坡面与雷达入射角垂直时,就会出现较强的回波强度,在图像上表现为亮斑。而在远离波束的山坡,当地物目标阻挡了波束时,被遮挡的部分就形成了雷达的阴影。阴影区的大小取决于俯角和斜坡背坡角度两个参数。背坡角度大于俯角时出现阴影,从近射程到远射程方向,同样高度的物体,随着俯角变小,阴影区逐渐增大。在阴影区,雷达回波强度很小,在雷达图像上呈现出暗色或黑色,从而使得山体雷达阴影与水体在灰度值上难以区分,因此需要对提取的水体信息与基于地形扩展得到的山体阴影区进行叠加分析,剔除误判水体,得到去除雷达阴影后的洪水水体。

3. 图像增强与图像分割

图像增强是指改善图像的视觉效果,有目的地突出图像的整体或局部特性,将原来不清晰的图像变得清晰或强调某些感兴趣的特征,扩大图像中不同物体特征之间的差别,提升图像判读和识别效果。图像分割指的是根据灰度、颜色、纹理和形状等特征把图像划分成若干互不交叠的区域,并使这些特征在同一区域内呈现出相似性,而在不同区域间呈现出明显的差异性。分水岭算法是一种基于拓扑理论的数学形态学分割方法,其基本思想是把图像看作是测地学上的拓扑地貌,图像中每一点像素的灰度值表示该点的海拔高度,每一个局部极小值及其影响区域称为集水盆,而集水盆的边界则形成分水岭,对微弱的边缘有着良好的响应,可以很好地保存图像边缘信息。

4. 洪水淹没范围提取

目前,基于SAR影像的水体提取方法主要包括基于纹理信息的提取、结合地形辅助信息的提取、独立成分分析和阈值分割。其中阈值分割方法速度快、原理简单,应用最为广泛。依据水体在SAR图像中散射值低的特点,设定相应阈值,将图像中小于阈值部分和大于阈值部分分别标记为水体和背景,形成洪灾前后的水体、陆地二值图,提取SAR影像中的洪水淹没范围。

5. 基于空间拓扑关系等先验知识的水陆边界优化

根据 SAR 图像提取洪水淹没范围仅仅是像素值的统计计算,其计算结果可能存在与实际情况不相符的部分,需要进一步根据已有湖泊、河流矢量、地形数据,基于空间拓扑关系等先验知识对提取的水边线进行优化,得到最符合实际的水边线提取结果。

6. 基于水文、地形数据洪水水边线的时空建模

洪水本身增水和地形因素是洪水水边线水陆变化的地学主导因素。结合洪水水文观测资料和已有地形数据,基于已提取的水边线水陆时变数据进行时空建模,建立不同增水条件下水边线的变化场景。

7. 基于地学分析的水陆时变散射特性分析

在不同洪水增水条件下水边线时空演变模型的基础上,结合典型的水陆交界区域的 SAR 图像特征,统计分析洪水水边线水陆区域雷达后向散射特性,并推演分析水陆交界区域雷达后向散射特性在合成孔径时间内随水边线的变化特性。分析流程如图 7-37 所示。

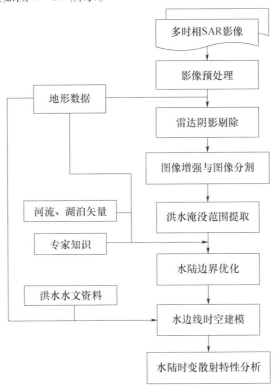

图 7-37 基于地学分析的时变特性分析流程

7.4 基于时变散射特性的 GEO SAR 成像试验

搭建试验平台,进行时变散射特性的成像试验,并对试验结果进行评估。

1. 植被(水稻、树木)

在实验室内培育水稻和树木的待测目标场景,利用工业级送风设备对待测场景进行风力干扰,可以选择典型风向和风力;同时对系统观测参数进行配置(入射角、合成孔径时间等),获取植被在实验室环境下的等效高轨观测数据,并对试验结果进行评估。

2. 水面

采用两种方式营造运动水面(超声震荡、风力吹拂),同步对水面运动情况进行观察与记录,选择两种不同的水深进行试验,以确认水槽底部对运动水面粗糙度的影响;同时对系统观测参数进行配置(入射角、合成孔径时间等),获取运动水面在实验室环境下的等效高轨观测数据,并对试验结果进行评估。

3. 水面静止目标

对水面静止目标进行观测,配置不同的系统观测参数(入射角、合成孔径时间等),获取水面静止目标在实验室环境下的等效高轨观测数据,并对试验结果进行评估。

4. 潮湿土壤

对典型土壤基质进行不同含水量的配制,制备不同厚度的土壤目标,实时测定土壤水分的变化情况,人为营造不同粗糙度的土壤-空气界面,并利用多角度拍摄测定土壤粗糙度参数,利用试验系统对其进行等效高轨观测数据的获取并进行评估。

7.4.1 水稻散射特性

待测水稻样本需装在塑料箱体中,箱体大小 60cm×40cm×30cm,选取大小均一的水稻样本,均匀置于箱体中,箱体中填土,加水至略淹没土壤。于待测平台上摆放 5×5 个箱体,置于载物台中心,构建水稻田场景。

时变测量中,送风设备保持水平放置并固定,以不同风力向被测稻田场景送风,完成成像测量。

1. 样本制备

结合试验目的制备水稻田样本,水稻田规格与制备方法如下。

(1) 面积大小:3m×2m。

(2) 水稻墩数/植株数:插秧田(20~30墩,200~300株);撒播田(350株)。

(3) 下垫面:潮湿土壤。土壤厚度为5cm,潮湿土壤情况下,土壤厚度10cm。采集场景样本时尽量不要破坏土壤的结构,加水至淹没土壤。

(4) 水稻种类:选择最常见的粳稻、籼稻品种。

(5) 容器:选择运输货物常用的轻质塑料箱。

2. 成像参数设置

针对水稻场景,按照以下步骤进行水稻散射特性测量。

(1) 按照规格要求制备稻田场景样本。

(2) 将样本放置到载物台,距离、角度需满足 GEO SAR 等效条件。

(3) 送风设备及风速计:工业级大风扇,风量可以吹动稻叶;风速需要根据工业级送风设备的档位使用风速计同步测量,设置风速为1~7m/s(1m/s步长连续可调),在不同风速条件下进行成像测量。

具体的系统参数设置如下。

(1) 中心频率:L 波段(1.25GHz)。

(2) 带宽:1GHz。

(3) 分辨率:15cm。

(4) 极化方式:HH/HV/VH/VV。

(5) 入射角(波位):10°、20°、30°、40°、50°、60°。

(6) 方位角范围:−180°~−135°,测量间隔为45°。

(7) 水面风速:1~7m/s(1m/s步长连续可调)。

(8) 合成孔径时间:5min、10min、15min。

3. 目标参数测量

测量叶长、叶宽、叶倾角、叶密度、叶含水量、茎长、茎半径、茎倾角、茎密度、茎体积含水量、墩半径、株每墩、水深等。

4. 测量试验结果

水稻时变散射特性的测量试验结果如图7−38所示。

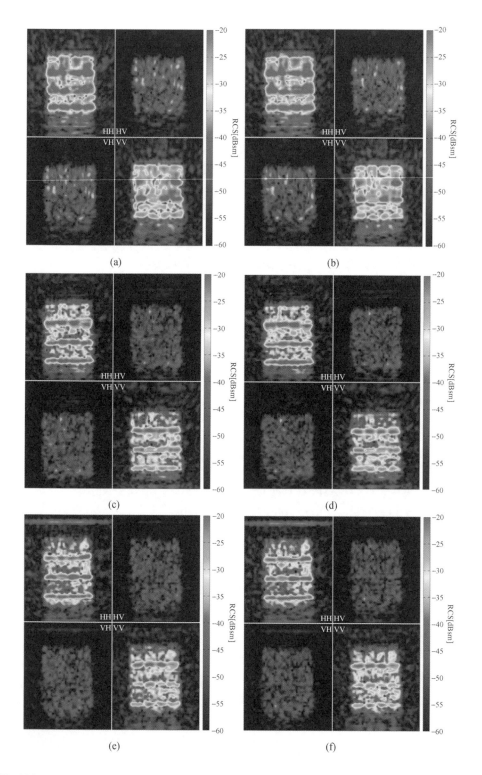

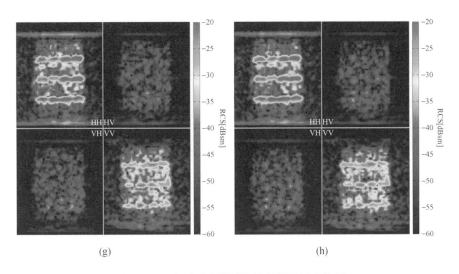

图 7-38 水稻时变散射特性的测量试验结果

(a) 无风,入射角 20°;(b) 有风,入射角 20°;(c) 无风,入射角 30°;(d) 有风,入射角 30°;
(e) 无风,入射角 40°;(f) 有风,入射角 40°;(g) 无风,入射角 50°;(h) 有风,入射角 50°。

7.4.2 树木散射特性

考虑试验平台大小、高度,实验树木 2~3m 高,树冠半径 0.5~1m,将树木装于 1m×1m×1m 箱体中,箱体中填土至箱口处,箱体置于试验平台中心位置。箱体四周以吸波材料覆盖,确保无缝隙,以尽可能减小箱体表面、边角处反射。

时变测量中,送风设备保持水平放置并固定,以不同风力向被测树木送风,完成成像测量。

1. 样本制备

样本规格与制备方法:2~3m 高的健康松树或阔叶树,树冠半径 0.5~1m,试验前需要清洗至表面清亮,晾干表面水分。

2. 成像参数设置

(1) 按照规格要求制备树木场景样本。

(2) 将样本放置到载物台,距离、角度需满足 GEO SAR 等效条件。

(3) 送风设备及风速计:工业级大风扇,风量大于 8000m³/h,可以吹动树叶和树枝,风速需要根据工业级送风设备的档位使用风速计同步测量,在不同风速条件下进行成像测量。

(4) 进行风影响条件后向散射系数测量。

具体的系统参数设置如下。

(1) 中心频率:L 波段(1.25GHz)。

(2) 带宽:1GHz。

(3) 分辨率:15cm。

(4) 极化方式:HH/HV/VH/VV。

(5) 入射角(波位):10°、20°、30°、40°、50°、60°。

(6) 方位角范围:−180°~−135°,测量间隔为45°。

(7) 水面风速:1~7m/s(1m/s 步长连续可调)。

(8) 合成孔径时间:5min、10min、15min。

3. 目标参数测量

测量叶长、叶宽、叶倾角、叶密度、叶体积含水量、枝长、枝半径、枝倾角、枝密度、枝体积含水量、树干高度、树干半径、树干倾角和树干体积含水量等。

4. 测量试验结果

树木时变散射特性的测量试验结果如图 7−39 所示。

图 7−39　树木时变散射特性的测量试验结果

7.4.3　水面散射特性

在3m(长)×1m(宽)×1m(高)的水槽中,利用水面状态模拟系统模拟不同风速条件下(1~6m/s,1m/s 步长连续可调)的粗糙海面特征。配置不同系统观测参数(入射角、合成孔径时间等),模拟 GEO SAR 卫星对地观测模式,获取运动水面在实验室模拟环境下的等效高轨观测数据,并对 GEO SAR 成像试验结果进行分析与评估。图 7−40 所示为成像实验示意图。

第7章 地球同步轨道 SAR 时变散射特性

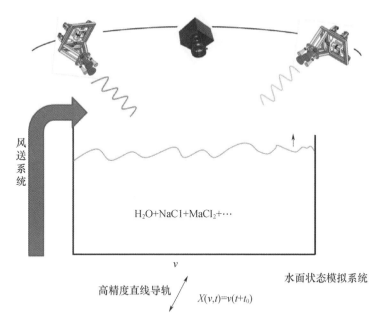

图 7-40 模拟 GEO SAR 卫星运动水面合成孔径成像实验示意图

首先,构建纯净无干扰微波测试环境,然后利用风速控制系统,控制风道出口风速并利用风速计测量近水面风速,待风速以及水面仿真场景稳定后,利用微波目标特性测量平台,实现水面仿真场景散射测量。

通过微波目标特性测量平台对被测物的连续测量可以模拟 SAR 成像,得到实验室 SAR 水面仿真图像。由于二维成像主要通过平台旋转或者平台线性平移两种方式实现,选择平台线性平移的方式实现实验室 SAR 成像。

1. 样本制备

基于水面状态模拟系统,利用大功率造风设备,产生 1~6m/s(1m/s 步长连续可调)的不同水面风速,利用工业相机拍摄并记录不同风速状态下的水面风浪条纹成长情况。

由图 7-41 可见,在风速为 0m/s 时,模拟水面基本没有任何波纹,随着风速的不断增加,水面风浪条纹越来越明显,基本呈现正弦波波动方式,并且振幅和粗糙度随着风速变大逐渐增大,沿主风向方向水质点运动明显。

2. 成像参数设置

(1)首先需要对风速为 0m/s 的海洋模拟场景进行散射测量,目的是排除非水面散射信息对测量结果的影响。

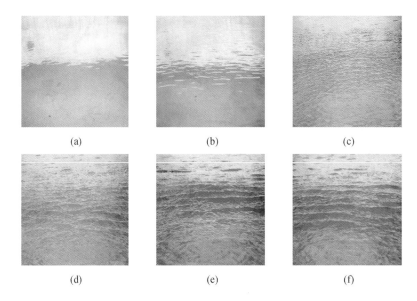

图 7-41 不同风速下海面仿真场景
(a)风速 0m/s;(b)风速 1m/s;(c)风速 2m/s;(d)风速 3m/s;
(e)风速 4m/s;(f)风速 5m/s。

(2) 控制风速输入,待输入风速和模拟水面稳定时,分别进行 1~6GHz 和 6~18GHz 海面后向散射测量;然后调整入射角,同样进行下一入射角下 1~6GHz 和 6~18GHz 海面后向散射测量,得到该风速下连续入射角 1~18GHz 海面场景的散射测量结果。

(3) 继续增加风速,重复步骤(2)。

(4) 得到完整的连续频率、连续入射角、全极化海面 RCS 数据集。

具体的系统参数设置如下。

(1) 中心频率:L 波段(1.25GHz)。

(2) 带宽:1GHz。

(3) 分辨率:15cm。

(4) 极化方式:HH/HV/VH/VV。

(5) 入射角(波位):10°、20°、30°、40°、50°、60°。

(6) 方位向:0°(主风向)。

(7) 水面风速:1~7m/s(1m/s 步长连续可调)。

3. 测量试验结果

水面时变散射特性的测量试验结果如图 7-42 所示。

第 7 章 地球同步轨道 SAR 时变散射特性

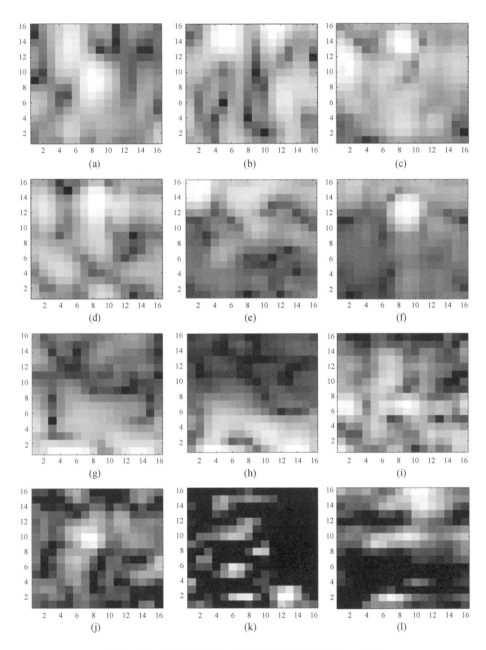

图 7-42 水面时变散射特性的测量试验结果(见彩图)

(a)入射角 10°,HH 极化;(b)入射角 10°,VV 极化;(c)入射角 20°,HH 极化;(d)入射角 20°,VV 极化;
(e)入射角 30°,HH 极化;(f)入射角 30°,VV 极化;(g)入射角 40°,HH 极化;(h)入射角 40°,VV 极化;
(i)入射角 50°,HH 极化;(j)入射角 50°,VV 极化;(k)入射角 60°,HH 极化;(l)入射角 60°,VV 极化。

7.4.4 水面静止目标散射特性

水面静止目标包含两种,即完全静止目标和运动目标。其中,完全静止目标为露出水面的石块;运动目标为金属盒,可漂浮在水面,自由移动。

首先,制备水面静止目标并构建水环境场景。实验所使用的水槽为长方体形状玻璃钢材质(配底部金属龙骨),无上盖,类似于一个没有上盖的箱体,尺寸(长×宽×高)为 3m×3m×1m,如图 7-43 所示。

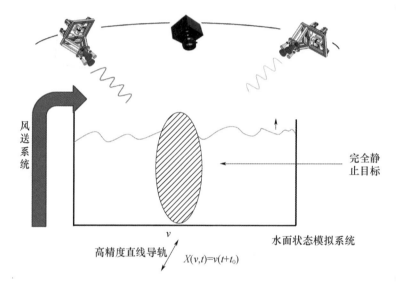

图 7-43　静止目标场景示意图

其次,利用鼓风机,在水槽中生成不同强度的海浪纹波,并测定风速和有效波高。考虑到实验安全性,风机出口风速范围设定为 0~20m/s,最小间隔 1m/s。然后,调节天线射频系统的入射波频率、入射角(天顶)、相对方位角、极化组合等雷达系统本征参量,开展全方位向极化雷达成像试验,如图 7-44 所示。

1. 样本制备

(1) 根据实验场地及设备的基本情况,制作水面静止目标样本并进行场景搭建,如图 7-45 所示。实验所使用的水槽为玻璃钢材质长方体(配底部金属龙骨),无上盖,类似于一个没有上盖的箱体,尺寸(长×宽×高)为 3m×3m×1m。测量样本为一根长度为 1m、直径为 10cm 的圆柱形铁制金属棒。为了让金属棒能够立于水槽中,需要为其制作一个支撑底座,尺寸(长×宽×高)为 1m×1m×0.1m,材质为密度较大的硬塑料。测量时,支撑底座位于水面以下。

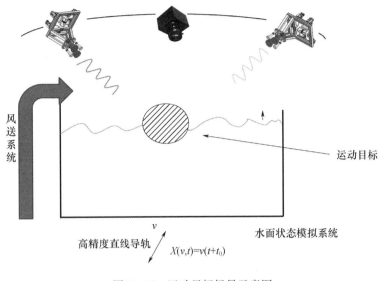

图 7-44 运动目标场景示意图

（2）利用鼓风机在水槽中生成不同强度的海浪纹波，并测定风速和有效波高，考虑到实验安全性，其中风速范围设定为 0~15m/s，间隔 2m/s。

（3）调节天线射频系统的雷达入射波频率、入射角（天顶）、相对方位角、极化组合等雷达系统本征参量，测量全方位向雷达极化散射系数。

（4）整理试验结果，并对试验结果进行评估。

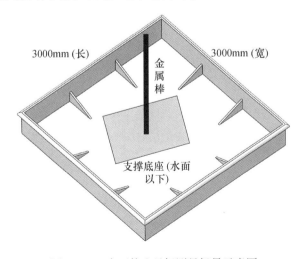

图 7-45 水面静止目标测量场景示意图

2. 成像参数设置

（1）中心频率：1.25GHz（或其他等效频率）。

（2）带宽：1GHz。

（3）分辨率：15cm。

（4）极化方式：HH/HV/VV/VH。

（5）入射角（波位）：10°、20°、30°、40°、50°、60°。

（6）方位角范围：0°、45°、90°。

（7）水面风速：1m/s、3m/s、5m/s。

（8）合成孔径时间：5min、15min、25min。

3. 测量试验结果

水面静止目标时变散射特性的测量试验结果如图7-46所示。

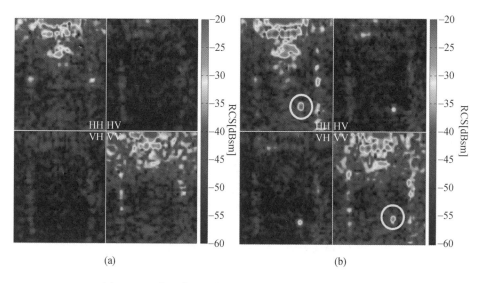

图7-46 水面静止目标时变散射特性的测量试验结果

(a)水面；(b)水面和船只。

7.4.5 潮湿土壤散射特性

采集典型类型土壤，利用土壤样本配制设备，将土壤基质中的有机质有效去除并充分晾干，分别设定三个级别土壤含水量，分别为5%、25%、45%，开展土壤在不同含水量场景下的SAR成像试验。具体的技术流程如图7-47所示。

第 7 章　地球同步轨道 SAR 时变散射特性

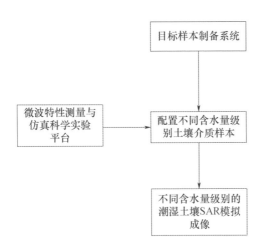

图 7-47　潮湿土壤场景模拟与长合成孔径时间成像技术流程图

1. 样本制备

（1）将充分去除有机质的土壤自然风干，装入玻璃钢槽，在玻璃钢槽四个角的不同深度（每个角点的预埋深度均为 0.2m、0.4m，共 8 个）预埋温湿度探头，测量土壤湿度。

（2）将玻璃钢槽周围贴上吸波材料，将装满土壤的玻璃钢槽置于测量平台，调节天线射频系统的雷达入射波频率、入射角（天顶）、相对方位角、极化组合等雷达系统本征参量，开展全方位向极化雷达成像试验。

（3）用花洒均匀浇洒定量的水，每次 $20\% \times 0.25\ m^3 \times 1000\ kg/m^3 = 50\ kg$，模拟自然降水的过程在每次浇水后测量土壤温湿度廓线，并进行以上步骤的成像实验。

2. 测量试验结果

潮湿土壤时变散射特性的测量试验结果如图 7-48 所示。

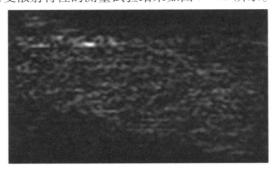

图 7-48　潮湿土壤时变散射特性的测量试验结果

7.5 小结

通常情况下,SAR 可以对地面静止的地物进行成像处理,如果地物在合成孔径时间内散射特性发生变化(对于不同地物,散射特性随时间变化不同),则图像可能会出现散焦现象。与 LEO SAR 卫星相比,GEO SAR 卫星轨道升高,导致合成孔径时间变长,地物的散射特性可能会影响 GEO SAR 成像处理的质量。

GEO SAR 卫星所涉及的具有时变散射特性地物主要包括植被、水面、水面静止目标、水陆交界区等。针对具有时变散射特性地物的成像可行性,本章从数学模型建立、时变特性分析和 SAR 成像试验验证三个方面展开了理论分析和试验研究,研究结果可为地球同步轨道 SAR 回波模拟和成像处理算法的有效性提供理论和验证依据。

第8章
地球同步轨道 SAR 地面应用

8.1 概述

随着地球同步轨道 SAR 研究逐步深入,其独特的性能优势吸引了研究人员及行业用户的广泛关注。在开展数据应用前需要对地球同步轨道 SAR 系统的地面应用技术展开研究。地面应用是发挥空间系统应用效能的重要步骤,地面应用系统承担卫星数据的接收、记录、传输和处理工作,并具备接收管理和原始数据质量监测功能,可以为若干领域开展工作提供稳定、及时的数据支撑。

本章基于 GEO SAR 卫星特点,探讨其地面应用系统架构及地面应用流程,包括地面接收及地面处理过程。随后,结合 GEO SAR 在观测幅宽、连续观测能力、应急监测响应速度等方面的优势,充分考虑各行业用户的需求,展望 GEO SAR 数据产品在各行业中的应用前景,主要涉及防灾减灾、国土、地震、水利、气象、海洋、农业、环境保护和林业等[24,29,60]。

GEO SAR 数据地面应用时,需要经过地面接收系统进行接收,再进入数据处理系统进行数据处理,进而生成行业用户需要的数据产品,提供给用户使用,或由用户做进一步精处理。以下对地面接收系统和地面处理系统的系统组成及各模块功能进行简要介绍。

8.2 地面接收系统及业务流程

地面接收系统按照卫星数据接收任务要求,对数据接收系统资源进行统一规划调度,接收卫星下行数据,记录和传输卫星原始数据并由数据处理系统进行后续处理,同时对卫星原始数据进行质量监测。业务流程如图 8-1 所示。

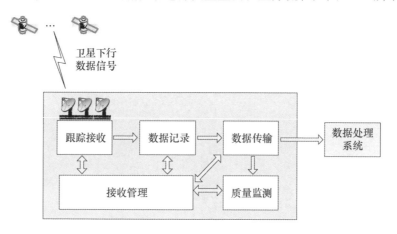

图 8-1　地面接收系统业务流程图

8.2.1　跟踪接收分系统

跟踪接收分系统包括天伺馈子系统、信道子系统、测试子系统、站监控管理子系统、技术支持子系统等五部分,如图 8-2 所示。

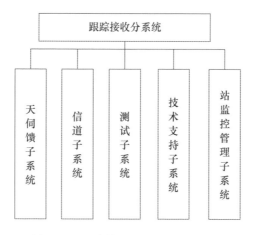

图 8-2　跟踪接收分系统组成示意图

跟踪接收工作流程是数据接收系统的主要工作流程,用于对过境卫星的捕获、跟踪以及下行遥感数据的接收。

接收管理与监控分系统提前通过网络将接收任务计划和轨道根数下发给

站监控管理子系统,站监控管理子系统收到任务计划后进行合法性检验,并上报、反馈接收管理与监控分系统任务文件,接收确认信息。

站监控管理子系统任务管理台根据合法的跟踪接收计划生成站内的工作计划,加入计划队列。地面站按时间符合(跟踪接收计划执行前一定时间)将接收计划分解,形成站内各业务设备(系统监控、数据记录等)可执行的工作计划,下达到各业务设备执行。

一旦系统进入稳定自动跟踪状态,天馈设备便根据目标偏离天线电轴的程度和方向输出方位和俯仰角误差信息,携带有跟踪角误差信息的差路信号与数据信号,经过跟踪信道变频、放大后送给跟踪接收机,跟踪接收机完成归一化角误差信息处理,解调、分离方位俯仰直流角误差信号,送给伺服分系统。误差信号经功率放大,驱动电动机控制天线转动,减小天线电轴指向目标的偏离程度,直到天线电轴准确指向目标,跟踪角误差信号为0。系统自动跟踪以不断修正、减小天线指向偏离目标程度的方式实时追踪目标,实现系统闭环稳定地跟踪卫星。

在系统进入稳定、可靠跟踪卫星目标的同时,天馈设备接收的卫星下行数据信号经低噪声放大器(LNA)放大、光纤传输、变频到系统中频,然后通过中频均衡分配单元分配给相应的解调器完成数据解调译码,从而生成卫星原始数据。解调器输出卫星原始数据通过网络端口输出至数据记录分系统。

系统执行跟踪、接收过境卫星轨道任务结束后,站监控管理子系统处理各种数据,生成各类报表,并将任务执行结果报告发送给接收管理与监控分系统。跟踪接收工作流程如图8-3所示。

1. 天伺馈子系统

天馈伺子系统主要完成卫星信号捕获、跟踪、接收,由天馈单元、结构单元、伺服控制单元组成。

2. 信道子系统

信道子系统主要包含数据通道和跟踪通道,用于完成对数据信号的传递、变频、解调、译码和输出,完成对跟踪信号的传递、变频、接收和输出。信道子系统主要由低噪声放大器(LNA)、数字移相器、变频器、光端机、均衡单元、中频跟踪接收机、通用型高速数据解调器等组成。

3. 测试子系统

测试子系统主要用于系统自检及性能指标测试。

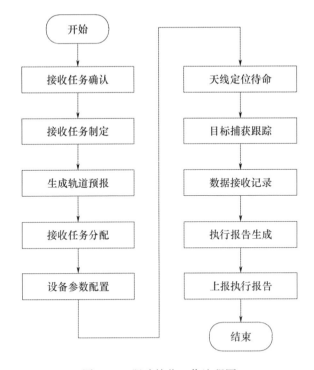

图 8-3 跟踪接收工作流程图

4. 技术支持子系统

技术支持子系统为接收系统的其他各子系统提供各类技术支持,主要由时统单元、标校设备等组成。

5. 站监控管理子系统

站监控管理子系统主要完成对多套接收系统的任务管理、设备监控、本地/远程测试和信息采集发布工作,控制完成接收系统的跟踪、接收任务。由跟踪接收任务管理单元、跟踪接收设备监控单元、测试联试单元、信息采集与发布单元、故障诊断单元、远程监控测试单元等软件单元组成。

8.2.2 数据记录分系统

数据记录分系统由数据记录子系统、移动窗显示子系统、数据输出子系统、管理调度子系统及配套硬件平台组成,如图 8-4 所示。

数据记录分系统基本流程如图 8-5 所示。

数据记录分系统接收到跟踪接收分系统或用户从交互界面下达的记录任务单后,管理调度子系统根据任务单内容初始化分系统内部各子系统,并调度

第 8 章 地球同步轨道 SAR 地面应用

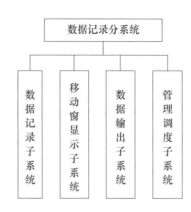

图 8-4 数据记录分系统组成示意图

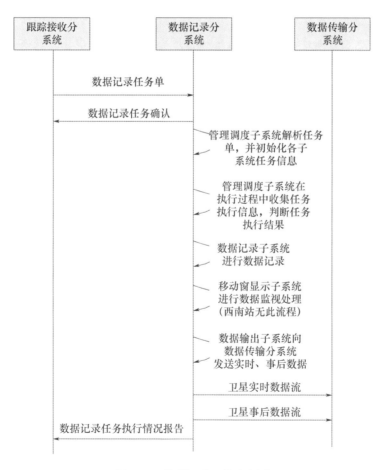

图 8-5 数据记录工作流程图

各个子系统协作完成记录任务。在任务执行过程中,管理调度子系统负责收集任务执行信息,向跟踪接收分系统上报任务确认、任务执行情况和任务执行结果。

数据记录子系统根据管理调度子系统提供的初始化信息,负责卫星数据的实时记录,并负责将记录到的数据发送给移动窗显示子系统和数据输出子系统,在任务执行过程中,向管理调度子系统发送任务确认、任务执行和任务执行信息。

移动窗显示子系统根据管理调度子系统提供的初始化信息,接收来自数据记录子系统的卫星数据,完成卫星数据解扰、译码、格式解析、解压缩处理,并进行移动窗图像生成和显示;在任务执行过程中,向管理调度子系统发送任务确认、任务执行和任务执行信息。

数据输出子系统根据管理调度子系统提供的初始化信息,将卫星数据实时或事后发送到数据传输分系统;任务执行过程中向管理调度子系统发送任务确认、任务执行和任务执行信息。

数据记录分系统支持两级任务调度,即数据记录分系统既能接收外部跟踪接收分系统下达的各类计划任务,也能由数据记录分系统本身生成各类计划任务并调度执行。管理调度子系统的主要功能是对数据记录分系统各个功能单元承担的任务进行集中统一调度,保证整个系统有序工作;同时,对整个分系统内部的软硬件进行监视和显示。

8.2.3 数据传输分系统

数据传输分系统根据功能需求分为光纤数据传输子系统和数据传输管理子系统,分别完成卫星数据网络传输任务的执行与控制管理工作。其分系统组成如图8-6所示。

图8-6 数据传输分系统组成示意图

数据传输分系统工作流程可分为实时数据传输工作流程和非实时数据传输流程,其工作流程分别如图8-7与图8-8所示。

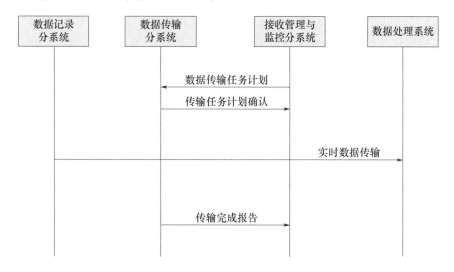

图8-7 实时数据传输工作流程图

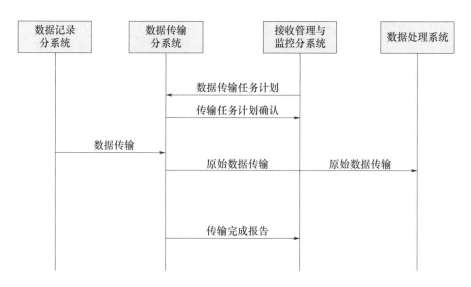

图8-8 非实时数据传输工作流程图

数据传输工作流程如下。

(1)接收管理与监控分系统将数据传输任务计划下发至数据传输分系统。

(2)数据传输分系统在接到传输任务以后,按照卫星原始数据不同的网络传输时效性要求,采取实时传输模式或非实时传输模式,将数据从各个接收站经过遥感卫星地面站本部传送给数据处理系统,以满足不同的数据时效性要求。

(3) 在实时传输工作模式下,数据记录分系统一边记录卫星下行数据,一边向接收站内数据传输服务器传送卫星数据。传输服务器接到数据后,在进行数据本地临时写盘存储的同时,向遥感卫星地面站本部数据传输分系统服务器传送卫星数据。遥感卫星地面站本部传输节点服务器在接到数据后,一边对数据进行本地临时写盘存储,一边向数据处理系统传送卫星数据。

(4) 在非实时传输工作模式下,数据记录分系统在记录卫星下行数据、形成完整的卫星原始数据文件之后,再传送给接收站内的数据传输服务器。传输服务器在接到数据文件后,首先对数据文件进行本地临时写盘存储,之后再向遥感卫星地面站本部传输系统服务器传送数据。遥感卫星地面站本部传输服务器在完成数据文件的本地临时写盘存储之后,再向数据处理系统传送卫星数据文件。

(5) 数据传输任务结束后,数据传输分系统向接收管理与监控分系统提交相关任务完成报告。

8.2.4 接收管理与监控分系统

接收管理与监控分系统由任务规划与调度子系统、运行监视子系统、资源信息管理子系统、卫星原始数据远程快速显示子系统、卫星原始数据质量分析子系统以及配套的硬件平台组成。接收管理与监控分系统的组成如图 8-9 所示。

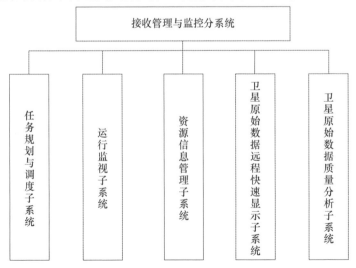

图 8-9 接收管理与监控分系统组成示意图

接收管理与监控分系统主要有四个业务流程:任务规划调度流程、运行监视流程、卫星原始数据质量分析流程以及卫星原始数据远程快速显示流程。

1. 任务规划调度流程

任务规划调度流程图如图 8 – 10 所示。

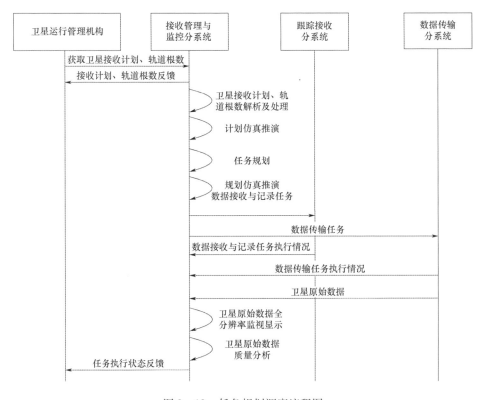

图 8 – 10　任务规划调度流程图

(1) 接收管理与监控分系统从卫星运行管理机构获取陆地观测卫星及海洋卫星的接收计划和轨道根数,并反馈卫星接收计划和轨道根数的获取情况。

(2) 接收管理与监控分系统对获取的卫星接收计划和轨道根数进行解析及处理。

(3) 接收管理与监控分系统根据卫星接收计划进行接收任务规划,生成卫星接收记录任务和数据传输任务。

(4) 接收管理与监控分系统将卫星接收记录任务发送给位于各接收站的跟踪接收分系统站监控管理设备,将数据传输任务发送给数据传输分系统,并获取数据接收与记录任务执行情况和数据传输任务执行情况。

（5）数据传输分系统将卫星数据发送给接收管理与监控分系统，进行卫星数据全分辨率远程显示和数据质量分析。

（6）接收管理与监控分系统将任务执行状态反馈给卫星运行管理机构。

2. 运行监视流程

运行监视流程如图 8-11 所示。

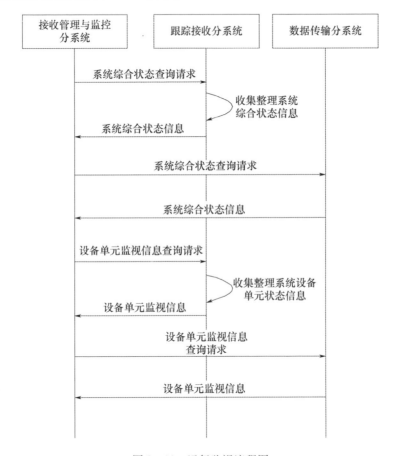

图 8-11　运行监视流程图

（1）接收管理与监控分系统向跟踪接收分系统、数据传输分系统发送系统综合状态查询请求。

（2）跟踪接收分系统、数据传输分系统向接收管理与监控分系统发送系统综合状态信息。

（3）接收管理与监控分系统向跟踪接收分系统、数据传输分系统发送设备单元监视信息查询请求。

（4）跟踪接收分系统、数据传输分系统向接收管理与监控分系统发送设备单元监视信息。

3. 卫星原始数据质量分析流程

卫星原始数据质量分析流程如图8-12所示。

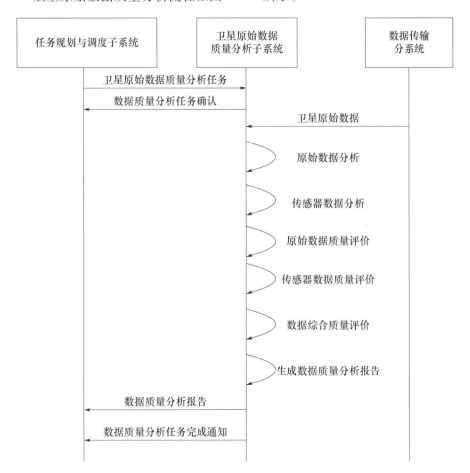

图8-12 卫星原始数据质量分析流程图

（1）任务规划与调度子系统向卫星原始数据质量分析子系统下达卫星原始数据质量分析任务。

（2）卫星原始数据质量分析子系统收到任务后进行确认，并进行解析。

（3）卫星原始数据质量分析子系统根据数据质量分析任务的参数，从数据传输分系统获取相应的卫星原始数据。

（4）卫星原始数据质量分析子系统对卫星原始数据进行格式完整性分析、帧内容正确性分析、帧计数连续性分析等，对原始码流数据进行帧同步、解扰、解压缩等处理，得到格式解析后的原始分析数据。

（5）卫星原始数据质量分析子系统进一步对传感器数据进行分析，包括格式解析、数据分离、辅助数据格式完整性分析、辅助数据内容正确性分析、数据分景提取、图像数据完整性分析等，并生成对应的分析数据和分析报告。

（6）基于之前的分析结果，卫星原始数据质量分析子系统对原始数据质量进行评价，包括误码率评价、分离后的辅助数据和图像数据基于完整性和正确性进行综合分析，并根据定制的评价规则，对各项指标进行加权处理，形成原始数据质量分析报告。

（7）卫星原始数据质量分析子系统对卫星传感器指定场景数据、用户单位提供的异常数据进行进一步自动的或者人工交互的质量评价，根据定制的评价规则，对辅助数据完整性、正确性、图像数据完整性等指标进行加权处理，形成数据质量分析报告，并以图表图像浏览等直观、友好的方式显示数据内容。

（8）卫星原始数据质量分析子系统对卫星原始数据质量进行综合评价，其功能包括对 SAR、可见/近红外、宽幅多光谱、可见短波红外高光谱、红外、大气校正仪传感器影像的多景图像质量一致性评价、镶嵌质量评价、图像融合质量评价；对精密轨道质量评价和几何高精度质量评价等。

（9）卫星原始数据质量分析子系统综合以上评价的结果，生成数据质量分析报告。

（10）卫星原始数据质量分析子系统向任务规划与调度子系统反馈数据分析任务执行情况，并提交数据质量分析报告。

4. 卫星原始数据远程快速显示流程

卫星原始数据远程快速显示流程如图 8-13 所示。

（1）接收卫星原始数据后，解析数据并解压缩数据。

（2）将图像数据与辅助数据发送到卫星数据综合解析模块处理。

（3）进行图像空间定位、矢量数据叠加，生成金字塔格式显示数据。

（4）等待用户登录与数据请求，向卫星数据显示模块发送切片数据。

（5）显示数据。

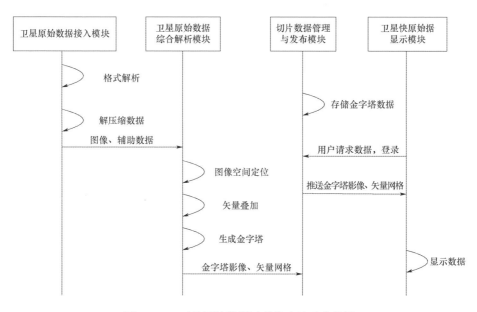

图 8-13 卫星原始数据远程快速显示流程图

8.3 地面处理系统及业务流程

地面处理系统设计为 1 个平台和 6 个分系统,包括公共平台(PP)、数据处理分系统(DPS)、数据归档与信息管理分系统(DAIMS)、任务与有效载荷管理分系统(TPMS)、数据分发分系统(DDS)、数据模拟与评价分系统(DSES)以及定标检校分系统,其系统组成如图 8-14 所示。

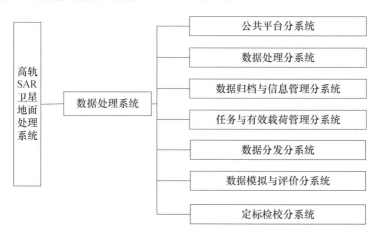

图 8-14 GEO SAR 卫星工程地面处理系统组成

GEO SAR 卫星地面系统工作流程如图 8-15 所示。

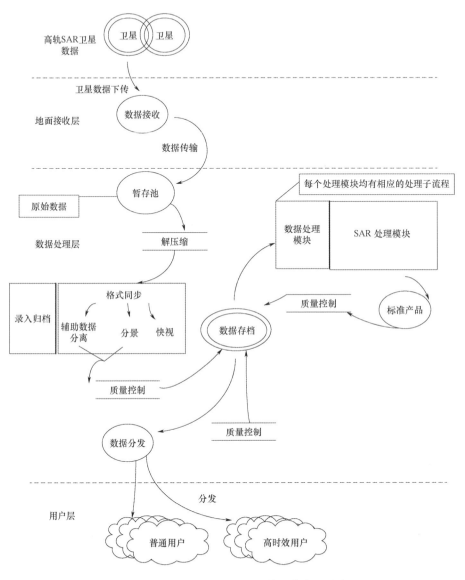

图 8-15　GEO SAR 卫星地面系统工作流程示意图

（1）公共平台负责整个系统的业务运行管理，对任务与有效载荷管理分系统、数据处理分系统、数据归档与信息管理分系统等发出常规模式任务单，安排各个分系统的工作，并接收各个分系统的工作报告。

（2）任务与有效载荷管理分系统根据任务单的需求，制订采集计划，并传送给应用系统。

(3) 地面站网将接收到的卫星数据发送到数据处理分系统,数据处理分系统进行数据录入、处理后传输到数据归档与信息管理分系统。

(4) 数据处理分系统接收公共平台运行管理子系统发送的标准产品生产任务单,向数据归档与信息管理分系统请求获得所需的零级数据和相关辅助数据,完成各级标准产品的生产和归档,然后反馈信息。

(5) 数据归档与信息管理分系统接收数据处理分系统请求归档的数据和产品,归档完成后将反馈信息发送给公共平台。

(6) 数据分发分系统从数据归档和信息管理分系统获取所需的数据和产品提供给用户。

8.3.1 公共平台

公共平台负责整个地面系统数据处理中心的网络互联、资源管理、运行管理和系统安全管理,为系统维护、扩展、升级提供环境和技术支撑等。根据公共平台内部的功能划分,公共平台由网络互联、运行管理、安全管理、仿真测试与验证四个子系统组成,如图 8-16 所示。

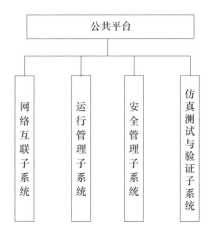

图 8-16 公共平台组成框图

1. 网络互联子系统

网络互联子系统的主要任务包括两方面:地面接收站网原始数据的接入以及系统内部网络连接与网络状态监控。网络互联子系统负责为系统各计算机设备之间、系统与外部网络之间的数据交换提供高速、可靠的网络连接,建立完善的网络管理机制,随时掌握链路的连通和性能,辅助网络故障定位,保障整个系统的稳定、可靠运行。

2. 运行管理子系统

运行管理子系统的主要任务有两个:设备监测与资源管理、运行管理。运行管理子系统主要负责对整个系统内所有计算机、服务器、存储设备等运行状态信息进行监控,并根据监控结果合理分配软硬件资源,保证整个系统在最优状态下运行。

3. 安全管理子系统

安全管理子系统的设计目标是:以应用和实效为主导,从物理环境、网络安全、数据信息、应用安全和运行管理五个方面,建立综合防范体系,有效提高地面系统的防护、监测、响应和恢复能力,以抵御不断出现的安全威胁与风险。

4. 仿真测试与验证子系统

仿真测试与验证子系统的主要任务是:保证地面系统在不中断业务运行的前提下,进行算法修改、参数调整;保证在不影响地面系统现有卫星正常业务运行前提下,满足后继星发射后进行新增卫星处理功能及流程验证测试的需要;用于地面系统业务运行中的故障源迅速定位、原因分析、辅助决策。

8.3.2 数据处理分系统

数据处理分系统主要负责对 GEO SAR 卫星的原始数据进行录入、分景编目、辅助数据处理、定姿定轨、多模式成像、辐射校正、系统几何校正等处理,生成各级 SAR 影像标准产品并提交归档,对各级标准产品进行质量检测。

数据处理分系统接收的数据包括:读取地面接收站传输来的 GEO SAR 卫星原始数据;接收公共平台对数据录入和产品生产各处理模块的调用;读取数据归档与信息管理分系统数据库中归档的轨道数据、零级数据等。数据处理分系统提交运行和设备状态信息、运行报告给公共平台,提交零级数据、产品数据等进行归档。

数据处理分系统由作业调度子系统、数据录入子系统、产品生产子系统、质量检测子系统四部分组成,如图 8 – 17 所示。

1. 作业调度子系统

作业调度子系统实现分系统作业调度和对录入生产的监控。作业调度子系统对整个系统内所有计算机、服务器、存储设备等运行状态信息进行监控,并根据这些监控结果合理分配软硬件资源,保证整个系统运行在最优状态下。

第 8 章　地球同步轨道 SAR 地面应用

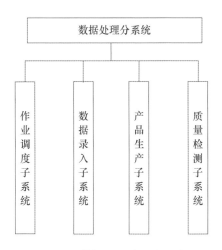

图 8-17　数据处理分系统组成图

2. 数据录入子系统

数据录入子系统主要负责对接收到的 GEO SAR 卫星原始数据进行录入、分景、辅助数据处理,包括对原始数据进行帧格式同步、解扰、RS 译码、去格式、解压缩、图像数据和辅助数据分离、数据分景编目等处理,生成零级数据永久归档,作为其他各级产品生产的源数据。此外,该子系统在原始数据录入过程中,监视原始数据的回放,动窗显示快视图像;按预先定义的全球参考坐标系对一轨数据进行分景编目,生成每一景的编目元信息,同时生成该景数据的浏览图像和拇指图像,供数据分发分系统查询检索使用。

3. 产品生产子系统

产品生产子系统自动化批量生产各级标准产品,其他产品按用户需求生产。对生成的零级数据和产品数据,生成相应的编目信息,提交给数据归档与信息管理分系统更新数据库目录信息,供用户对数据和产品的查询使用。

4. 产品质量检测子系统

产品质量检测子系统是根据预先定义的数据质量检测标准,对产品数据进行质量检测,将检测结果信息提交数据归档与信息管理分系统归档。

8.3.3　数据归档与信息管理分系统

数据归档与信息管理分系统负责:标准化产品和处理过程中所有数据的存档和信息管理,对 GEO SAR 卫星的海量数据进行统一存储和管理,保证数据和信息安全,并为其他分系统提供数据和信息服务;完成数据产品的容灾和备份、数据库的备份和恢复,包括卫星零级数据、各级产品、产品元数据、工程辅助数据及业务信息,提供产品编目、归档与所需产品的读取服务,以及对数据库的查询、更新及信息提取等服务;灾难发生情况下,完成部分用户服务业务的接管等工作。数据归档与信息管理分系统的组成结构如图 8-18 所示。

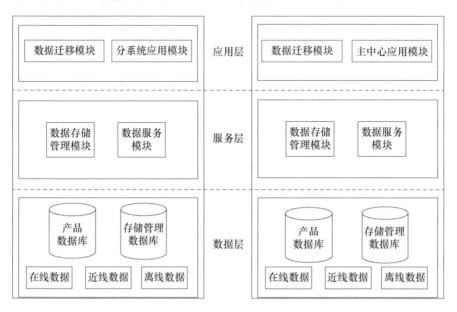

图 8-18　数据归档与信息管理分系统组成示意图

1. 数据存储管理子系统

数据存储管理子系统实现数据在盘阵、带库及离线磁带间的迁移,主要功能包括:数据迁移、数据恢复、批量数据恢复、盘阵数据清理、日志管理及报表统计;实现将生成或订购的产品数据(浏览数据)上传到 DDS 指定的目录下,主要包括产品数据上传、浏览数据上传及元数据更新;完成各分系统对业务数据库的访问要求,包括数据的添加、查询、更新,以及完成在线数据归档。

2. 数据备份管理子系统

为了容灾的需要,将主存储区中的产品数据及元数据备份到灾备区。数据备份管理子系统主要包括数据提取封装模块、数据传输缓冲模块、数据压缩模块、数据传输及断点续传模块、数据校验与纠错模块、数据拆分模块、传输流量控制模块、策略配置模块以及系统管理模块。

8.3.4 任务与有效载荷管理分系统

任务与有效载荷管理分系统根据任务编排,将有效载荷工作计划和地面站接收计划上报公共平台。任务与有效载荷管理分系统由任务计划编排子系统、轨道计算与预报服务子系统和遥测遥控子系统三个子系统组成。

1. 任务计划编排子系统

依据采集需求和多星任务规划方案,综合考虑数传天线特性、点波束天线地面站的接收能力优化、地面站数据接收能力和卫星的具体操作约束,合理编排各卫星的有效载荷工作计划和数据接收计划。

2. 轨道计算与预报子系统

该子系统负责对 GEO SAR 卫星进行轨道计算与预报,并将轨道计算结果归档,为任务计划编排软件提供必要的数据支持和依据。

3. 遥测遥控子系统

遥测遥控子系统采用功能分布式的设计结构,以数据库作为数据交换中心,每个功能相对独立。子系统共划分为四个部分:遥测数据处理、综合信息监视、遥控指令生成和数据管理。

8.3.5 数据分发分系统

数据分发分系统的任务是为用户提供统一的数据与信息发布平台,实现 GEO SAR 卫星各种数据产品的检索、浏览、订购、分发和下载服务,以及收集采集任务、发布服务信息等业务,是地面系统对外信息收集和产品分发的窗口。

数据分发分系统主要由系统管理子系统、数据服务子系统及产品分发子系统等三部分组成,如图 8-19 所示。

1. 系统管理子系统

系统管理子系统通过统一的管理界面,对系统的运行状况进行管理配置,管理的内容包括用户管理、数据库管理、采集单管理、订单管理、参数管理和日志管理。

2. 数据服务子系统

数据服务子系统主要根据用户的需求完成收集、采集任务,并为用户提供各种数据产品检索和数据的统计分析服务。

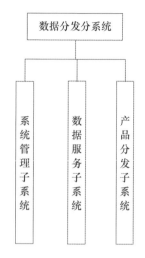

图 8-19　数据分发分系统组成示意图

3. 产品分发子系统

产品分发子系统为用户提供各种数据产品浏览、订购和下载服务,并提供在线支持和快视广播功能。

8.3.6　数据模拟与评价分系统

数据模拟与评价分系统主要功能为:模拟有效载荷图像数据及其格式,为地面系统开发、调试、升级和用户开发数据应用模型提供数据源;对发射前地面试验数据、有效载荷在轨运行性能、模拟数据和图像产品进行分析和质量评价;对有效载荷数据进行模拟,提供模拟数据源,对地面试验数据和在轨运行数据进行分析和质量评价。

数据模拟与评价分系统由数据模拟子系统和数据评价子系统组成。

1. 数据模拟子系统

数据模拟子系统主要负责模拟有效载荷图像数据及其格式,在获取地物目标模型与背景数据库的前提下,生成地面系统调试的数据源和有效载荷数据,完成多类参数数据模拟,为地面系统开发、调试、升级和用户开发数据应用模型提供数据源。

2. 数据评价子系统

数据评价子系统主要负责在卫星发射前,对地面实验数据进行分析并计算 SAR 有效载荷地面试验结果;卫星正常运转过程中,对在轨卫星的有效荷载变化状况进行分析评价;对得到的模拟图像质量和图像产品进行评价,分析 GEO SAR 卫星图像数据的应用潜力。

8.3.7 定标检校分系统

定标检校分系统的主要任务是进行 GEO SAR 有效载荷在轨定标[134-136],跟踪有效载荷性能变化,及时修正产品处理参数,定期为用户提供在轨绝对辐射定标系数;承担有效载荷的在轨几何定标和辐射定标,对产品几何特性和辐射定标系数进行检验。

定标检校分系统由场地与技术保障子系统和定标处理子系统组成。

1. 场地与技术保障子系统

场地与技术保障子系统包括 GEO SAR 卫星地面几何定标场,为卫星在轨定标和日常检测提供场地保障。

2. 定标处理子系统

定标处理子系统具有 SAR 在轨绝对辐射定标能力,并对辐射定标系数进行真实性检验。辐射定标内容主要包括 SAR 绝对定标系数测量、距离向天线方向图测量、方位向天线方向图测量和辐射分辨检测。

8.4 GEO SAR 卫星行业应用展望

上一节中简述了 GEO SAR 的地面应用流程,其中的地面处理算法见第 5.3 节相关内容。在对地球同步轨道 SAR 卫星的下传数据进行成像后,可以对其进行后处理,生成行业应用数据产品,或者可将其与其他数据(如光学图像等)进行融合处理,提升地球同步轨道 SAR 数据的可用性。

GEO SAR 因其观测幅宽大、应急监测响应迅速的优势,受到各行业用户的广泛关注,主要包括防灾减灾、国土、地震、水利、气象、海洋、农业、环境保护和林业等,各行业对数据产品的需求总结如下:

1. 减灾应用

针对 GEO SAR 数据在灾害要素监测、灾害风险监测、灾害应急监测、恢复重建监测等方面的应用需求,开展灾害要素监测应用示范、灾害风险监测应用示范、灾害应急监测应用示范、恢复重建监测应用示范,验证和完善 GEO SAR 卫星数据防灾减灾应用模式。主要产品如下。

(1) 信息产品:灾害要素监测产品。

（2）专题产品：灾害风险监测产品、灾害应急监测产品和恢复重建监测产品。

2. 国土应用

针对GEO SAR数据在浅覆盖地质调查、土地资源调查监测和地质环境调查监测等方面的应用需求，开展浅覆盖地质调查应用示范、土地资源调查监测应用示范和地质环境调查监测应用示范，验证和完善GEO SAR卫星数据国土资源应用模式。

主要产品包括浅覆盖地质调查专题图、土地资源调查监测专题图、地质环境调查监测专题图等。

3. 地震应用

针对GEO SAR数据在地震构造调查、地震监测、地震应急救援等方面的应用需求，开展强震极灾区范围监测应用示范、地震破裂带空间分布监测应用示范和重要道路损毁评估应用示范，验证和完善GEO SAR卫星数据地震应用模式。

主要产品包括强震极灾区范围图、地震破裂带空间分布图、重要道路损毁评估图等。

4. 水利应用

针对GEO SAR数据在洪涝、旱情、水资源、次生涉水灾害等方面的应用需求，开展洪涝和干旱监测应用示范、水资源监测应用示范、次生涉水灾害监测应用示范，验证和完善GEO SAR卫星数据水利应用模式。主要产品如下。

（1）水资源监测：地表水源地水体遥感监测图。

（2）洪涝灾害监测：洪涝淹没范围遥感监测图、洪涝受淹土地利用图、重要水利工程洪涝遥感监测图等。

（3）旱情监测：旱情等级遥感监测分布图。

（4）次生涉水灾害监测：堰塞湖遥感监测图。

5. 气象应用

针对GEO SAR数据在海冰监测、洪涝灾害监测、植被生物量监测等方面的应用需求，开展海冰监测应用示范、洪涝灾害监测应用示范、植被生物量监测应用示范、土壤水分监测应用示范，验证和完善GEO SAR卫星数据气象应用模式。

主要产品包括：海冰监测产品、洪涝灾害监测产品、植被生物量监测产品、土壤水分监测产品、台风和近岸海风评估产品等。

6. 海洋应用

针对 GEO SAR 数据在海上目标、海冰监测、海洋工程与设施监测等方面的应用需求,开展海上目标监测应用示范、海冰监测应用示范、岛礁人工目标监测应用示范、风暴潮漫滩监测应用示范,验证和完善 GEO SAR 卫星数据海洋应用模式。主要产品如下。

(1) 海上目标:海上目标专题图、海上目标监测报告。

(2) 海冰:海冰分布专题图、海冰局域精细监测专题图。

(3) 岛礁人工目标:岛礁人工设施变化专题图。

(4) 风暴潮漫滩监测:风暴潮漫滩专题图。

(5) 海洋工程与设施:海洋工程与设施监测报告。

7. 农业应用

针对 GEO SAR 数据在农作物面积空间分布监测及耕地土壤墒情监测等方面的应用需求,开展农作物面积空间分布监测应用示范、耕地土壤墒情监测应用示范,验证和完善 GEO SAR 卫星数据农业应用模式。主要产品如下。

(1) 农作物面积空间分布产品:作物对象为冬小麦、春小麦、玉米、水稻、油菜和棉花等大宗农作物。

(2) 耕地土壤墒情监测产品:监测对象为全国或重点农区耕地,并结合农作物干旱指标体系,提供干旱评价分析。

8. 环保应用

针对 GEO SAR 数据在水环境遥感监测、区域生态环境遥感监测、环境应急与核安全遥感监测等方面的应用需求,开展水环境遥感监测应用示范、区域生态环境遥感监测及环境应急与核安全遥感监测应用示范,验证和完善 GEO SAR 卫星数据环保应用模式。主要产品如下。

(1) 水环境遥感监测:内陆水体水华遥感监测产品、近岸海域赤潮遥感监测产品、全国大型饮用水水源地风险源遥感监测产品。

(2) 区域生态环境遥感监测:自然保护区人类活动遥感监测产品、生物多样性保护优先区域生态遥感监测产品。

(3) 环境应急与核安全遥感监测:近海海域溢油环境应急遥感监测产品、全国拟建和在建核电厂遥感监测产品。

9. 林业应用

针对 GEO SAR 数据在森林资源调查、森林资源变化监测、森林灾后评估等方面的应用需求,开展中国西南多云多雨地区典型应用示范,验证和完善 GEO

SAR 卫星数据林业应用模式。

主要产品包括森林和湿地资源监测专题产品、森林植被生物量及碳源汇监测产品、森林灾害分布和灾后损失评估专题产品。

8.5 小结

本章研究了地球同步轨道 SAR 地面应用技术,探讨了 GEO SAR 卫星地面应用系统的组成及应用流程。地面应用系统由地面接收系统与地面处理系统构成,地面接收系统包括跟踪接收分系统、数据记录分系统、数据传输分系统以及接收管理与监控分系统;地面处理系统包括公共平台、数据处理分系统、数据归档与信息管理分系统、任务与有效载荷管理分系统、数据分发分系统、数据模拟与评价分系统及定标检校分系统。随后,对 GEO SAR 卫星主要行业应用数据需求进行了展望,涉及防灾减灾、国土、地震、水利、气象、海洋、农业、环境保护和林业等。本章研究可为地球同步轨道 SAR 的地面应用提供参考。

第9章 地球同步轨道 SAR 新技术发展与应用

9.1 概述

国民经济发展、现代化建设和科学技术进步对中国及周边地区的数字化地理信息和遥感影像信息提出了更高的要求,包括以下几个方面。

1. 高精度测绘信息获取,建立数字地球模型

在测绘信息获取能力上,要求具备多手段、全天候、全天时的快速、动态的信息采集能力;在测绘信息获取范围上,主要关注国土范围,兼顾周边地区;在测绘信息产品形式上,要求由过去的单纯提供地图,转变为多种形式的高精度数字产品,包括数字影像、数字地图、定位信息、地理空间数据库、地形可视化产品等。SAR 立体测绘是在传统二维成像的基础上,提取地球表面三维信息或地物变化信息的一种先进的遥感信息获取技术。正是由于立体测绘精度高,因此能够对关注区域快速测绘,对突发的地震、火山、地质灾害区域进行形变监测。这些需求往往都是突发的,要求响应时间很短,卫星必须通过整星侧摆、大角度侧视等手段提供快速应急响应能力。

2. 大面积的地形测量和厘米级的形变测量

在国土资源勘查领域,如广域地质形变、露天矿区开采情况、建设用地、区域规划变动、城市地表沉降、海岸带变动、突发地表大形变,需在广域面积内开展海岸带腐蚀评估、北方荒漠化、南方石漠化、区域沉降、区域规划变动等方面的遥感观测应用。

3. 高时效性的立体测绘,完善应急响应能力

巨灾发生后,需要快速获取灾情的空间分布,以便进行灾情分析并实施有效的应急救援,减轻灾害损失。因此,要求卫星具备快速重访能力,能够在巨灾发生后快速做出响应,实时或者以很短的时间间隔对灾区进行监测,不受灾后恶劣天气以及黑夜的影响,快速获取滑坡、泥石流、山体崩塌等次生和衍生灾害信息,从而提早对这些灾害做出预防,减少经济和生命安全损失。

GEO SAR 卫星具有机动性强、重访时间短和成像范围大的优势,能够实现对观测目标区域长时间"凝视",以高时相精确获取动态变化过程数据。此外,GEO SAR 能够在传统 SAR 二维图像的基础之上,利用弯曲轨迹长期"凝视",或者多次航过,提取地球表面三维信息。基于上述探测特性,GEO SAR 在气象观测、抢险救灾、环境保护、国土普查、灾害监测等方面将发挥重要的作用。

本章针对 GEO SAR 新技术应用进行总结,包括 GEO 圆迹 SAR 应用、GEO 层析 SAR 应用和 GEO SAR 多基地观测应用等三个方面内容。本章分别介绍了其基本原理,并梳理了国内外发展现状,分析了相关关键技术,为 GEO SAR 新技术应用奠定基础。

9.2 地球同步轨道圆迹 SAR 应用

9.2.1 基本原理

圆迹 SAR 是近年来发展起来的一种高分辨三维成像模式[137-138],通过雷达平台围绕观测区域作圆周运动,获取被观测场景的全方位信息,以满足越来越高的对地观测需求。与常规直线轨迹 SAR 相比,圆迹 SAR 具有下列优势:一是能够获取目标在各方向的散射特征,有利于提高目标识别和地物分类精度;二是拓宽波数域有效带宽,理论分辨率可达亚波长量级,使低波段高分辨成像成为可能;三是所形成的圆形合成孔径能够获取目标的三维位置信息,突破了常规直线轨迹 SAR 只能获取二维斜距图像的局限,能有效减小甚至消除 SAR 影像固有的叠掩、透视收缩和阴影等现象。依据这些独特优势,圆迹 SAR 在高精度测绘、灾害评估和精细资源管理等领域具有应用潜力。

相对于 LEO SAR,GEO SAR 具有观测范围广、合成孔径时间长等特点,圆迹为实现广域聚束观测提供了技术基础。同时,通过合理的轨道参数设计,可使 GEO 卫星在空间中形成近似圆形的卫星相对地球轨迹,为圆迹 SAR 提供一个稳定的平台,即地球同步轨道圆迹 SAR(geosynchronous circular SAR,GEO CSAR),其成像几何示意如图 9-1 所示。中科院空天信息创新研究院洪文研究员对 GEO CSAR 的轨道设计、分辨机理、成像能力进行了深入研究。GEO CSAR 兼备了 GEO SAR 和 CSAR 各自的优势。首先,由于轨道高度较高,GEO CSAR 在重复观测周期、测绘带宽和可视能力等方面的性能是低轨 SAR 无法比拟的;此外,与"8"字形卫星轨迹相比,GEO CSAR 的圆形卫星轨迹不仅能更好地对可视范围内的重点区域进行定点连续观测,获取较高分辨率的二维时间序列图像,实现热点区域的动态监测,更重要的是,还具有特有的三维成像能力,通过回波数据的 360°相干累积,能够获取观测场景的高分辨三维图像,实现目标的精确三维定位。因此,GEO CSAR 是实现全球连续观测的有效途径之一,尤其是在全球性的大面积区域动态连续监视、高分辨率三维测绘、形变监测等领域具有广阔的应用前景。

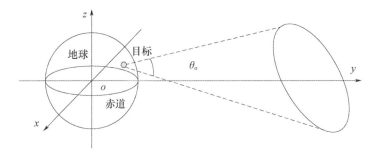

图 9 – 1　GEO CSAR 成像几何示意图

GEO CSAR 的一个典型应用是三维成像,下面对其原理进行简要说明。三维成像的本质是在垂直斜距的方向上形成孔径或者根据在积累时间内高度向目标点的斜距历程不同,从而可以区分在直线轨迹 SAR 下无法区分的叠掩目标。如图 9 – 2(a)所示,对于直线孔径 SAR,在雷达的整个观测范围内,总可以找到与雷达之间的距离始终相等的两个位于不同高度的三维位置(位于以直线为轴心的圆柱面上),即存在叠掩。相比直线轨迹 SAR,GEO CSAR 在运动轨迹上到场景中两点的斜距随着观测角度的变化而变化,因而可以分辨高度不同的两个点,实现对地面的三维成像,如图 9 – 2(b)所示。

9.2.2　国外研究现状

国外的圆迹 SAR 研究至今经过了实验室研究阶段和机载实验研究阶段,目前暂无星载圆迹 SAR 应用。

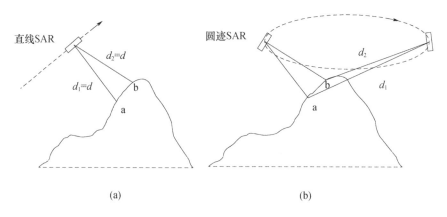

图 9-2 GEO CSAR 三维成像原理

(a)直线轨迹 SAR 成像几何;(b)GEO CSAR 成像几何。

1. 实验室研究阶段

20 世纪 90 年代至 21 世纪初,相关学者主要开展了圆迹 SAR 成像机理研究,验证手段为点目标仿真及可控暗室实验。美国纽约州立大学的 M. Soumekh 和华盛顿大学的 T. K. Chan 对圆迹 SAR 的成像机理进行了深入研究,基于目标散射各向同性假设,推导了场景中心目标的点扩展函数和分辨率,得出了圆迹 SAR 的亚波长级高分辨能力及三维成像能力,分别提出了波前重建、共焦投影等圆轨 SAR 层析三维成像算法,并开展了可控实验环境下的原理性验证,分别获取了 T-72 坦克和飞机模型的三维图像。这一阶段的研究成果主要局限于标准圆迹 SAR 模式下的简单目标成像。

2. 机载实验阶段

国外的一些研究机构对圆迹 SAR 三维信息提取能力进行了探索。2014 年开始,法国宇航局(ONERA)、瑞典国防研究院(FOI)、德国宇航局(DLR)和俄亥俄大学相继利用机载实验平台开展了圆迹 SAR 飞行实验。

1)VHF 波段圆迹 SAR 对植被覆盖下隐蔽目标的识别

2004 年,法国宇航局与瑞典国防研究院合作开展了国际首次机载圆迹 SAR 数据获取实验,瑞典国防研究院利用 SAR 系统 CARABAS-Ⅱ获取了圆迹 SAR 数据,发射信号频率为 20~90MHz,作用距离为 11km,入射角为 58°。该实验利用低波段信号的穿透能力及圆迹 SAR 多角度观测能力对植被覆盖下的隐蔽车辆进行识别,其成像结果如图 9-3 所示。实验表明,相比于传统直线轨迹 SAR,圆迹 SAR 能够提高隐蔽目标的检测率。

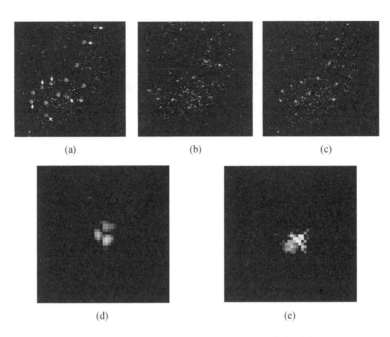

图 9-3　CARABAS-Ⅱ系统圆迹 SAR 成像实验结果

(a)隐蔽目标的实际位置；(b)直线轨迹 SAR 图像；(c)圆迹 SAR 图像；
(d)直线轨迹 SAR 目标细节图；(e)圆迹 SAR 目标细节图。

2) X 波段圆迹 SAR 的 DEM 获取

2007 年,法国宇航局利用新研制的 SETHI 机载 SAR 系统在法国尼姆市城区开展了 X 波段圆迹 SAR 飞行实验。该实验利用圆迹 SAR 的多角度观测几何获取了场景区的数字高程模型,高程精度达 2m,图 9-4 所示为 DEM 提取结果,这一特点与所示光学图像相符。此外,尼姆竞技场内的阶梯、房屋建筑物间的小道,甚至竞技场附近的几棵树都很好地展现在图像中,实验结果显示了圆迹 SAR 在城市测绘中的应用潜力。

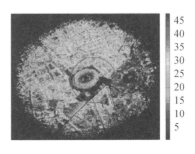

图 9-4　SETHI 机载圆迹 SAR 系统获取的 DEM 结果

3) L 波段圆迹 SAR 全方位成像

2009 年，德国宇航局利用 E-SAR 系统，开展了 L 波段全极化机载圆迹 SAR 数据采集实验，发射信号带宽为 94MHz，作用距离为 6km，入射角为 51°。2011 年 7 月，DLR 在 IEEE 地球科学与遥感大会（IGARSS）会议上公开了 L 波段全极化 360°圆迹 SAR 图像。这是圆迹 SAR 对地观测高分辨率全方位成像效果的首次展示，相比于常规 SAR 图像，圆迹 SAR 图像显示了极为精细和丰富的地物信息，展现了该成像模式在对地观测中的重要应用潜力。图 9-5 所示将圆迹 SAR 全方位图像与常规 SAR 图像进行了比较，有力证明了圆迹 SAR 的独特优势：①圆迹 SAR 通过 360°观测，拓展波数域频谱，实现高分辨率成像，SAR 图像固有的相干斑得到了有效抑制，如图 9-6 中第一行图像所示，跑道上的照明灯在圆迹 SAR 图像中清晰可见，而在常规 SAR 图像中淹没于相干斑；②相对于常规 SAR，圆迹 SAR 全方位观测能够获取目标的更高信噪比，从而更好地描绘目标轮廓，如图 9-6 中第二行图像所示，建筑物与地面构成的二面角仅在垂直方向具有最强的散射强度，在圆迹 SAR 图像中，建筑物的矩形轮廓分明；而在常规 SAR 图像中，仅呈现为一条线段或 L 形，给图像解译带来了困难；③圆迹 SAR 形成的二维孔径对目标有三维重建能力，如图 9-6 中第三行图像所示，与极化技术相结合，植被区冠层和树干得到了较好的分离。

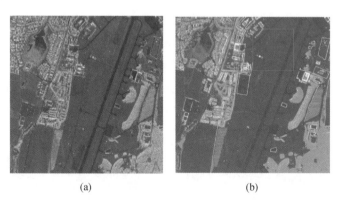

(a)　　　　　　　　　　　(b)

图 9-5　E-SAR 系统全极化 360°高分辨率圆迹 SAR 图像
(a)常规条带 SAR 图像；(b)圆迹 SAR 图像。

9.2.3　国内研究现状

国内圆迹 SAR 的研究经过了实验室阶段、机载实验阶段和星载理论研究阶段,暂无星载实验数据。国内的一些机构,中国科学院空天信息创新研究院、清华大学、中国民航大学、北京航空航天大学、西安电子科技大学、中国科学院国家空间科学中心、国防科技大学都开展了圆迹 SAR 相关方面的研究。

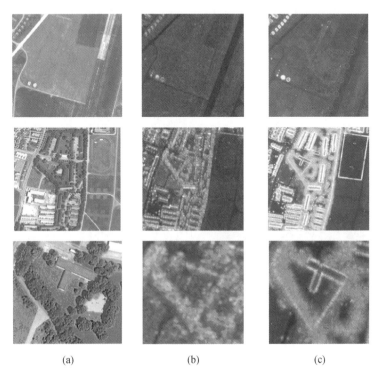

图 9-6 L 波段全方位圆迹 SAR 图像与常规条带 SAR 图像对比
(a)光学图像;(b)常规条带 SAR 图像;(c)圆迹 SAR 图像。

1. 实验室研究阶段

清华大学和中国民航大学的研究人员从现代信号处理的角度出发,利用非相干技术针对曲线 SAR 提出了三维目标特征提取方法和自聚焦算法;北京航空航天大学通过数值仿真,对不同形状曲线合成孔径点扩展函数的三维分辨能力进行了分析;中国科学院国家空间科学中心针对曲线 SAR 的特例——圆迹 SAR 的点扩展函数及三维分辨能力进行了推导和分析,并讨论了旁瓣抑制问题。中国科学院空天信息创新研究院是国内较早系统地开展圆迹 SAR 成像技术研究的单位。从 2005 年至今,中国科学院空天信息创新研究院在圆迹 SAR 信号处理和地面实验验证方面开展了大量基础性研究工作。例如,推导了不同散射相干条件下的点扩展函数和分辨率;针对不同平台,包括高轨卫星、机载和地基平台开展了体制研究,进行了系统设计和成像能力论证;提出了多种相干聚焦成像算法及运动补偿方法,可以实现复杂场景的大面积、精确、快速成像;此外,构建了地基实验系统并开展了大量地面论证实验。

中国科学院空天信息创新研究院充分利用了圆迹 SAR 和干涉 SAR 测高的优势进行三维重建。以单轨迹圆迹 SAR 为数据获取方式,以强方向性目标为研究对象,通过干涉圆迹 SAR 成像方法,对高度向进行均匀分层。对于每一高度层,获取的两个通道数据首先在同一三维直角坐标系中分别进行聚焦成像,并在复数域进行矢量滤波,然后对两个通道图像进行干涉处理,确定其相干性和干涉相位。基于干涉相位只在目标的真实高度平面为 0 的理论,通过对相干性和干涉相位设定阈值的方法,只保留属于这一高度平面的目标,从而增强单轨迹圆迹 SAR 对强方向性目标的三维重建能力。该算法取得了较好的三维信息提取结果,如图 9 - 7 所示。

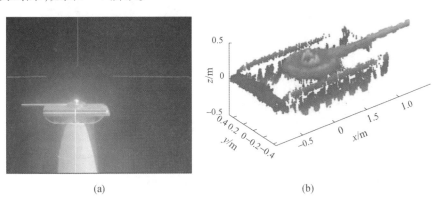

图 9 - 7　暗室实验结果

(a)实验现场;(b)三维效果图。

但该实验仍存在下列不足:首先,该方法是在暗室实验条件下进行的,需要进一步通过机载 SAR 进行飞行验证;其次,被观测目标高度较小,目标不会出现模糊问题,即未考虑相位解缠问题。

2. 机载试验阶段

2011 年 8 月,国内首次在四川省绵阳市进行了机载圆迹 SAR 飞行实验,搭载了 P 波段全极化 SAR 系统,获取了全方位高分辨率圆迹 SAR 图像,实验结果表明了圆迹 SAR 在高精度测绘等领域的应用潜力。脉冲重复频率为 3000Hz,工作波长为 0.5m,带宽为 200MHz,平台高度为 3000m,采用多种极化方式(HH,VV,HV,VH)。图 9 - 8 所示为两组不同场景的成像处理结果,通过将圆迹 SAR 图像与常规 SAR 图像进行对比,展示了圆迹 SAR 的应用优势:①圆迹 SAR 的全方位观测能力能够获取常规 SAR 难以获取的信息,如图 9-8(b)所示,横架的输电线仅能在垂直于其走向的方向上被观测到,常规 SAR 难以捕捉其图像,而圆迹 SAR 却能够获取其图像;②圆迹 SAR 的全方位观测能够获取目标的轮廓信息,如图 9-8(b)、(d)、(e)所示,人造目标与地面形成的二面角在垂直方向散射较强,而在其他方向散射较弱,因此蓄水池、高铁桥墩、梯田田埂等目标在常规 SAR 图像中仅显示为一个或若干个强点,难以直接从图像上进行判读,而在圆迹 SAR 图像中,目标的轮廓能被清晰勾勒,利于图像解译;③圆迹 SAR 能够提高分辨率,抑制相干斑噪声,并有效减小阴影现象,如图 9-8(e)所示,常规 SAR 成像中,镜面反射具有较强的反射回波,因此常规 SAR 图像通常由若干强点主导。另外,分辨率受限于多普勒带宽,图像中有明显的相干斑,图像解读人员需要专业 SAR 背景,而圆迹 SAR 将 360°回波进行综合,获得的图像效果接近于光学的漫反射成像效果,且相干斑得到有效抑制,更有利于人眼识别和解读。

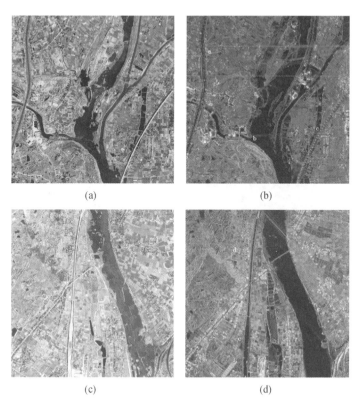

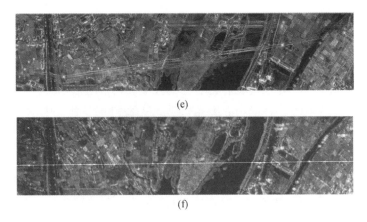

图 9-8 P 波段 360°全方位高分辨率圆迹 SAR 图像

(a)IKONOS 光学图像;(b)全极化圆迹 SAR 图像;(c)IKONOS 光学图像;
(d)圆迹 SAR 图像(HH 极化);(e)圆迹 SAR 图像;(f)常规条带 SAR 图像。

3. 星载理论研究阶段

2015 年,中国科学院空天信息创新研究院洪文对 GEO CSAR 开展了理论研究,研究表明通过合理的轨道参数设计,GEO 卫星能形成近圆的卫星相对地球轨迹,为圆迹 SAR 模式提供稳定平台,使 SAR 载荷的聚束成像模式成为可能;同时具备三维成像的能力,并且通过仿真验证了 GEO CSAR 三维成像的可行性。图 9-9 所示为点目标的三维扩展函数。

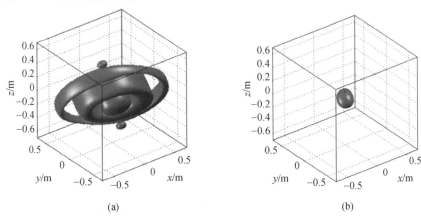

图 9-9 GEO CSAR 三维成像模式下的点扩展函数

(a) -15dB 等值面;(b) -3dB 等值面。

总的来说,圆迹 SAR 具有三维成像能力,具有高程向分辨能力,且观测精度在米级。

9.2.4 关键技术分析

GEO CSAR 的实现目前还面临着理论和技术上的挑战,除了系统复杂、受电离层影响大等 GEO SAR 的共性问题外,其研究难点主要还包括以下两个方面。

(1) GEO CSAR 的合成孔径时间较长(三维成像时达到 24 h),对轨道测量手段的稳定性和精度都提出了极高的要求。因此,长合成孔径时间条件下 GEO CSAR 的高精度定轨和运动补偿问题有待研究和突破。

(2) GEO CSAR 成像区域面积大、合成孔径时间长、分辨率高,不仅会产生海量数据问题,还会使地球的球面性以及卫星轨迹的非规则性等因素变得不可忽视,这给成像处理,尤其是三维成像处理带来了巨大挑战,亟需开展 GEO CSAR 高精度大区域快速成像算法研究。

此外,GEO CSAR 总体技术研究中亟需突破系统体制、算法研究和算法验证等多项关键技术,为此针对 GEO CSAR 制定了如图 9 – 10 所示的总体研究方案。研究方案分为三个部分:首先进行 GEO CSAR 卫星系统体制论证,进行轨道参数与波段优化设计、载荷参数优化设计,获得最优的系统设计结果;其次,以上述系统设计结果为输出,开展成像算法、误差影响、估计与补偿研究。其中,成像算法研究基于现有的后向投影算法,对圆迹 SAR 波数域算法进行改进,以适应 GEO CSAR 三维成像需求;误差影响、估计与补偿研究基于现有 GEO SAR 两维成像误差研究的结果,进一步拓展在三维成像方面的研究。在算法研究过程中,利用数值仿真系统与北斗实验系统进行算法的验证,并迭代修正算法研究结果。

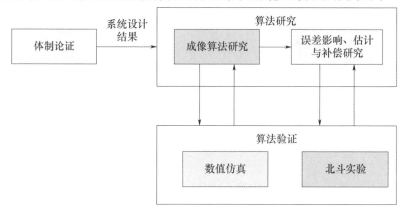

图 9 – 10 GEO CSAR 系统技术研究方案

9.3 地球同步轨道层析 SAR 应用

9.3.1 基本原理

层析 SAR 系统利用合成孔径原理获得沿航向的高分辨率,利用脉冲压缩技术实现距离向高分辨率,利用波束形成技术获取垂直距离向(即斜平面法向)的高分辨率[139-144]。层析 SAR 系统通过距离向脉冲压缩和方位向合成孔径处理分别对各副天线接收的信号进行成像,对于各"方位-斜距"分辨单元,联合 N 副天线获取的 SAR 图像数据。通过层析处理技术(如数字波束形成)可以区分该分辨单元中沿垂直距离向分布的各个散射目标,从而获取"方位-斜距-垂直距离向"分辨单元对应的目标散射特征,实现三维空间的高分辨成像。层析 SAR 三维成像示意图如图 9-11 所示。

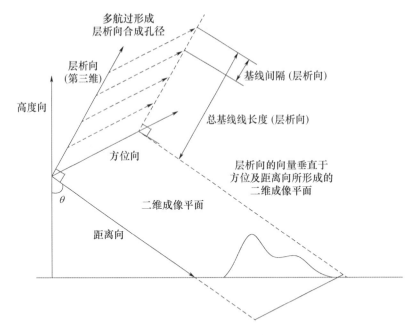

图 9-11 层析 SAR 三维成像示意图

相比于 InSAR 成像系统,层析 SAR 可以实现真正的三维成像。InSAR 成像系统中实际上只有一条基线,其所获取的包含高程信息的三维地形结果实际上仅是目标地形表面的"曲面图"。由于其在高度维上的散射信息缺乏分辨能力,只能用于地形测高。另外,当处于同一散射单元内的不同目标散射点与雷达间斜距相等时存在叠掩效应,从而给 InSAR 技术的高程反演带来模糊问题,而所取得的高程值更不能有效反映目标散射体沿高度维的分布情况。层析 SAR 三维成像可以实现叠掩目标的分离,获取观测目标的三维散射信息,实现真正的三维成像。

相比于圆迹 SAR 系统,层析 SAR 的系统复杂性低,且成像质量高。层析 SAR 成像技术不需要特殊的轨迹模式设定,不改变已有 SAR 系统的结构和工作模式,系统复杂性低,从而使得利用 SAR 三维成像进行地域测绘成为可能。在成像处理方面,圆迹 SAR 成像处理有时会产生高的旁瓣,在大面积目标成像方面能力较弱,且其在方位、距离以及高度维上存在数据耦合,使得对观测数据的三维成像处理算法非常复杂,在成像处理过程中需使用三维 Stolt 插值进行坐标变换,计算量相当大,这也在很大程度上限制了圆迹 SAR 的研究与应用。与圆迹 SAR 相比,层析 SAR 实现第三维合成孔径的基础在于通过多航过(多基线)方式来构造合成孔径,对同一地区需要多次重访;而圆迹 SAR 通过卫星形成的弯曲轨迹在高度向存在投影,构造合成孔径,对同一地区最少只需一次航过,其成像机理对比如表 9-1 所示。

表 9-1 成像机理对比

	层析 SAR	圆迹 SAR
航过次数	多轨	单轨
三维分辨能力	三维	三维
成像机理	多基线构成高度向孔径	弯曲轨迹形成高度向孔径

由于层析 SAR 成像技术能弥补 InSAR 与圆迹 SAR 的缺点,具有更有效、快捷地实现三维成像的优势,提高了 SAR 的应用水平,因此逐渐成为 SAR 技术发展的重要方向。

GEO SAR 系统利用多航过构造第三维的合成孔径,从而实现三维成像,几何构型如图 9-12 所示,但多航过形成的基线一般由轨道摄动产生。

下面对层析 SAR 三维成像的原理进行简要介绍。其成像机理如图 9-13 所示。假设对目标区域进行了 K 次观测,获取了 K 幅 SAR 二维影像,按照几何位置排列后,把第 $K/2$ 幅影像作为主影像,其他影像经精确配准后,K 幅 SAR 影像上相同位置的像素值可以构成一个长度为 K 的序列 $y = [y_1, \cdots, y_k]$,其中每一个像素值在经过幅度和相位校准后,可以表示为沿斜距向散射率分布的积分,

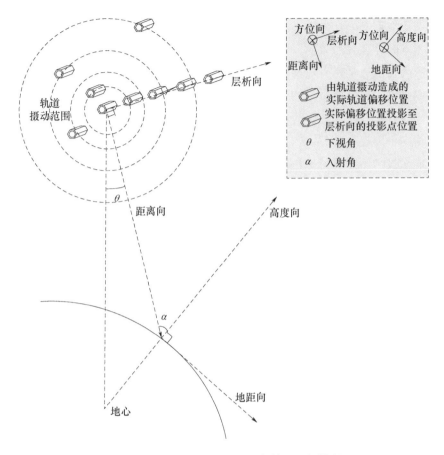

图 9-12 GEO 层析 SAR 的几何构型(见彩图)

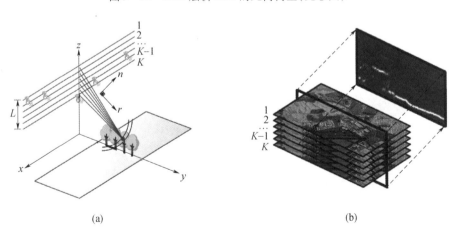

图 9-13 层析 SAR 成像机理示意图

(a)层析成像几何示意图;(b)层析成像原理示意图。

层析反演就是利用多基线数据集 y 逆运算求取 $\gamma(s)$ 的过程。综上所述,信号在高度向的成像原理与方位向的孔径合成原理类似,通过雷达在不同高度获得的 SAR 二维图像完成了高度向上的孔径合成,这就是层析 SAR 三维成像的原理。

通常层析 SAR 三维成像处理是可分离的,且可以分成两个阶段:一是常规的二维 SAR 成像;二是高度维的聚焦。方位向和距离向的成像与常规的二维 SAR 成像没有区别,其特殊之处在于高度维的成像,提高分辨率的关键就是提高高度维的分辨率。下面仅说明高度维的信号处理过程。

图 9-14 所示为简化的层析 SAR 示意图。SAR 从 z 轴上的不同位置照射散射体,d 为天线间隔即基线长度,L 为所有基线长度的总和,相当于高度向上的合成孔径长度,r_0 为 SAR 与散射体的距离。假定各个基线是等间距的,设雷达的当前高度为 z,散射体中心的高度为 n_0,则雷达与目标之间的距离(双程)为

$$r(z, n_0) = 2\sqrt{r_0^2 + (z - n_0)^2} \approx 2r_0 + \frac{(z - n_0)^2}{r_0} \quad (9-1)$$

接收信号可以表达为

$$s_r(z, n_0) = a(r_0, n_0) \exp\left(-j\frac{k}{r_0}(z - n_0)^2\right) \quad (9-2)$$

式中:$a(r_0, n_0)$ 为距离为 r_0、高度为 n_0 的散射点的复反射系数;k 是波数。

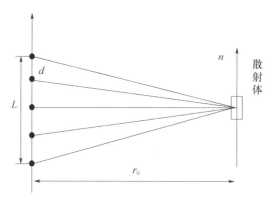

图 9-14 简化的层析 SAR 示意图(一个距离/高度截面)

从式(9-2)可以看出,接收信号具有二次相位项,它是一个线性调频信号。不过,要注意的是其多普勒中心与雷达高度坐标 z 有关,必须进行"去斜"处理,使得多普勒中心保持固定,乘以去斜函数 $u(z) = \exp\left(+\frac{jk}{r_0}z^2\right)$,可得

$$s_{hd}(z,n_0) = a(r_0,n_0)\exp\left(-j\frac{k}{r_0}(n_0^2 - 2zn_0)\right) \quad (9-3)$$

此时，空间频率不再依赖于坐标 z，对式(9-3)作傅里叶变换，将回波信号从 z 域(空域)变换到 n 域(空频域)，得到高度像为

$$\begin{aligned} I(n,n_0) &= a(r_0,n_0)\exp\left(-j\frac{k}{r_0}n_0^2\right)\int_{-L/2}^{L/2}\exp\left(j\frac{2k}{r_0}(n_0-n)z\right)dz \\ &= a(r_0,n_0)\exp\left(-j\frac{k}{r_0}n_0^2\right)\cdot L\mathrm{sinc}\left[\frac{kL}{r_0}(n_0-n)\right] \end{aligned} \quad (9-4)$$

层析 SAR 三维成像流程如图 9-15 所示。该流程包括二维成像、配准、相位校正和高度维聚焦等步骤。图 9-16 所示为低轨 SAR 卫星层析三维成像结果实例。

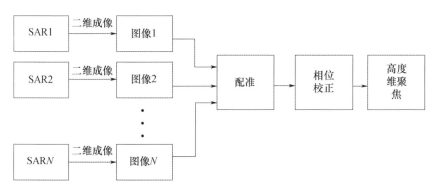

图 9-15 层析 SAR 三维成像流程图

层析 SAR 高度向分辨率为

$$\delta_z = \frac{\pi r_0}{kL} = \frac{\lambda r_0}{2L} \quad (9-5)$$

式中：L 为高度向的合成孔径长度。

根据奈奎斯特定理，空间谱不混叠的条件是

$$d \leqslant \frac{\lambda r_0}{2H} \quad (9-6)$$

式(9-6)表明，一定的目标高度对应着一定的不模糊空间采样间隔。以机载层析 SAR 为例，假定雷达波长为 0.1m，距离 $r_0 = 40000$km，目标高度 $H = 30$m，则要求各条航线间隔 $d = 23$km 才不产生高度模糊。

GEO SAR 轨道漂移形成的轨道在 5km 附近，因而不会产生高度向的空间谱混叠。但若要达到高度维 5m 分辨率，则垂直孔径至少要达到 400km，通常难

以实现。因此,对于 GEO SAR 系统,若需要实现高分辨率层析三维成像,则需要突破超分辨三维成像技术。

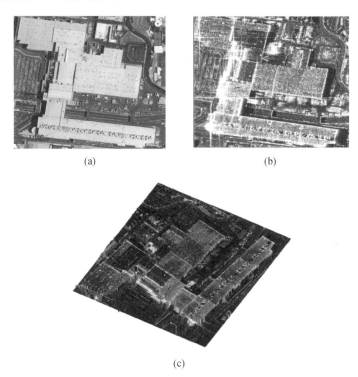

图 9-16　低轨 SAR 卫星层析三维成像结果实例
(a)光学图片;(b)二维成像结果;(c)三维成像结果。

9.3.2　国外发展现状

国外层析 SAR 成像系统的发展可分为以下三个阶段。

1. 实验室研究阶段

早在 1981 年,Chan 首次讨论了采用标准脉冲压缩波形和稀疏二维合成孔径获得频率域空间的不同数据,从而将二维聚束处理向三维拓展,产生三维图像的可行性。1995 年,美国海军地面作战中心的 K. Knaell 将计算机断层成像技术(computed tomography,CT)的切面成像理论应用到 SAR 三维成像中,从理论层面上说明了层析 SAR 三维成像的可行性,并给出了点目标的成像模型。同年,欧洲微波数字实验室(european microwave signature laboratory,EMSL)设计了一个 SAR 层析成像实验系统,该系统雷达工作在 Ku 波段,采用了 8 条基线,雷达入射角范围为 41.5°~48.5°,对埋在"半透明"媒质中的两层小铅球进行了层析成像实验,能够将两层铅球分辨出来,证实了通过多基线在垂直视线方向上合成孔径实现高度维分辨率的可行性。

2. 机载层析成像阶段

1998 年,DLR 首次用实测机载 SAR 数据验证了层析 SAR 成像技术的可行性,将合成孔径原理引入至三维空间,利用观测角度稍有不同的多次航迹数据,通过对每个距离 - 方位分辨单元作频谱分析,获得高程方向的散射系数分布。然后基于散射系数分布估计分辨单元中的散射体个数,以及高程、散射系数、径向变形速度等参数。实验中利用 E – SAR 采集的 14 条近似平行航线的机载极化 SAR 数据,基于傅里叶分析技术实现了 3m 高度分辨率,成功提取到了建筑物、森林、车辆以及角反射器的高度维散射信息。2000 年,Reigbert 等提出了机载 SAR 层析的系统模型,通过机载多基线 L 波段三维 SAR 层析成像的实验,将极化技术引入了层析成像中,实现了三维 SAR 成像目标的极化特征辨识。之后,其他一些文献也发表了机载层析 SAR 相关的研究情况。

3. 星载层析成像阶段

机载实验的成功,也推动了星载层析成像技术的发展。2002 年,英国 Z. S. She 利用 ERS – 1 卫星获取的 9 幅德国波恩地区的图像数据实现了三维成像,其基线长度为 1686m,并利用布设的 19 个角反射器对成像结果进行标定。2005 年,意大利的 Fornaro 利用 ERS – 1 和 ERS – 2 卫星在长达 7 年时间采集的 30 次航过数据,研究了意大利那不勒斯地区的三维成像以及包含地表沉降速度的四维成像问题,并通过对存在层叠现象区域的实验证实了 ERS 多航过数据具备对高程方向多散射点的分辨能力。上述实验结果验证了层析 SAR 三维成像技术在星载平台上应用的可行性,为星载层析 SAR 三维成像技术的研究及应用奠定了基础。但总体来看,由于高分辨数据源的匮乏,这一阶段研究集中在原理验证方面。

2007 年,以德国 TerraSAR – X 和意大利 Cosmo – Skymed 卫星的成功发射为标志,高分辨层析 SAR 成像数据源的问题逐步得到解决,相关学者在非均匀稀疏基线下的高分辨成像做了广泛研究。意大利的 Meglio 等人利用插值方法在高度向通过对非均匀信号进行插值处理,使数据均匀且满足奈奎斯特定理以提高图像质量,但是由于插值方法本身存在误差,得到图像的分辨率提高得并不明显。Cands、Romberg 和 Donoho 等人提出的压缩感知技术给解决高度向分辨率问题提供了新思路,该理论提出只要信号具有稀疏性就可以利用远少于奈奎斯特采样率的非均匀稀疏数据来高概率实现信号的无失真重建,对非均匀稀疏基线下的高分辨成像提供了理论支撑,受到国内外学者的广泛关注。2010年,德国的X.X.Zhu对压缩感知下的层析SAR成像进行了研究,首次提出了基追踪的最小范数方法。紧接着,X.X.Zhu又根据层析SAR的信号特点,针对在层析SAR中由于压缩感知矩阵存在不满足RIP条件而不能理想重构信号以及压缩感知算法在利用L1范数进行重构会弱化信号幅度影响的问题,提出了基于L1范数按比例缩减的凸优化算法,提高了压缩感知算法在层析成像中的适应性和分辨性能。图9-17所示为利用TerraSAR-X数据处理得到的三维图像结果。

9.3.3 国内发展现状

国内对SAR层析成像研究始于2007年,主要集中在SAR层析成像模型、信号处理算法等方面,研究单位有电子科技大学、北京航空航天大学、国防科技大学和中国科学院空天信息创新研究院等。

(a)

(b)

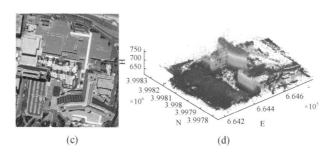

图 9-17 TerraSAR-X 数据处理得到的三维图像结果(见彩图)

(a)通过 25 景 TerraSAR-X 图像及 SL1MMER 算法获得的三维可视化建筑物图形,颜色代表高程;
(b)由 TerraSAR-X 升降轨数据融合产生的高程点云,颜色代表高程,灰色区域为暂时性失相干部分,如植被、水体;(c)拉斯维加斯 Bellagio 酒店光学影像;(d)TerraSAR 升降轨数据融合产生的 TomoSAR 点云在 UTM 坐标系下。

2008 年,中科院空天信息创新研究院王彦平、王斌等提出了基于空间谱估计技术,实现了高程成像,并给出了实现三维层析成像的数据处理流程,利用 Envisat ASAR 实现了层析 SAR 高程向成像结果。受到二维成像、序列图像配准、相位补偿、高程成像等关键步骤的误差影响,成像结果出现了模糊。2012 年,国防科技大学孙希龙、余安喜等提出基于 RELAX 算法的差分 SAR 层析成像方法,并在仿真实验和 Envisat-ASAR 实测数据下取得了较好的高程向及形变速率分辨能力。2014 年,武汉大学魏恋欢、廖明生等提出了基于 Butterworth 滤波的奇异值分解层析算法,通过 TerraSAR-X 数据提取了 SAR 像元内散射体的数量、位置及反射量,高程向估计精度达到米级。2015 年,武汉大学廖明生、魏恋欢等总结了压缩感知法,以基追踪(basis pursuit, BP)和双步迭代收缩阈值(two-step iterative shrinkage/thresholding, TWIST)法为例,开展了 TerraSAR-X 聚束成像模式数据处理实验,并与传统的奇异值阈值(truncated singular value decomposition, TSVD)法进行了对比分析。被监测建筑物高度为 125m,TSVD 法、TWIST 法、BP 法计算的结果分别为 124.1m、124.5m、121.1m。结果表明,压缩感知法的高程向超分辨率、旁瓣抑制优势明显,实验结果如图 9-18 和图 9-19 所示。

9.3.4 关键技术分析

GEO SAR 层析成像的关键技术包括 GEO SAR 层析系统基线设计、二维高精度保相成像、层析三维成像位置误差补偿和垂直距离向聚焦等,下面对此进行说明。

图 9-18　Google Earth 影像图和 SAR 平均幅度图

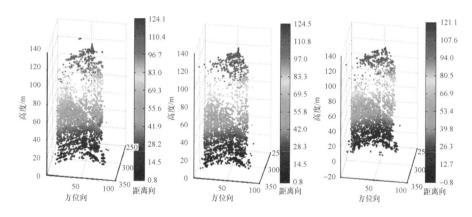

图 9-19　建筑墙面上的散射体分布情况（TSVD 法、TWIST 法及 BP 法）

1. GEO SAR 层析系统基线设计

层析处理需要获取不同视角的空间采样，目前其数据获取体制主要采用单天线 SAR 系统重复航过模式。层析 SAR 三维成像的基线设计主要包括两点：一是最大的基线长度 B；二是基线间隔 Δb。由层析 SAR 成像原理可知，在波长及斜距一定的条件下，基线长度由分辨率决定，基线间隔由最大模糊高度决定。且基线长度越长，分辨率越高，基线间隔越小，最大模糊高度越高。

此外，层析 SAR 三维成像带来的第三维分辨率，并不是垂直于地平面的高度向,而是垂直于成像平面的层析向。层析向分辨率投影至高度向时会发生变化,这也带来了高度向基线长度和极限间隔的变化。

GEO SAR 多航过形成的基线间隔由轨道摄动造成,且不同轨道下的轨道摄动特性不同,所以需要选择合适的卫星轨道,以实现较好的基线分布。轨道设计可以结合 STK 仿真软件进行,通过数字仿真,分析不同轨道条件下的摄动特性,在此基础上进行基线参数的优化设计。

2. GEO SAR 二维高精度保相成像

GEO SAR 层析成像的前提是实现二维高精度保相成像,但相对于传统中低轨卫星的 SAR 二维成像,GEO SAR 二维成像仍面临下列几个难题:①GEO 卫星的运行速度慢,合成孔径时间长,其运行轨道在合成孔径时间内不能认为是一条理想的直线,轨道变化不仅对 GEO SAR 聚焦性能的影响不能忽略,而且对 GEO SAR 相位的影响更不能忽略;②地球同步轨道作用距离远,回波在空间传播时间较长,"走-停"模式假设已不能满足 GEO SAR 成像的要求,这会给 GEO SAR 成像带来相位误差,进而影响差分干涉处理的精度,因而需要研究考虑"走-停"误差的具有高保相性的 SAR 成像算法;③GEO 卫星的运行速度并不是恒定的值,即 GEO SAR 成像所使用的回波数据方位采样是非均匀的(如要使方位采样均匀,必须根据速度实时调整脉冲重复频率,然而这会带来系统设计的复杂性),而且卫星运动速度以及波束在地面的运动速度之间存在很大差别,星地速度差异也要在成像的过程中加以考虑。地球同步轨道的星下点轨迹及一个恒星日内各时刻的卫星速度如图 9-20 所示。因此,需要针对 GEO SAR 轨道特性,研究二维高精度保相成像算法,为三维成像奠定基础。

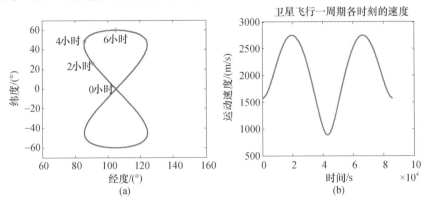

图 9-20 GEO 卫星的星下点及不同轨道时刻的运行速度

(a)卫星的星下点轨迹;(b)卫星在不同时刻的运动速度。

3. GEO SAR 层析三维成像位置误差补偿

位置误差实际上就是各航过间的基线误差,虽然 GEO SAR 具有较为稳定的轨道周期,然而地月引力、日地引力等都会导致各航过之间的运动误差量不一致,且各航过的聚焦图像可能并不是严格平行的(甚至有存在三维立体阵的可能)。因此,考虑后续三维成像的处理需求,需要将各个航过的卫星位置补偿到理想轨道位置处,补偿的思路为:首先选定参考图像,利用参考图像的轨道数据获取整个系统二维成像时的理想参考航迹;然后计算各航过实际航迹与理想航迹间的差别引起的图像信号相位差,将该相位差进行补偿后,即可认为获取的图像数据是在理想航迹下获取的,这样保证在成像过程中校正了整个场景内高度维采样的均匀性,降低了性能损失。

4. 层析 SAR 三维成像垂直距离向聚焦

将各航过的接收数据进行成像处理和图像配准后,对各航过对应的同一距离、方位分辨单元进行排列,生成一个复数据向量,根据同分辨单元内散射点高度和垂直距离向各天线仰角之间的关系,通过空间谱估计的方法可以进行高度维分辨,从而实现对观测目标的三维成像。侧视多基线层析 SAR 三维成像主要有三类成像方法:①各基线/天线的高精度保相成像方法;②宽带宽角的超分辨空间谱估计成像方法;③基于压缩感知的多基线稀疏超分辨成像方法。考虑到侧视情况下斜距维和高度维夹角较大,因此在处理某一方位时刻的切片数据时,首先要将距离线性走动分量加以校正。对于不同的斜距,波前弯曲也不同,因此在距离徙动校正时要考虑波前弯曲的空变性,可以采用分段补偿的方法进行处理。

9.4 地球同步轨道多基地 SAR 应用

9.4.1 基本原理

地球同步轨道平台和低轨轨道平台协同成像,即高低轨异构平台多基地 SAR 成像系统是微波遥感领域的发展趋势[145-159]。将同步轨道卫星仅作为信号发射平台,若干低轨道小卫星作为地面反射信号的接收平台,通过低轨卫星的运动形成 SAR 图像。高轨卫星只作为照射源存在,降低了发射功率和长合成孔径时间成像的难度,同时低轨小卫星或飞机只接收信号,实现了低成本、灵活组网。通过合适的高低轨构型、低轨编队构型设计,可以获取丰富的空中信息和地表信息,完成地物的多角度连续观测,并且采用多个接收站时,还能形成干涉系统,实现获取地面场景的高程图、对地面/空中运动目标进行监测等功能。

地球同步轨道 SAR 卫星地面覆盖范围广,完成全球覆盖所需的卫星数量少(3~4颗),重访周期短(一天),具备实时或准实时的对地观测能力,但仍存在空间分辨率较低、难以达到米级空间分辨率的问题。

为满足应急防灾减灾等领域对高时效观测、高分辨宽测绘带(high resolution and wide swath,HRWS)等应用的迫切需求,众多研究机构将目光投向了采用 GEO SAR 卫星作为主动照射源、LEO SAR 轻小型卫星被动接收地面散射信号的双/多基 SAR(bistatic/multistatic SAR)协同成像体制,结合高、低轨 SAR 卫星的优势进行组网观测,如图 9-21 所示。

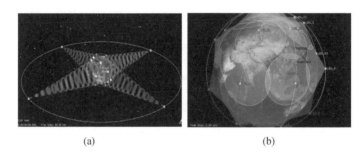

图 9-21　GEO-LEO 多基 SAR 卫星系统组网示意图
(a)GEO SAR 发射机组网;(b) LEO SAR 接收机组网。

这种新的空间遥感体制,具有机动灵活、高时效性、接收平台轻型化、低成本等优势,利于实现遥感卫星产业化和数据应用标准化,满足星载 SAR 无模糊 HRWS 成像、干涉 SAR(interferometric SAR,InSAR)地面高程测量、地面动目标检测(ground moving target indication,GMTI)等应用需求,具有广阔的应用前景和商业价值。

9.4.2　国外研究现状

对基于地球同步轨道卫星合作照射的双基地 SAR 的研究最早可追溯到 20 世纪 70 年代。1978 年,Tomiyasu 首次提出了利用地球同步轨道卫星和低轨卫星进行收发分置的双基地 SAR 概念。

1996 年,美国科特兰空军基地的 Steve Fiedler 等人在论证地球同步轨道雷达方案时多次肯定了基于地球同步轨道卫星合作照射的双/多基地雷达构型。

第9章 地球同步轨道 SAR 新技术发展与应用

1997年,美国 MITRE 公司提出了一个基于地球同步轨道卫星照射——无人机或低轨卫星接收的广域监视系统设想,实现对空中动目标显示(AMTI)和地面动目标显示(GMTI)。该系统利用一个载有有源雷达的地球静止轨道卫星作为照射器(位于35786km轨道高度上),采用无人机或低轨卫星作为接收平台。通过采用双/多基地形式,若以低轨道卫星作为接收平台(轨道高度1600km),则只需24颗卫星就可以构成对地的无缝隙覆盖,可以探测到离卫星4700km的飞机目标,若用无人机作为接收平台(飞行高度20km),就可以探测100km左右的目标。

2003年,美国密歇根大学辐射实验室的 Sarabandi 等人提出的 GLORIA (对地静止/低地球轨道雷达图像获取)系统是一个用于对地观测的多基地 GEO/LEO SAR 卫星星座,它以几个载有雷达的地球静止轨道卫星构成一个星座作为发射机,以几个载有雷达的 LEO 卫星作为接收机,其系统几何示意图如图9-22所示,其参数见表9-2。研究表明,对于大多数地物目标,在双基配置下的后向散射系数值高于单基配置,可以提高信噪比(SNR)。根据 GLORIA 系统设想,作为发射系统的雷达载于4颗地球静止卫星上用来照射地球,而作为接收系统的低轨卫星星座位于不同的轨道,它们利用侧视雷达接收机来测量双基地散射信号。用作接收的低轨卫星的轨道高度为500~1500km,这些侧视雷达接收天线具有一个为100~800km观测带宽度。根据分析研究,密歇根大学辐射实验室所提出的这种多基地星载 SAR 系统设想将显著提高对地观测能力。

表9-2 GLORIA 系统参数

参数	数值	参数	数值
波长/cm	25(L)	发射信号带宽/MHz	50
GEO 卫星斜距/km	36000	方位分辨率/m	5
LEO 卫星斜距/km	1000	距离分辨率/m	4
GEO 方位波束宽度/(°)	3	接收机噪声温度/K	300
GEO 距离波束宽度/(°)	6	平均发射功率/kW	5
LEO 有效天线面积/m^2	24	噪声等效后向散射系数/dB	-17

2003年,德国 DLR 的 Kreiger 等人针对地球静止轨道 SAR 卫星发射、多颗 LEO SAR 卫星接收的多基对地观测系统进行了分析,参数见表9-3。它率先提出了将数字波束形成(DBF)技术应用于 GEO-LEO BiSAR 成像中。

表 9-3 DLR 双基系统参数

参数	数值	参数	数值
波长/cm	3.1	发射信号带宽/MHz	300
GEO 卫星高度/km	35850	方位分辨率/m	3
LEO 卫星高度/km	400	距离分辨率/m	3
GEO 有效天线面积/m²	100	噪声系数与系统损耗/dB	5
LEO 有效天线面积/m²	6	平均发射功率/kW	1
LEO 卫星入射角/(°)	50	噪声等效后向散射系数/dB	-17

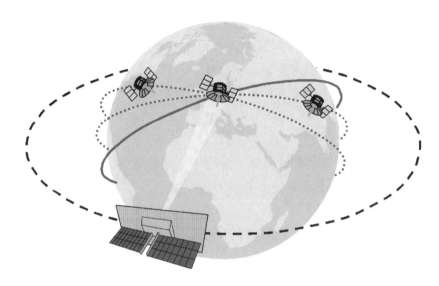

图 9-22 DLR 地球静止轨道-低轨双基地 SAR 系统几何示意图

然而，以上研究多是针对地球静止轨道卫星作为发射机展开的，系统信号模型较为简单，且总体参数设计和数据处理方法并不适用于几何复杂的以地球同步轨道 SAR 卫星为发射雷达平台的 GEO-LEO BiSAR 系统。近些年来，随着 GEO SAR 研究的不断深入，以 GEO SAR 卫星为发射平台的双/多基 SAR 系统再次引起了关注。

近几年，由于双基 SAR 的优势越来越明显，国外也开展了其他模式下双基 SAR 系统的研究，并且取得了一些成果。

1. 星载双基系统

星载双基 SAR 的发射站和接收站分别放置在不同的卫星平台上。与机载

SAR相比,星载SAR由于具有明显的轨道优势,具备较大的覆盖范围,通过联合数颗星就能实现全球范围24h的覆盖能力,并且星载SAR的活动范围没有国界、战场等的限制,这些均有利于雷达预警,在战争中也不易受到攻击。另外,星载SAR卫星平台稳定性好,收发平台间的相对位置、速度关系大致确定,成像过程中运动补偿问题不是特别突出,并且星载双基SAR可以克服单基SAR干涉中存在的基线长度和时间相关性限制。因此,国外雷达研究机构在突破了双基SAR成像的关键技术之后,都在积极开展星载双基(多基地、分布式)SAR的研究工作。

BISSAT(bIstatic SAR satellite)计划是以小卫星为平台的双基SAR系统,该计划将作为COSMO-SkyMed的组成部分,以实现GMTI和干涉测量。COSMO-SkyMed是意大利航天局和意大利国防部共同研发的高分辨率雷达卫星星座,该卫星星座由4颗X波段SAR卫星组成。COSMO-SkyMed雷达卫星的分辨率为1m,幅宽为10km,具有雷达干涉测量地形的能力。

德国DLR于2007年6月15日成功发射了新一代雷达遥感卫星TerraSAR-X。TerraSAR-X由DLR与欧洲航空防务和航天公司(EADS)共同研制。2010年7月德国发射第二颗X波段星载雷达卫星,与之前发射的TerraSAR-X组成TanDEM-X系统,有效扩展了系统的应用前景。TanDEM-X的主要目的是系统地获取全球的高精度数字高程模型以及成像场景的三维地表信息,空间分辨率为12m,高程分辨率为10m。该系统的主要工作模式为单极化条带模式,并且可以灵活实现多种新型SAR体制成像,包括星机双基SAR和双极化聚束成像模式等。

DLR于2010年8月开展了基于TanDEM-X系统的星载双基SAR实验,2颗雷达卫星采用小跨轨基线前后跟随伴飞模式,处于前方的TerraSAR-X发射和接收信号,天线照射模式为后斜视0.8°,跟随其后的TanDEM-X则只接收信号,天线的照射模式为前斜视0.8°。通过TanDEM-X上搭载的直达链路获取时钟偏差等信息用于同步处理。实验成像场景位于巴西首都巴西利亚,实验构型示意和成像结果如图9-23所示。

TanDEM-X和TerraSAR-X通过不同的基线配置获取全球的DEM数据,图9-24所示为由TSX和TDX卫星组成的编队系统示意图。图9-25所示为DLR公开发表的第一幅DEM图像。此外,还开展了双基地SAR洋流流速测量、极化干涉植被测量等双基地试验研究,并首次在轨验证了星载多通道HRWS双基地成像技术。

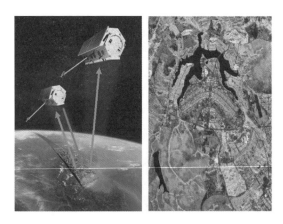

图 9-23　TanDEM-X 双基 SAR 构型示意图和成像结果(见彩图)

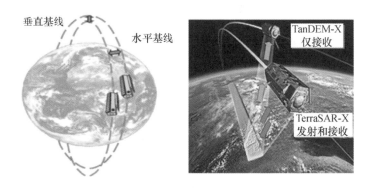

图 9-24　TanDEM-X 系统的编队示意图(见彩图)

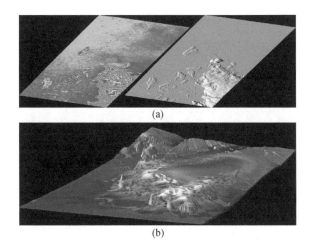

图 9-25　德国宇航局公开发表的第一幅 DEM 图像(见彩图)

(a)TanDEM-X 干涉条纹图;(b)干涉条纹对应的 DEM 图。

2. 星机双基系统

星机双基 SAR 将发射站置于卫星平台上,而采用飞机(或无人机)作为接收机平台。在继承了双基 SAR 优点的同时,星机双基 SAR 还有以下独特的优点。

(1) 独特的"远发近收"模式,既充分发挥了卫星站得高、看得远、覆盖面广等优势,又保持了很高的图像信噪比。

(2) 降低了对卫星功率、数据传输容量、处理能力及成本等方面需求。

(3) 根据客户需求制定观测方案,实施比分布式星载 SAR 系统更灵活的数据采集方式,降低了数据获取成本。

(4) 发挥飞机机动灵活的特点,构建不同于传统条带、聚束及扫描模式的新型工作模式,便于高分辨率和大测绘带 SAR 系统设计实现。

美国空军研究实验室(AFRL)和 JPL 合作进行了星机双基 SAR 飞行试验,试验采用 C 波段欧洲一号卫星 ERS-1 和美国航天飞机的 C 波段 SIR-C 雷达作为发射信号源,接收机安置在美国航空航天局(NASA)的一部 DC-8 飞机上,获得了分辨率为 12m 的 SAR 图像,验证了星机双基 SAR 的可行性。

2007 年 12 月,德国 DLR 采用 F-SAR 作为机载接收站,以 TerraSAR-X 卫星作为发射平台,完成了星机侧视 SAR 成像试验。为保证高分辨成像所需的合成孔径时间,TerraSAR-X 卫星工作于聚束成像模式,F-SAR 工作于反向滑动聚束式。采用 BP 成像算法进行处理,得到的结果如图 9-26 所示。

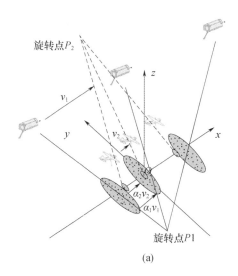

(a)

(b)

图 9-26 德国 DLR 星机双基侧视 SAR 试验（BP 算法成像结果）

(a) 几何构型；(b) 成像结果。

    2008 年至 2009 年，德国 FHR 公司和锡根大学（university of siegen）传感器系统中心（ZESS）合作开展了两次星机双基 SAR 实验，实验中收发平台以近平行轨迹同向飞行，发射站 TerraSAR-X 工作在滑动聚束成像模式，接收站 PAM-IR 机载雷达系统由 Transall C-160 装载，在两次实验中分别采用条带成像模式和逆滑动聚束成像模式，得到了方位向宽幅场景成像结果。2008 年的第一次实验中，发射带宽为 150MHz。2009 年初的第二次实验中，发射带宽增加到了 300MHz。第一次实验成像结果如图 9-27 所示。

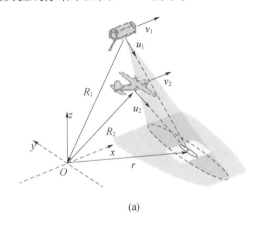

(a)

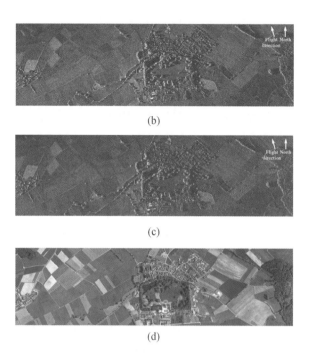

图 9 – 27 TerraSAR – X/PAMIR 星机双基 SAR 实验构型示意图和成像结果

(a)几何构型;(b)时域算法成像;(c)频域算法成像;(d)光学图片。

2015 年,德国 Florian Behner 等人利用 TerraSAR – X 作为发射站,以地面多通道固定站 HITCHHIKER 系统接收地面散射信号,针对该系统回波进行了处理,结果如图 9 – 28 所示。

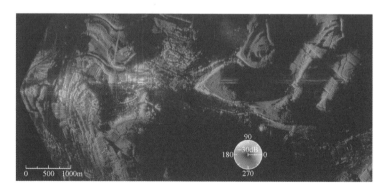

图 9 – 28 HITCHHIKER 系统双基 SAR 图像及干涉条纹图(见彩图)

3. 星地双基系统

星地双基 SAR 发射机装载在卫星上,接收机则放置在陆地上。星地双基

SAR 中存在的最主要问题也是空间同步问题。另外,由于在该模式中,运动平台只有发射站——卫星,接收平台是固定在地面上的,导致信号的多普勒效应没有同样条件下的星载双基 SAR 显著。

星地双基 SAR 研究方面,英国伦敦大学和 Qineti Q 在 2002 年进行了相关试验。该试验采用 2002 年 3 月发射的 ENVISAT 卫星上的先进合成孔径雷达(advanced SAR,ASAR),具有较强的地面功率密度,即 3×10^{-6} W/m^2。此外,美国空军研究实验室(AFRL)于 2002 年也进行了星地双基 SAR 试验,发射站采用加拿大遥感 RADARSAT - 1 卫星,接收站为一多通道 C 波段雷达,位于 AFRL 的一栋楼顶,采用直达波来进行同步。

西班牙加泰罗尼亚理工大学的研究者于 2006 年提出了 SABRINA 系统的概念,并采用 ENVISAT 等雷达卫星作为发射机,设计了干涉双基 SAR 实验,将星地双基 SAR 系统应用于形变检测。实验结果如图 9 - 29 所示。

图 9 - 29 SABRINA 系统的实验结果(见彩图)

德国锡根大学传感器系统中心于 2009 年开始开发一套用于与 TerraSAR - X 进行星地双基 SAR 实验的接收系统,并命名为 HITCHHIKER,它配备 4 个雷达接收通道,每个通道能够相参记录 500MHz 带宽回波信号,均工作于 X 波段,其中一个通道用于记录直达波,另外 3 个记录目标场景回波。时间和频率同步通过一个 GPS 控制振荡器实现,信号处理的过程中通过分析直达波参考信号进行同步。2011 年的一次实验中,接收站被放置在锡根大学一栋建筑的楼顶上,发射站 TerraSAR - X 工作在高分辨滑动聚束成像模式,发射信号带宽 300MHz。实验结果如图 9 - 30 所示。

2013 年,美国桑迪亚国家实验室开展了多次星地双基 SAR 实验。发射站为 TerraSAR - X、COSMO - SkyMED 等 SAR 卫星,桑迪亚国家实验室自主研发的地面接收站放置在美国新墨西哥州科兰特空军基地附近的 Manzano 山上。实验结果如图 9 - 31 所示。

图 9-30　锡根大学 HITCHHICKER 星地实验成像结果(见彩图)

(a)　　　　　　　　　(b)

图 9-31　桑迪亚国家实验室星地双基 SAR 实验结果

(a)场景光学照片;(b)双基 SAR 成像结果。

4. 机地双基系统

机地双基 SAR 发射机放置在陆基平台上,接收机则放置在飞机平台上,或者相反。这种模式下由于方位向的回波多普勒频率由单一的运动平台运动产生,因此方位分辨率较低。机地双基 SAR 研究方面,2004 年 5 月,德国 FGAN-FHR 进行了接收机固定的双基 SAR 试验,发射站采用安装在 C-160 飞机上的 MEMPHIS 雷达;2007 年 12 月,又利用安装在 C-160 上的 PAMIR 雷达作为接收机,发射站固定在地面上,采用时域后向投影(BP)算法进行了成像,结果如图 9-32 所示。

2007 年 12 月,澳大利亚国防科学与技术组织(DSTO)在全极化 SAR Ingara 的基础上,新增了一个地面接收站,构成一个双基 SAR 系统,完成了飞行试验,相关成果发表在 2008 年的 IEEE 国际雷达会议上。该系统用收发站上的 GPS 接收机输出的秒脉冲信号作为时间基准,实现时间同步。然后再用秒脉冲信号去锁定各自的铷钟,实现频率相位同步。发射站工作在圆迹聚束模式,采用 PFA 算法进行成像处理,结果如图 9-33 所示。

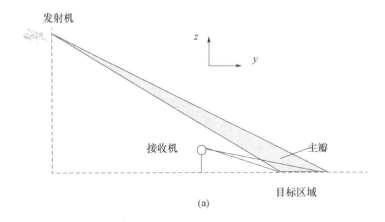

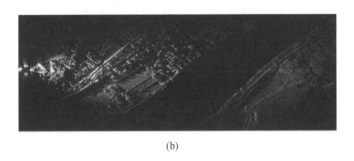

图 9-32　德国 FGAN-FHR 地机双基侧视 SAR 试验的(BP 算法成像结果)
(a)几何构型;(b)成像结果。

5. 外辐射源双基 SAR 系统

外辐射源双基 SAR 系统主要是指当发射机为非雷达系统时的双基 SAR,如基于导航卫星、通信卫星等外辐射源的双基 SAR。

2012 年,瑞典国防研究院利用数字视频广播信号作为机会照射源,飞行平台作为接收站,在 1.5km 和 3km 的高度分别对湖面及附近区域进行了成像试验。

2012—2013 年,英国伯明翰大学利用 GNSS 卫星作为机会照射源,分别利用固定接收站、地面运动小车接收站和直升机接收站,对地面不同场景的强散射目标进行了成像试验,成像几何结构示意图及成像结果如图 9-34 所示。试验验证了利用 GNSS 卫星作为机会照射源进行 SAR 成像的可行性。

第9章 地球同步轨道SAR新技术发展与应用

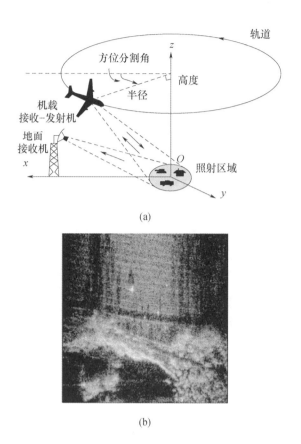

图9-33 澳大利亚DSTO星地双基SAR试验示意图及成像结果

(a)几何构型;(b)成像结果。

图9-34 GNSS外辐射源双基SAR几何机构示意图及试验图像(见彩图)

(a)几何结构示意图;(b)试验图像。

2011—2012年,德国应用科学研究院FGAN–FHR利用地面汽车平台进行发射,飞机平台前视接收,进行了若干次双基前视SAR成像实验,成像结果如图9–35所示。

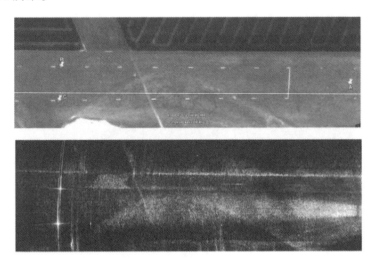

图9–35　FGAN–FHR地机前视SAR成像试验光学和SAR图像

9.4.3　国内研究现状

在国内,电子科技大学、北京航空航天大学、北京理工大学和中科院空天信息创新研究院也有学者在这个领域做出了若干探索性的研究工作。2006年以来,中国空间技术研究院联合北京理工大学针对低轨SAR卫星作为发射机、静止接收双基SAR系统的成像处理、干涉处理和极化合成等方向开展了研究;于2010年开展了星地双基SAR实验,其采用遥感1号SAR卫星作为发射机,地面静止接收站接收回波信号,目标场景位于北京市良乡。通过记录发射机直达波信号实现同步,成功实现了星地双基SAR双极化和干涉实验。通过修正NCS算法进行成像处理,同时利用自聚焦处理提高了最终的成像质量,实验结果如图9–36所示。通过对干涉数据进行处理,得到目标区域DEM结果为:楼房比周围区域高40~45m,实际测量中楼房高14层,每层3m,与测量结果相符;城铁站比周围区域高12~18m,实际测量城铁站比周围平地高16m,与测量结果相符。

2012年12月,电子科技大学在陕西进行了国际上首次机载双基前视SAR成像试验,成像结果如图9–37所示。

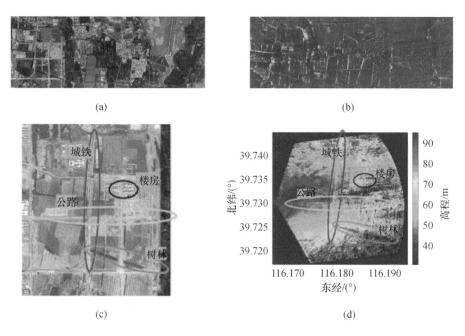

图 9-36 北京理工大学星地双基 SAR 试验结果(见彩图)

(a)目标区域 1 光学卫星图片;(b)常规成像结果;(c)目标区域 2 光学卫星图片;(d)干涉成像结果。

图 9-37 电子科技大学国际首次机载双基前视 SAR 成像结果

2012—2014 年,中国科学院空天信息创新研究院开展了若干次星地双基地 SAR 实验。2012 年的一次实验中,发射站为星载 L 波段雷达卫星,接收站固定在地面上,配备了两个通道,一个通道接收直达波,另一个通道接收目标反射回波。实验中录取了发射卫星两次航过数据,波束入射角分别为 47.6°和 36.6°。通过处理获得了雷达测绘 DEM 和双基地 SAR 图像,实验构型和成像结果如图 9-38 所示。

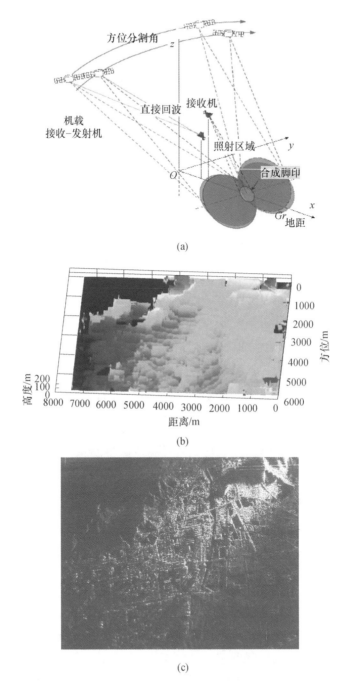

图9-38 实验构型和实验结果(见彩图)

(a)几何构型;(b)DEM;(c)双基地SAR图像。

2014年，中国科学院空天信息创新研究院又利用TerraSAR-X为发射站，开展了星地干涉SAR成像实验。实验中发射站工作在高分辨聚束成像模式，带宽300MHz，接收站固定在地面上，配备3个通道采集目标回波，目的是使用多通道及相应算法解决了相位不连续问题，提高了高度估计的准确性，获得了建筑的数字高程地图。实验构型示意图和干涉成像结果如图9-39所示。

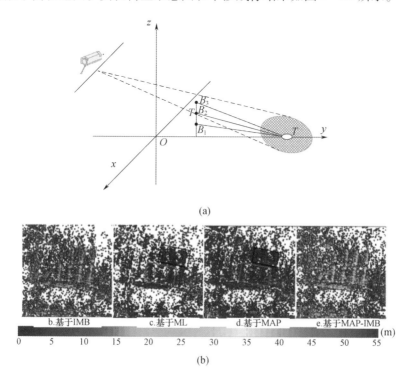

图9-39 实验构型和干涉成像结果（见彩图）
(a)几何构型；(b)成像结果。

双基SAR前视成像能够解决飞行器前视高分辨雷达成像难题，是双基SAR的新技术方向，已经逐步被国内外相关研究机构认可并深入研究。FGAN-FHR公布的研究报告也认为双基SAR可以获得的一个明显的好处就是实现前视成像。

2013年，中国空间技术研究院联合北京理工大学研制了基于高轨导航卫星的双基地成像试验系统。该系统由直达波天线、散射波天线以及接收机组成，架设在江苏常熟的实验楼顶。低增益的直达波天线对准导航卫星以接收直达波信号，较高增益的散射波天线对准观测场景以接收地面散射回波。当北斗

IGSO 导航卫星飞经预定的空间区域时,同时录取直达波数据和散射波数据。图 9-40 所示原理验证系统。L 波段接收机参数如表 9-4 所示。

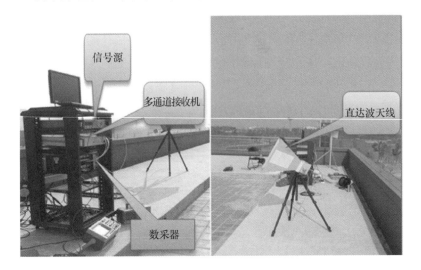

图 9-40　基于导航卫星的双基地 SAR 原理验证系统

表 9-4　L 波段接收机参数表

中心频率/GHz	1.25
信号带宽/MHz	±45
采样率/MHz	125
天线波束宽度/(°)	57
预选器带外抑制/dB	25
噪声系数/dB	4.5
通道增益/dB	9~50
接收机保护功能	避免射频输入对接收机造成不可逆转的损害
增益调整步长/dB	1
动态范围/dB	60(增益 40dB 时)

IQ 一致性	幅度误差/dB	±1
	相位误差/(°)	±1
	通道内带内起伏/dB	±1
	通道间幅度一致性/dB	±1

数据率	250MB/s

实验选取的观测场景在 Google 地图中的照片和局部区域的光学照片如图 9-41 所示。高低轨协同双基微波成像的可行性,尤其是在同步处理和成像处理方面已经得到了验证。

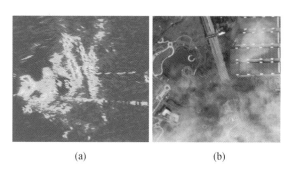

(a)　　　　　　　(b)

图 9-41　基于导航卫星的双基地成像与光学图像比对(见彩图)
(a)场景双基地 SAR 图像;(b) 场景 Google Earth 图像。

9.4.4　关键技术分析

下面以高低轨双基 SAR 观测系统为例进行关键技术分析,它涉及多项关键技术,涵盖构型设计、总体设计、成像处理、误差补偿、多基系统同步和接收卫星轻量化设计等方面,下面对此进行说明。

1. 高低轨双基 SAR 相对构型设计技术

高低轨双基位置投影角、双基速度投影角、入射角、散射角等构型参数与成像分辨率、分辨率方向角、噪声等效后向散射系数等参数密切相关,且该系统具有收发平台轨道差异大、空间大尺度异构、收发站多普勒贡献差异大等特性,传统的单基、星-机双基等模式的分析方法不再适用,而需对高低轨双基 SAR 系统构型进行重新分析和优化设计。此外,还需要设计 LEO 卫星之间构型,形成沿航向和垂直航向基线,以满足干涉测高及动目标检测需求。

由于高低轨双基 SAR 构型优化设计技术涉及的指标较多,建立高低轨构型参数与成像性能指标间的约束关系,设计高低轨构型参数,以及根据干涉测高及动目标检测需求进行低轨构型设计,是其中的关键技术。

2. 复杂异构多基地 SAR 系统总体设计技术

高低轨协同多基地微波成像系统是以 GEO SAR 为发射源、低轨多星组网接收的对地观测系统,收发平台距离远、收发平台速度矢量差异大。在发射平台轨道参数、发射信号带宽、发射功率、脉冲宽度、脉冲重复频率等确定的情况下，系统成像性能指标主要取决于接收载荷系统参数及双基构型。同时，系统成像性能还受到大气传播、电离层影响、频率源晶振稳定度等因素的影响。因此，复杂异构多基地SAR载荷系统总体设计中需对接收载荷分系统及参数进行合理设计，包括接收天线尺寸、等效PRF、系统同步误差以及雷达系统误差等。

3. 多基高分辨率SAR成像体制与信号处理方法

由于目前没有适用于高低轨双基SAR构型下的成像算法，所以面向大尺度空变的成像方法研究是整个高低轨双基SAR成像系统中的一大挑战。但是目前已经有多种方法可以得到相对精确的任意构型双基SAR回波信号的二维频谱，并且传统的非线性CS算法可以解决一般单基情况下方位向和距离向的空变问题，可以为该双基SAR模式成像提供一定的帮助。时域成像算法在双基SAR领域的应用十分广泛的。对于该双基SAR，如果在地面构建成像网格，则理论上可以获得该模式下的双基SAR图像，但对于后续干涉处理存在一定问题。另外，对于测绘带100km广域成像来说，传统BP算法的计算效率无法满足实时处理要求。因此，研究适用于高低轨双基SAR系统的快速高精度保相成像算法是一项关键技术。

为了将高低轨双基SAR模式应用到地理测绘方面，需要开展高分辨率广域干涉SAR及差分干涉SAR信号处理技术研究。在高低轨双基SAR满足1m分辨率的前提下，有必要开展高分辨率干涉处理算法的研究。传统的干涉处理方法对分辨率的要求不是很高，测绘精度较差，对复杂地形的处理能力较弱。对于广域SAR图像来说，数据量很大，传统算法的处理性能下降严重，所以有必要开发新的干涉处理算法。

4. 复杂时空因素对成像质量和精度的影响

高质量和高精度的遥感影像是实现对地观测数据到空间信息转化的前提。影响运动平台成像质量和精度的因素繁多，首先要考虑运动平台的轨道、姿态误差。发射平台轨道高，雷达作用距离远，且天线波束窄时，卫星较小的姿态误差便会引起较大的照射区域变化和目标的天线增益变化。变化的成像场景会影响高、低轨卫星协同照射，发射波束和接收波束会出现较大偏差，影响图像信噪比；目标的天线增益变化会引起回波信号的幅度调制，导致图像分辨率恶化和成对回波。因此，应结合实际卫星姿态观测数据，研究姿态误差模型，并结合成像工作原理，定量研究姿态误差对图像质量的影响。

另外，空间电离层环境变化也是必须考虑的因素。我国幅员辽阔，纬度跨度很大，尤其南方地区处于电离层赤道异常的北驼峰区，同时亦是电离层闪烁高发地区,存在各种尺度的不规则体结构,严重影响目标回波信号的延迟与相干特性。因此,需要借助已有的电离层建模研究成果,根据电离层传播效应对系统成像等应用的影响,完成误差分析与补偿,并进行原理试验验证。

卫星在轨飞行时,存在轨道误差和姿态误差,其对成像性能和干涉处理也存在影响。雷达天线在距离向上的位移,会引起斜距的变化。雷达天线在方位向上的移动会导致波束指向的偏移,而方位向波束偏移主要会引起辅图像的信噪比下降。干涉处理时,基线误差不仅对绝对高程误差有影响,而且由于地形的影响,还会对相对高程误差有影响。由于系统设计复杂,需要考虑的误差源有很多,所以研究复杂时空因素对系统性能的影响是一项关键技术。

5. 多基地系统同步技术

多基地雷达系统发射机和接收机在空间上分离,物理上具有各自的时间和频率系统。为了实现接收机对回波信号的准确接收和正确处理,必须解决发射机和接收机之间的同步问题,其中包括收发之间的照射同步、时间和频率同步。这些问题在单基地的雷达系统中是不存在的,但是对于多基地雷达系统,发射机和接收机之间的同步系统能否满足系统要求,将在很大程度上影响双基地雷达系统的性能。

(1)照射同步。照射同步主要指系统工作时,需要收发波束覆盖同一区域。

(2)频率同步。频率同步是指为了确保雷达相参工作,接收机和发射机工作在同一载频。根据分析,接收机可以同时接收到发射机的直达信号和目标区域的反射信号。通过直达信号,可以提取发射机信号的即时频率,进而实现频率同步。

(3)时间同步。时间同步是为确保可以准确测量距离,实现接收机和发射机波形发射时刻的统一。利用接收机同时接收直达波的方式基于直达发射波束信号脉压后波束前沿作为基准,通过迭代的方式实现精确距离测量。

6. 被动接收成像小卫星的轻量化设计技术

被动接收成像小卫星的廉、轻、小、快、精等应用要求,决定了必须要从总体构型、多功能结构、一体化标准星上综合电子设备等多方面进行整星轻量化设计。

载荷数百瓦的工作功率意味着卫星需较大面积的太阳电池阵才能维持能量平衡,同时载荷的天线口径达 $2\sim3m$,在同时具有这两种大尺寸柔性部件的情况下实现整星的高精度姿态控制是卫星构型设计的难点。总体构型方面通过一体化设计来减少冗余结构,缩短传力路径,减少柔性部件。以载荷天线、太阳电池阵为核心,部分嵌入卫星平台内部,加强刚性支撑,并在嵌入部分采用桁架结构进行电子设备的连接安装。将星敏感器、光纤陀螺等姿态测量设备直接安装在载荷主承力结构上,以保证姿态测量的基准与光学遥感器的成像基准很好地统一,缩短姿态测量与载荷成像坐标系之间的转换误差传递链,避免平台结构变形和温控带来的不利影响,提高卫星的定位精度。

多功能结构是解决卫星轻量化的有效途径。为增强电子设备抗恶劣环境能力,设备机箱壳体结构占据了系统质量和容量的相当大部分,同时传统的电缆网通过普通的电缆和连接器分别实现卫星的能源传输、数据传输、测温回路、控温回路,这些主要是为了结构支撑和操作方便。把数据传输、配电网、热控管理等功能都集成在结构上,使结构分系统兼有单机模块化安装、数传传输、配电、热控以及缆束固定与走向等多种功能,可以减少单机数量、电缆网、连接器、支架,提高整星的容积率,达到整星轻量化的目的。

一体化标准综合电子设备将传统卫星中的星务、姿轨控、测控、数传、热控、电源管理等单机进行了功能整合,极大地提高了平台的功能密度,降低了卫星的体积和质量。但综合电子不同的功能模块板由不同单位研制,带来的电子环境复杂、供配电方式不统一、易出现故障扩散、不易拆卸等问题,增加了总体设计的技术难度。针对以上问题,仍需要开展相关研究工作,对综合电子设备的电磁兼容性设计、供配电设计、故障检测隔离与恢复技术、可测试性设计进行试验验证,确保综合电子设备安全、可靠工作。

9.5 小结

GEO SAR 系统具有观测范围广、合成孔径时间长的特点,它可以对目标进行长时间"聚束"观测,通过合理的轨道参数设计,既可以实现圆迹 SAR 三维成像,也可以实现层析 SAR 三维成像,在对地三维成像方面将发挥重要作用。此外,利用 GEO SAR 作为发射源,其他平台进行信号接收的多基地观测系统也是未来星载 SAR 技术的一个重要发展方向。

附录 1
卫星轨道及坐标系转换

卫星沿轨道的运动可以用六个轨道参数来描述,称为轨道六根数,具体定义、代表符号及作用如表 A–1 所示。

表 A–1 轨道六根数

名称	定义	符号	作用
轨道半长轴	对椭圆轨道,为近地点和远地点之间距离的一半	a	决定轨道形状
偏心率	对椭圆轨道,为两焦点之间的距离与椭圆长轴之比	e	
轨道倾角	轨道平面和地球赤道面的夹角	i	决定轨道平面在空间的位置
升交点赤经	春分点到升交点的地心张角	Ω	
近地点幅角	升交点与近地点对地心的张角	ω	决定轨道在轨道面内的指向
过近地点时刻	对椭圆轨道是针对卫星绕地球某一圈飞行而言的	τ	决定卫星在轨道上的位置

星载 SAR 回波模拟的关键在于目标到卫星平台斜距的计算。在计算斜距时,需要考虑地球自转、地球曲率及卫星轨道等因素的影响,引入坐标转换把目标和雷达位置信息转换到同一个坐标系中进行计算。

利用坐标系转换实现斜距计算的优势在于:一是将复杂的卫星与地球的几何关系转化成矩阵变换的数学形式,便于仿真实现;二是便于引入各种误差的影响,如姿态误差、轨道误差等,通过坐标系转换加入回波模拟中。

下面给出星载 SAR 回波模拟过程中需建立的七组坐标系定义及具体转换过程。

1. 各坐标系定义

1）惯性坐标系（地心第一赤道坐标系）$O_i X_i Y_i Z_i$

原点 O_i：定义在地心。

X_i 轴：地球赤道面内，指向春分点。

Y_i 轴：由 X_i 轴和 Z_i 轴按右手螺旋方向确定。

Z_i 轴：垂直赤道面内与地球自转轴重合，指向北极。

2）地固坐标系（地心第四赤道坐标系）$O_r X_r Y_r Z_r$

O_r 原点：定义在地心。

X_r 轴：地球赤道面内，指向格林尼治子午线。

Y_r 轴：由 X_r 轴和 Z_r 轴按右手螺旋方向确定。

Z_r 轴：指向地球自转轴方向（北极）。

3）卫星轨道平面坐标系 $O_o X_o Y_o Z_o$

O_o 原点：定义在地心。

X_o 轴：轨道矢径 r 方向为正。

Y_o 轴：在轨道面内，垂直于矢径 r，与 Z_o 轴和 X_o 轴构成右手系。

Z_o 轴：垂直轨道面向上为正（法线方向）。

4）卫星速度坐标系 $O_v X_v Y_v Z_v$

O_v 原点：定义在卫星当前时刻的质心。

X_v 轴：在轨道面内，与 Z_v 轴垂直，卫星速度矢量方向为正。

Y_v 轴：垂直于轨道面，指向轨道面负法线方向。

Z_v 轴：由卫星质心指向地心。

5）卫星平台坐标系（又叫本体坐标系）$O_p X_p Y_p Z_p$

假定理想情况下，平台坐标系与速度坐标系重合，即卫星的三个惯性主轴与 $X_v Y_v Z_v$ 重合。有姿态误差的情况下，平台坐标系将偏离速度坐标系，偏离方向即为偏航、俯仰、横滚角。

6）天线坐标系 $O_a X_a Y_a Z_a$

O_a 原点：定义在天线当前的位置中心。

X_a 轴：天线波束方向和 X_p 轴所确定的平面内，与波束中心垂直，X_p 轴方向为正。

Y_a 轴：天线波束中心指向。

Z_a 轴：由 X_a 轴和 Y_a 轴按右手螺旋方向确定。

7) 地平坐标系(成像中心坐标系) $O_{sc}X_{sc}Y_{sc}Z_{sc}$

O_{sc} 原点:定义在场景中心。

X_{sc} 轴:基本面内由原点指向北(基本面为原点的大地水准面)。

Y_{sc} 轴:由 X_{sc} 轴和 Z_{sc} 轴按右手螺旋方向确定。

Z_{sc} 轴:垂直基本面,远离地心。

2. 各坐标系转换关系

1) 地平坐标系 $O_{sc}X_{sc}Y_{sc}Z_{sc}$ 到地固坐标系 $O_rX_rY_rZ_r$

采用地球椭球体模型 $(x_t^2+y_t^2)/R_e^2+z_t^2/(R_p+h_{sc})^2=1$,其中 R_p 为地球极半径,R_e 为地球赤道半径,h_{sc} 为场景中心的高度。设场景中心的经度和纬度为 (Λ_0,Φ_0),散射源在地平坐标系中的坐标为 (x_t,y_t),则散射源的经度和纬度为

$$\begin{bmatrix}\Lambda_t\\\Phi_t\end{bmatrix}=\begin{bmatrix}\Lambda_0\\\Phi_0\end{bmatrix}+\begin{bmatrix}\dfrac{\sqrt{(R_p+h_{sc})^2\cos^2\Phi_0+R_e^2\sin^2\Phi_0}}{(R_p+h_{sc})R_e} & 0 \\ 0 & \dfrac{\sqrt{(R_p+h_{sc})^2\cos^2\Phi_0+R_e^2\sin^2\Phi_0}}{(R_p+h_{sc})R_e}\end{bmatrix}\begin{bmatrix}y_t\\x_t\end{bmatrix}$$

(A-1)

则散射源在地固坐标系的坐标为

$$\begin{bmatrix}x_{rt}\\y_{rt}\\z_{rt}\end{bmatrix}=\frac{R_e(R_p+h_{sc})}{\sqrt{(R_p+h_{sc})^2\cos^2\Phi_t+R_e^2\sin^2\Phi_t}}\begin{bmatrix}\cos\Phi_t\cos\Lambda_t\\\cos\Phi_t\sin\Lambda_t\\\sin\Phi_t\end{bmatrix} \quad (A-2)$$

2) 惯性坐标系 $O_iX_iY_iZ_i$ 到地固坐标系 $O_rX_rY_rZ_r$

$$\begin{bmatrix}x_r\\y_r\\z_r\end{bmatrix}=M_{ri}\begin{bmatrix}x_i\\y_i\\z_i\end{bmatrix} \quad (A-3)$$

惯性坐标系绕 Z 轴逆时针转过一个春分点的格林尼治时角 Ω_G,就得到转动的地心坐标系

$$M_{ri}=M_z(\Omega_G)=\begin{bmatrix}\cos\Omega_G & \sin\Omega_G & 0\\-\sin\Omega_G & \cos\Omega_G & 0\\0 & 0 & 1\end{bmatrix} \quad (A-4)$$

式中:$\Omega_G=\Omega+w_e(t-t_0)$;$t_0$ 为卫星升交点时刻。

3）轨道平面坐标系 $O_oX_oY_oZ_o$ 到惯性坐标系 $O_iX_iY_iZ_i$

$$\begin{bmatrix} x_i \\ y_i \\ z_i \end{bmatrix} = M_{io} \begin{bmatrix} x_o \\ y_o \\ z_o \end{bmatrix} \qquad (A-5)$$

惯性坐标系经过三次旋转得到轨道平面坐标系，第一次将惯性坐标系绕 Z 轴逆时针旋转一个 Ω 角；第二次将得到的坐标系绕 x 轴逆时针旋转一个角度 i；第三次将得到的坐标系绕 Z 轴逆时针旋转一个 ω 角，最后得到轨道平面坐标系

$$M_{io} = M_z(-\Omega)M_x(-i)M_z(-\omega)$$

$$= \begin{bmatrix} \cos\Omega & -\sin\Omega & 0 \\ \sin\Omega & \cos\Omega & 0 \\ 0 & 0 & 1 \end{bmatrix} \begin{bmatrix} 1 & 0 & 0 \\ 0 & \cos i & -\sin i \\ 0 & \sin i & \cos i \end{bmatrix} \begin{bmatrix} \cos\omega & -\sin\omega & 0 \\ \sin\omega & \cos\omega & 0 \\ 0 & 0 & 1 \end{bmatrix}$$

$$(A-6)$$

4）速度坐标系 $O_vX_vY_vZ_v$ 到轨道平面坐标系 $O_oX_oY_oZ_o$

$$\begin{bmatrix} x_o \\ y_o \\ z_o \end{bmatrix} = M_{ov} \begin{bmatrix} x_v \\ y_v \\ z_v \end{bmatrix} + \begin{bmatrix} r_k\cos\theta_f \\ r_k\sin\theta_f \\ 0 \end{bmatrix} \qquad (A-7)$$

卫星速度坐标系绕 Z 轴顺时针旋转一个角度 $\pi/2 + \varphi$，得到卫星轨道平面坐标系，φ 为卫星速度法线方向与轨道坐标系 x 轴方向的夹角，r_k 为轨道向径，θ_f 为真近心角，如图 A-1 所示。

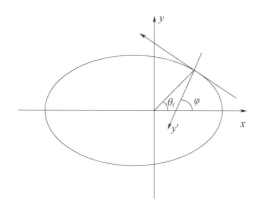

图 A-1　轨道坐标系与速度坐标系转换

（1）夹角 φ 的计算。设轨道方程为 $(x+c)^2/a^2 + y^2/b^2 = 1$，由此可以推算出切线的斜率

$$\frac{(x+c)\mathrm{d}x}{a^2} + \frac{y\mathrm{d}y}{b^2} = 0 \longrightarrow \frac{\mathrm{d}y}{\mathrm{d}x} = -\frac{(x+c)b^2}{ya^2} \qquad (\text{A}-8)$$

则其垂线的斜率

$$k = -\frac{\mathrm{d}x}{\mathrm{d}y} = \frac{a^2}{b^2} \frac{y}{x+c} = \frac{a^2}{a^2-c^2} \frac{r_k \sin\theta_f}{r_k \cos\theta_f + c} = \frac{1}{1-e^2} \frac{r_k \sin\theta_f}{r_k \cos\theta_f + c} \qquad (\text{A}-9)$$

可得

$$\tan\varphi = \frac{1}{1-e^2} \frac{r_k \sin\theta_f}{r_k \cos\theta_f + c} = \frac{1}{1-e^2} \frac{\tan\theta_f}{1_k + c/(r_k \cos\theta_f)} \qquad (\text{A}-10)$$

式中

$$r_k = \frac{a(1-e^2)}{1+e\cos\theta_f} \qquad (\text{A}-11)$$

由此可得

$$\tan\varphi = \frac{\tan\theta_f}{\dfrac{e+\cos\theta_f}{\cos\theta_f}} = \frac{\sin\theta_f}{e+\cos\theta_f} \qquad (\text{A}-12)$$

由此可解得 φ。

旋转矩阵 M_{ov} 可表示为

$$M_{ov} = M_z\left(-\left(\frac{\pi}{2}+\varphi\right)\right) = \begin{bmatrix} \cos\left(\dfrac{\pi}{2}+\varphi\right) & -\sin\left(\dfrac{\pi}{2}+\varphi\right) & 0 \\ \sin\left(\dfrac{\pi}{2}+\varphi\right) & \cos\left(\dfrac{\pi}{2}+\varphi\right) & 0 \\ 0 & 0 & 1 \end{bmatrix}$$

$$(\text{A}-13)$$

(2) 真近点角 θ_f 的计算。为了计算真近点角 θ_f，需要引入两个辅助参数 E_k 和 M_k。E_k 为偏近点角，假设过卫星质心 m 作平行于椭圆短半轴的直线，则 m' 为该直线与近地点至椭圆中心连线的交点，$m^\#$ 为该直线与以椭圆中心为圆点并以 a 为半径的大圆的交点。E_k 为椭圆平面上近地点 P 至 $m^\#$ 点的圆弧所对应的圆心角。

M_k 为平近点角，是一个假设量，若卫星在轨道上运动的平均角速度为 w_s，则平近点角可定义为 $M_k = w_s(t-t_0)$。式中：t_0 为卫星过近地点的时刻；t 为观测卫星的时刻。由此可知，平近点角仅为卫星平均角速度与时间的线性函数。对于任一确定的卫星而言，平均速度是一个常数。因此，卫星于任一时刻 t 的平近点角可以由上式唯一确定。

平近点角 M_k 与偏近点角 E_k 之间有以下重要关系

$$M_k = E_k - e\sin E_k \text{ 或 } E_k = M_k + e\sin E_k \qquad (A-14)$$

式(A-14)为开普勒方程,在卫星轨道计算中具有重要意义。为了根据平近点角 M_k 计算偏近点角 E_k,通常采用迭代法。初始值可近似取 $E_{k0} = E_k$,依次取

$$\begin{aligned} E_{k1} &= M_k + e\sin E_{k0} \\ E_{k2} &= M_k + e\sin E_{k1} \\ &\vdots \\ E_{kn} &= M_k + e\sin E_{k(n-1)} \end{aligned} \qquad (A-15)$$

直至 $\delta E_k = E_{kn} - E_{k(n-1)}$ 小于某一预定微小量为止,根据公式 $\theta_f = \arctan(\sqrt{1-e^2} \sin E_k / (\cos E_k - e))$ 计算真近点角。

(3) 轨道向径 r_k 的计算。

$$\begin{aligned} r_k &= \frac{a(1-e^2)}{1+e\cos\theta_f} = \frac{a(1-e^2)}{1+e\cos\left(\arctan\dfrac{\sqrt{1-e^2}\sin E_k}{\cos E_k - e}\right)} = \frac{a(1-e^2)}{1+e\dfrac{\cos E_k - e}{1-e\cos E_k}} \\ &= \frac{a(1-e^2)(1-e\cos E_k)}{1-e^2} = a(1-e\cos E_k) \end{aligned}$$
$$(A-16)$$

轨道平面坐标系 $O_o X_o Y_o Z_o$ 到速度坐标系 $O_v X_v Y_v Z_v$ 的转换是上述转换的逆过程。

(4) 平台坐标系 $O_p X_p Y_p Z_p$ 到速度坐标系 $O_v X_v Y_v Z_v$。

$$\begin{bmatrix} x_v \\ y_v \\ z_v \end{bmatrix} = M_{vp} \begin{bmatrix} x_p \\ y_p \\ z_p \end{bmatrix} \qquad (A-17)$$

卫星平台坐标系经过三次变换就可以得到速度坐标系,第一次将平台坐标系绕 X 轴顺时针旋转一个角度 θ_{roll},第二次绕 Y 轴顺时针旋转一个角度 θ_{yaw},第三次是绕 Z 轴顺时针旋转一个角度 θ_{pitch},最后得到速度坐标系。其中 θ_{roll} 为横滚角,θ_{yaw} 为偏航角,θ_{pitch} 为俯仰角。

$$\begin{aligned} M_{vp} &= M_z(-\theta_{pitch}) M_y(-\theta_{yaw}) M_x(-\theta_{roll}) \\ &= \begin{bmatrix} \cos\theta_{pitch} & -\sin\theta_{pitch} & 0 \\ \sin\theta_{pitch} & \cos\theta_{pitch} & 0 \\ 0 & 0 & 1 \end{bmatrix} \begin{bmatrix} \cos\theta_{yaw} & 0 & \sin\theta_{yaw} \\ 0 & 1 & 0 \\ -\sin\theta_{yaw} & 0 & \cos\theta_{yaw} \end{bmatrix} \begin{bmatrix} 1 & 0 & 0 \\ 0 & \cos\theta_{roll} & -\sin\theta_{roll} \\ 0 & \sin\theta_{roll} & \cos\theta_{roll} \end{bmatrix} \end{aligned}$$
$$(A-18)$$

（5）天线坐标系 $O_a X_a Y_a Z_a$ 到平台坐标系 $O_p X_p Y_p Z_p$。

$$\begin{bmatrix} x_p \\ y_p \\ z_p \end{bmatrix} = M_{pa} \begin{bmatrix} x_a \\ y_a \\ z_a \end{bmatrix} + \begin{bmatrix} x_e \\ y_e \\ z_e \end{bmatrix} \qquad (A-19)$$

天线坐标系经过三次变换得到平台坐标系，第一步将天线坐标系绕 x 顺时针旋转一个角度 θ_{sl}，第二步绕 z 轴逆时针旋转一个角度 θ_s，第三步绕 x 轴顺时针旋转天线视角 θ_L，最后得到卫星平台坐标系。

$$\begin{aligned} M_{pa} &= M_x(-\theta_L) M_z(\theta_s) M_x(-\theta_{sl}) \\ &= \begin{bmatrix} 1 & 0 & 0 \\ 0 & \cos\theta_L & -\sin\theta_L \\ 0 & \sin\theta_L & \cos\theta_L \end{bmatrix} \begin{bmatrix} \cos\theta_s & \sin\theta_s & 0 \\ -\sin\theta_s & \cos\theta_s & 0 \\ 0 & 0 & 1 \end{bmatrix} \begin{bmatrix} 1 & 0 & 0 \\ 0 & \cos\theta_{sl} & -\sin\theta_{sl} \\ 0 & \sin\theta_{sl} & \cos\theta_{sl} \end{bmatrix} \end{aligned}$$

$$(A-20)$$

式中：(x_e, y_e, z_e) 为天线相位中心在平台坐标系的坐标；θ_s 为斜视角；θ_{sl} 为修正角，且

$$\theta_s = a\sin \frac{x_{at}}{\sqrt{x_{at}^2 + y_{at}^2}} \qquad (A-21)$$

$$\theta_{sl} = a\sin \frac{z_{at}}{\sqrt{x_{at}^2 + y_{at}^2 + z_{at}^2}} \qquad (A-22)$$

式中：(x_{at}, y_{at}, z_{at}) 为目标在天线坐标系的坐标。

参考文献

[1] 张澄波. 综合孔径雷达——原理、系统分析与应用[M]. 北京:科学出版社,1989.

[2] 张直中. 微波成像技术[M]. 北京:科学出版社,1990.

[3] 刘永坦. 雷达成像技术[M]. 哈尔滨:哈尔滨工业大学出版社,1999.

[4] 魏钟铨. 合成孔径雷达卫星[M]. 北京:科学出版社, 2001.

[5] 袁孝康. 星载合成孔径雷达导论[M]. 北京:国防工业出版社,2003.

[6] 张直中. 机载和星载合成孔径雷达导论[M]. 北京:电子工业出版社, 2004.

[7] 保铮,邢孟道,王彤. 雷达成像技术[M]. 北京:电子工业出版社, 2005.

[8] 邓云凯. 星载高分辨率宽幅 SAR 成像技术[M]. 北京:科学出版社,2020.

[9] 鲁加国. 合成孔径雷达设计技术[M]. 北京:国防工业出版社,2017.

[10] 张庆君,等. 卫星极化微波遥感技术[M]. 北京:中国宇航出版社,2015.

[11] Long Teng, et al. Geosynchronous SAR:System and Signal Processing [M]. Singapore:Springer Nature Singapore Pte Ltd. 2018.

[12] Curlander J C, Mcdonough R N. Synthetic Aperture Radar:Systems and Signal Processing [M]. New York:Wiley, 1991.

[13] Carrara W G, Goodman R S, Majewski R M. Spotlight Synthetic Aperture Radar Signal Processing Algorithm[M]. Norwood:Artech House Publishers, 1995.

[14] 李春升,于泽,陈杰. 高分辨率星载 SAR 成像与成像质量提升方法综述[J]. 雷达学报,2019,8(06):717-731.

[15] 李春升,王伟杰,王鹏波,等. 星载 SAR 技术的现状与发展趋势[J]. 电子与信息学报,2016,38(1):229-240.

[16] 丁赤飚,陈杰等. 合成孔径雷达图像理解[M]. 北京:电子工业出版社,2014.

[17] Franceschetti G, Lanari R. Synthetic Aperture Radar Processing[M]. Boca Raton:CRC Press, 1999.

[18] 梁甸农,蔡斌,王敏,等. 星载 SAR - GMTI 研究进展[J]. 国防科技大学学报,2009,31(4):87-92.

[19] 朱良,郭巍,禹卫东. 合成孔径雷达卫星发展历程及趋势分析[J]. 现代雷达,2009,31(4):5-10.

[20] 杨建宇. 雷达对地成像技术多向演化趋势与规律分析[J]. 雷达学报,2019,8(6): 669-692.

[21] Jordan R L, Huneycutt B L, Werner M. The SIR-C/X-SAR Synthetic Aperture Radar System [J]. Proc. IEEE, 1991, 79(6):827-838.

[22] JPL NASA. SIR-A 1982. [DB/OL]. http://southport.jpl.nasa.gov/scienceapps/sira.html.

[23] Tomiyasu K. Synthetic Aperture Radar in Geosynchronous Orbit[C]. Antennas and Propagation Society International Symposium, 1978: 42-45.

[24] Tomiyasu K. Tutorial Review of Synthetic-Aperture Radar (SAR) with Applications to Imaging of the Ocean Surface[J]. Proceedings of the IEEE, 1978, 66(5):563-583.

[25] Tomiyasu K. Conceptual Performance of a Satellite-borne, Wide Swath Synthetic Aperture Radar[J]. IEEE Transactions on Geoscience and Remote Sensing, 1981, 19(3): 108-116.

[26] Tomiyasu K, Jean L P. Synthetic Aperture Radar Imaging from an Inclined Geosynchronous Orbit [J]. IEEE Transactions on Geoscience and Remote Sensing, 1983, 21(3): 324-329.

[27] Wendy N. Edelstein, Soren N. Madsen, Alina Moussessian, et al., Concepts and Technologies for Synthetic Aperture Radar from MEO and Geosynchronous Orbits[C]. Conference on Enabling Sensor and Platform Technologies for Spaceborne Remote Sensing, Honolulu, HI, USA, 2004: 195-203.

[28] JPL. NASA, Global EarthquaKe Satellite System: A 20-Year Plan to Enable Earthquake Prediction[R]. California: 2003.

[29] Bruno D, Hobbs S E, Ottavianelli G. Geosynchronous Synthetic Aperture Radar: Concept Design, Properties and Possible Applications[J]. Acta Astronautica, 2006, 59(1): 149-156.

[30] Hobbs S, Mitchell C, Forte B, et al. System Design for Geosynchronous Synthetic Aperture Radar Missions[J]. IEEE Transactions on Geoscience and Remote Sensing, 2014, 52(12): 7750-7763.

[31] Ruiz Rodon J, Broquetas A, Monti Guarnieri A, et al., Geosynchronous SAR Focusing with Atmospheric Phase Screen Retrieval and Compensation[J]. IEEE Transactions on Geoscience and Remote Sensing, 2013, 51(8): 4397, 4404.

[32] Madsen S N, Edelstein W, Didomenico L D, et al., A Geosynchronous Synthetic Aperture Radar: for Tectonic Mapping, Disaster Management and Measurements of Vegetation and Soil moisture [C]. IGARSS,2001,447-449.

[33] Ruiz-Rodon J, Antoni Broquetas Ibars, Monti-Guarnieri A, et al., Bistatic Geosynchronous SAR for Land and Atmosphere Continuous Observation: EUSAR[C], 2014,1-4.

[34] Josep Ruiz Rodon, Antoni Broquetas, Guarnieri A M, et al. A Ku-band Geosynchronous Synthetic Aperture Radar Mission Analysis with Medium Transmitted Power and Medium-

Sized Antenna: IGARSS[C], 2011,2456 – 2459.

[35] Long T, Dong X, Hu C, et al., A New Method of Zero – Doppler Centroid Control in GEO SAR[J]. IEEE Geosci. Remote Sens. Lett, 2011, 8(3): 513 – 516.

[36] Hu C, Long T, Zeng T, et al., The Accurate Focusing and Resolution Analysis Method in-Geosynchronous SAR[J]. IEEE Transactions on Geoscience and Remote Sensing, 2011, 49(10):3548 – 3563.

[37] 胡滨. 地球同步轨道单基 SAR 系统成像关键技术研究[D]. 哈尔滨:哈尔滨工业大学,2016.

[38] 谢昌志,SAR 图像相干斑抑制及舰船检测方法研究[D]. 中国科学技术大学,2015.

[39] 刘艳阳,李真芳,索志勇,等. 频率源误差对地球同步轨道 SAR 成像性能影响分析[J]. 系统工程与电子技术,2015,37(1):61 – 65.

[40] 江冕,黄丽佳,胡文龙等. 地球同步轨道 SAR 定轨精度要求分析[J]. 系统工程与电子技术,2017,39(1):71 – 78.

[41] 田雨润,禹卫东. 地球同步轨道 SAR 精确斜距模型研究[J]. 电子与信息学报,2014,36(8):1960 – 1965.

[42] 李财品,何明一. 基于 Chirp_z 变换与方位变标地球同步轨道 SAR 成像算法[J]. 电子与信息学报,2015,37(7):1736 – 1742.

[43] 刘青,李景文. 地球同步轨道 SAR 快速 BP 成像算法[J]. 计算机工程与应用,2018,54(6):241 – 246.

[44] 田野,董锡超,胡程. 对流层对地球同步轨道 SAR 成像的影响研究[J]. 信号处理,2015,31(12):1562 – 1567.

[45] 田野,胡程,董锡超,等. 时变大气层效应对地球同步轨道 SAR 成像影响的分析与补偿[J]. 信号处理,2017,33(10):1279 – 1286.

[46] 李财品,张洪太,谭小敏. 一种适合地球同步轨道 SAR 的改进 CS 算法[J]. 宇航学报,2011,32(1):179 – 186.

[47] 刘娇,李财品,谭小敏,等. 地球同步轨道 SAR 特性分析[J]. 电子设计工程,2015,23(3):33 – 36.

[48] 寇蕾蕾. 电波传播对 L 波段地球同步轨道圆迹 SAR 重轨干涉性能的影响[J]. 遥感技术与应用,2016,31(6):1100 – 1106.

[49] 胡程,董锡超,李元昊. 大气层效应对地球同步轨道 SAR 系统性能影响研究[J]. 雷达学报,2018,7(4):412 – 424.

[50] 刘志鹏,胡程,曾涛,等. 一种适用于 GEO SAR 远地点的改进 SRC 算法[J]. 北京理工大学学报,2012,32(3):307 – 310.

[51] 陈志扬,王涛,董锡超,等. 分布式 GEO SAR 模糊度分析[J]. 信号处理,2019,35(6):1097 – 1103.

[52] 杨桃丽,索志勇,李真芳,等.地球同步轨道合成孔径雷达干涉测量模型[J].西安交通大学学报,2014,48(4):85-89.

[53] 金亚秋.电磁散射和热辐射的遥感理论[M].北京:科学出版社,1993.

[54] 蔡爱民,邵芸,宫华泽,等.冬小麦不同物候期的雷达极化特征分析与参数提取[J].高技术通讯,2011,21(7),720-725.

[55] 邵芸,宫华泽.基于多源雷达影像的罗布泊湖岸变迁初探[J].遥感学报,2011,15(3):648-650.

[56] Pierce L E, Dobson M C, Wilcox, E P, et al., "Artificial Neural Networkinversion of Tree Canopy Parameters in the Presence of Diversity," in Geoscienceand Remote Sensing Symposium, IGARSS. Better Understanding of Earth Environment, 1993(2):394-397.

[57] Ulaby F T, Razani M, Dobson M C, "Effects of Vegetation Cover on the Microwave Radiometric Sensitivity to Soil Moisture," IEEE Transactions on Geoscience and Remote Sensing, 1983(GE-21):51-61.

[58] McDonald K C, Ulaby F T, "Radiative Transfer Modelling of Discontinuous Tree, Canopies at Microwave Frequencies," International Journal of Remote Sensing, 1993,14(11):2097-2128.

[59] Ulaby F T, Wilson E A, "Microwave Attenuation Properties of Vegetation Canopies," IEEE Transactions on, Geoscience and Remote Sensing, 1985(GE-23):746-753.

[60] 张薇,杨思全,范一大,等.GEO SAR卫星在综合减灾中的应用潜力和工作模式需求[J].航天器工程,2017,26(1):127-131.

[61] 周彬斌,齐向阳,王炳乾.大偏心率小倾角GEO SAR观测特性及成像研究[J].计算机仿真,2019,36(6):92-97.

[62] 赵秉吉,张庆君,刘立平,等.GEO SAR高阶多普勒信号模型研究[J].航天器工程,2016,25(5):11-18.

[63] 倪崇,张庆君,刘杰,等.应用北斗导航卫星信号的GEO SAR成像机理验证方法[J].航天器工程,2016,25(5):19-24.

[64] 田雨润,禹卫东,熊名男.卫星姿态导引对Geo-SAR观测特性影响的分析[J].雷达学报,2014(1):61-69.

[65] 胡滨.地球同步轨道单基SAR系统成像关键技术研究[D].哈尔滨:哈尔滨工业大学,2016.

[66] 赵瑞山.星载SAR几何定标模型与方法研究[D].沈阳:辽宁工程技术大学,2017.

[67] Wu Z, Huang L, Hu D, et al., Azimuth Resolution Analysis in Geosynchronous SAR with Azimuth Variance Property[J]. Electronics Letters, 2014, 50(6):464-466.

[68] Huang L, Qi X, Hu D, et al., Medium-Earth-Orbit SAR Focusing Using Range Doppler Algorithm With Integrated Two-Step Azimuth Perturbation[J]. IEEE Geoscience and Re-

mote Sensing Letters,2015,12(3):626-630.

[69] 陈溅来,李震宇,杨军,等.地球同步轨道 SAR 曲线轨迹二维空间分辨率分析[J].西安电子科技大学学报(自然科学版),2015,42(1):62-68.

[70] Hu C, Long T, Zeng T, et al. The Accurate Focusing and Resolution Analysis Method in Geosynchronous SAR[J]. IEEE Transactions on Geoscience and Remote Sensing, 2011, 49(10):3548-3563.

[71] 杨嘉墀.航天器轨道动力学与控制[M].北京:中国宇航出版社,2001.

[72] 章仁为.卫星轨道姿态动力学与控制[M].北京:北京航空航天大学出版社,1998.

[73] 董云峰.卫星轨道与姿态动力学分析[M].北京:北京航空航天大学出版社,2015.

[74] 徐波等.全电推进卫星轨道设计与控制(第1版)[M].北京:科学出版社,2018.

[75] Montenbruck O, Gill E, Lutze F H. Satellite Orbits: Models, Methods and Applications[J]. Applied Machanics Reviews,2002,55(2).

[76] 赵齐乐.卫星导航星座及地贵卫星精密定轨理论和软件研究[D].武汉:武汉大学,2004.

[77] 赵齐乐,刘经南,葛茂荣,等.用 PANDA 对 GPS 和 CHAMP 卫星精密定轨[J].大地测量与地球动力学,2005(2):113-116.

[78] 江冕,黄丽佳,胡文龙,等.地球同步轨道 SAR 定轨精度要求分析[J].系统工程与电子技术,39(1):71-78.

[79] 刘林,等.航天动力学引论[M].南京:南京大学出版社,2006.

[80] 刘林.人造地球卫星轨道力学[M].北京:高等教育出版社,1992.

[81] 乔晶,陈武.星载加速度计增强北斗自主定轨性能[J].测绘学报,2016,45(S2):116-131.

[82] ZIEBART M, DARE P. Analytical Solar Radiation Pressure Modeling for GLONASS Using a Pixel Array[J]. Journal of Geodesy,2001,75(11):1-6.

[83] 杜兰,郑勇,王宏,等.基于测距网 VLBI 的 GEO 卫星精密定轨[C].航天测控技术研讨会,2004:268-274.

[84] 李冉,胡小工,唐成盼,等.适用于北斗 GEO 卫星定轨的太阳光压模型研究[C].第八届中国卫星导航学术年会,2017,1-7.

[85] 李冰,刘蕾,王猛. GEO 卫星 GNSS 导航在轨长期性能验证与分析[J].上海航天 2017,34(4):133-143.

[86] 王盾,王猛.卫星导航技术在高轨自主导航中的应用[J].卫星应用,2016(7):51-55.

[87] 杨旭海,丁硕,雷辉,等.转发式测定轨技术及其研究进展[J].时间频率学报,2016,39(3):216-224.

[88] 陈秋丽,陈忠贵,王海红.基于导航卫星姿态控制规律的光压摄动建模方法[C].第四届中国卫星导航学术年会论文集,2013.

[89] Jiang M, Hu W L, Ding C B, et al., The Effects of Orbital Perturbation on Geosynchronous Synthetic Aperture Radar Imaging, [J]. IEEE Geoscience and Remote Sensing Letters, 2015, 12(5):1106-1110.

[90] Zhang Q J, Gao Y T, Gao W J, et. al., 3D Orbit Selection for Regional Observation GEO SAR[J]. Neurocomputing, 2015, 151:692-699.

[91] Long T, Dong X C, Hu C, et. al., A New Method of Zero-Doppler Centroid Control in GEO SAR[J]. IEEE Geoscience and Remote Sensing Letters, 2011, 8(3):512-516.

[92] 赵秉吉,张庆君,戴超,等. 一种新的 GEO SAR 快速零多普勒中心二维姿态导引方法[J]. 电子与信息学报,2019,41(4):763-769.

[93] 刘文康,孙光才,陈溅来,等. 一种 GEO SAR 带宽与合成孔径时间的设计方法[J]. 西安电子科技大学学报(自然科学版),2017,44(5):58-63.

[94] 陈杰,周荫清. 星载 SAR 相控阵天线热变形误差分析[J]. 北京航空航天大学学报,2004(9):839-843.

[95] 陈杰. 星载 SAR 相控阵天线展开误差的模糊性能分析[J]. 电子学报,2003(S1):2026-2030.

[96] 曹超,马瑞,朱樟明,等. 高精度 SAR ADC 非理想因素分析及校准方法[J]. 西安电子科技大学学报(自然科学版),2015,42(6):61-65+87.

[97] 姜童,黄普明,贺亚鹏,等. 星载 SAR 通道幅度误差影响分析[J]. 空间电子技术,2015,12(4):35-39.

[98] Eineder M. Efficient Simulation of SAR Interferograms of Large Areas and of Rugged Terrain [J]. IEEE Trans. on GRS, 2003, 41(6):1415-1427.

[99] 张哲远. GEO 及 GEO-LEO SAR 成像及干涉处理研究[D]. 西安:西安电子科技大学,2017.

[100] Guarnieri A. M, Rocca F, Ibars A B. Impact of Atmospheric Water Vapor on the Design of a Ku Band Geosynchronous SAR System[C]// IEEE International Geoscience and Remote Sensing Symposium. IEEE, 2009:945-948.

[101] Wei S, Hobbs S E Research On Compensation Of Motion, Earth Curvature and Tropospheric Delay In GEO SAR[J]. Acta Astronautica, 2011, 68:2005-2011.

[102] Liu D, Zhu Y, Ni C, et al., Accurate Two-Dimension Spectrum of the GEO SAR Echo based on a Modified Range Model at Apogee[J]. IEEE, 2013:1-5.

[103] Zeng T, Yang W, Ding Z, et al., A Refined Two-Dimensional Nonlinear Chirp Scaling Algorithm for Geosynchronous Earth Orbit SAR[J]. Progress In Electromagnetics Research, 2013, 143:19-46.

[104] Liu Q, Hong W, Tan W, et al., An Improved Polar Format Algorithm with Performance Analysis for Geosynchronous Circular SAR 2D Imaging[J]. Progress In Electromagnetics Re-

search, 2011, 119: 155 – 170.

[105] 包敏. 地球同步轨道 SAR 和中高轨道 SAR 成像算法研究[D]. 西安: 西安电子科技大学, 2012.

[106] 包敏, 周鹏, 保铮, 等. 地球同步轨道 SAR 曲线轨迹模型下的改进 CS 成像算法[J]. 电子与信息学报, 2011, 33(11): 3687 – 3693.

[107] Zeng T, Yang W, Ding Z, et al., A Refined Two – Dimensional Nonlinear Chirp Scaling Algorithm for Geosynchronous Earth Orbit SAR[J]. Progress in Electromagnetics Research, 2013, 143: 19 – 46.

[108] Li Z, Li C, Yu Z, et al., Back Projection Algorithm for High Resolution GEO – SAR Image Formation[C] // Geoscience and Remote Sensing Symposium. IEEE, 2011: 336 – 339.

[109] 史洪印, 周荫清, 陈杰. 同步轨道星机双基地三通道 SAR 地面运动目标指示算法[J]. 电子与信息学报, 2009, 31(8): 1881 – 1885.

[110] Wang Z, Li C, Yu Z, et al., Multi – pass Stepped Frequency Imaging of Geosynchronous SAR[C] // Synthetic Aperture Radar. IEEE, 2013: 408 – 411.

[111] 朱木. 同步轨道 SAR 实时成像算法研究[D]. 哈尔滨: 哈尔滨工业大学, 2014.

[112] Moussessian A, Edelstein W Chen C, et al., System Concepts and Technologies for High OrbitSAR[C]. Proceeding of IEEE MTT – S International Microwave Symposium, 2005: 890 – 895.

[113] Jiang M, Hu W, Ding C, et al., The Effects of Orbital Perturbation on Geosynchronous Synthetic Aperture Radar Imaging [J]. IEEE Geoscience and Remote Sensing Letters, 2015, 12(5): 1106 – 1110.

[114] Davide B, Hobb S E. Radar Imaging from Geosynchronous Orbit: Temporal Decorrelation Aspects[J]. IEEE Transactions. on Geoscience and Remote Sensing, 2010, 48(7): 2924 – 2929.

[115] Zhang Y, Li H, Xu H, et al., Sub – Aperture Focusing Algorithm of Geosynchronous SAR [C] // 2013 3rd International Workshop on Image and Data Fusion. 2013: 205 – 208.

[116] Hu B, Jiang Y, Zhang S, et al., Focusing of Geosynchronous SAR with Nonlinear Chirp Scaling Algorithm[J]. Electronics Letters, 2015, 51(15): 1195 – 1197.

[117] Wang Z, Jiang Y, Li Y, et al., Analysis of Two – Dimensional Spectrum for Geosynchronous SAR[C] // IEEE Statistical Signal Processing Workshop. IEEE, 2014: 456 – 459.

[118] 杨桃丽, 索志勇, 李真芳, 等. 地球同步轨道合成孔径雷达干涉测量模型[J]. 西安交通大学学报, 2014, 48(4): 85 – 89.

[119] GAMMA, Differential interferometry and geocoding software – DIFF&GEO user's guide, Remote Sensing AG, 2008.

[120] Didler Massonnet, Marc Rossi, Cesar Carmona, et al. The Displacement Field of the Lan-

ders Earthquake Mapped by Radar Interferometry[J]. Nature, 1993, 364:138 – 142.

[121] Howard A. Zebker, Paul Rosen, On the Derivation of Coseismic Displacement Fields using Differential Radar Interferometry: the Landers Earthquake[J]. IEEE, 1994, 1:286 – 288.

[122] Alessandro Ferretti, Andrea Monti – Guarnieri, Claudio Prati, InSAR Principles: Guidelines for SAR Interferometry Processing and Interpretation[J]. ESA Publications, 2007.

[123] Michael Eineder, Efficient Simulation of SAR Interferograms of Large Areas and of Rugged Terrain[J]. IEEE Trans. on GRS, 2003, 41(6):1415 – 1427.

[124] Bamler R and Hartl P. Synthetic Aperture Radar Interferometry[J]. Inverse problems, 1998, 14(4):R1—R54.

[125] Hu C, Li Y H, Dong X C, et. al., Optimal 3D Deformation Measuring in Inclined Geosynchronous Orbit SAR Differential Interferometry[J]. Science China: Information Sciences, 2017, 60: 060303.

[126] Guarnieri A, Leanza A, Recchia A, et. al., Atmospheric Phase Screen in GEO – SAR: Estimation and Compensation[J]. IEEE Transactions on Geoscience and Remote Sensing, 2018, 56(3): 1668 – 1679.

[127] 李亮,洪峻,明峰. 电离层对中 GEO SAR 影响机理研究[J]. 雷达学报,2017, 6(6): 619 – 629.

[128] Bao M, Xing M D, Li Y C. Chirp Scaling Algorithm for GEO SAR based on Fourth – Order Range Equation[J]. Electronics Letters, 2012, 48(1): 41 – 42.

[129] Yin W, Ding Z G, Lu X J, et. al., Beam Scan Mode Analysis and Design for Geosynchronous SAR[J]. Science China: Information Sciences, 2017, 60: 060306.

[130] Rodon J R, Broquetas A, Guarnieri A M, Rocca F. Geosynchronous SAR Focusing with Atmospheric Phase Screen Retrieval and Compensation[J]. IEEE Transactions on Geoscience and Remote Sensing, 2013, 51(8): 4397 – 4404.

[131] Prati C, Rocca F, Giancola D, et al., Passive Geosynchronous SAR System Reusing Backscattered Digital Audio Broadcasting Signals[J]. IEEE Transactions on Geoscience and Remote Sensing, 1998, 36(6): 1973 – 1976.

[132] Li Zhuo, Li Chunsheng, Yu Ze, et al., Back Projection Algorithm for High Resolution GEO – SAR Image Formation[C]. Geoscience and Remote Sensing Symposium, 2011 IEEE International, Vancouver'BC, Canada, 336 – 339.

[133] 黄岩,李春升,陈杰,等. 高分辨星载 SAR 改进 Chirp Scaling 成像算法[J]. 电子学报, 2000,28(3):35,38.

[134] Huo L H, Liao G S, Yang Z W, et. al., An Efficient Calibration Algorithm for Large Aperture Array Position Errors in a GEO SAR[J]. IEEE Geoscience and Remote Sensing Letters, 2018, 15(9): 1362 – 1366.

[135] Freeman A. SAR Calibration: an Overview[J]. IEEE Transactions on Geoscience and Remote Sensing, 1992, 30(6):1107 – 1120.

[136] Eberhard S, Friedhelm R, et al., The Sentinel – 1 C – SAR internal calibration[C]. 8th European Conference on Synthetic Aperture Radar (EUSAR), 2010: 1 – 3.

[137] 洪文,林赟,谭维贤,等.地球同步轨道圆迹SAR研究[J].雷达学报,2015,4(3):241 – 253.

[138] Kou L, Wang X, Zhu M, et al., Resolution Analysis of Circular SAR with Partial Circular Aperture Measurements[C] // European Conference on Synthetic Aperture Radar. IEEE Xplore, 2010:1 – 4.

[139] 林珲,马培峰,陈曼,等.SAR层析成像的基本原理、关键技术和应用领域[J].测绘地理信息,2015(3):1 – 6.

[140] 孙希龙.SAR层析与差分层析成像技术研究[D].长沙:国防科学技术大学,2012.

[141] Budillon A, Evangelista A, Schirinzi G. Three – Dimensional SAR Focusing From Multi-pass Signals Using Compressive Sampling[J]. IEEE Transactions on Geoscience and Remote Sensing, 2011, 49(1): 488 – 499.

[142] Fornaro G, Lombardini F, Serafino F, Three – Dimensional Multipass SAR Focusing: Experiments with Long – Term Spaceborne Data[J]. IEEE Transactions on Geoscience and Remote Sensing, 2005, 43(4): 702 – 714.

[143] 徐西桂,庞蕾,张学东,等.多基线层析SAR技术的研究现状分析[J].测绘通报,2018(1):14 – 21.

[144] 张彬,董锡超,胡程.时空变背景电离层对GEO TomoSAR成像影响分析[J].信号处理,2019,35(6):1018 – 1024.

[145] 毛二可,曾涛,胡程,等.基于地球同步轨道合成孔径雷达的双基地探测系统:概念及潜力[J].信号处理,2013,29(3).

[146] Tao Z, Tian Z, Tian W, et al., Bistatic SAR Imaging Processing and Experiment Results Using BeiDou – 2/Compass – 2 as Illuminator of Opportunity and a Fixed Receiver[C] // 2015 IEEE 5th Asia – Pacific Conference on Symthetic Aperture Radar (APSAR), 2015: 302 – 305.

[147] 廉濛.GEO星机双基地SAR动目标检测与成像方法研究[D].哈尔滨:哈尔滨工业大学,2013.

[148] 周鹏,皮亦鸣.一种实用化的星机双基地SAR空间同步方法[J].电子与信息学报,2008,30(6): 1 – 4.

[149] 周鹏.星机双基地SAR系统总体与同步技术研究[D].成都:电子科技大学,2008:12 – 23.

[150] 王跃锟,索志勇,李真芳,等.高低轨异构双基地SAR改进CS成像算法[J].西安电子

科技大学学报(自然科学版),2018,45(5):50-56.

[151] 王跃锟,李真芳,张金强,等. GEO-LEO 双站 SAR 地面分辨特性及轨道构型分析[J]. 系统工程与电子技术,2017,39(5):996-1001.

[152] 刘竹天,李中余,李山川,等. 双基前视 SAR 运动目标检测方法[J]. 信号处理,2018,34(11):1277-1285.

[153] 史洪印,周荫清,陈杰. 同步轨道星机双基地三通道 SAR 地面运动目标指示算法[J]. 电子与信息学报,2009,31(8):1881-1885.

[154] 孙峥. 星机双基地 SAR 成像算法研究[D]. 成都:电子科技大学,2007:1-10.

[155] 杨永红. 星机双基地 SAR 成像机理与算法研究[D]. 成都:电子科技大学,2008:2-12.

[156] Walterseheid I, Klare J, Brenner A R, et al., Challenges of a Bistatic Spaceborne/Airborne SAR Experiment[J]. European Conference on Synthetic Aperture Radar(EUSAR), Dresden, Germany,2006.

[157] Cherniakov M, Zeng T, Plakidis E. Ambiguity Function for Bistatic SAR and its Application in SS-BSAR Performance Analysis[J]. Proc. of IEEE Radar Conference, Huntsville, USA,2003:343-348.

[158] 何峰,梁甸农,董臻. 星载双基地 SAR 系统模糊性[J]. 国防科技大学学报,2006,28(2):80-84.

[159] 袁媛,袁昊,雷玲,等. 一种同步轨道星机双基 SAR 成像方法[J]. 雷达科学与技术,2007,5(2):1-3.

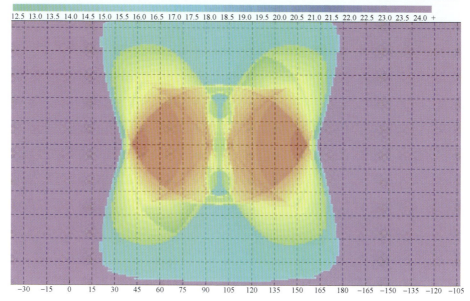

图 3-4 "8 字形"星下点轨迹地球同步轨道 SAR 卫星重访特性

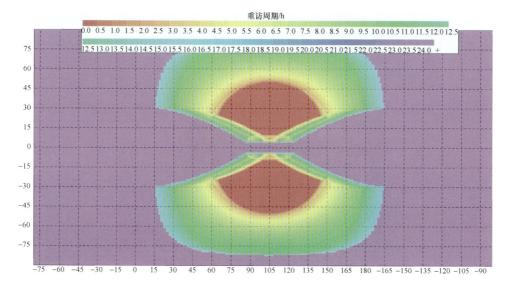

图 3-6 "一字形"星下点轨迹地球同步轨道 SAR 卫星重访特性

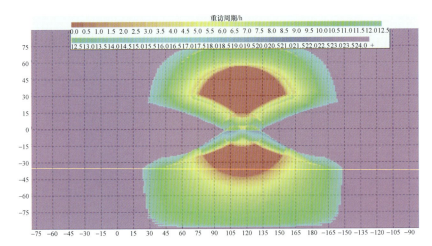

图 3-8 "小椭圆形"星下点轨迹地球同步轨道 SAR 卫星重访特性

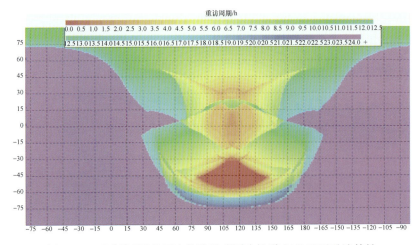

图 3-10 "水滴形"星下点轨迹地球同步轨道 SAR 卫星重访特性

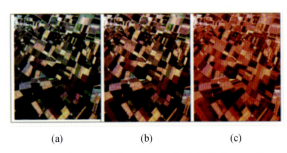

图 6-36 利用 L 波段 AIRSAR 获取的极化 SAR 图像
(a)0°;(b)10°;(c)20°。
(蓝:HH,绿:VV,红:HV)

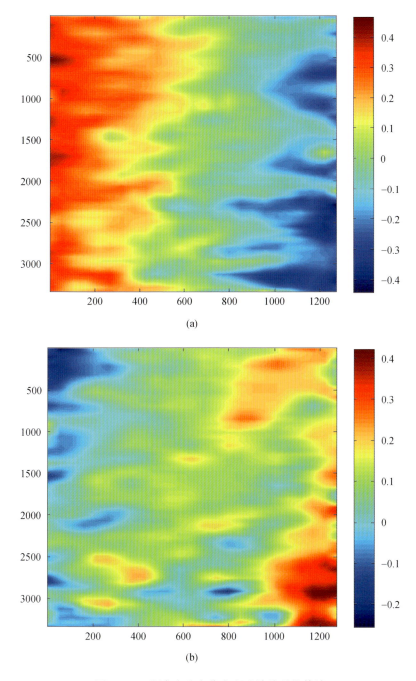

图 6-46 距离向和方位向配准偏移量的估计

(a)距离向配准偏移量;(b)方位向配准偏移量。

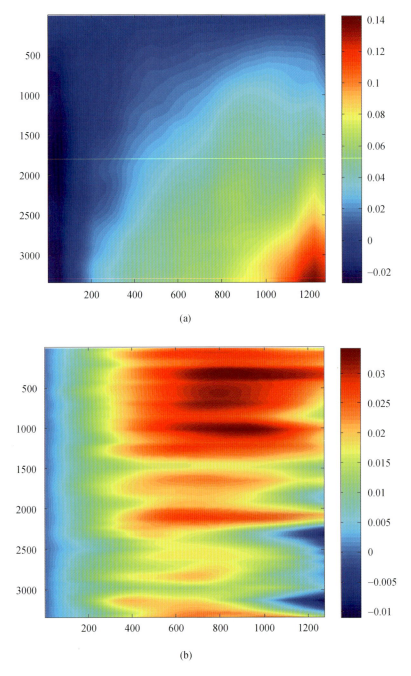

图 6-49 电离层效应估计结果

(a)方位向电离层效应相位估计结果;(b)距离向电离层效应相位估计结果。

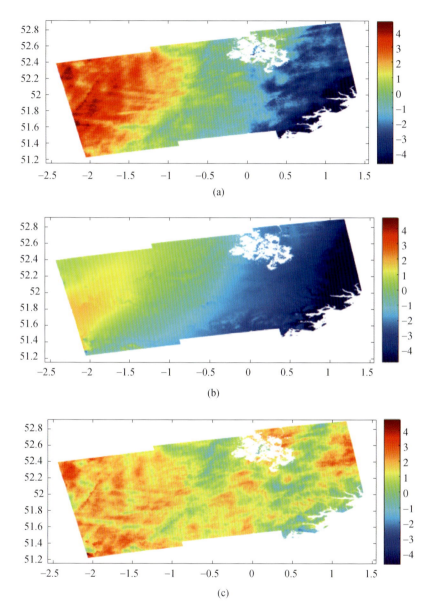

图 6-54 GACOS 数据校正大气延迟效果图

(a)相位;(b)延迟校正数据;(c)延迟校正后相位。

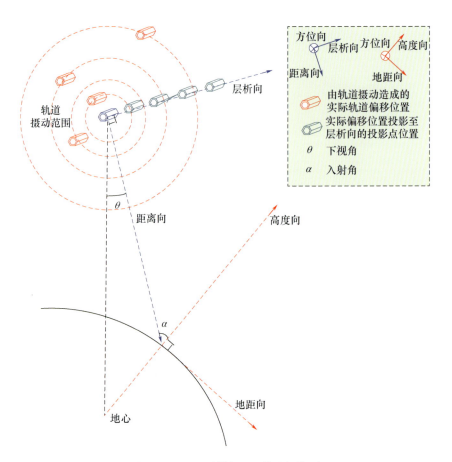

图 9-12 GEO 层析 SAR 的几何构型

(a)

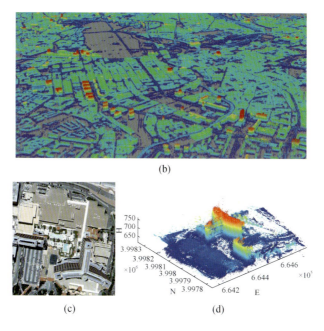

图 9-17 TerraSAR-X 数据处理得到的三维图像结果

(a)通过 25 景 TerraSAR-X 图像及 SLIMMER 算法获得的三维可视化建筑物图形,颜色代表高程;(b)由 TerraSAR-X 升降轨数据融合产生的高程点云,颜色代表高程,灰色区域为暂时性失相干部分,如植被、水体;(c)拉斯维加斯 Bellagio 酒店光学影像;(d)TerraSAR 升降轨数据融合产生的 TomoSAR 点云在 UTM 坐标系下。

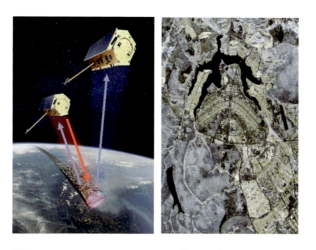

图 9-23 TanDEM-X 双基 SAR 构型示意图和成像结果

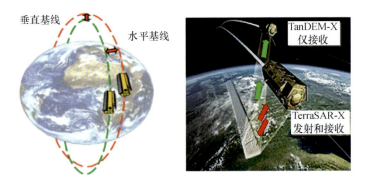

图 9 - 24　TanDEM - X 系统的编队示意图

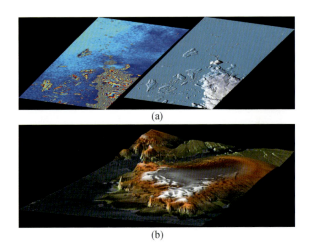

图 9 - 25　德国宇航局公开发表的第一幅 DEM 图像
(a)TanDEM - X 干涉条纹图；(b)干涉条纹对应的 DEM 图。

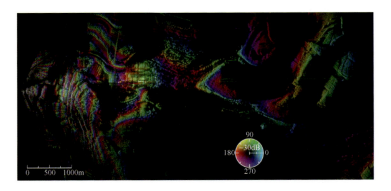

图 9 - 28　HITCHHIKER 系统双基 SAR 图像及干涉条纹图

图 9-29 SABRINA 系统的实验结果

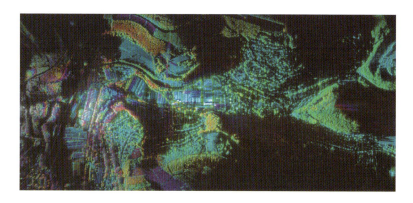

图 9-30 锡根大学 HITCHHICKER 星地实验成像结果

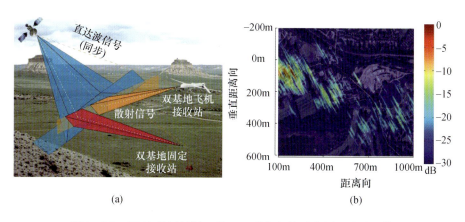

(a)   (b)

图 9-34 GNSS 外辐射源双基 SAR 几何机构示意图及试验图像

(a)几何结构示意图;(b)试验图像。

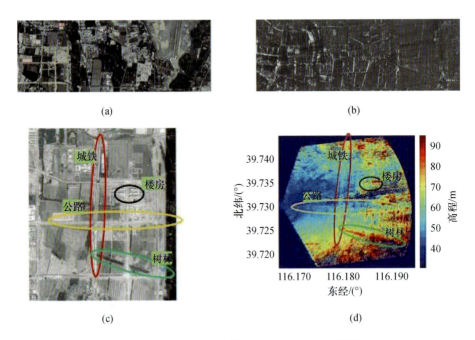

图 9-36 北京理工大学星地双基 SAR 实验结果

(a) 目标区域 1 光学卫星图片；(b) 常规成像结果；
(c) 目标区域 2 光学卫星图片；(d) 干涉成像结果。

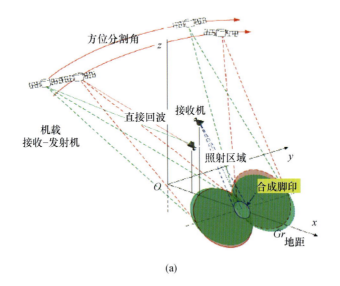

(a)

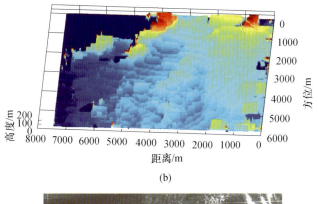

(b)

(c)

图 9-38 实验构型和实验结果

(a) 几何构型;(b) DEM;(c) 双基地 SAR 图像。

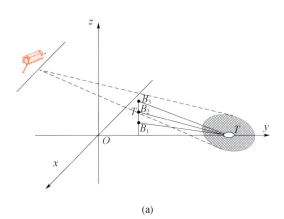

(a)

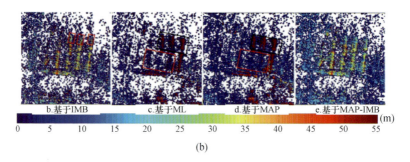

图 9-39 实验构型和干涉成像结果

(a)几何构型;(b)成像结果。

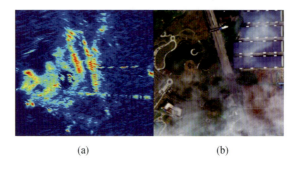

图 9-41 基于导航卫星的双基地成像与光学图像比对

(a)场景双基地 SAR 图像;(b)场景 Google Earth 图像。